住房城乡建设部土建类学科专业"十三五"规划教材
全国住房和城乡建设职业教育教学指导委员会规划推荐教材

锅炉及其附属设备

（供热通风与空调工程技术专业适用）

本教材编审委员会组织编写

韩沐昕　主编

U0285538

中国建筑工业出版社

图书在版编目（CIP）数据

锅炉及其附属设备/韩沐昕主编 . —北京：中国建筑工业出版社，2018.7

住房城乡建设部土建类学科专业"十三五"规划教材 . 全国住房和城乡建设职业教育教学指导委员会规划推荐教材（供热通风与空调工程技术专业适用）

ISBN 978-7-112-22249-0

Ⅰ . ①锅… Ⅱ . ①韩… Ⅲ . ①火电厂-电厂锅炉-附属设备-高等职业教育-教材 Ⅳ . ①TM621.2

中国版本图书馆 CIP 数据核字（2018）第 106488 号

本书共 13 个教学单元，主要讲述：锅炉基本知识；燃料；物质平衡和热平衡；锅炉燃烧技术；锅炉结构Ⅰ；锅炉结构Ⅱ；锅炉计算；烟气净化；锅炉给水处理；锅炉的燃料供应及除灰渣系统；汽水系统；层燃炉运行；循环流化床锅炉运行调试维护。

本教材为全国住房和城乡建设职业教育教学指导委员会规划推荐教材和住房城乡建设部土建类学科专业"十三五"规划教材，突出了高职教育的特色，内容系统全面，又具有针对性和实用性。同时本书还配有适用的教学课件 PPT 及知识点拓展，生动详细的讲述知识点内容。除可作为高职高专院校建筑设备类供热通风与空调工程技术专业的教材使用外，也可作为开放大学、电大等相同专业教学用书，还可作为从事通风空调、供热采暖及锅炉设备工程作业的高等技术管理与施工人员学习的参考书。

课件网络下载方法：请进入 http：//www.cabp.com.cn 网页，点击配套资源下载，输入本书书名查询，点击下载即可（重要提示：下载配套资源需注册网站用户并登录）。

* * *

责任编辑：朱首明 李慧 司汉
责任校对：党蕾

住房城乡建设部土建类学科专业"十三五"规划教材
全国住房和城乡建设职业教育教学指导委员会规划推荐教材
锅炉及其附属设备
（供热通风与空调工程技术专业适用）
本教材编审委员会组织编写
韩沐昕 主编

*

中国建筑工业出版社出版、发行（北京海淀三里河路 9 号）
各地新华书店、建筑书店经销
北京红光制版公司制版
北京京华铭诚工贸有限公司印刷

*

开本：787×1092 毫米 1/16 印张：19¾ 字数：481 千字
2018 年 8 月第一版 2018 年 8 月第一次印刷
定价：**48.00** 元（附网络下载）
ISBN 978-7-112-22249-0
（32127）

建筑设备类教材编审委员会名单

序　言

近年来，建筑设备类专业分委员会在住房和城乡建设部人事司和全国高职高专教育土建类专业教学指导委员会的正确领导下，编制完成了高职高专教育建筑设备类专业目录、专业简介。制定了"建筑设备工程技术"、"供热通风与空调工程技术"、"建筑电气工程技术"、"楼宇智能化工程技术"、"工业设备安装工程技术"、"消防工程技术"等专业的教学基本要求和校内实训及校内实训基地建设导则。构建了新的课程体系。2012 年启动了第二轮"楼宇智能化工程技术"专业的教材编写工作，并于 2014 年底全部完成了 8 门专业规划教材的编写工作。

建筑设备类专业分委员会在 2014 年年会上决定，按照新出版的供热通风与空调工程技术专业教学基本要求，启动专业规划教材的修编工作。本次规划修编的教材覆盖了本专业所有的专业课程，以教学基本要求为主线，与校内实训及校内实训基地建设导则相衔接，突出了工程技术的特点，强调了系统性和整体性；贯彻以素质为基础，以能力为本位，以实用为主导的指导思想；汲取了国内外最新技术和研究成果，反映了我国最新技术标准和行业规范，充分体现其先进性、创新性、适用性。本套教材的使用将进一步推动供热通风与空调工程技术专业的建设与发展。

本次规划教材的修编聘请全国高职高专院校多年从事供热通风与空调工程技术专业教学、科研、设计的专家担任主编和主审，同时吸收具有丰富实践经验的工程技术人员和中青年优秀教师参加。该规划教材的出版凝聚了全国高职高专院校供热通风与空调工程技术专业同行的心血，也是他们多年来教学工作的结晶和精诚协作的体现。

主编和主审在教材编写过程中一丝不苟、认真负责，值此教材出版之际，谨向他们致以崇高的敬意。衷心希望供热通风与空调工程技术专业教材的面世，能够受到高职高专院校和从事本专业工程技术人员的欢迎，能够对土建类高职高专教育的改革和发展起到积极的推动作用。

全国高职高专教育土建类专业教学指导委员会

建筑设备类专业分委员会

2015 年 6 月

前　言

"锅炉及其附属设备"是高等职业教育建筑设备专业和供热通风专业的一门重要的专业课。主要阐述锅炉及其附属设备的组成、种类、构造及设备选型计算的知识。

随着科学技术的进步和锅炉技术的发展，及教学改革的深入和教学时数的大幅减少，原有教材难以适应当前教学的需要。有鉴于此，在总结多年的教学经验的基础上，编写本书。本书在内容和形式上有以下特点：

（1）内容特点

1）由于近十年锅炉标准的体系和内容发生了很大变化，在本书中介绍了锅炉国家设计制造标准文件体系。包括：法律与法规、制造技术条件、锅炉常用材料标准、计算标准及相关标准等。更改了与现行标准不符内容（如符号、数据）等。

2）根据锅炉相关工程技术的发展，在本书中力图尽可能地展现锅炉工程技术领域内的最新成果。

3）在表述方式上，对同一领域的不同技术通过表格对比的方式，使读者易于接受。在介绍计算方法时，通过计算流程图表述计算过程，使读者易于了解锅炉计算的全过程。

（2）网络资源

由于纸质图书在表述形式和教材在篇幅的局限性，一是不能生动形象的表达阐述内容，二是教材限于篇幅，对于锅炉工程技术领域内的标准规范、计算方法、新技术不能进行完整的阐述。本书作者利用网络技术，与读者共享锅炉及其附属设备相关资源。使读者通过多媒体技术能快速掌握书中阐述的内容，同时通过网络资源扩展了本书的内容，使读者更广泛的了解锅炉工程技术领域内的各项知识。

1）锅炉及其附属设备教学资料

教学资料下载请进入 https：//www.cabp.com.cn 网页，点击配置资源下载，输入本书书名查询，点击下载即可。

2）网络课程

职教云课堂《锅炉》课程，邀请码：968shu。是配套本书的教学实例。

本书由黑龙江建筑职业学院韩沐昕主编，哈尔滨理工大学黄波与哈尔滨锅炉厂刘恒宇任副主编，黑龙江建筑职业学院刘影、山西建筑职业技术学院王妍、辽宁建筑职业技术学院赵丽丽参与编写。具体编写工作如下：

教学单元1、2、3、4、5、6由韩沐昕编写；教学单元8、9由黄波编写；教学单元12、13由刘恒宇编写。教学单元7由黑龙江建筑职业学院刘影编写；教学单元10由山西建筑职业技术学院王妍编写；教学单元11由辽宁建筑职业技术学院赵丽丽编写。

目　　录

教学单元 1　锅炉基本知识

1.1　锅炉的定义和锅炉组成

1.1.1　锅炉定义

利用燃料燃烧产生的高温烟气所具有的热能，将工质（水）加热到一定参数（温度、压力）和品质的设备。

不适用范围

《锅炉安全技术监察规程》TSG G0001—2012 中规定本规程不适用于如下设备：

（1）设计正常水位水容积小于 30L 的蒸汽锅炉；

（2）额定出水压力小于 0.1MPa 或者额定热功率小于 0.1MW 的热水锅炉；

（3）为满足设备和工艺流程冷却需要的换热装置。

图 1-1　锅炉工作过程

锅炉的工作过程包括三个同时进行的过程：

（1）燃料的燃烧过程；

（2）高温烟气向水（汽等工质）的传热过程；

（3）水的受热的汽化过程（蒸汽锅炉）。

其中任何一个过程进行的正常与否，都会影响锅炉运行的安全性和经济性。

1.1.2　锅炉设备级别

1. A 级锅炉

A 级锅炉是指额定工作压力 p（表压，下同）$\geqslant$3.8MPa 的锅炉，包括：

（1）超临界锅炉，$p\geqslant$22.1MPa 的锅炉；

（2）亚临界锅炉，16.7MPa$\leqslant p<$22.1MPa；

（3）超高压锅炉，13.7MPa$\leqslant p<$16.7MPa；

（4）高压锅炉，9.8MPa$\leqslant p<$13.7MPa；

（5）次高压锅炉，5.3MPa$\leqslant p<$9.8MPa；

（6）中压锅炉，3.8MPa$\leqslant p<$5.3MPa。

2．B 级锅炉

（1）蒸汽锅炉，$0.8\text{MPa}<p<3.8\text{MPa}$；

（2）热水锅炉，$p<3.8\text{MPa}$ 并且额定出水温度 $t\geqslant120℃$；

（3）有机热载体锅炉的气相有机热载体锅炉，额定热功率 $Q>0.7\text{MW}$；液相有机热载体锅炉，额定热功率 $Q>4.2\text{MW}$。

3．C 级锅炉

（1）蒸汽锅炉，$p\leqslant0.8\text{MPa}$ 并且设计正常水位水容积 $V>50\text{L}$；

（2）热水锅炉，$p<3.8\text{MPa}$ 并且额定出水温度 $t<120℃$；

（3）有机热载体锅炉的气相有机热载体锅炉，$0.1\text{MW}<$ 额定热功率 $Q\leqslant0.7\text{MW}$；液相有机热载体锅炉，$0.1\text{MW}<$ 额定热功率 $Q\leqslant4.2\text{MW}$。

4．D 级锅炉

（1）蒸汽锅炉，$p\leqslant0.8\text{MPa}$ 并且 $30\text{L}\leqslant$ 设计正常水位水容积 $V\leqslant50\text{L}$；

（2）汽水两用锅炉（注 1），$p\leqslant0.04\text{MPa}$ 并且额定蒸发量 $D\leqslant0.5\text{t/h}$ 的锅炉；

（3）仅用自来水加压的热水锅炉，并且额定出水温度 $t\leqslant95℃$；

（4）有机热载体锅炉的气相有机热载体锅炉，$0.01\text{MW}<$ 额定热功率 $Q\leqslant0.1\text{MW}$；液相有机热载体锅炉，$0.01\text{MW}<$ 额定热功率 $Q\leqslant0.1\text{MW}$。

1.1.3　监督管理

（1）锅炉的设计、制造、安装（含调试）、使用、检验、修理和改造应当执行本《锅炉安全技术监察规程》TSG G0001—2012 的规定；

（2）锅炉及其系统的能效，应当满足法律、法规、技术规范及其相应标准对节能方面的要求；

（3）锅炉的制造、安装（含调试）、使用、改造、修理和检验单位（机构）应当按照信息化要求及时填报信息；

（4）国家质量技术监督检验检疫总局（以下简称国家质检总局）和各地质量技术监督部门负责锅炉安全监察工作，监督本规程的执行。

《锅炉安全技术监察规程》TSG G0001—2012 的规定是锅炉安全管理和安全技术方面的基本要求，有关技术标准的要求如果低于本规程的规定，应当以本规程为准。

1.2　锅炉结构与出厂资料

1.2.1　锅炉结构

锅炉主要由"锅"和"炉"两大部分组成。

1．"炉"是燃烧设备

层燃炉是由炉前煤斗、炉排、炉膛、除渣板、送风装置等组成的燃烧设备。

煤粉炉包括送粉系统、煤粉燃烧器、炉膛。

流化床锅炉包括溜煤管、布风板、风室。

2．"锅"

"锅"是由锅筒、锅内设备、管束、水冷壁、集箱、蒸汽过热器、省煤器和管道等组成的封闭汽水系统。

3. 辅助部分

包括炉墙、构架、受热面吊挂系统、基础、平台扶梯、护板、锅炉范围内管道和附属阀门仪表（安全阀、水位表、压力表）。

对于循环流化床锅炉还包括物料循环系统。

锅炉主要部件 表 1-1

序号	名称	功　能
1	炉膛	保证燃料燃尽并使出口烟气温度冷却到对流受热面能安全工作的温度
2	燃烧设备	将燃料和燃烧所得空气送入炉膛并使燃料着火稳定，燃烧良好
3	锅筒	是自然循环炉各受热面的闭合件，将锅炉各受热面联结在一起并和水冷壁、下降管等组成水循环回路。锅筒内储存汽水，可适应负荷变化，内部设有汽水分离装置等以保证汽水品质。直流锅炉无锅筒
4	水冷壁	是锅炉的主要辐射受热面，吸收炉膛辐射热加热工质，并用以保护炉墙
5	过热器	将饱和蒸汽加热到额定过热蒸汽温度。饱和蒸汽锅炉和热水锅炉没有过热器
6	再热器	将汽轮机高压缸排汽加热到较高温度，然后再送到汽轮机中压缸膨胀做功，用于大型电站锅炉，提高电站热效率
7	锅炉管束	对于低压锅炉，由于蒸发吸热量较大，仅布置水冷壁还不足以满足需要，还要布置对流蒸发受热面。在上、下锅筒之间布置密集管束，吸收蒸发所需的热量
8	省煤器	利用锅炉尾部烟气的热量加热给水，以降低排烟温度，提高锅炉效率
9	空气预热器	加热燃烧用的空气，以加强着火和燃烧，吸收烟气余热，降低排烟温度，提高锅炉效率，为煤粉锅炉制粉系统提供干燥剂
10	炉墙	是锅炉的保护外壳，起密封和保温作用，小型锅炉中的重型炉墙也可起支承锅炉部件的作用
11	构架	支承和固定锅炉各部件，并保持其相对位置
12	锅内设备	作用包括净化蒸汽、实施锅内加药水处理、分配给水及排污等，保证达到蒸汽品质指标，满足水循环的靠性

1.2.2 设计资料

1. 计算书

《热力计算书》、《强度计算书》、《设计使用说明书》、《烟风阻力计算书》、《汽水阻力计算书》对于自然循环热水锅炉还需要有《水动力计算书》。

2. 图纸

设计图纸资料 表 1-2

序号	名称	序号	名称
1	总图	9	燃烧设备图
2	水冷壁图	10	炉墙图
3	锅炉管束	11	基础负荷图
4	锅筒图	12	平台扶梯图
5	过热器	13	钢架图
6	锅内设备	14	护板
7	省煤器	15	锅炉范围内管道和附属阀门仪表
8	空气预热器	16	膨胀系统图

1.2.3 出厂资料

产品出厂时，锅炉制造单位应当提供与安全有关的技术资料，其内容至少包括：

（1）锅炉图样（包括总图、安装图和主要受压部件图）；

（2）受压元件的强度计算书或者计算结果汇总表；

（3）安全阀排放量的计算书或者计算结果汇总表；

（4）锅炉质量证明书（包括出厂合格证、金属材料证明、焊接质量证明和水压试验证明）；

（5）锅炉安装说明书和使用说明书；

（6）受压元件重大设计更改资料；

（7）热水锅炉的水流程图及水动力计算书（自然循环的锅壳式锅炉除外）；

（8）有机热载体锅炉的介质流程图和液膜温度计算书。

1.2.4 A级锅炉出厂资料

对于A级锅炉，除满足本规程1.2.2有关要求外，还应当提供以下技术资料：

（1）锅炉热力计算书或者热力计算结果汇总表；

（2）过热器、再热器壁温计算书或者计算结果汇总表；

（3）烟风阻力计算书或者计算结果汇总表；

（4）热膨胀系统图；

（5）锅炉水循环（包括汽水阻力）计算书或者计算结果汇总表；

（6）汽水系统图；

（7）各项保护装置整定值。

电站锅炉机组整套启动验收前，锅炉制造单位应当提供完整的锅炉出厂技术资料。

1.3 锅炉的主要性能指标

1.3.1 蒸发量

蒸汽锅炉每小时生产的额定蒸汽量称为蒸发量，常用符号 D 来表示，单位是 t/h。蒸汽锅炉用额定蒸发量表明其容量的大小，即在设计参数和保证一定效率下锅炉的最大连续蒸发量，也称锅炉的额定出力或铭牌蒸发量。

1.3.2 额定热功率

热水锅炉在额定压力、温度（出口水温度与进口水温度）和保证达到规定的热效率指标的条件下，每小时连续最大的产热量，锅炉铭牌上所标热功率即为额定热功率。常用符号 Q 来表示，单位是 MW。可用额定热功率来表征热水锅炉容量的大小。

1.3.3 蒸汽锅炉参数系列

（1）饱和蒸汽锅炉的参数是指上锅筒主蒸汽阀出口处的额定饱和蒸汽流量、饱和蒸汽压力（表压力）。

（2）生产过热蒸汽锅炉的参数是指过热器出口集箱主蒸汽阀出口处的额定蒸汽流量、蒸汽压力（表压力）和过热蒸汽温度。

（3）蒸汽锅炉设计时的给水温度分为 20℃、60℃、105℃，由制造厂在设计时结合具体情况确定。锅炉给水温度是指进入省煤器的给水温度，对于无省煤器的锅炉是指进入锅筒的给水温度。

1.3.4 热水锅炉参数系列

（1）热水锅炉参数是指高温热水供水阀出口处的额定热功率、压力（表压力）、热水温度及回水阀进口处的水温度。

（2）常压热水锅炉是以水为介质、表压力为零的固定式锅炉。锅炉本体开孔与大气相通，以保证在任何情况下，锅筒水位线处表压力始终保持为零。常压热水锅炉参数是指热水供水阀出口处的额定热功率、热水温度及回水阀进口处的水温度。

1.3.5 锅炉的热效率

锅炉热效率是表示进入锅炉的燃料所能放出的全部热量中，被锅炉有效吸收热量所占的百分率。常用符号 η 来表示，单位是%。热效率是锅炉的重要技术经济指标，它表明锅炉设备的完善程度和运行管理水平。

1.4 锅炉的型号

1.4.1 工业锅炉型号

1. 过热蒸锅炉

$$\underset{①}{\triangle\triangle}\ \underset{②}{\triangle}\ \underset{③}{\times\times}-\underset{④}{\times\times}/\underset{⑤}{\times\times}-\underset{⑥}{\triangle}$$

2. 饱和蒸锅炉

$$\underset{①}{\triangle\triangle}\ \underset{②}{\triangle}\ \underset{③}{\times\times}-\underset{⑦}{\times\times}\ -\underset{⑥}{\triangle}$$

3. 热水锅炉

$$\underset{①}{\triangle\triangle}\ \underset{②}{\triangle}\ \underset{③}{\times\times}-\underset{⑧}{\times\times}/\underset{⑨}{\times\times}/\underset{⑩}{\times\times}-\underset{⑥}{\triangle}$$

①锅炉形式代号见表1-3；

②燃烧方式代号见表1-4；

③蒸发量，t/h；

④过热蒸汽压力，MPa；

⑤过热蒸汽温度，℃；

⑥燃料种类见表1-5；

⑦饱和蒸汽压力，MPa；

⑧供水压力，MPa；

⑨供水温度，℃；

⑩回水温度，℃。

锅炉形式代号 表 1-3

锅炉形式			代 号
锅壳锅炉	立式	火管	LH
		水管	LS
	卧式	外燃	WW
		内燃	WN

锅炉形式			代　号
水管锅炉	单锅筒	纵置	DZ
		横置	DH
		立置	DL
	双锅筒	纵置	SZ
		横置	SH
		纵横置	ZH
	强制循环		QX

燃烧方式代号　　　　　　　　　　　　表 1-4

燃烧方式	代号	燃烧方式	代号
固定炉排	G	往复推动炉排	W
手摇活动炉排	H	振动炉排	Z
抛煤机	P	沸腾炉	F
下饲炉排	A	半沸腾炉	B
链条炉排	L	室燃炉	S
倒转链条炉排抛煤机炉	D	旋风炉	X

燃料种类代号　　　　　　　　　　　　表 1-5

燃料种类		代号	燃料种类	代号
烟煤	Ⅰ类	A I S I	褐煤	H
	Ⅱ类	AⅡ	贫煤	P
	Ⅲ类	AⅢ	木柴	M
无烟煤	Ⅰ类	WⅠ	稻糠	D
	Ⅱ类	WⅡ	甘蔗渣	G
	Ⅲ类	WⅢ	油	Y
石煤、煤矸石	Ⅰ类	SⅠ	气	Q
	Ⅱ类	SⅡ	油母页岩	YM
	Ⅲ类	SⅢ		

1.4.2　电站锅炉型号

$$\underset{\text{制造厂家}}{\triangle\triangle}\ \ \underset{\text{蒸发量}}{\times\times\times}/\underset{\text{出口蒸汽压力}}{\times\times\times}-\underset{\text{设计次序}}{\triangle}$$

1.4.3　烟道式余热锅炉

$$\underset{①}{\triangle}\ \underset{②}{\triangle}\ \underset{③}{\triangle}\underset{④}{\times\times}/\underset{⑤}{\times\times}-\underset{⑥}{\times\times}-\underset{⑦}{\times\times}/\underset{⑧}{\times\times}$$

①补燃代号；

②余热载体类别代号；

③余热载体特性代号；

④余热载体量，km³/h；

⑤余热载体温度，℃；

⑥额定蒸发量或额定热功率；

⑦出口工质压力，MPa；

⑧蒸汽温度或供水/回水温度，℃。

1.4.4　工业锅炉系列

（1）工业蒸汽锅炉参数系列

见《工业蒸汽锅炉参数系列》GB/T 1921—2004。

（2）工业热水锅炉参数系列

见《热水锅炉参数系列》GB/T 3166—2004。

1.5　锅炉国家设计制造标准文件

锅炉国家设计制造标准文件包括：法律与法规、制造技术条件、锅炉通用件标准、无损探伤标准、锅炉常用材料标准、材料试验及检验标准、计算标准、其他相关标准。

锅炉常用标准分类如索引 01.05.001 所示。

教学单元2 燃 料

2.1 锅炉燃料的成分和主要特性

2.1.1 元素分析

固体燃料和液体燃料由碳（Carbon）、氢（Hydrogen）、氧（Oxygen）、氮（Nitrogen）、硫（Sulphur, or Sulfur）、灰分（Ash）、水分（Moisture）组成。通常以它们各自质量占总质量的百分数表示。

1. 碳

碳是煤中主要可燃元素，其含量约占 20%～70%（指收到基，下同）。1kg 碳完全燃烧约放出 32866kJ 的热量。碳是煤的发热量的主要来源。煤中碳的一部分与氢、氧、硫等结合成有机物，在受热时会从煤中析出成为挥发分；另一部分则呈单质称为固定碳。煤的地质年代越长，碳化程度越深，含碳量就越高，固定碳的含量相应也越多。固定碳不易着火，燃烧缓慢。因此，含碳量越高的煤，着火及燃烧越困难。

2. 氢

煤中氢元素含量不多，约为 2%～6%，且多以碳氢化合物状态存在，但氢却是煤中发热量最高的可燃元素。

氢的含量愈高，煤就愈易着火和燃尽。

3. 氧和氮

氧和氮都是煤中的不可燃元素。氧与碳、氢化合将使煤中的可燃碳和可燃氢含量减少，降低了煤的发热量；氮则是煤中有害元素，煤在高温下燃烧时，其所含氮的一部分将与氧化合而生成 NO_x，造成大气污染。

4. 硫

煤中硫的含量一般不超过 2%，但个别煤种高达 8%～10%。硫在煤中以三种形式存在，即有机硫（与 C、H、O 等元素结合成复杂的化合物）、黄铁矿（FeS_2）和硫酸盐硫（如 $CaSO_4$、$MgSO_4$、$FeSO_4$ 等）。

硫的危害：硫的燃烧产物是 SO_2，其一部分将进一步氧化成为 SO_3。SO_3 与烟气中的水蒸汽结合成硫酸蒸汽，当其在低温受热面上凝结时，将对金属受热面造成强烈腐蚀；烟气中的 SO_3 在一定条件下还可造成过热器、再热器烟气侧的高温腐蚀。随烟气排入大气的 SO_2、SO_3，将造成环境污染，损害人体健康及其他动物和植物的生长。此外，煤中的黄铁矿（FeS_2）质地坚硬，在煤粉磨制过程中将加速磨煤部件的磨损，在炉膛高温下又容易造成炉内结渣。因此，硫是煤中有害的可燃元素。

5. 灰分

灰分是煤燃烧后剩余的不可燃矿物杂质，它与燃烧前煤中的矿物质在成分和数量上有较大区别。灰分的含量在各种煤中变化很大，少的只有 4%～5%，多的可高达60%～70%。

灰分的危害：煤中灰分含量增加，煤中可燃成分相对减少，降低了发热量；当煤燃烧时，煤中矿物质转化成灰分，并会熔融，它要吸收热量，并由排渣带走大量的物理显热；灰分多，使理论燃烧温度降低，而且煤粒表面往往形成灰分外壳，妨碍煤中可燃质和氧气接触，使煤不易燃尽，增加不完全燃烧热损失；灰分多，还会使炉膛温度下降，燃烧不稳定，也增加不完全燃烧热损失；灰分多，灰粒随烟气流过受热面时，如果烟速高，会磨损受热面，如果烟速低，会形成受热面积灰，降低传热效果，并使排烟温度升高，增加排烟热损失，降低锅炉效率；灰分多，也会产生炉内结渣，同时会腐蚀金属；灰分多，增加煤粉制备的能量消耗；灰分还是造成环境污染的根源。显然，灰分是煤中的有害成分。

6. 水分

水分也是煤中的不可燃杂质，其含量差别甚大，少的仅为 2%左右，多的可达 50%～60%。水分含量一般随煤的地质年代的延长而减少，同时也受开采方法、运输和贮存条件的影响。水的危害：煤中水分含量增加，煤中可燃成分相对减少，发热量降低；水分多，会增加着火热，使着火推迟；水分多，会降低炉内温度，使着火困难，燃烧也不完全，机械和化学不完全燃烧热损失会增加。煤中水分会吸热变成水蒸汽并随同烟气排出炉外，增加烟气量而使排烟热损失增大，降低锅炉效率；同时使引风机电耗增大；也为低温受热面的积灰、腐蚀创造了条件。此外，原煤水分过多，会给煤粉制备增加困难，也会造成原煤仓、给煤机及落煤管中的粘结堵塞以及磨煤机出力下降等不良后果。

2.1.2 煤的成分分析基准

常用的分析基准有收到基（as received）、空气干燥基（air dry）、干燥基（dry）和干燥无灰基（dry and ash free）四种，相应的表示方法是在各成分符号右下角加角标 ar、ad、d、daf。

1. 收到基（ar）

以收到状态的煤为基准计算煤中全部成分的组合称为收到基。对进厂原煤或炉前煤都应以收到基计算各项成分。其表达式为

$$C_{ar} + H_{ar} + O_{ar} + N_{ar} + S_{ar} + A_{ar} + M_{ar} = 100\% \tag{2-1}$$

$$FC_{ar} + V_{ar} + A_{ar} + M_{ar} = 100\% \tag{2-2}$$

2. 空气干燥基（ad）

以与空气温度达到平衡状态的煤为基准，即供分析化验的煤样在实验室一定温度条件下，自然干燥失去外在水分，其余的成分组合便是空气干燥基。其表达式为

$$C_{ad} + H_{ad} + O_{ad} + N_{ad} + S_{ad} + A_{ad} + M_{ad} = 100\% \tag{2-3}$$

$$FC_{ad} + V_{ad} + A_{ad} + M_{ad} = 100\% \tag{2-4}$$

3. 干燥基（d）

以假想无水状态的煤为基准，其余的成分组合便是干燥基。干燥基中因无水分，故灰分不受水分变动的影响，灰分含量百分数相对比较稳定。其表达式为

$$C_d + H_d + O_d + N_d + S_d + A_d = 100\% \tag{2-5}$$

$$FC_d + V_d + A_d = 100\% \tag{2-6}$$

4. 干燥无灰基（daf）

以假想无水、无灰状态的煤为基准，其表达式为

$$C_{daf} + H_{daf} + O_{daf} + N_{daf} + S_{daf} = 100\% \qquad (2\text{-}7)$$
$$FC_{daf} + V_{daf} = 100\% \qquad (2\text{-}8)$$

由于干燥无灰基无水、无灰，故剩下的成分便不受水分、灰分变动的影响，是表示碳、氢、氧、氮、硫成分百分数最稳定的基准，常用来表示煤的挥发分含量。

2.1.3 工业分析

1. 水分（M）

实际应用状态下的煤（工作煤或收到煤）中所含水分，称为全水分（M）。它由外在水分（M_f）和内在水分（M_{inh}）两部分组成。

外在水分（M_f）又称表面水分，是在开采、运输、洗选和贮存期间，附着于煤粒表面的外来水分，如因雨雪、地下水或人工润湿等而进入煤中。这部分水分变化很大，而且易于蒸发，可以通过自然干燥方法予以除掉。一般规定：原煤试样在温度为 20±1℃、相对湿度为（65±1）%的空气中自然风干后失去的水分即为外在水分。

内在水分（M_{inh}）又称固有水分，是指原煤试样失去了外在水分后所剩余的水分。内在水分需在较高温度下才能从煤样中除掉。

全水分的测定方法是：将原煤试样置于 105℃～110℃（褐煤相应的温度约为 145℃）的烘箱内约 2h，使之干燥至恒重，其所失去的水分即为全水分。

2. 挥发分（V）

将失去水分的煤样置于隔绝空气的环境中，加热至一定温度时，煤中有机质分解而析出的气体称为挥发分。挥发分主要由各种碳氢化合物（$\Sigma C_m H_n$）、氢（H_2）、一氧化碳（CO）、硫化氢（H_2S）等可燃气体及少量的氧（O_2）、二氧化碳（CO_2）、氮（N_2）等不可燃气体组成。

挥发分的测定必须按统一规定进行。将失去水分的煤样，在 900±10℃的温度下，隔绝空气加热 7min，试样所失去的质量占原煤试样质量的百分数，即为原煤试样的挥发分含量。

挥发分是煤的重要成分特性，它成为人们对煤进行分类的主要依据。同时，挥发分对煤的着火、燃烧有很大的影响。

挥发分是气体可燃物，其着火温度较低，着火容易；挥发分多，相对来说，煤中难燃的固定碳含量越少，使煤易于燃烧完全，大量挥发分析出，其着火燃烧后可放出大量热量，有助于固定碳的迅速着火和燃烧，因而挥发分多的煤也易于燃烧完全；挥发分是从煤的内部析出的，析出后使煤具有孔隙性，挥发分愈多，煤的孔隙愈多、愈大，使煤和空气的接触面增大，即增大了反应表面积，使反应速度加快，也使煤易于燃烧完全。因此，挥发分愈多的煤，愈容易着火，燃烧也易于完全。

3. 固定碳（FC）和灰分（A）

原煤试样除掉水分、析出挥发分之后，剩余的部分成为焦炭。它由固定碳（FC）和灰分（A）组成。焦炭的黏结性与强度称为煤的焦结性，它是煤的重要特性指标之一。

根据煤的焦结性可以把煤分为粉状、粘着、弱粘结、不熔融粘结、不膨胀熔融粘结、微膨胀熔融粘结、膨胀熔融粘结、强膨胀熔融粘结八类。

煤的焦结性对火床炉（即层燃炉）的燃烧过程影响较大。如粉末状的焦炭易被空气吹起随风而去，使燃料的不完全燃烧损失加大；而焦结性很强的煤，又将使煤层粘结成片，增加煤层通风阻力，妨碍空气流通，使燃烧过程恶化。煤的焦结性对电厂煤粉锅炉工作的影响不太大。

把焦炭放在箱形电炉内，在 815℃±10℃ 的温度下灼烧 2h，固定碳基本烧尽，剩余的部分就是灰分，其所占原煤试样质量的百分数，即为该煤的灰分含量，据此也就可以推算出该煤的固定碳的含量。

2.2 燃料的主要特性

2.2.1 发热量

1. 高位发热量和低位发热量

高位发热量是指 1kg 煤完全燃烧所放出的热量，其中包括燃烧产物中的水蒸汽凝结成水所放出的气化潜热，用 $Q_{ar,gr}$ 表示，单位为 kJ/kg。

低位发热量，即 1kg 煤完全燃烧时所放出的热量，其中不包括燃烧产物中的水蒸汽凝结成水所放出的汽化潜热。煤的低位发热量用 $Q_{ar,net}$ 表示，单位为 kJ/kg。

推导煤的收到基高位发热量与低位发热量之间的关系：

$$Q_{ar,net} = Q_{ar,gr} - 2510\left(\frac{9H_{ar}}{100} + \frac{M_{ar}}{100}\right)$$
$$= Q_{ar,gr} - 25.1(9H_{ar} + M_{ar}) \tag{2-9}$$

2. 发热量的测定方法及估算

氧弹测热的基本原理是：把空气干燥基煤样置于充满压力氧的氧弹中并使其燃烧，氧弹沉没于水中，根据水的温升便可计算出煤的空气干燥基定容高位发热量 $Q_{ad,gr}$，再用式 (2-10) 换算空气干燥基低位发热量 $Q_{ad,net}$：

$$Q_{ad,net} = Q_{ad,gr} - 94.2S_{ad} - 0.0063Q_{ad,gr} - 25.1(M_{ad} + 9H_{ad}) \tag{2-10}$$

在煤的发热量不便测定或无须精确测定时，也可根据门捷列夫经验公式进行估算：

$$Q_{ar,net} = 339C_{ar} + 1031H_{ar} - 109(O_{ar} - S_{ar}) - 25.1M_{ar} \tag{2-11}$$

同一种煤的发热量用氧弹测出的和用经验公式算出的，两者误差一般不超过 3%～4%。

3. 标准煤和煤的折算成分

标准煤的概念：统一规定以收到基低位发热量为 29310kJ/kg 的燃料，称为标准煤。若煤的收到基低位发热量为 $Q_{ar,net}$（kJ/kg），实际煤的消耗量为 B(t/h)，折合成标准煤的消耗量为 B_b，其计算式为

$$B_b = \frac{Q_{ar,net}}{29310}B \tag{2-12}$$

折算成分的概念：规定把相对于每 4190kJ/kg（即 1000kcal/kg）收到基低位发热量的煤所含的收到基水分、灰分和硫分，分别称为折算水分、折算灰分和折算硫分，其计算公式为：

折算水分　　$M_{ar,zs} = \dfrac{M_{ar}}{Q_{ar,net}} \times 4190\%$ $\tag{2-13}$

折算灰分　　$A_{ar,zs} = \dfrac{A_{ar}}{Q_{ar,net}} \times 4190$ $\tag{2-14}$

折算硫分 $\qquad S_{ar,zs} = \dfrac{S_{ar}}{Q_{ar,net}} \times 4190$ $\hfill$ (2-15)

如果燃料中的 $M_{ar,zs} > 8\%$，称为高水分燃料；$A_{ar,zs} > 4\%$，称为高灰分燃料；$S_{ar,zs} > 0.2\%$，称为高硫分燃料。

2.2.2 灰的熔融特性

1. 灰熔融特性的测定

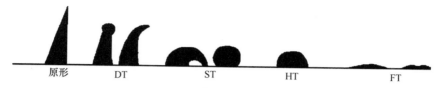

原形　　　DT　　　ST　　　HT　　　FT

图 2-1　灰锥熔融特征示意

煤灰没有明确的熔化温度，它是在一定的高温区间内逐渐熔化的，通常把煤灰的这种性质称为灰的熔融特性，并用灰的变形温度 DT、软化温度 ST 和流动温度 FT 来表示。

煤灰的熔融性 $\hfill$ 表 2-1

序号	名称	缩写	英文全称	释　义
1	变形温度	DT	deformation temperature	灰锥尖端或棱开始变圆或弯曲时的温度
2	软化温度	ST	Sphere temperature	灰锥弯曲至锥尖触及托板或灰锥变成球形时的温度
3	半球温度	HT	hemisphere temperature	灰锥形变至半球即高约等于底长一半时的温度
4	流动温度	FT	flow temperature	灰锥熔化展成高度在以下 1.5mm 薄层以下时的温度

2. 灰的熔融特性对锅炉工作的影响

①灰的熔融特性对锅炉运行的经济性及安全性均有较大的影响。灰的熔融特性一般以 ST 为代表。各种煤灰的软化温度 ST 多在 1100～1600℃ 之间。通常把 $ST < 1200$℃ 的煤灰称为易熔灰；$ST > 1400$℃ 的煤灰称为难熔灰。一般认为，对于 $ST < 1200$℃ 的煤种，宜采用液态排渣的方式；对于 $ST > 1400$℃ 的煤种，宜采用固态排渣的方式；对于 1200℃ $< ST < 1400$℃ 的煤种，通常也采用固态排渣的方式。

②灰的软化温度 ST 与变形温度 DT 的温度间隔对锅炉的结渣有一定影响。当 $ST - DT > 200$℃ 时，说明灰渣的液态与固态共存时间较长，称为长渣；当 $ST - DT < 100$℃ 时，说明灰渣的液态与固态共存时间较短，称为短渣。由此可见，对固态排渣煤粉炉，为减轻炉内结渣，应燃用具有短渣性质的煤；而对液态排渣炉，为使排渣通畅，应燃用具有长渣性质的煤。

③另外，对固态排渣煤粉炉，为了避免炉膛出口附近的受热面结渣，应使炉膛出口烟温 ϑ''_l 比灰的变形温度 DT 低 50℃～100℃。

2.2.3 煤的可磨性指数与磨损指数

1. 煤的可磨性指数

煤的可磨性系数，是在风干状态下，将等量的标准样煤和被测试煤，由相同的初始粒度磨制成同一规格的细煤粉时，所消耗的能量之比，即

$$K_{km} = \frac{E_b}{E_s} \qquad (2-16)$$

式中　E_b——磨制标准煤样（一种难磨的无烟煤）消耗的能量；

　　　　E_s——磨制被测试煤消耗的能量。

显然，K_{km}之值愈大，表示该煤愈容易磨制成粉，所消耗的能量就愈小；反之，K_{km}愈小，表示该煤愈难于磨制成粉，所消耗的能量也就愈大。

可磨性指数的测定方法有两种：我国长期使用苏联方法，现在更多地采用欧美各国通用的哈德格罗夫法（以下简称哈氏法）。两种测定方法的原理相似，哈氏法是将规定粒度的50g煤样置于实验用中速磨煤机内，磨制约3min后取出并筛分，然后按式（2-17）计算：

$$HGI = 13 + 6.93D_{74} \qquad (2-17)$$

式中 HGI——哈氏可磨性指数（Hardgrove Grandability Index）；

　　　D_{74}——50g煤粉中通过孔径为74μm筛子的煤粉质量，g。

哈氏可磨性指数和苏联可磨性指数之间的换算关系为

$$K_{km} = 0.0034(HGI)^{1.25} + 0.61 \qquad (2-18)$$

我国动力煤的可磨性指数，K_{km}在0.8~2.0之间（即HGI在25~125之间）。通常认为$K_{km}<1.2$（即$HGI<64$）的煤称为难磨煤，$K_{km}>1.5$（即$HGI>86$）的煤称为易磨煤。

2. 煤的磨损指数

煤在磨制过程中，对磨煤机金属碾磨部件磨损的轻重程度，称为煤的磨损性，并用磨损指数K_e表示。

其定义为：在一定的试验条件下，某种煤每分钟对纯铁的磨损量χ与相同条件下标准煤样每分钟对纯铁磨损量的比值。这里的标准煤是指每分钟能使纯铁磨损10mg的煤。若在τ(min)内，某种煤对纯铁的磨损量为m(mg)，则该煤的磨损指数见式（2-19）：

$$K_e = \frac{\chi}{10} = \frac{m}{10\tau} \qquad (2-19)$$

很明显，煤的磨损指数K_e愈大，表明煤对金属碾磨部件的磨损愈强烈，即该煤的磨损性愈强；反之，K_e愈小，该煤的磨损性愈弱。

煤的磨损性能分类　　　　　　　　　　　　　　　　　　　　　　表 2-2

磨损指数 K_e	<2.0	2.0~3.5	3.5~5.0	>5.0
煤的磨损性	不强	较强	很强	极强

煤的磨损指数K_e与可磨性指数K_{km}是两个完全不同的概念。煤的磨损指数K_e主要取决于煤中硬质颗粒（石英、黄铁矿、菱铁矿等）的性质和含量，而煤中这些硬质颗粒与煤的总量相比毕竟是少数。可磨性指数K_{km}决定于煤的机械强度、脆性等因素。碳和除硬质颗粒以外的灰分在原煤中占绝大部分，它们决定了煤的机械强度和脆性等因素，从而影

13

响的 K_{km} 大小。也就是说，容易磨成粉的煤不一定都具有弱磨损性；而不易磨制成粉的煤也不一定都具有强磨损性。

2.3 燃料的分类

2.3.1 锅炉用煤的分类

我国的锅炉用煤，是根据煤的干燥无灰基挥发分含量（V_{daf}）的大小来分类的。按此分类方法，把煤分为四类：$V_{daf} \leqslant 10\%$ 的为无烟煤、$10\% < V_{daf} < 20\%$ 的为贫煤、$20\% \leqslant V_{daf} \leqslant 40\%$ 的为烟煤、$V_{daf} > 40\%$ 的为褐煤。

1. 各类煤质的特性

表 2-3

各类煤质的特性

类别		干燥无灰基挥发分 V_{daf}（%）	外观	碳含量	灰分含量	水分含量	发热量	燃烧特性
无烟煤	Ⅰ类 Ⅱ类 Ⅲ类	5～10 <5 5～10	有明亮的黑色光泽，硬度高不易研磨	很高，一般 C>50%，最高可达 95%	不高，一般 A=6%～25%	较少，M=3%～15%	较高，一般 $Q_{ar,net}$=25000～32500kJ/kg	挥发分的析出温度高，不易点燃，燃尽也不容易，焦炭无粘结性，储存时不易自燃
贫煤		10～20		较高	较高	较少	较高	接近于无烟煤，难以着火和燃尽
烟煤	Ⅰ类 Ⅱ类 Ⅲ类	20～40		一般 C=40%～70%，少数能达到 75%	A=7%～30%；高者达 50%	适中，M=3%～18%	一般 $Q_{ar,net}$=20000～30000kJ/kg	容易点燃，燃烧快，燃烧时火焰较长。多数具有或强或弱的焦结性
褐煤		>40	呈褐色，少数为黑褐色甚至黑色	不高，约为40%～50%。氧含量：很高	变化范围很大，一般 A=6%～40%	高，M=20%～40%	不高，一般 $Q_{ar,net}$=11500～21000kJ/kg	挥发分的析出温度低，着火及燃烧均较容易。褐煤在空气中存放极易风化，容易发生自燃。含水分较高的年轻褐煤着火性能较差

2. 代表煤种

代表煤种　　　　　　　　　　　　　　　　　　　　　　表 2-4

类别		名　称	$V^r\%$	$C^y\%$	$H^y\%$	O^y %	N^y %	S^y %	A^y %	W^y %	$Q_{ar,net}$ kJ/kg
石煤煤矸石	Ⅰ类	湖南株洲煤矸石	45.03	14.80	1.19	5.30	0.29	1.5	67.10	9.82	5032.5
	Ⅱ类	安徽淮北煤矸石	14.74	19.49	1.42	8.34	0.37	0.69	65.79	3.90	6950.1
	Ⅲ类	浙江安仁石煤	8.05	28.04	0.62	2.1	2.87	3.57	58.04	4.13	9307.3
褐煤		内蒙扎赉诺尔	43.75	34.65	2.34	10.48	0.57	0.31	17.02	34.63	12288.3
无烟煤	Ⅰ类	京西安家滩	6.18	54.70	0.78	2.23	0.28	0.89	33.12	8.00	18187.5
	Ⅱ类	福建天湖山	2.84	74.15	1.19	0.59	0.14	0.15	13.98	9.80	25434.8
	Ⅲ类	山西阳泉三矿	7.85	65.65	2.64	3.19	0.99	0.51	19.02	8.00	24425.8
贫煤		四川芙蓉	13.25	55.19	2.38	1.51	0.74	2.51	28.67	9.00	20900.5
烟煤	Ⅰ类	吉林通化	21.91	38.46	2.16	4.65	0.52	0.61	43.10	10.50	13535.9
	Ⅱ类	山东良庄	38.50	46.55	3.06	6.11	0.86	1.94	32.48	9.00	17693.4
	Ⅲ类	安徽淮南	38.48	57.42	3.81	7.16	0.93	0.46	21.37	8.85	22211

2.3.2 其他固体燃料

1. 油页岩

油页岩属于非常规油气资源，以资源丰富和开发利用的可行性而被列为 21 世纪非常重要的接替能源。它与石油、天然气、煤一样都是不可再生的化石能源。在近 200 年的开发利用中，其资源状况、主要性质、开采技术以及应用研究方面都积累了不少经验。

油页岩（又称油母页岩）是一种高灰分的含可燃有机质的沉积岩。它和煤的主要区别是灰分超过 40%，与碳质页岩的主要区别是含油率大于 3.5%。

油页岩经低温干馏可以得到页岩油，页岩油类似原油，可以制成汽油、柴油或作为燃料油。除单独成矿外，油页岩还经常与煤形成伴生矿藏，一起被开采出来。

油页岩可以磨成粉后直接燃烧。油页岩这样利用时热值较高，约 9200kJ/kg，但由于其中含有许多灰分，会在燃烧表面形成沉积层，另外还有腐蚀问题。油页岩的特点是燃点低，当发热量在 3349kJ/kg 左右时可作沸腾炉的燃料。

2. 生物质燃料

生物质燃料：是指将生物质材料燃烧作为燃料，一般主要是农林废弃物（如秸秆、锯末、甘蔗渣、稻糠等）。主要区别于化石燃料。在目前的国家政策和环保标准中，直接燃烧生物质属于高污染燃料，只在农村的大灶中使用，不允许在城市中使用。生物质燃料的应用，实际主要是生物质成型燃料（简称"BMF"），是将农林废物作为原材料，经过粉碎、混合、挤压、烘干等工艺，制成各种成型（如块状、颗粒状等）的，可直接燃烧的一种新型清洁燃料。

3. 生活垃圾

城市生活垃圾是三大类固体废弃物之一，它来源于城市中人类与动物的日常活动产生的废物或不再使用的丢弃物，如厨房的残留物、丢弃的纸制品、报废的电子产品、商品的包装材料等。

由于它具有一定的热值，处理时可作为锅炉燃料来燃烧，以回收热能。与其他固体燃料相比，组成城市生活垃圾的化学元素中，除碳、氢、氧、氮、硫外，还有氯以及铁、铝、铅、汞、铜等微量金属元素，这些元素在焚烧过程中会以单质或化合态的形式排出。造成对环境的污染。另外，城市生活垃圾的水分一般都比较多，并且随地区、季节、温度等变化很大。

2.3.3 液体燃料

液体燃料，是燃料的一类，主要含碳氢化合物和其混合物。天然的有天然石油或原油。加工而成的有由石油加工而得的汽油、煤油、柴油、燃料油等，由油页岩干馏而得的页岩油，以及由一氧化碳和氢合成的人造石油等。

液体的燃料比固体燃料有下列优点：

（1）比具有同量热能的煤约轻 30%，所占空间约少 50%；

（2）可贮存在离炉子较远的地方，贮油柜可不拘形式，贮存便利还胜过气体燃料；

（3）可用较细管道输送，所费人工也少；

（4）燃烧容易控制；

（5）基本上无灰分。

油类燃料分为 4 类：汽油、煤油、柴油、重油。其中汽油和煤油一般不作为锅炉燃料。

1. 柴油

柴油是轻质石油产品，复杂烃类（碳原子数约 10～22）混合物。为柴油机燃料。主要由原油蒸馏、催化裂化、热裂化、加氢裂化、石油焦化等过程生产的柴油馏分调配而成；也可由页岩油加工和煤液化制取。分为轻柴油（沸点范围约 180℃～370℃）和重柴油（沸点范围约 350℃～410℃）两大类。广泛用于大型车辆、铁路机车、船舰，也可用作锅炉的燃料。

柴油分为轻柴油（沸点范围约 180℃～370℃）和重柴油（沸点范围约 350℃～410℃）两大类柴油按凝点分级，轻柴油有 10，5，0，-10，-20，-30，-50 七个牌号，重柴油有 10，20，30 三个牌号。

温度在 4℃以上时选用 0 号柴油；

温度在 -5℃～4℃时选用 -10 号柴油；

温度在 -14℃～ -5℃时选用 -20 号柴油；

温度在 -29℃～ -14℃时选用 -35 号柴油；

2. 重油

重油是原油提取汽油、柴油后的剩余重质油，其特点是分子量大、黏度高。重油的比重一般在 0.82～0.95，热值在 10000～11000kcal/kg。其成分主要是碳氢化合物，另外含有部分的硫磺及微量的无机化合物。

对用作燃料的重油，除要求有高发热量外，还要求：

（1）黏度低。以便于管道输送，有利于喷吹雾化改善燃烧效率；重油因含石蜡量多而黏度大，使用时需进行预热，使达到 100℃或 100℃以上，以降低黏度。

（2）凝固点要低。一般重油凝固温度为 22℃～36℃；对石蜡量多，凝固点高的重油，应采取适当的加热措施，以便于运输和装卸。

（3）闪点温度高。可采用较高的预热温度，便于输送和雾化，一般重油的闪点在

180℃～330℃，都高于需要预热的温度。

（4）油中的机械杂质和含水量要少。杂质多和含水量高，不仅降低了重油的发热量，而且使用时会引起烧嘴堵塞和火焰波动，故需进行过滤，如将油和水形成乳状液，则可以改善燃烧效果。

（5）含硫要低。一般含硫量为 0.15%～0.30%，但也有少数重油含硫高达 2%，使用中造成不良后果。

3. 页岩油

页岩油，也称油母页岩油或油页岩油，是一种非常规石油。制备方法是加热分解油页岩，加氢或热溶解。这个过程把在岩石中的有机物质转变为合成石油和天然气合成原料。所得的油状物，可以立即作为燃料或用于提供炼油厂。原料的性质可以通过加入氢和除去杂质如硫和氮等来改变。其制成的产品可用于和原油相同的目的。

4. 水煤浆

水煤浆是一种新型、高效、清洁的煤基燃料，是燃料家庭的新成员，它是由 65%～70% 不同粒度分布的煤，29%～34% 的水和约 1% 的化学添加剂制成的混合物。经过多道严密工序，筛去煤炭中无法燃烧的成分等杂质，仅将碳本质保留下来，成为水煤浆的精华。它具有石油一样的流动性，热值相当于油的一半，被称为液态煤炭产品。水煤浆技术包括水煤浆制备、储运、燃烧、添加剂等关键技术，是一项涉及多门学科的系统技术，水煤浆具有燃烧效率高、污染物排放低等特点，可用于电站锅炉、工业锅炉和工业窑炉代油、代气、代煤燃烧，是当今洁净煤技术的重要组成部分。

2.3.4 气体燃料

一般含有低分子量的碳氢化合物、氢和一氧化碳等可燃气体，并常含有氮和二氧化碳等不可燃气体。天然的有沼气、天然气、液化气等。经过加工而成的有由固体燃料经干馏或气化而成的焦炉气、水煤气、发生炉煤气等；石油加工而得的石油气，以及由炼铁过程中所产生的高炉气等。

气体燃料是一种优质、高效、清洁的燃料，其着火温度相对较低，火焰传播速度快，燃烧速度快，燃烧非常容易和简单，很容易实现自动输气、混合、燃烧过程，主要有以下特点：

（1）基本无污染气体燃料基本上无灰分，含氮量和含硫量都比煤和液体燃料要低很多，燃烧烟气中粉尘含量极少。硫化物和氮氧化物含量很低，对环境保护非常有利，基本上是无污染燃料，环保要求最严格的区域也能适用。同时，气体燃料由于采用管道输送，没有灰渣，基本上消除了运输、贮存过程中发生的有害气体、粉尘和噪声。

（2）容易调节气体是通过管道输送的，只要对阀、风门进行相应的调节，就可以改变耗气量，对负荷变化适应快，可实现低氧燃烧，提高锅炉热效率。

（3）作业性好与液体燃料相比，气体燃料输送是管道直供，不需贮油槽、日用油箱等部件。特别是与重油相比较，可免去加热、保温等措施，使燃气系统简单，操作管理方便，容易实现自动化。

（4）容易调整发热量在燃烧液化石油气时，加入部分空气，既可避开部分爆炸范围，又能调整发热量。按燃气量设计规范规定，标态下燃气低位发热量应大于 $147000kJ/m^3$。

（5）气体燃料的缺点与空气按一定比例混合会形成爆炸性气体。气体燃料成分大多对人和动物是有窒息性或有毒的，故对安全性要求较高。

气 体 成 分 表

表 2-5

| 序号 | 燃气种类 | 成分体积分数（%） | | | | | | | | | | 摩尔质量 M (kg/kmol) | 气体常数 R (J/mol·K) | 标态下密度 ρ⁰ (kg/m³) | 绝热指数 k | 标态下低位热值 (kJ/m³) |
		H_2	CO	CH_4	C_3H_6	C_3H_8	C_4H_{10}	N_2	O_2	CO_2	H_2S					
1	天然气			98	C_mH_n 0.4	0.3	0.3	1				16.654	499.5	0.7435	1.3082	36533
2	油田伴生气		C_2H_6 7.4	80.1	C_mH_n 2.4	3.8	2.3	0.6		3.4		21.73	382.6	0.9709	1.287	43572
3	炼焦煤气	59.2	8.6	23.4	2			3.6	1.2	2		10.496	792.5	0.4686	1.375	17589
4	混合煤气	48	20	13	1.7			12	0.8	4.5		14.997	554.4	0.67	1.384	13836
5	高炉煤气	1.8	23.5	0.3				56.9		17.5		30.464	269.9	1.3551	1.387	3265
6	矿井气			52.4				36	7	4.6	0.9	22.78	365.2	1.017	1.351	18758
7	高压气化气	59.3	24.8	14			0.2	0.8				11.124	747.8	0.4966	1.39	14797
8	液化石油气		C_4H_8 54	1.5	10	4.5	26.2					56.61	147	2.527	1.15	114875

教学单元 3　物质平衡和热平衡

3.1　燃烧所需空气量

3.1.1　燃烧所需空气量

1. 基本假设：

（1）空气、烟气均为理想气体，每千摩尔体积等于 22.4Nm^3；

（2）空气中只有 O_2 和 N_2 成分，其体积比为 1：4；

（3）每 1kg 燃料都是在完全燃烧的条件下计算。

1kg（或 1 标准 m^3）收到基燃料完全燃烧而又没有剩余氧存在时所需要的空气量，称为理论空气量，用符号 V^0 表示，单位为(标)m^3/kg(或(标)m^3／（标)m^3)。

2. 碳燃烧所需空气量

碳完全燃烧时，其化学反应式为

$$C+O_2=CO_2$$
$$1mol+1mol=1mol$$
$$12g+22.4m^3（标）=22.4m^3（标）$$

碳燃烧所需空气量

$$\frac{1}{0.21}\times\frac{C_{ar}}{100}\times\frac{22.4}{12}=0.0889C_{ar} \tag{3-1}$$

3. 硫燃烧所需空气量

硫完全燃烧时，其化学反应式为

$$S+O_2=SO_2$$
$$1mol+1mol=1mol$$
$$32g+22.4m^3（标）=22.4m^3（标）$$

硫燃烧所需空气量

$$\frac{1}{0.21}\times\frac{S_{ar}}{100}\times\frac{22.4}{32}=0.0889\times0.375S_{ar} \tag{3-2}$$

4. 氢燃烧所需空气量

氢完全燃烧时，其化学反应式为

$$H_2+0.5O_2=2H_2O$$
$$1mol+0.5mol=1mol$$
$$2g+11.2m^3（标）=22.4m^3（标）$$

氢燃烧所需空气量

$$\frac{1}{0.21}\times\frac{H_{ar}}{100}\times\frac{11.2}{2}=0.265H_{ar} \tag{3-3}$$

5. 燃料本身中含有氧量替代的空气量

燃料本身中含有氧量替代的空气量

$$\frac{1}{0.21} \times \frac{O_{ar}}{100} \times \frac{22.4}{32} = 0.0333O_{ar} \tag{3-4}$$

6. 理论空气量空气量 V^0

由式（3-1）～式（3-4）有

$$V^0 = 0.0889(C_{ar} + 0.375S_{ar}) + 0.265H_{ar} - 0.0333O_{ar} \tag{3-5}$$

3.1.2 燃烧所需空气量及过量空气系数

为了使燃料在炉内能够燃烧完全，减少不完全燃烧热损失，实际送入炉内的空气量要比理论空气量大些，这一空气量称为实际供给空气量，用符号 V_a 表示。实际供给空气量与理论空气量之比，称为过量空气系数，即

$$\frac{V_a}{V^0} = \alpha \text{ 或 } \beta \tag{3-6}$$

式中　α——用于空气量计算；

　　　β——用于烟气量计算。

炉内过量空气系数 α，一般是指炉膛出口处的过量空气系数。过量空气系数是锅炉运行的重要指标，太大会增大烟气容积使排烟热损失增加，太小则不能保证燃料完全燃烧。它的最佳值与燃料种类、燃烧方式以及燃烧设备的完善程度有关，应通过试验确定。实际采用的 α''_{fue} 值列于表3-1。

炉膛出口过量空气系数 α''_{fue} 的推荐值　　　　　　　　　　表 3-1

燃料及燃烧设备形式	固态排渣煤粉炉		链条炉	沸腾炉	燃油及燃气炉	
	无烟煤、贫煤及劣质烟煤	烟煤、褐煤	各种煤	各种煤	平衡通风	微正压
α''_{fue}	1.20～1.25	1.15～1.20	1.3～1.5	1.1～1.2	1.08～1.10	1.05～1.07

3.1.3 锅炉漏风系数

某一受热面的漏风量 ΔV 与理论空气量 V^0 之比，称为该级受热面的漏风系数，并用式（3-7）表示：

$$\Delta \alpha = \frac{\Delta V}{V^0} \tag{3-7}$$

锅炉漏风会导致锅炉效率降低、引风机的电耗增大，直接影响到锅炉的安全经济运行，因此必须尽可能地减少锅炉漏风。漏风系数与锅炉结构、安装及检修质量、运行操作情况等有关。在设计锅炉时，锅炉及烟道的漏风系数列于表3-2。

烟道中的任一截面处的过量空气系数 α，可等于炉膛出口的过量空气系数加前面各段烟道的漏风系数之和，即

$$\alpha = \alpha''_{fue} + \Sigma \Delta \alpha \tag{3-8}$$

式中　α''_{fue}——炉膛出口过量空气系数；

　　　$\Sigma \Delta \alpha$——炉膛出口与计算烟道截面间，各段烟道漏风系数之和，可查表3-2。

空气预热器中空气压力侧较高空气会有部分漏入烟气侧，故空气预热器进、出口空气侧的过量空气系数关系见式（3-9）：

$$\beta'_{ky} = \beta'_{ky} + \Delta\alpha_{ky} \tag{3-9}$$

式中　$\Delta\alpha_{ky}$——空气预热器的漏风系数；

β'_{ky}、β'_{ky}——分别为空气预热器进口和出口的过量空气系数。

3.2　燃 烧 产 物 计 算

3.2.1　理论烟气容积

燃烧产物中不含可燃物时称为完全燃烧。当 $\alpha=1$ 且完全燃烧时，生成的烟气容积称为理论烟气容积，用符号 V_g^0 表示，单位为（标）m^3/kg。

$$V_g^0 = V_{N_2}^0 + V_{RO_2}^0 - V_{H_2O}^0 \tag{3-10}$$

烟气组成成分分析说明如下：

1. 理论二氧化碳容积 $V_{CO_2}^0$

1kg 燃料中碳完全燃烧生成的 CO_2 容积为：

$$V_{CO_2}^0 = 1.866\frac{C_{ar}}{100}$$

2. 二氧化硫容积 $V_{SO_2}^0$

1kg 燃料中硫完全燃烧生成的 SO_2 容积为：$V_{SO_2}=0.7\frac{S_{ar}}{100}$

通常用 V_{RO_2} 表示二氧化碳和二氧化硫容积之和，即：

$$V_{RO_2} = V_{CO_2} + V_{SO_2} = 1.866\frac{C_{ar}+0.375S_{ar}}{100} \tag{3-11}$$

3. 理论氮气容积 $V_{N_2}^0$

理论烟气容积中氮气有两个来源。一是理论空气量所含的氮，二是燃烧时燃料本身释放出的氮。故理论氮气容积为：

$$V_{N_2}^0 = 0.79V^0 + \frac{22.4}{28}\times\frac{N_{ar}}{100} = 0.79V^0 + 0.8\frac{N_{ar}}{100} \tag{3-12}$$

4. 理论水蒸汽容积 $V_{H_2O}^0$

理论水蒸汽容积来源于四个方面：

（1）燃料中氢气完全燃烧生成的水蒸汽，其容积为 $11.1\times\frac{H_{ar}}{100}=0.111H_{ar}$。

（2）燃料中水分蒸发形成的水蒸汽，其容积为 $\frac{22.4}{18}\times\frac{M_{ar}}{100}=0.0124M_{ar}$。

（3）随同理论空气量 V^0 带入的水蒸汽，其容积为 $\frac{22.4}{24}\times\frac{d}{1000}\rho_k V^0$。

（4）燃用液体燃料时，如果采用蒸汽雾化燃油，其容积为 $\frac{22.4}{18}G_{wh}=1.24G_{wh}$，$G_{wh}$ 为雾化燃油时消耗的蒸汽量，kg/kg。

因此，理论水蒸汽容积 $V_{H_2O}^0$ 为：

$$V_{H_2O}^0 = 0.111H_{ar} + 0.0124M_{ar} + 0.161V^0 + 1.24G_{wh} \tag{3-13}$$

把式（2-32）、式（2-33）和式（2-34）相加，就可以得到理论烟气量 V_y^0：

$$V_y^0 = 1.866 \frac{C_{ar} + 0.375 S_{ar}}{100} + 0.79 V^0 + 0.8 \frac{N_{ar}}{100}$$
$$+ 0.111 H_{ar} + 0.0124 M_{ar} + 0.0161 V^0 + 1.24 G_{wh} \tag{3-14}$$

这种含有水蒸汽的烟气称为湿烟气。扣除水蒸汽后的理论干烟气量 V_{gy}^0 为：

$$V_{gy}^0 = V_{RO_2} + V_{N_2}^0 \tag{3-15}$$

理论烟气量也可以写成：

$$V_y^0 = V_{gy}^0 + V_{H_2O}^0 \tag{3-16}$$

3.2.2　实际烟气容积计算

锅炉中实际的燃烧过程是在过量空气系数 $\alpha > 1$ 的条件下进行的。此时烟气容积中除理论烟气容积外，还增加了过量空气 $(\alpha-1) V^0$ 和随同这部分过量空气带进来的水蒸汽。

实际烟气容积 V_g 为：

$$V_g = V_g^0 + (\alpha-1) V^0 + 0.0161(\alpha-1) V^0 \tag{3-17}$$

实际烟气容积中扣除水蒸汽容积，就得到了实际干烟气容积：

$$V_{gy} = V_{RO_2} + V_{N_2} + V_{O_2} \tag{3-18}$$
$$V_{gy} = V_{RO_2} + V_{N_2}^0 + (\alpha-1) V^0 \tag{3-19}$$

或写成

$$V_{gy} = V_{gy}^0 + (\alpha-1) V^0 \tag{3-20}$$

实际烟气容积可写成

$$V_y = V_{gy} + V_{H_2O} \tag{3-21}$$

当燃料不完全燃烧时，可认为烟气中的不完全燃烧产物只有 CO。这时烟气的实际容积为：

$$V_g = V_{CO_2} + V_{CO} + V_{SO_2} + V_{O_2} + V_{N_2} + V_{H_2O} \tag{3-22}$$

但从碳的燃烧反应方程式可以看到，无论燃烧后全部生成 CO_2 或者 CO_2 和 CO 同时存在，碳的燃烧产物的总容积是不变的。对 1kg 燃料而言：

完全燃烧时

$$V_{CO_2} = 1.866 \frac{C_{ar}}{100} \tag{3-23}$$

不完全燃烧时

$$V_{CO_2} + V_{CO} = 1.866 \frac{C_{ar}}{100} \tag{3-24}$$

由此可见，如果不完全燃烧只有 CO，那么不论燃烧完全与否，烟气中碳的燃烧产物的总容积是不变的。

3.2.3　烟气焓值计算

1kg 燃料的烟气焓：

$$I_g = I_g^0 + (\alpha-1) I_a^0 \tag{3-25}$$
$$I_g^0 = V_{RO_2} (C\vartheta)_{RO_2} + V_{N_2} (C\vartheta)_{N_2} + V_{H_2O} (C\vartheta)_{H_2O} \tag{3-26}$$
$$I_a^0 = V^0 (C\vartheta)_a \tag{3-27}$$

3.3　锅炉热平衡方程

3.3.1　锅炉的热平衡方程

锅炉的输入热量 Q_{in} ＝锅炉有效利用热量 Q_1 ＋各项热损失之和

$$Q_{in} = Q_1 + Q_2 + Q_3 + Q_4 + Q_5 + Q_6 \qquad (3\text{-}28)$$

式中　Q_1——锅炉有效利用热量，kJ/kg；

　　　Q_2——排烟热损失，kJ/kg；

　　　Q_3——气体不完全燃烧热损失，kJ/kg；

　　　Q_4——固体不完全燃烧热损失，kJ/kg；

　　　Q_5——炉体散热损失，kJ/kg；

　　　Q_6——灰渣物理热损失及其他热损失，kJ/kg；

　　　Q_{in}——锅炉输入热量，kJ/kg。

$$Q_{in} = Q_{net,ar} + i_{fue} + Q_s + Q_{fo} \qquad (3\text{-}29)$$

式中　$Q_{net,ar}$——燃料收到基低位发热量，kJ/kg；

　　　i_{fue}——燃料的物理热，kJ/kg；

　　　Q_s——喷入锅炉的蒸汽带入的热量，kJ/kg；

　　　Q_{fo}——用外来热源加热空气带入的热量，kJ/kg。

各项热量可用其占输入热量的百分比表示，

例如：$q_1 = Q_1/Q_{in}$

式（3-28）两边同除 Q_{in}

热平衡方程也可表示为：

$$q_1 + q_2 + q_3 + q_4 + q_5 + q_6 = 100\% \qquad (3\text{-}30)$$

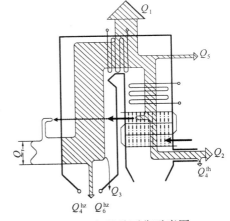

图 3-1　锅炉热平衡示意图

式中　q_1——锅炉有效利用热量占输入热量的百分比即锅炉效率 η，%；

　　　q_2——排烟损失，%；

　　　q_3——气体不完全燃烧损失，%；

　　　q_4——固体不完全燃烧损失，%；

　　　q_5——散热损失，%；

　　　q_6——灰渣物理热损失，%。

$$\eta = 100\% - (q_2 + q_3 + q_4 + q_5 + q_6) \qquad (3\text{-}31)$$

3.3.2　锅炉的各项热损失

1. 排烟热损失

排烟温度每升高 15℃，排烟热损失约增加 1%。工业锅炉中水管锅炉的排烟温度约在160℃～200℃范围内（高于露点温度）。

2. 气体不完全燃烧热损失

燃料在炉膛中燃烧时，如果空气量不足、燃料与空气混合不良、炉膛容积太小或炉膛温度太低，就可能因供氧量不足、可燃气体在炉膛内停留时间过短或达不到着火点而使部分可燃气体不能完全燃烧，造成热损失。

3. 固体不完全燃烧热损失

q_4 和锅炉燃烧方式、燃烧特性、锅炉运行情况有关。

4. 炉体散热损失

大小取决于锅炉散热面积的大小，外表面积温度以及周围空气的温度。

5. 灰渣物理热损失（及其他热损失）

灰渣（600℃～800℃排出）物理热损失与燃料中的灰分含量、灰渣占总灰量的比例等因素有关。

3.3.3 锅炉额定输出热功率

1. 锅炉额定输出热功率

（1）过热蒸汽锅炉

$$Q_{ew} = D(i_{s,sh} - i_{f,w}) + D_{a,s}(i_{s,s} - i_{f,w}) + D_{b,w}(i_{s,w} - i_{f,w}) \qquad (3-32a)$$

（2）饱和蒸汽锅炉

$$Q_{ew} = (D + D_{a,s})\left(i_{s,s} - i_{f,w} - \frac{\gamma\omega}{100}\right) + D \cdot (i_{s,w} - i_{f,w}) \qquad (3-32b)$$

（3）热水锅炉

$$Q_{ew} = G(i_{sup,w} - i_{bac,w}) \qquad (3-32c)$$

式中　Q_{ew}——锅炉额定输出热功率，kW；

　　　　D——蒸发量，kg/s；

　　　　$D_{a,s}$——自用蒸汽量，kg/s；

　　　　G——循环水量，kg/s；

　　　　$D_{b,w}$——锅炉排污量，kg/s；

　　　　$i_{s,sh}$——过热蒸汽焓，kJ/kg；

　　　　$i_{s,s}$——饱和蒸汽焓，kJ/kg；

　　　　$i_{f,w}$——给水焓，kJ/kg；

　　　　γ——汽化潜热，kJ/kg；

　　　　ω——蒸汽湿度，%；

　　　　$i_{s,w}$——饱和水焓，kJ/kg；

　　　$i_{sup,w}$——给水焓，kJ/kg；

　　　$i_{bac,w}$——回水焓，kJ/kg。

$$D_{b,w} = D\rho_{b,w} \qquad (3-33)$$

式中　$\rho_{b,w}$——锅炉排污率，%。

2. 燃料消耗量

$$B = \frac{Q_{ew}}{Q_{in}\dfrac{\eta}{100}} \qquad (3-34)$$

式中　B——燃料消耗量，kg/s；

　　　　Q_{ew}——锅炉额定输出热功率，kW；

　　　　Q_{in}——锅炉输入热量，kJ/kg；

　　　　η——锅炉效率，%。

3. 计算燃料消耗量

计算燃料消耗量，是扣除固体不完全燃烧热损失后的锅炉燃料消耗量，即实际参与燃烧反应的燃料消耗量。在进行燃烧所需空气量和燃烧产生烟气量计算时，都要用到计算燃料消耗量。

$$B_{cal} = B\left(1 - \frac{q_4}{100}\right) \qquad (3-35)$$

式中　B_{cal}——计算燃料消耗量，kg/s；

　　　B——燃料消耗量，kg/s；

　　　q_4——固体不完全燃烧损失，%。

4. 保热系数

在锅炉热力计算中，需要知道各段受热面所在烟道的散热损失。通常把某段烟道中，烟气放出的被受热面吸收的程度用保热系数来考虑，保热系数等于受热面工质吸收的热量与烟气放出的热量之比。

$$\varphi = 1 - \frac{q_5}{\eta + q_5} \tag{3-36}$$

式中　φ——保热系数，%；

　　　q_5——散热损失，%；

　　　η——锅炉效率，%。

教学单元 4　锅炉燃烧技术

4.1　燃料燃烧和燃烧过程

所谓燃料燃烧是指燃料中的可燃物与氧气或空气进行的快速放热和发光的反应，并以火焰的形式出现。在燃烧过程中，燃料、氧气和燃烧产物三者之间进行着动量、热量和质量传递，形成火焰这种有多组分浓度梯度和不等温两相流动的复杂结构。因此燃烧过程是一种极为复杂的物理化学综合过程。由于固体（煤）、液体（油）、气体燃料的物理化学性质各不相同，因此它们燃烧过程也存在明显差别，下面逐一介绍固体（煤）、液体（油）、气体燃料的燃烧过程。

4.1.1　固体燃料（煤）的燃烧过程

煤的燃烧（见索引 04.01.001）是复杂的物理化学过程，煤进入炉内，收到高温烟气的加热，温度逐渐升高，在此期间经历干燥预热阶段、挥发分着火燃烧、焦炭燃烧、焦炭燃尽等阶段。

1. 干燥预热阶段

煤被加热时，首先是水分不断蒸发，煤被干燥，显然，煤中水分越多，干燥消耗的热量也越多，时间也越长。在这一阶段，煤不但不能释放热量而且需要吸收热量。所以必须组织好热量供应，其热源来自炉膛火焰或高温烟气、炽热的炉墙和炉拱等。热量供应情况就决定了准备阶段的时间长短。在此阶段对空气需求量少，需要从炉内吸收大量的热，以提升燃料的温度。

2. 挥发分析出并着火阶段

经过干燥预热阶段，煤继续被加热，煤中的高分子碳氢化合物达到一定温度，就会发生分解，析出一种混合可燃气体，即挥发分，同时生成焦炭。煤种挥发分含量越多，开始析出挥发分的温度越低。挥发分多，着火温度低，着火容易；挥发分少，着火温度高，着火困难。

煤继续被加热，挥发分不断析出，而且温度也随之提高，挥发分中可燃物质与氧气的化学反应也在逐渐加快，当挥发分达到一定温度和浓度时，化学反应速度急速加快，着火燃烧，形成明亮的黄色火焰，这里，挥发分要加热到一定的温度才能着火。

不同的煤的挥发分着火温度时不一样的，通常我们将挥发分着火温度看成煤的着火温度，挥发分燃烧时放出热量，将焦炭加热到赤红程度（已达到能够着火的温度），但是焦炭并不会立刻燃烧，因为挥发分包围了焦炭，挥发分首先遇氧将氧耗掉了，氧气不能扩散到焦炭的表面，焦炭只能被加热而不能燃烧。

3. 焦炭的燃烧

当挥发分基本烧完以后，氧气扩散到焦炭表面上，焦炭开始着火燃烧，并发出较短的蓝色火焰。焦炭是煤的主要可燃物，燃烧时能发出很多热量，例如：无烟煤的焦炭燃烧发热量占总发热量的95%左右，挥发分很多，碳含量较小的褐煤，其焦炭燃烧发热量也占总发热量的一半以上。

焦炭的燃烧时固体（焦炭）与气体（氧气）之间的反应碳的燃烧是一种气固两相间在碳的表面上进行的化学反应（非均相化学反应）。在相的分界面上发生反应——包括碳粒外表面和内部缝隙表面。因缝隙小而窄，故反应主要是在外表面上进行。化学反应速度很慢，因此燃烧时间较长，所以组织好焦炭的燃烧往往是煤燃烧的关键。

4. 焦炭燃尽

焦炭燃烧时，在其表面形成灰壳，阻碍空气与焦炭接触，同时焦炭被燃烧形成的二氧化碳和一氧化碳所包围，又妨碍空气向焦炭表面的扩散。因此，焦炭燃尽往往需要很长的时间，为了及时排掉燃烧产生的气体，还应保证空气有适当的速度，但也应注意供应太多的空气量不利于保证一定的炉膛温度。

需要注意的是实际燃烧过程中，以上各个阶段虽有先有后，但各个阶段并没有严格的界限，是稍有交错地进行的，各个阶段常相互影响和相互重叠交叉进行的。燃烧过程分为上述四个阶段主要是为了分析问题方便。例如在燃烧阶段，仍不断有挥发分析出，只是析出量逐渐减少，同时灰渣也开始形成了。

要使燃烧完全，必须实现迅速而稳定的着火，保证燃烧过程的良好开端。只有这样，燃烧和燃尽阶段才可能进行。只要燃烧及燃尽过程顺利进行，就可以释放大量热量，为着火提供必要的热源。所以着火和燃尽是相辅相成的。但着火是前提，燃尽是目的。

4.1.2　液体物质的燃烧过程

液体燃烧与固体不同，液体挥发性强，不少液体在平时表面上就漂浮着一定浓度的蒸汽，遇到着火源即可燃烧，液体是逐层加热、逐层燃烧的，液体的化学组成不同，其燃烧过程也不一样。如汽油、酒精等易燃液体，其化学组成比较简单，沸点较低，在一般情况下就能挥发，在发生燃烧时，可直接蒸发，生成与液体成分相同的气体，遇氧化剂作用发生燃烧。化学组成较复杂的液体燃烧时，首先逐一蒸发为各种气体组分，而后再燃烧。

油的燃烧过程一般也分为三个阶段，即加热蒸发阶段、扩散混合阶段和着火燃烧阶段。

（1）加热蒸发阶段燃油经油喷嘴喷入炉膛后，接受高明温辐射及烟气回流加热，温度升高而逐渐蒸发。为了增大蒸发强度，油要雾化成微细颗粒，以增大蒸发面积。

（2）扩散混合阶段蒸发的油蒸汽要在着火前与送入的空气混合，如果空气不在油气着火前与之混合，将给燃烧带来不利影响。这就是通常所说的要有根部风。所以，要求油在蒸发成气体之后，空气必须与之立即混合，否则，不仅延误着火，而且还会析出不易燃烧的炭黑粒子，使机械未完全燃烧热损失增大。

（3）着火燃烧阶段油气与空气混合物形成可燃气体，并很快达到着火温度而点燃，由于油气主要是碳氢化合物，燃烧反应强烈，所以，能迅速地燃尽。

4.1.3　气体物质的燃烧过程

可燃气体的燃烧不需要向固体、液体物质那样经过熔化、蒸发等相变过程，而在常温常压下就可以任意比例与氧化剂相互扩散混合，完成燃烧反应的准备阶段。气体在燃烧时所需要热量仅用于氧化或分解，或将气体加热到燃点，因此容易燃烧且燃烧速度快。可燃气体的燃烧，必须经过与氧化剂的接触、混合的物理过程和着火或爆炸的剧烈氧化还原反应阶段。可燃气体的化学组成不同，其燃烧过程和燃烧速度也不同。通常气体物质的燃烧过程可表示为：

气体燃料的燃烧是一个复杂的物理与化学综合过程。整个燃烧过程中，可分为混合、着火、反应三个连续阶段，它们在极短的时间内连续完成。

（1）煤气与空气的混合。煤气与空气混合后自烧嘴喷出，在运动过程中相互扩散，它们的体积膨胀，而速度降低，混合的均匀程度基本上取决于煤气与空气相互扩散的速度。要强化燃烧过程必须改善混合条件，提高两气流的混合速度。故有以下几个途径：

1）使煤气与空气流形成一定的交角，提高煤气与空气的混合均匀速度；

2）改变气流速度，使两气流的比值增大，提高混合速度；

3）缩小气流的直径，增大两气流的接触面积，加快混合速度。

（2）煤气与空气混合物的着火。煤气与空气的混合物达到一定浓度时，加热到一定的温度便可着火。反应物开始正常燃烧所需的最低温度叫做着火点。

（3）空气中的氧与煤气的可燃物完成化学反应。燃烧反应是一个化学反应过程，一个具体的燃烧反应方程式只能表明它的初始状态和最终状态，并不能反映它的整个燃烧过程，化学反应的速度和反应物的温度有关，温度越高，反应的速度就会越快。

在上述三个阶段中，对整个反应起直接作用的是煤气与空气的混合过程，需要控制好混合过程才能提高燃烧强度。

4.1.4 燃烧反应速度影响因素

1. 温度

温度将会影响到反应物分子的能量以及运动速率，从而影响化学反应速度。如升高温度，反应物分子获得能量，使得低能量分子可以变成活化分子，增加了活化分子百分数，使有效碰撞次数增多，加大反应速率。同时，温度升高使分子运动速率加快，单位时间内反应物分子碰撞次数增多，也使反应速度加快。

2. 浓度

反应物的浓度直接影响单位体积内反应分子数，从而进一步间接影响反应速度。如增大浓度即增大单位体积内反应物分子数，其中活化分子数也相应增大，导致单位时间内的有效碰撞次数增多，使速率增大。

（1）反应中若有气体参加，它们的浓度可用分压代替；

（2）对于有固体或纯液体参加的反应，其浓度视为常数，不必列入速率方程中；

（3）稀溶液中溶剂参加的反应，溶剂的浓度视为常数，不必列入速率方程中。

3. 压强

对于有气体参加的反应，当其他条件不变时，增大压强，气体的体积减小，浓度增大，反应速率加快。

（1）压强对固体和液体（溶液）间的反应无影响；

（2）对于有气体参加的可逆反应，增大压强，正反应速率，逆反应速率都增大；减小压强，正反应速率，逆反应速率都减小；

因为燃烧室中的压力接近常压且变化不大，所以在锅炉燃烧过程中燃烧反应速度与压力的关系一般可以忽略。但对于增压燃烧的锅炉及在高海拔低气压地区运行的锅炉，则应考虑压力对燃烧的影响。

4. 催化剂

催化剂是指在化学反应里能改变（加快或减慢）其他物质的化学反应速率，而本身的自身的组成、化学性质和质量在反应前后不发生变化的物质叫做催化剂。

催化剂参与化学反应。在一个总的化学反应中，催化剂的作用是降低该反应发生所需要的活化能，本质上是把一个比较难发生的反应变成了两个很容易发生的化学反应。在这两个反应中，第一个反应中催化剂扮演反应物的角色，第二个反应中催化剂扮演生成物的角色，所以说从总的反应方程式上来看，催化剂在反应前后没有变化。

催化剂的基本特征：

(1) 改变反应途径，降低反应活化能，加快反应速度；

(2) 催化剂对反应具有选择性；

(3) 只能加速热力学上可行的反应，而不能加速热力学上不能进行的反应；

(4) 只能加速反应趋于平衡，而不能改变平衡位置。

通过改变反应历程，使反应沿一条新的途径进行，此途径由几个基元反应组成，而基元反应活化能都很小，因此反应所需克服的能垒值大大减少。

4.1.5 燃烧技术评价

1. 燃烧效率

燃烧效率是指燃料燃烧后实际放出的热量占其完全燃烧后放出的热量的比值，它是考察燃料燃烧充分程度的重要指标。

燃烧效率公式：

$$\eta_c = 100 - q_4 - q_3 \tag{4-1}$$

式中　η_c——燃烧效率，%；

q_3——气体不完全燃烧损失，%；

q_4——固体不完全燃烧损失，%。

燃烧效率主要取决于燃烧装置和燃料自身的特性，与环境等因素有关。燃烧效率这个指标，相对于一定的燃烧装置和确定的燃料才有意义，即是用来评价特定燃烧装置燃烧特定燃料的指标。下述情形下，这个指标往往是有差异的：特定的燃烧装置，在燃烧不同的燃料时；特定的燃料，在不同的燃烧装置里燃烧时。

2. 燃烧强度

燃烧强度越高，锅炉炉膛越小。

(1) 炉膛容积热负荷 q_v

$$q_v = \frac{B Q_{net,ar}}{V_{fue}} \tag{4-2}$$

式中　q_v——炉膛容积热负荷，kW/m^3；

B——燃料消耗量，kg/s；

$Q_{net,ar}$——低位发热量，kJ/kg；

V_{fue}——炉膛容积，m^3。

锅炉炉膛容积热负荷是锅炉设计和运行中的最重要的热力特性参数之一。特别对于锅炉火室燃烧来说，尤其重要。在锅炉设计中，总是根据经验性的 q_v 值去确定锅炉炉膛的

大小 V。对于一个确定参数的锅炉，q_v 值的大小取决于燃料的燃烧特性及燃烧方式。炉膛容积热负荷愈高，说明炉膛容积 v 相对较小，炉子比较紧凑。

对于层燃炉，q_v 仅是一个参考性指标。因为燃煤绝大部分是在火床上完成燃烧过程的，所以炉膛容积 v 的大小对燃气来说并不是主要的控制参量。燃煤主要不在空间燃烧，故炉膛容积完全可以设计小一些。因此，q_v 值反而比煤粉炉高。

（2）锅炉炉排面积热负荷

$$q_r = \frac{BQ_{net,ar}}{R} \tag{4-3}$$

式中　q_r——炉膛容积热负荷，kW/m^3；

　　　B——燃料消耗量，kg/s；

　$Q_{net,ar}$——低位发热量，kJ/kg；

　　　R——炉排面积，m^2。

锅炉炉排面积热负荷 q_r 值中的 $BQ_{net,ar}$ 不是炉排上燃烧放热的真正值，因为还有一部分燃料是在炉膛空间燃烧的。所以，炉排面积热负荷常称为可见炉排面积热负荷。

q_r 是火床炉炉排燃烧面积设计最主要的热力特征参数，也是唯一的特征参数。在层燃炉排设计中，根据经验性的统计值 q_r 去计算确定炉排面积 R 的大小。

q_r 的选取同样决定于燃烧和炉排冷却两个基本原则，并与燃煤的燃烧特性、融熔特性以及燃烧设备的型式有关。一般来说，q_r 选用愈大，则意味着设计的炉排面积愈小，也即单位时间、单位锅炉炉排面积上燃烧放热量愈多。则煤层温度水平高，燃烧旺盛，化学反应强烈。另一方面，由于煤层温度水平高，炉排片的工作条件变得恶劣。如果燃用灰熔点较低的煤种时，容易出现煤层结渣而影响锅炉安全、正常运行。

3. 运行安全、平稳性

不发生强烈的火焰脉动或熄火，能维持稳定燃烧的性能。

4. 环保指标

燃烧过程中常见的污染物有一氧化碳、二氧化硫、氮氧化合物和烟尘，燃烧还会产生噪声污染、热污染和铅污染等。这些排放物会污染环境，是目前影响全球环境的酸雨、"温室效应"等的主要来源，妨害着人们的健康，动植物的生长，甚至整个生态的平衡。

5. 运行费用

经济性用锅炉运行时的燃烧效率及锅炉效率来表征。在考虑上述经济性的同时还要考虑发电成本及电厂用电率，以便综合经济分析。整个电厂的经济性则用发电煤耗率和供电煤耗率来衡量。

4.1.6　燃烧完全的保障条件

对于具体的燃烧过程而言，影响燃烧的主要因素有燃烧过程提供的空气量、燃料的着火温度和炉膛温度、燃料与氧气在炉膛高温区停留的时间、燃料与空气的接触状况等。

燃料完全燃烧的条件有以下四点：

（1）空气条件：燃料燃烧时，必须按燃烧不同阶段供给相适应的空气量。如果空气量过小，燃烧不完全，空气量过大，会导致炉温下降。

（2）温度条件：只有达到着火温度，才能和氧化合而燃烧。温度高于着火温度，且燃烧过程放热速率要高于向周围的散热速率，才能使燃烧过程稳定持续进行。温度越高，反应速度越快。当温度超过850℃时，温度越高产生的氮氧化物 NO_x 越多。

（3）时间条件：燃料在燃烧室中停留的时间是影响燃烧完全程度的另一基本因素，燃料在高温区的停留时间应超过燃料燃烧所需的时间。在所要求的燃烧反应速度下，停留时间将决定于燃烧室的大小和形状。

（4）燃烧与空气的混合条件。燃料中的可燃物与空气中氧的充分混合是有效燃烧的基本条件，混合程度决定于空气的湍流度。对于蒸汽的燃烧，湍流可以加速液体燃料的蒸发；对于固体燃料的燃烧，湍流可以破坏燃烧产物在燃料颗粒表面形成的层流边界层，从而提高表面反应的氧利用率，加速燃烧过程。

适当控制这四个因素——空气与燃料之比、温度、时间和湍流度，是在大气污染物排放量最低条件下实现有效燃烧所必需的，评价燃烧过程和燃烧设备时，必须认真考虑这些因素。通常把温度（Temperature）、时间（Time）、和湍流（Turbulence）称为燃烧过程的"三T"。当温度、时间、湍流都处于理想状态，即完全燃烧。

4.2　层　燃　技　术

层燃炉根据炉排形式的不同分为固定炉排炉、链条炉、抛煤机炉、振动炉排炉、往复推饲炉排及下饲炉等。本节主要介绍固定炉排炉、链条炉和往复推饲炉排炉。

4.2.1　固定炉排炉

加煤、拨火、清渣均靠人工完成的固定炉排炉称为固定炉排手烧炉。手烧炉的结构简单，操作容易，煤种适应性好；但其燃烧效率不高，劳动强度大，对环境的污染也较严重，现在已很少使用。

1. 手烧炉的燃烧过程

手烧炉的简单结构见索引04.02.001。新燃料从炉门抛洒至炽热的火床面上，受到高温火焰和炉拱的高温辐射及炽热焦炭层的直接加热（导热）以及炉内高温烟气的对流冲刷，很快完成了燃烧的热力准备阶段（即预热、干燥、挥发分逸出阶段），进而挥发分着火燃烧，最后焦炭也进入了猛烈的燃烧期。随着燃烧的不断进行，燃料中的碳、氢、硫等可燃物质不断燃烧成二氧化碳、二氧化硫、一氧化碳和水蒸汽而排出炉膛，同时，燃料层不断下落，最终在靠近炉排面附近基本燃尽并形成炉渣。新燃料的不断加入、燃烧及燃尽，使渣层不断增厚，达到一定厚度时便被清除。在此期间，司炉必须经常拨动火床，促使火床上的煤粒分布均匀，不出现火口及裹灰现象，以便燃烧能够顺利进行。

手烧炉的燃烧层结构以及其中的气体、温度分布状况见索引04.02.002。

可以看出，在手烧炉中燃烧过程是沿燃料层高度方向进行的。最上层是新燃料的燃烧准备层，其次是还原层和氧化层，最底层为灰渣层。当空气自炉排下方穿过炉排和灰渣层时，受到加热作用后其温度升高，炉排与灰渣则得到冷却。加热后的空气继续上升，遇到炽热的焦炭即进行猛烈的燃烧反应，生成大量的 CO_2 及少量的 CO。与此同时放出大量的热使料层温度急剧升高。O_2 的含量因燃料反应的不断进行而显著下降，当 O_2 基本耗尽（即 $\alpha \approx 1$），燃料层中的 CO_2 及温度均匀上升至最高值，氧化反应基本结束，即 $\alpha \approx 1$ 处就是氧化层和还原层的交界面。CO_2 继续上升后，由于缺氧被高温焦炭还原成 CO，随着还原层的增厚，层内的 CO 含量不断升高，CO_2 含量不断下降。燃料层中的温度也因还原反应的大量吸热而急速降低。由于手烧炉是周期性加煤，因此空气供需不平衡，从而导致燃烧过程出现周期性。一个燃烧周期内空气的供需状况见索引 04.02.003。

2. 手烧炉的燃烧特性

（1）新燃料双面受热，着火条件极为优越，因而着火迅速稳定。这种方式称"双面着火"或"无限制着火"。此外，投煤及清渣的时间由具体的燃烧情况而定，使燃烧时间比较充分，因而提高了炉子对煤种的适应能力，除了油页岩之外，几乎所有的矿物燃料都可以在其中燃烧。

（2）燃烧过程具有周期性，这是间隔加煤所引起的。加煤间隔时间越长，这种周期性对燃烧的影响越严重。

（3）燃烧效率较低，因为它们的排烟温度偏高（一般不装尾部受热面），q_3，q_4 亦较大。

4.2.2 链条炉

链条炉排炉简称链条炉，是一种历史悠久、应用范围很广的层燃炉。它具有燃烧效率高，对环境污染较小、机械化程度较高等特点，在我国中、小容量的锅炉中（$D=2\sim65t/h$）使用十分普遍。其结构见索引 04.02.004。

1. 链条炉的燃烧过程及基本特性

链条炉的最大特点是安装了一副自前向后不断缓慢移动的炉排。煤厂的燃料通过输煤设备先运至位于炉前的煤斗中。运行时，打开煤斗下部的旋转门（俗称月亮门），煤即靠自重落至炉排前端。煤层厚度是通过调整紧靠煤斗的煤渣门的升降高度来控制的。一定厚度的煤层随着炉排的向后运动而进入炉膛，在炉内边燃烧边推进，直至完成全部燃烧过程，然后越过位于炉排后端的挡渣板（俗称老鹰铁）而落入渣井，最后通过除渣设备将渣井中的渣运往渣厂。至此，链条炉的整个工作过程结束。链条炉燃烧过程见索引 04.02.005。

（1）燃料的预热干燥区段：该区段的长短对整个燃烧过程的经济性有较大影响：过长则燃烧段的有效长度缩小，燃料未燃尽就落入渣斗，造成过大的 q_4 损失；过短又使着火过早，容易烧坏煤闸门。因此在运行中，应适当调整炉排的行进速度以控制该区合适的长度（一般约为 0.3m 左右）。

（2）挥发分析出并燃烧区段：煤中的挥发分在此区段大量放出并燃烧，同时放出大量的热用以加热焦炭，并使其不断升温直至达到焦炭的着火温度而燃烧。

（3）燃料的燃烧区段：焦炭在炉内高温火焰的辐射热及挥发分燃烧放出的热量的双重加热下急剧升温而着火燃烧，这是整个燃烧过程的主要区段。由于煤层厚度较高（1200℃左右），上层为还原区段，床层温度较低，因为还原反应是吸热反应。

（4）灰渣燃尽区段：随着炉排的继续进行，煤被逐步烧成灰烬。该区段中应注意"尾部夹炭"问题，因为表层受热强、温度高、形成灰渣早，底层空气供给充足易于燃尽，形成灰渣也早，使未燃尽的焦炭夹于中间促使机械不完全燃烧热损失增大。改善的方法有：加强拨火措施，设置挡渣器（如老鹰铁）及提高该区段床温等。

2. 链条炉的燃烧特性

从链条炉的工作进程可知，自煤斗落下的新燃料是直接落在经过冷却的冷炉排上，燃料着火所需的着火热只能来自炉膛中的高温烟气及炉拱的辐射，而由下向上的冷空气即使被加热，温度也较低，因而对新燃料的加热作用极为有限。这种热量来自一个方向的着火方式称"单面着火"。链条炉的单面着火效果显然不及手烧炉的双面着火优越，从而给链条炉的煤种适应性带来限制。当然，这种缺陷是可以通过设计、运行等方面的改进来加以弥补的。

3. 链条炉的炉拱

火床燃烧的特点是燃烧过程沿炉排长度方向分区段进行，导致炉排面上方各种气体成分也沿炉排长度方向分片流动（见索引 04.02.006）。其结果是造成了炉前、炉后空气过剩，炉膛中部可燃气体大量集中的现象，这种现象势必引起不完全燃烧热损失的增大。而改变这种状况的办法主要有两种，即在炉膛内布置各种形式炉拱和加装二次风系统。

炉拱是指在火床炉炉膛内部且墙面下的那部分倾斜或水平炉墙。拱面上一般不布置水冷壁，若必须布置，则需将炉拱区段的水冷壁用耐火材料加以包覆，以提高拱的温度来加强拱的辐射引燃作用。

（1）炉拱作用

炉拱一般有两个作用，一是加强炉内气流的混合；二是合理组织炉内的热辐射和热烟气流动。以上两个作用是通过不同拱形的良好配合实现的，加强炉内气流混合是为了使炉膛前、后的过剩空气能为炉膛中部可燃气体的燃烧及燃尽提供必要的氧气，以达到在不加大空气量的情况下提高完全燃烧程度的目的，从而减少 q_2、q_3 及 q_4 的热损失；而合理组织炉内的热辐射工况，进一步降低灰渣热损失。

当然，燃煤种类及特性不同时，炉拱作用的侧重面也有所不同。如：当使用挥发分很低的无烟煤时，最大的困难是燃料不易着火，因而，这时炉拱的设计布置应以保证燃料的着火燃烧为主；而当燃用高挥发分的烟煤时，由于大量挥发分的集中析出，使炉膛内气体分布的不均匀性更加突出，所以这时的拱形设计及布置应以加强气流的混合为主，以有利于挥发分的充分燃烧与燃尽。

（2）前拱

前拱：位于火床前部的上方，型式很多，有水平式、倾斜式、反倾斜式等，见索引 04.02.007。设置前拱的主要目的是创造燃料引燃所需的高温环境，帮助燃料及时引燃，故前拱又称引燃拱。然而炉拱本身并不产生热量，它只能将燃料燃烧放出的热量有效地、集中地引回到火床头部的新燃料层上，使燃料迅速升温、着火。引回热量的方法则是通过再辐射。投射到炉拱上的热量有 $80\%\sim90\%$ 被前拱吸收，这部分热量用于提高拱的温度并重新被拱辐射出去，因而称为再辐射热，仅有剩余的 $10\%\sim20\%$ 的热量是被拱反射。所以前拱的主要工作机理可表述如下：它是通过以在辐射为主、漫反射为辅的方式，将高温火床面的辐射热和部分火焰的辐射热传递到新燃料的着火区。从这个意义上讲，前拱又被称做辐射拱。

（3）后拱

位于火床后部的上方，型式很多，有单倾斜式、水平倾斜式及双倾斜式等，见索引 04.02.008。放置后拱的目的是通过它与前拱的配合，取得间接引燃和强化混合的效果。后拱对新燃烧料的引燃作用有两个方面：一方面是直接引燃，另一方面是间接引燃。所谓直接引燃是指后拱将拱区内的高温烟气及悬浮的炽热炭粒逼向火床头部，以加速新燃料的引燃过程。而间接引燃是指后拱提供的引燃热量是通过前拱再辐射至着火区的。理论计算表明，直接引燃的热量比前拱的辐射引燃热量小得多，这说明间接引燃才是后拱引燃的主要方式。后拱的引燃机理是后拱将大量的高温烟气和炽热炭粒输送到燃料燃烧区，提高燃料燃烧区的温度，强化燃烧，使之发出更多的热量，并以此形成更高的温度，从而大大加强了前拱的辐射引燃作用。由此可见，在整个引燃过程中，前拱起主要作用，后拱起辅助作用。后拱出来的烟气与前拱出来的烟气碰撞、搅拌。这样增加了炉前、炉后各种气体的扰动与混合，使可燃气体及悬浮灰粒在此得到进一步燃尽。此外，后拱在运行中，同样吸收来自燃烧火床面的辐射热量，并提高自身的温度，增强自身的辐射能力。这不仅对强化火床中部的燃烧有利，还可提高火床尾部燃尽区的温度，给燃尽创造了有利条件，这就是后拱对燃尽区的保温促燃作用。

（4）炉拱的设计原则

炉拱的设计与布置是否合理，对链条炉燃烧工况影响极大。而影响炉拱设计、布置的因素很多，如燃料特性、燃烧方式、锅炉容量及参数等。炉拱设计的一般性原则是前拱高而短、后拱低而长、中拱低而短。

1）前拱应具有足够的敞开度，不能过低，否则来自火焰及火床面的辐射热量不易进入拱区，更不易深入火床头部，这对着火不利；但也不能过高，因为拱区内三原子气体对辐射热有强烈的吸收作用，并随气体层的加厚而急剧增加，从而削弱前拱本身的辐射作用，这实际上是用三原子气体辐射取代了前拱的辐射，显然是不合理的。一般前拱高度总是大于后拱高度，但是前拱也不能过短。计算表明，拱长及拱高对辐射换热的影响都很显著，且拱长的影响大于拱高的影响。一般要求是对挥发分高的煤，前拱要设计得高些，其覆盖长度也应长些，以满足挥发分燃烧的需要；对挥发分低的煤，前拱可适当矮些，其覆盖长度也应短些。

2）后拱的设计应以充分发挥后拱的引燃、强化混合及尾部保温作用为出发点，因此后拱应有足够的长度，足以覆盖住旺盛的燃烧区；后拱要有足够的拱高值，以保证燃烧空间的需要，并避免后拱下的烟气拥塞；此外，还要有足够高的烟气喷出速度，尤其对难以燃烧的无烟煤和劣质烟煤，烟气喷出速度更应得到保证。对于难燃的燃料，拱区内的受热面上覆设卫燃带，以保持足够高的温度。

4. 二次风布置

所谓二次风是指不经过燃料层，而从火床上方高速喷入炉膛的若干股强烈气流（见索引 04.02.009）。这些气流大部分是空气，但也有少部分锅炉采用蒸汽或烟气作为二次风介质。

（1）二次风的作用

1）增加炉内气流扰动，改善可燃气体与过剩氧的混合，减少化学和机械未完全燃烧热损失，降低锅炉过量空气系数。

2）与炉拱布置配合，借助高速二次风射流的贯穿力和卷吸力，将燃烧旺盛区上方的高温烟气引导至前拱下方，强化对新燃料的加热，加速着火。

3）在炉内形成气流旋涡运动，使烟气中携带的一部分已经燃烧的炽热粒子从气流中分离出来落到新燃料层上。这不仅有利于新煤引燃，也有利于消烟除尘和降低飞灰的携带损失。

4）二次风射流使炉内气流产生强烈扰动，改善了气流对炉膛的充满度，延长了可燃气体和灰粒子在炉内停留时间，使其有更多的燃烧机会。二次风可以补充一部分氧气，帮助燃烧。

（2）二次风的布置

二次风的布置与燃料特性、燃烧设备种类和炉膛形状及大小均有密切关系。常见的布置方式有单面布置、双面布置和四角布置。单面布置是将二次风喷口集中在前墙或后墙。这种方式适合于二次风量不太大或炉膛深度较小的情况，以便集中风力、强化扰动。对于挥发分高的煤种，二次风可布置在前墙，及时为挥发分燃烧提供充足的氧气；对于挥发分含量低的煤种，二次风可布置在后墙，这时高速的二次风气流可将高温烟气逼向火床头部，促使燃料及时引燃。双面布置是指前后墙同时布置二次风。这种方式适合于容量较大的工业锅炉，它可提高炉内气流的充满度，有效地增加烟气及其携带的焦炭粒子的行程及炉内停留时间，降低飞灰含量，提高燃尽率。适当布置还可以使气流产生适度的旋转，提高混合的有效性。四角布置，即从炉膛四角喷出的四股二次风气流绕炉子中心的一个假想的切圆旋转，造成炉内气流的旋转上升运动，充分延长未燃尽炭粒的流动路径，从而达到降低飞灰含炭带来的损失。

4.2.3 往复推饲炉排炉

往复推饲炉排炉简称往复炉，它是在固定式阶梯炉排基础上发展起来的小型机械化炉排，具有结构简单、制造方便、金属耗量小及消烟除尘好的特点，普遍应用于 0.5～120t/h 的小型工业锅炉上，是一种有发展前途的炉排型式。

1. 往复炉排炉的结构特点

往复炉的结构型式很多，目前较为普遍应用的主要有三种型式，即倾斜式往复推饲炉排炉、水平式往复推饲炉排炉及抽条式往复推饲炉排炉。

倾斜式往复推饲炉排的结构见索引 04.02.010。它主要由活动炉排片和固定炉排片相间布置而成。活动炉排片卡在活动横梁上，其前端直接搭在与其相邻的下级固定炉排上。全部活动横梁与两根槽钢组成一个活动框架，并通过几个大滚轮将重量支在几根立柱上。而固定炉排片的尾端卡在固定横梁上，其间还搁置了小支撑棒，以减轻对活动炉排片的压力，减少上下炉排片因往复推动而产生的摩擦，并降低电动机的功率消耗。整副炉排呈明显的阶梯状，为了避免煤粒下滑太快，炉排面与水平的倾角不宜过大，一般为 15°～20°。当直流电动机驱动偏心轮并带动与活动框架相连的推拉杆时，活动炉排便做前后的往复运动。运动的行程为 70～120mm，运动频率为 1～5r/min。燃烧所需空气经炉排间的纵向缝隙及各层炉排片间的横向缝隙（炉排片头部下方有 1～2mm 的凸台）送入，炉排的通风截面比为 7%～12%。为了延长灰渣在炉内的停留时间，提高其燃尽率，在倾斜炉排的尾部布置了燃尽炉排，通常采用翻转炉排型式，但出渣时漏风严重，调风也较麻烦。

2. 往复推饲炉排的燃烧过程及特点

往复推饲炉排炉的燃烧过程均与链条炉相似，燃料都是落在冷炉排上，通过活动炉排的往复推饲或抽条炉排的"一推三抽"运动，将燃料不断地推向前进，并依次经历燃烧的各个阶段。相似的燃烧过程使它们具有相似的燃烧特性，如着火条件不够理想（指炉排起端部分）、气体成分分布不够均匀等。

由于活动炉排片不断将新燃料推到下方的炽热焦炭层上，而且在其返回的过程中耙回一部分炽热炭粒至未燃尽煤层的底部，成为底层燃料的着火热源，因而着火条件较链条炉有所改善。燃料层由于受到耙拨作用而变得更加疏松，增加了透气性，空气与燃料的接触机会增多，相应提高了燃烧强度，可燃气体容易燃烧完全，从而气体的分片流动现象有所减轻。煤粒表面的灰壳由于受到挤压、翻动而变得容易脱落，加上燃尽炉排的辅助作用，使灰渣的燃尽率比链条炉要高。

由于往复炉的燃烧同链条炉一样具有沿炉排长度方向分区段的特点，因此，为了满足各区段燃烧工况的需要，尽量减少不完全燃烧热损失，炉排下的送风仍然要采用分段送风的方式。此外，为了减少或消除炉膛内气体的分片状况，加强炉内气流的混合扰动，其设计与布置主要与燃料的种类和特性有关。

3. 往复推饲炉排的燃烧优点

（1）燃料的着火条件基本上是"双面着火"（只有火床头部很小一段为"单面着火"），比链条炉优越。

（2）燃料层有较强的自拨火能力，煤层疏松、透气性好，大大加强了燃料与空气的接触，使燃烧强度高于链条炉。

（3）提高了煤种使用能力，尤其在燃用粘结性较强、含灰量多并难以着火的劣质烟煤时，更能体现其优越性。

（4）旺盛的燃烧减少了 q_3，q_4 损失。

（5）消烟效果好，烟囱基本不冒黑烟，有利于环境保护。

（6）相对于链条炉而言，其结构简单、制造容易、金属耗量少、初始投资少。

4. 往复推饲炉排的燃烧缺点

（1）由于活动炉排片始终与红火接触，材料容易过热，致使火床中部旺盛燃烧区内的炉排片经常被烧损。

（2）烧坏的炉排片难以发现和更换。

（3）红火从炉排片脱落形成的缺口中漏下，常常烧坏炉排下方的风室及框架影响锅炉安全运行。

（4）倾斜式及水平式往复炉排炉的漏煤及漏风量都比链条炉大，特别是倾斜往复炉排炉的两侧，由于炉排的倾斜布置及炉排片的水平运动，给密封带来了困难。

（5）不易燃烧低挥发分、高发热量的贫煤及无烟煤，否则燃烧强度更高，容易烧坏炉排。

4.3　煤　粉　炉

煤粉炉又称室燃炉。煤首先在制粉系统中磨制成合格的煤粉，然后用空气把煤粉吹入炉膛，在悬浮状态下着火燃烧。由于煤粉很细，与空气的接触面积大大增加，再加上燃烧采用高温预热空气，因此燃烧强度很大，可以燃烧难以着火和质量很差的煤种，其燃烧效率、机械化、自动化程度都大大高于火床炉。

由于采用煤粉燃烧，因此煤粉炉要增设一套包括磨煤机在内的复杂的制粉系统，金属耗量和电耗量都较大。而且由于燃烧煤粉，煤粉炉的飞灰含量可达 90% 以上，且飞灰机磨损很严重。再加上煤粉炉不宜在低负荷下运行，不宜经常起停，故而煤粉炉一般用于较大型的锅炉（蒸发量大于 35t/h），电站锅炉绝大多数都采用煤粉燃烧方式。

煤粉炉的主要燃烧设备是煤粉燃烧器，其型式和布置方式对煤粉炉的燃烧有着决定性的作用。燃烧器的型式总体上可以分为两大类：旋流式和直流式。在小容量的锅炉中一般采用旋流式。旋流式一般分为单锅壳式、双锅壳式、轴向可动叶轮式等，工业锅炉上常用锅壳式。燃烧器的作用在于使煤粉气流喷入炉膛后，能够迅速着火，并且使一、二次风强烈混合以保证煤粉充分燃烧，尽量减少炉膛内的涡旋死滞区；此外，燃烧器还应使炉内空气动力工况良好，防止或减轻结渣。

4.3.1 单锅壳式燃烧器

一次风不旋转，由直管送入炉内，但在出口处一般设有扩流锥使煤粉扩散，锥角大小根据煤种不同而不同。二次风经锅壳旋转后送入炉内，与一次风粉气流混合燃烧，见索引04.03.001。这种燃烧器的优点是易于达到燃料所要求的扩散角，并且由于阻力小而降低了风机的电耗，前期的混合比较强烈。缺点是后期的混合较差、调节性能较差。另外，扩散器容易烧坏，影响燃烧器的正常工作。

4.3.2 双锅壳式燃烧器

这种燃烧器有两个旋流锅壳，一、二次风均通过锅壳产生旋转后喷入炉膛（见索引04.03.002）。在双锅壳式燃烧器中，可在二次风入口处装设可调舌形挡板，二次风出口处炉墙砌成锥形扩散，用以增大气流的扩散角，使大量热烟气卷吸到火焰根部，促进煤粉着火与燃烧。气流扩展角增大对煤粉着火有利，但同时也使一、二次风的混合提早，从而削弱了后期的混合，影响了气流的射程，所以应设法得到合适的扩展角。旋流燃烧器的一次风速为 $12\sim25\mathrm{m/s}$，二次风速为 $18\sim30\mathrm{m/s}$。风速大小主要取决于燃料。

4.3.3 煤粉燃烧器的布置

燃烧器的布置与燃烧室的形状、结构及燃烧器的种类密切相关，布置适当可得到良好的空气动力工况。对于小容量煤粉炉，当采用锅壳式旋流燃烧器时，一般都将燃烧器布置在前墙，成单排、双排或三角形排列；当锅炉容量大于等于 $50\mathrm{t/h}$ 时，也可以布置在燃烧室的两侧墙，形成所谓的对冲布置，燃烧器的数目可取 2～4 只（前墙三角形布置选三只）。最下排燃烧器的中心线与冷灰斗斜坡起始处的距离，应保持在 2.0～2.5 倍燃烧器的喷口直径；同一排相邻两燃烧器中心线的水平距离，应保持在 2.2～3.5 倍喷口直径；边缘燃烧器中心线距相邻炉墙的水平距离，应保持在 2.2～3.5 倍喷口直径；两排燃烧器之间的垂直距离，应保持在 2.0～3.5 倍喷口直径。

4.4　流态化燃烧技术

循环流化床燃烧技术是 20 世纪 70 年代末发展起来的高效低污染清洁煤燃烧技术。循环流化床锅炉具有燃料适应性广、添加石灰石在炉内低成本脱硫、低温燃烧和分级送风有效降低氮的氧化物生成、低温燃烧形成的灰渣便于综合利用的优点，近二十年来得到迅速发展。

4.4.1 循环流化床结构

循环流化床锅炉（见索引 04.04.001）大致可分成两个部分。第一部分由炉膛（流化床燃烧室）、布风系统、气固体分离设备（分离器）、固体物料再循环设备（回料器）等构成，上述形成一个固体物料循环回路；第二部分则为尾部对流烟道，布置有过热器、再热器、省煤器、空气预热器等，与常规煤粉炉相近。

典型循环流化床锅炉基本流程见索引 04.04.002：燃烧所需的一次风和二次风分别由炉膛的底部和侧墙送入，燃料的燃烧主要在炉膛中完成。煤和脱硫剂送入炉膛后，迅速被大量惰性高温物料包围，着火燃烧，同时进行脱硫反应，并在上升烟气流的作用下向炉膛上部运动，对水冷壁和炉内布置的其他受热面放热。粗大粒子进入悬浮区域后在重力及外力作用下偏离主气流，从而贴壁下流。气固混合物离开炉膛后进入高温旋风分离器，炉膛出口水平烟道内装有多级烟灰分离器，分离出的高温灰落入灰斗，由气流带出炉膛的大量固体颗粒（煤粒、脱硫剂）被分离和收集，通过返料装置（回料器）送入炉膛，进行循环燃烧。未被分离出来的细粒子随烟气进入尾部烟道，以加热过热器、省煤器和空气预热器，经除尘器排至大气。飞灰通过分离器经尾部烟道受热面进入除尘器经灰沟冲到沉灰池，床体下部已燃尽的灰渣定期排放。

1. 炉膛

炉膛的燃烧以二次风入口为界分为两个区域，二次风入口以下为大粒子还原气氛燃烧区，二次风入口以上为小粒子氧化气氛燃烧区，燃料的燃烧过程、脱硫过程、NO_x 和 N_2O 的生成及分解过程主要在燃烧室内完成。燃烧室内布置有受热面，它完成大约 50% 燃料释放热量的传递过程。流化床燃烧室既是一个燃烧设备，也是一个热交换器、脱硫、脱氮装置，集流化过程、燃烧传热与脱硫、脱硝反应于一体，所以流化床燃烧室是流化床燃烧系统的主体。循环流化床炉膛结构形状见索引 04.04.003。

2. 布风装置

（1）布风装置的性能要求

1）能均匀合理地分配气流，避免在布风板上面形成停滞区。

2）能使布风板上的床料与空气产生强烈的扰动和混合。

3）具有合理的阻力，起到稳定床压和均匀流化的作用。

4）具有足够的强度和刚度，能支承本身和床料的重量。

（2）布风板

布风板（见索引 04.04.004）位于炉膛（燃烧室）底部，是一个其上布置有一定数量和型式的布风风帽的燃烧室底板，它将其下部的风室与炉膛隔开。

布风板作用：起到将固体颗粒限制在炉膛布风板上，并对固体颗粒（床料）起支撑作用；保证一次风穿过布风板进入炉膛达到对颗粒均匀流化。

布风板一般分为水冷式布风板和非水冷式布风板两种。

布风板的结构型式主要有 V 型布风板、凹型布风板、水平型布风板和倾斜型布风板四种。

（3）风帽

风帽是循环流化床锅炉一个小元件，数量最多，但它直接影响炉床的布风，炉内气、固两相流的动力特性以及锅炉的安全经济运行。

结构形式主要有小孔径风帽、大孔径风帽。见索引 04.04.005。

（4）耐火保护层

索引 04.04.006，风帽插入花板之后，花板自下而上涂上密封层、绝热层和耐火层，直到距风帽小孔中心线以下 15～20mm 处。这一距离不宜超过 20mm，否则运行中容易结渣，但也不宜离风帽小孔太近，以免堵塞小孔。

（5）风室和风道

索引04.04.007，风室连接在布风板底下，起着稳压和均流的作用，使从风管进入的气体降低流速，使动压转变为静压。风室要求有如下特性：

1）具有一定强度和较好的气密性，在工作条件下不变形、不漏风；

2）具有较好的稳压和均流作用；

3）结构简单，便于维护检修，且风室应设有检修门和放渣门；

4）具有一定的导流作用，尽可能避免形成死角与涡流区。

流化床的风室主要有两种类型：分流式风室和等压风室。

3. 分离器

循环流化床分离器（见索引04.04.008）是循环流化床燃烧系统的关键部件之一。它的形式决定了燃烧系统和锅炉整体的形式和紧凑性，它的性能对燃烧室的空气动力特性、传热特性、物料循环、燃烧效率、锅炉出力和蒸汽参数、对石灰石的脱硫效率和利用率、对负荷的调节范围和锅炉启动所需时间以及散热损失和维修费用均有重要影响。

国内外普遍采用的分离器有高温耐火材料内砌的绝热旋风分离器、水冷或汽冷旋风分离器、各种形式的惯性分离器和方形分离器等。

4. 返料装置

回料器（见索引04.04.009）位于分离器的下方，它也是组成主循环回路的重要部件。回料器作用是将分离器分离下来的灰粒子连续、稳定地送回到炉膛实现循环燃烧，同时，通过在立管及回料器中建立一定高度的循环物料料位，来实现负压运行状态下的分离器和正压运行状态下的炉膛密相区之间的密封，防止炉内烟气返窜进入分离器。

回料器和回料立管均由钢板卷制而成，内侧敷设有防磨和绝热保温材料层。回料器返送物料的动能，来自于回料器上升段和下降段的不同配风，其用风由单独的高压流化风机提供，高压风通过其底部风箱以及布置在回料器阀体上的三层充气口进入回料器。进入回料器风箱的管道和每层充气管路上都设有各自的风量测点，以便测量出流经各管道的准确风量，并由调节阀来调节、分配风量，实现定量送风。在回料器阀体和立管上设有压力测点，用以实现对压差的监控。

在回料器下部，设有事故排灰口，用于回料器的停炉检修及紧急情况下的排灰。其作用如下：

（1）保证物料返回的稳定性，从而使燃烧室，分离器和返料装置等组成的固体颗粒循环回路工作正常。

（2）保证物料流量的可控，从而调节燃烧工况，对燃烧效率、床温及锅炉的负荷都有影响。

（3）防止炉膛内烟气反窜至旋风分离器，损坏设备。

5. 外置换热器（外置床）

部分循环流化床采用外置换热器。外置换热器的作用是，使分离下来的物料部分或全部（取决于锅炉运行工况或蒸汽参数）通过它，并将其冷却到500℃左右，然后通过返料器送至床内再燃烧。外置换热器可布置省煤器、蒸发器、过热器、再热器等受热面。

外置式换热器的实质是一个细粒子鼓泡流化床热交换器，流化速度是0.3～0.45m/s，它具有传热系数高磨损小的优点。采用外置式换热器的优点如下：

（1）可解决大型循环流化床锅炉床内受热面布置不下的困难；

（2）为过热蒸汽和再热蒸汽温度的调节提供了很好的手段；

（3）增加循环流化床锅炉负荷调节范围。

其缺点是它的采用使燃烧系统、设备及锅炉整体布置方式比较复杂。

4.4.2 循环流化床锅炉辅助系统

循环流化床锅炉辅助系统包括煤与石灰石制备与输送系统、烟风系统、灰渣处理系统、锅炉控制系统、点火系统等。

1. 灰渣处理系统

锅炉灰渣处理系统包括底渣处理系统和飞灰处理系统。

底渣处理系统主要包括冷渣器、机械式（也有少量气力方式）输渣设备以及渣仓等。其中冷渣器是系统的关键设备，用来将锅炉燃烧后从炉膛底部排出的高温底渣进行冷却，回收热量，并满足灰渣后续处理的需要。由于底渣具有粒度较粗、流动性差、温度高并可能含有许多大颗粒异物的特点，开发性能优异的冷渣设备成为 CFB 锅炉的一大难题。目前常见的两种冷渣器形式包括流化床式冷渣器和滚筒式冷渣器。

流化床式冷渣器（见索引 04.04.010）采用流态化原理利用风水联合对底渣进行冷却，具有传热系数高、冷却能力强的突出优点，热量也可便利地回收利用，但对底渣粒度的适应性较差，从而导致其可用率下降。该冷渣器从原理来看适用于底渣量较大的场合，而提高对底渣的粒度适应性是该技术的关键。滚筒式冷渣器对灰渣粒度的适应性强，系统结构简单，但传热系数低、冷却能力差、机械转动部件故障率高，适用于底渣量较小的场合，提高其冷却能力、降低机械转动部件故障率是该技术的关键。

2. CFBB 的点火系统

循环流化床点火，就是通过外部热源使最初加入床层上的物料温度提高煤着火所需的最低水平上，从而使投入的煤迅速着火，并自保持床层温度在煤自身着火点的水平上，实现锅炉正常稳定运行。

循环流化床锅炉的点火分上部点火、下部点火、混合点火三种。

点火装置主要分油系统、点火系统、燃烧风系统、启燃室系统。

点火系统主要由：点火器、推动机构、高压发生器等组成。

油系统主要由：油泵、油量控制装置、雾化装置（分机械雾化和雾化风雾化）。

燃烧风系统由：风量控制装置（风门）、风道组成（一般为热风）。

启燃室系统为高温耐热材料构筑的燃烧空间，用于油的燃烧产生高温烟气（上部点火则不需要）。

CFB 锅炉一般采用柴油点火，点火过程中，点火系统会自动运行炉膛吹扫、点火、火焰检测、点火油枪退缩冷却等程序。主要有以下三种点火方式：

（1）风道燃烧器点火（俗称床下点火）

点火时，风道燃烧器内燃油产生的高温烟气与流化空气混合成 900℃ 左右的热烟气进入水冷风室，在经过布风板进入炉膛加热床料，使床温达到投煤点火温度。采用床下点火方式，热烟气穿过整个床层，对床料加热比较均匀，热量的利用率也较高，节省点火用油。但点火时系统阻力大，同时，点火时需要对风道燃烧器系统进行细致监控以防止烧坏燃烧器及风室、布风板,其系统布置也较复杂。

(2) 床上启动燃烧器点火(俗称床上点火)

在炉内布风板以上二次风口附近布置多个燃油启动燃烧器,当床料流化起来之后,启动燃烧器,使床温升高到投煤温度。床上点火方式系统布置简单,运行操作简便,但点火热量的有效利用率低,点火用油量大。

(3) 同时采用以上两种方式点火(俗称床下、床上联合点火)

床下、床上联合点火可以减少床下风道燃烧器系统的出力设计,辅之以床上油枪助燃。点火时首先开启床下燃烧器,床温升高到一定温度后,再投入床上油枪。床上油枪还可以在低负荷时做稳燃油枪使用。300MW级大型CFB锅炉基本均采用这种方式点火。

3. 风系统的分类及作用

循环流化床系统(见索引 04.04.011)根据其作用和用途主要分为一次风、二次风、播煤风、回料风、冷却风、石灰石输送风等。

(1) 一次风

循环流化床一次风是单相的气流,主要作用是流化炉内床料,同时给炉膛下部密相区送入一定的氧量供燃料燃烧。一次风由一次风机供给,经布风板下一次风室通过布风板、风帽进入炉膛。一次风量一般占总风量的 50%~65%,当燃用挥发分较低的燃料时,一次风量可以调整大一些。

(2) 二次风

二次风的作用与煤粉炉的二次风基本相同,主要是补充炉内燃料燃烧的氧气和加强物料的掺混,另外能适当调整炉内温度场的分布,对防止局部烟气温度过高,降低 NO_x 的排放量起着很大作用。

(3) 播煤风

其概念来源于抛煤炉,其作用与抛煤炉的播煤风一样,使给煤比较均匀地播撒入炉膛,提高燃烧效率,使炉内温度场分布更为均匀。

播煤风一般由二次风机供给,运行中应根据燃煤颗粒、水分及煤量大小来适当调节,使煤在床内播撒更趋均匀,避免因风量不均使给煤堆集于给煤口,造成床内因局部温度过高而结焦或因煤颗粒烧不透就被排出而降低燃烧效率。

(4) 回料风

非机械回料阀均由回料风作为动力,输送物料返回炉内。根据回料阀的种类不同,回料风的压头和风量大小及调节方法也不尽相同。自平衡回料阀当调整正常后,一般不再作大的调节;L 型回料阀往往根据炉内工况需要调节其回料风,从而调节回料量,回料风占总风量的比例很小,但对压头要求较高。对回料阀和回料风应经常监视,防止因风量调整不当而致阀内结焦。

(5) 冷却风和石灰石输送风

冷却风和石灰石输送风并非每台循环流化床锅炉都有的。冷却风是专供风冷式冷渣器冷却煤渣的;石灰石用风是对采用气力输送脱硫剂——石灰石粉而设计的。

冷却风常由一次风机出口引风管供给,或单设冷渣冷却风机。

循环流化床锅炉的主要优点之一,是应用廉价的石灰石粉在炉内可以直接脱硫。因此,循环流化床锅炉通常在炉旁设有石灰石粉仓。虽然石灰石粉粒径一般小于 1mm,但因其密度较大，一般的风机压头无法将石灰石粉从锅炉房外输送入仓内；若用气力输送时，应经过计算并选择风机类型。

4. 送风系统的几种布置形式

循环流化床锅炉风机多、风系统复杂、投资大、运行电耗也较大，这是它的特点之一。

因此，在风系统设计时应尽可能地减少风机，简化系统。但每种风都有其独自的作用，而且锅炉工况变化时，各风的调节趋势和调整幅度又不相同，往往互相影响，给运行人员的操作带来困难。因此，对于风系统的设计必须进行技术经济比较、进行系统优化，下面对送风系统的几种布置形式做简单介绍。

（1）中小型锅炉的风系统

中小容量的循环流化床锅炉，风量相对较小，风机选型广阔。对于系统技术要求又不太高，尤其国内生产制造的 75t/h 容量以下的锅炉，基本未采用石灰石脱硫和连续排渣冷渣技术。所以，风系统设计比较简单，主要有以下两种方式：

方式一：是根据锅炉容量一般布置一台或两台送风机，由送风机供给锅炉所需的一次风、二次风和播煤风以及回料风。

方式二：是把一、二次风分别由各自风机提供，比较好的解决了上述的矛盾，但风系统较方式一复杂些。两者综合比较，方式二优于方式一。

（2）容量较大锅炉的风系统

对于容量大于 130t/h 的锅炉，由于总风量较大，而大风量高压头风机的选型比较困难，常采用串联风机方式（方式三）提高风压，并且由于容量较大的锅炉均采用石灰石脱硫和连续排渣，甚至设计有烟气返送和飞灰返送系统（方式四），因此使风机类型和台数大大增加，风系统更加复杂。

方式三和方式四是两种相对比较简单的布置方式。

方式三和方式四共同的特点是采用分别供风的形式布置的，低压风由二次风机供给，高压用风基本上由一次风机供给，特殊用风独自设立风机。当然，在具体系统设计时也考虑互为备用问题。这种布置方式，对于运行操作和调整比较方便。方式四中，高压风是由容量较大的送风机提供风源，高压风由送风机出口串联的加压风机增压后供给，以满足一次风和冷渣用风的需要。上述两种方式投资相对较大，对于大、中型锅炉风系统布置比较有利。

4.4.3 循环流化床锅炉的工作原理

1. 流态化过程

当流体向上流动流过颗粒床层时，其运行状态是变化的（见索引 04.04.012、索引 04.04.013）。流速较低时，颗粒静止不动，流体只在颗粒之间的缝隙中通过。当流速增加到某一速度之后，颗粒不再由分布板所支持，而全部由流体的摩擦力所承托。此时对于单个颗粒来讲，它不再依靠与其他邻近颗粒的接触面维持它的空间位置。相反地，在失去了以前的机械支承后，每个颗粒可在床层中自由运动；就整个床层面言，具有了许多类似流体的性质。这种状态就被称为流态化。颗粒床层从静止状态转变为流态化时的最低速度，称为临界流化速度。

流化床类似流体的性质主要有以下几点：

（1）在任一高度的静止近似于在此高度以上单位床截面内固体颗粒的重量；

（2）无论床层如何倾斜，床表面总是保持水平，床层的形状也保持容器的形状；

（3）床内固体颗粒可以像流体一样从底部或侧面的孔口中排出；

（4）密度高于床层表观察的物体化床内会下沉，密度小的物体会浮在床面上；

（5）床内颗粒混合良好，颗粒均匀分散于床层中，称之为"散式"流态化。

因此，当加热床层时，整个床层的温度基本均匀。而一般的气、固体态化，气体并不均匀地流过颗粒床层。一部分气体形成汽泡经床层短路逸出，颗粒则被分成群体作湍流运动，床层中的空隙率随位置和时间的不同而变化，因此这种流态化称之为"聚式"流态化。

煤的燃烧过程是一个气、固流态化的过程。

2. 临界流化速度

对于由均匀粒度的颗粒组成的床层中，在固定床通过的气体流速很低时，随着风速的增加，床层压降成正比例增加，并且当风速达到一定值时，床层压降达到最大值，该值略大于床层静压，如果继续增加风速，固定床会突然解锁，床层压降降至床层的静压。如果床层是由宽筛分颗粒组成的话，其特性为：在大颗粒尚未运动前，床内的小颗粒已经部分流化，床层从固定床转变为流化床的解锁现象并不明显，而往往会出现分层流化的现象。颗粒床层从静止状态转变为流化状态所需的最低速度，称为临界流化速度。随着风速的进一步增大，床层压降几乎不变。循环流化床锅炉一般的流化风速是2～3倍的临界流化速度。

影响临界流化速度的因素：

（1）料层厚度对临界流速影响不大。

（2）料层的当量平均料径增大则临界流速增加。

（3）固体颗粒密度增加时临界流速增加。

（4）流体的运动黏度增大时临界流速减小：如床温增高时，临界流速减小。

3. 循环流化床的流动特点

循环流化床在不同气流速度下固体颗粒床层的流动状态也不同。随着气流速度的增加，固体颗粒分别呈现固体床、鼓泡流化床、湍流流化床和气力输送状态。循环流化床的上升阶段通常运行在快速流化床状态下，快速流化床流体动力特性的形成对循环流化床是至关重要的，此时，固体燃料被速度大于单颗燃料的终端速度的气流所流化，以颗粒团的形式上下运动，产生高度的返混。颗粒团向各个方向运动，而且不断形成和解体，在这种流体状态下气流还可携带一定数量的大颗粒，尽管其终端速度远大于截平均气速。这种气、固运行方式中，存在较大的气、固两相速度差，即相对速度，循环流化床由快速流化床（上升段）气、固燃料分离装置和固体燃料回送装置所组成。

循环流化床的特点如下：

（1）不再有鼓泡流化床那样的界面，固体颗粒充满整个上升段空间。

（2）有强力的燃料返混，颗粒团不断形成和解体，并向各个方面运行。

（3）颗粒与气体之间的相对速度大，且与床层空隙率和颗粒循环流量有关。

（4）运行流化速度为鼓泡流化床的2～3倍。

（5）床层压降随流化速度和颗粒的质量流量而变化。

（6）颗粒横向混合良好。

（7）强烈的颗粒返混，颗粒的外部循环和良好的横向混合，使得整个上升段内温度分布均匀。

（8）通过改变上升段内的存料量，燃料在床内的停留时间可在几分钟到数小时范围内调节。

（9）流化气体的整体性状呈塞状流。

（10）流化气体根据需要可在反应器的不同高度加入。

4. 循环流化床燃烧特点

（1）低温的动力控制燃烧

循环流化床燃烧是一种在炉内使高速运行的烟气与其所携带的湍流扰动极强的固体颗粒密切接触，并具有大量颗粒返混的流态化燃烧反应过程，同时，在炉外将绝大部分高温的固体颗粒捕集，将这部分颗粒送回炉内再次参与燃烧过程，反复循环地组织燃烧。显然，燃料在炉膛内燃烧的时间延长了，在这种燃烧方式下，炉内温度水平因受脱硫最佳温度限制，一般 850℃ 左右，这样的温度远低于普通煤粉炉中的温度水平（一般 1300℃ ~ 1400℃），并低于一般煤的灰熔点（1200℃ ~ 1400℃），这就免去了灰熔化带来的种种烦恼。

这种低温燃烧方式好处较多，炉内结渣及碱金属析出均比煤粉炉中要改善很多，对灰特性的敏感性减低，也无须用很大空间去使高温灰冷却下来，氮氧化合物生成量低。并可与炉内组织廉价而高效的脱硫工艺。从燃烧反应动力学角度看，循环流化床锅炉内的燃烧反应控制在动力燃烧区（或过渡区）内。由于循环流化床锅炉内相对来说燃烧温度不高，并有大量固体颗粒的强烈混合，这种状况下的燃烧速率主要取决于化学反应速率，也就决定于燃烧温度水平，燃烧物理因素不再是控制燃烧速率的主导因素，循环流化床锅炉内燃料燃尽度很高，通常，性能良好的循环流化床锅炉燃烧率可达 98% ~ 99% 以上。

（2）高速度、高浓度、高通量的固体物料流态化循环过程

循环流化床锅炉内的固体物料（包括燃料残炭，脱硫剂和惰性床料等）经由炉膛，分离器和返料装置所组成的外循环。同时，循环流化床锅炉内的物料参与炉内、外两种循环运行。整个燃烧过程的及脱硫过程都是在这两种形式的循环运行的动态过程中逐步完成的。

（3）高强度的热量、质量和运行传递过程

在循环流化床锅炉中，大量的固体物料在强烈湍流下通过炉膛，通过人为操作可改变物料循环量，并可改变炉内物料的分布规律，以适应不同的燃烧工况，在这种组织方式下，炉内的热量、质量和动量传递是十分强烈的，这就使整个炉膛高度的温度分布均匀，实践也充分证实这一点。

4.4.4 循环流化床锅炉的优缺点

1. 优点

由于循环流化床锅炉独特的流体动力特性和结构，使其具备有许多独特的优点，以下分别加以简述。

（1）燃料适应性

这是循环流化床锅炉主要特性优点之一。在循环流化床锅炉中按重量计，燃料仅占床

料的 1%～3%，其他是不可燃的固体颗粒，如脱硫剂、灰渣或砂。循环流化床锅炉的特殊流体动力特性使得气、固和固体燃料混合非常好，因此燃料进入炉膛后很快与大量床料混合，燃料被迅速加热至高于着火点的温度，而同时床层温度没有明显降低，只要燃料热值大于加热燃料本身和燃料所需的空气至着火温度所需的热量，循环流化床锅炉不需要辅助燃料。循环流化床锅炉既可用优质煤，也可用各种劣质煤，如高灰分煤、高硫煤、高灰高硫煤、煤矸石、泥煤以及油页岩、石油焦、炉渣树皮、废木料、垃圾等。

（2）燃烧效率高

循环流化床锅炉的燃烧效率要比链条炉高，可达 97.5%～99.5%，可与煤粉炉相媲美。循环流化床锅炉燃烧效率高是因为下述特点：气、固混合良好，燃烧速率高，特别是对粗粉燃料，绝大部分未燃尽的燃料被再循环至炉膛再燃烧，同时，循环流化床锅炉能在较宽的运行范围内保持较高的燃烧效率。甚至燃用细粉含量高的燃料时也是如此。

（3）高效脱硫

循环流化床锅炉的脱硫比其他炉型更加有效，典型的循环流化床锅炉脱硫可达 90%。与燃烧过程不同，脱硫反应进行得较为缓慢，为了使氧化钙（燃烧石灰石）充分转化为硫酸钙，烟气中的二氧化硫气体必须与脱硫剂有充分长的接触时间和尽可能大的反应面积。当然，脱硫剂颗粒的内部并不能完全反应，气体在燃烧区的平均停留时间为 3～4s，循环流化床锅炉中石灰石粒径通常为 0.1～0.3mm，无论是脱硫剂的利用率还是二氧化硫的脱除率，循环流化床锅炉都比其他锅炉优越。

（4）氮氧化物排放低

氮氧化物排放低是循环流化床锅炉一个非常吸引人的一个特点。运行经验表明，循环流化床锅炉的二氧化氮排放范围为 50～150PPM 或 40～120mg/mJ。NO_2 排放低的原因：一是低温燃烧，此时空气中的氮一般不会生成 NO_2，二是分段燃烧，抑制燃料中的氮转化 NO_2，并使部分已生成 NO_2 得到还原。

（5）其他污染物排放低

循环流化床锅炉的其他污染物如：CO、HCl、HF 等排放也很低。

（6）燃烧强度高、炉膛截面积小

炉膛单位截面积的热负荷高是循环流化床锅炉的主要优点之一。循环流化床锅炉的截面热负荷约为 3.5～4.5MW/m^2，接近或高于煤粉炉

（7）给煤点少

循环流化床锅炉因炉膛截面积较大，同时良好的混合和燃烧区域的扩展使所需的给煤点数大大减少，只需一个给煤点，也简化了给煤系统。

（8）燃料预处理系统简单

循环流化床锅炉的给煤粒度一般小于 12mm，因此与煤粉炉相比，燃料的制粉系统相比大为简化。此外，循环流化床锅炉能直接燃用高水分煤（水分可达 30% 以上）。当燃用高水分煤时，也不需要专门的处理系统。

（9）易于实现灰渣综合利用

循环流化床锅炉因燃烧过程属于低温燃烧，同时炉内优良的燃尽条件，使得锅炉灰渣含碳量低，易于实现灰渣的综合利用。如灰渣作为水泥掺和料或做建筑材料，同时低温烧透有利于稀有金属的提取。

（10）负荷调节范围大，负荷调节快

当负荷变化时，当需调节给煤量、空气量和物料循环量、负荷调节比可达(3～4)∶1，此外，由于截面风速高和吸热高和吸热控制容易，循环流化床锅炉的负荷调节速率也很快，一般可达每分钟 4％。

（11）循环床内不布埋管受热面

循环流化床锅炉的床内不布埋管受热面，不存在磨损问题，此外，启动、停炉、结焦处理时间短，同时长时间压火之后可直接启动。

（12）投资和运行费用适中

循环流化床锅炉的投资和运行费用略高于常规煤粉炉但比配制脱硫装置的煤粉炉低 15％～20％。

2. 循环流化床锅炉的缺点

（1）飞灰含碳量高的问题

对于循环流化床来说，其底渣含碳量较低，但其受最佳脱硫温度的限制，飞灰含碳量却较高。

（2）厂用电率高

由于循环流化床锅炉具有布风板、分离器结构和炉料层的存在烟风阻力比煤粉炉大得多，相应的通风电耗也较高。

（3）N_2O 排放较高

流化床燃烧技术可有效抑制 NO_x、SO_2 的排放，但流化床低温燃烧是产生 N_2O 最主要的原因。

（4）炉膛、分离器和回送装置及其之间的膨胀和密封问题

由于流化床其表面附着一层厚厚的耐磨材料与保温材料并且各个部位受热时间和程度不完全一致，所以会产生热应力而造成膨胀不均，导致出现颗粒外漏现象。

（5）由于设计和施工工艺不当造成的磨损问题

锅炉部件的磨损主要与风速、颗粒浓度以及流场的不均匀性有关，研究表明：磨损与风速的 3.6 次方和浓度成正比。炉膛、分离器和回送装置内由于大量高浓度物料的循环流动，一些局部位置，如烟所改变方向的地方会开始磨损，然后逐渐扩大到整个炉膛。

4.5　燃油、燃气燃烧器

4.5.1　燃油、燃气燃烧器概述

目前，我国燃油燃气锅炉用的燃烧器基本上都是进口产品，来自不同国家，其中以德国的威索（WEISHAUPT）、欧科（ELCO）、扎克（SAACKE），意大利的百得（BALTUR）、利雅路（RIELLO），以及英国的力威（NU－WAY）和敦威（DUNPHY）、芬兰奥林（OILON）等居多。尽管燃烧器的品牌很多，但其组成基本相同，因为它们都遵守统一的欧洲标准，如果有差异，也仅是一些器件和组装方式的不同。

燃烧器按使用燃料可分为三种：

（1）燃气燃烧器；

（2）燃油燃烧器；

（3）油气两用燃烧器。

按调节方式来分，可分为：

（1）单段火力：单段火力燃烧器是指燃烧器点火后，只有一级出力，出力大小不能调节；

（2）两段火力调节：燃烧器有两级出力，点火后可以一级工作，当负荷大时，也可以使第二级投入运行，两级共同工作，这种燃烧器虽然出力大小可调整，但只能调节为两级，不是无级调节；

（3）三段火力调节：调节为三级，也不是无级调节；

（4）双段滑动式调节：类似比例调节，只能在大档位和小档位停留；

（5）比例式调节：从最小出力直到最大出力，可连续调节，为无级调节，但最小负荷是有要求的，燃油燃烧器调节比为 1：4，也就是最小负为 25％；燃气燃烧器调节比可达到 1：6。对于气体燃烧器而言，一般均是连续调节。

4.5.2 燃烧器的技术要求

燃烧器是燃油、燃气锅炉的关键设备。其性能的好坏直接影响到锅炉热工性能、稳定运行和安全，因此对燃烧器技术上提出要求。

1. 对燃油燃烧器的技术要求

（1）燃烧效率高。对于燃油燃烧器，在一定的调节范围内，应能很好地雾化燃料油，油滴细而均匀，雾化角适当，油雾沿圆周分布也应均匀，以增大油雾与空气的接触面积。

（2）配风合理，保证燃料燃烧稳定、完全。从火炬根部供给燃烧所必需的空气，要使其与油雾迅速均匀混合，保证燃烧完全，烟气中生成的有害物质（CO、NO_x 等）要少，使气流形成一个适当的回流区，使燃料与空气处于较高的温度场中，以保证着火迅速，燃烧稳定。

（3）燃烧所产生的火焰与炉膛结构形状相适应，火焰充满度好，火焰温度与黑度都应符合锅炉的要求，不应使火焰冲刷炉墙、炉底和延伸对流受热面。

（4）调节幅度大，能适应调节锅炉负荷的需要，既在锅炉最低负荷至最高负荷时，燃烧器均能稳定工作，不产生回火和脱火。

（5）燃油雾化所需的能量少。

（6）调风装置的阻力小。

（7）点火、着火、调节等操作方便、安全可靠和运行噪声小。

（8）结构简单、紧凑、器件轻巧、运行可靠、便于调节和修理，并易于实现燃烧过程的自动控制。

2. 对燃气燃烧器的技术要求

（1）在额定燃气压力下，应能通过额定燃气量并将其充分燃烧，以满足锅炉所需要的额定热负荷。

（2）火焰形状与尺寸应能适应炉膛的结构形式，即火焰对炉膛有良好的充满度，火焰温度与黑度均应符合锅炉的要求。

（3）具有较大的调节比，即在锅炉最低负荷至最高负荷时，燃烧器均能稳定工作——不回火、不脱火。

（4）燃烧完全，尽量减少烟气中的有害物质（CO、NO_x 等）。

（5）点火、着火、调节等操作方便，安全可靠，噪声小。

（6）制造、安装、检修方便，结构紧凑，体型轻巧，耗金属少，造价低廉，重量轻又耐用。

（7）有利于实现燃烧自动化。

3. 对燃烧器产品的性能指标要求

（1）燃烧热功率

燃烧器的实际燃烧热功率与燃烧器制造商所标明的燃烧热功率偏差不应大于5%，且只允许正偏差。

（2）背压

应有较好的背压适应范围。

（3）合适可调的火焰直径和长度比

（4）烟气成分和烟气黑度

在稳定工况下，对于燃油燃烧器 CO 含量应小于 $125mg/m^3$，NO_x 含量应小于 $300mg/m^3$；对于燃气燃烧器 CO 含量应小于 $95mg/m^3$，NO_x 含量应小于 $200mg/m^3$；燃烧器烟气黑度应不大于林格曼 I 级。

（5）过量空气系数

过量空气系数不大于1.2。

（6）环境适应性

在 $-10℃\sim50℃$ 的环境温度下，燃烧器应能正常操作启动和运行。

（7）电压适应性

在额定电压 85%～110% 波动范围内，燃烧器应能正常操作启动和运行。

（8）燃烧调节比

燃烧器的燃烧调节比应符合表 4-1 的规定。

燃烧调节比 表 4-1

额定输出功率 P（kW）	燃烧调节比 R
$P \leqslant 350$	$R \geqslant 1:1$
$350 < P \leqslant 3000$	$R \geqslant 2:1$
$3000 < P \leqslant 8000$	$R \geqslant 3:1$
$P > 8000$	$R \geqslant 4:1$

（9）安全时间

燃烧器的安全时间应符合表 4-2 的规定。

燃烧器安全时间 表 4-2

额定输出功率 P（kW）	安全时间（s）			
	燃油燃烧器		燃气燃烧器	
	点火时	熄火时	点火时	熄火时
$P \leqslant 350$	$\leqslant 2$	$\leqslant 1$	$\leqslant 2$	$\leqslant 1$
$P > 350$	$\leqslant 2$	$\leqslant 1$	$\leqslant 2$	$\leqslant 1$

（10）预吹扫

预吹扫通风量不应小于三倍的炉膛、烟道总容积，且预吹扫时间对于锅壳锅炉不应小于 20s，对于水管锅炉不应小于 60s。

（11）控制和监视

启动燃烧器时，超过安全时间而无火焰信号或在运行过程中火焰熄灭后超过安全时间时，应锁定燃烧器并发出声光警报。

（12）燃烧器噪声和振动

燃烧器噪声不应大于 85dB（A）。

燃烧器振动速度不应大于 6.3mm/s。

4. 燃烧器性能差的危害

燃油、燃气锅炉燃烧工况的好坏，主要取决于燃烧器对燃油的雾化质量和对油气或燃气的合理配风，燃烧器雾化不好或配风不合理均会带来以下危害：

（1）燃烧不完全，污染锅炉尾部受热面，排烟温度上升，甚至造成二次燃烧。

（2）燃油或燃气不完全燃烧，热损失大，浪费能量和燃料，造成环境污染。

（3）燃油雾化器或炉膛结焦。

（4）熄火、打火炮甚至炉膛、烟道爆炸。

4.5.3 燃烧器结构与组成

燃烧器（见索引 04.05.001）可分为五大子系统：燃料系统、送风系统、点火系统、监测系统、电控系统。

1. 燃料系统

燃料系统的功能在于保证燃烧器燃烧所需的燃料。

燃油燃烧器的燃料系统主要有：油管及接头、油泵、电磁阀、喷嘴、重油预热器。

燃气燃烧器主要有过滤器、调压器、电磁阀组、点火电磁阀组。

燃油燃烧器部分：

（1）油管及接头：用于传输燃油。

（2）油泵：使油形成一定压力的机构，输出油压一般在 10bar 以上，以满足雾化和喷油量的要求，分为单管输出和双管输出两种。有些燃烧器油泵与风机马达同轴连接，有些有单独的油泵电机驱动。

（3）电磁阀：用于控制油路的通断，多为二通阀和三通阀。

（4）喷嘴：主要作用是雾化油滴。油嘴的主要参数有喷射角（30°、45°、60°、80°）、喷射方式（实心、空心、半空心）和喷油量。同等压力下，较小喷油量的喷嘴，雾化效果较好。

（5）重油预热器：重油燃烧器的特有设备，用于加热重油至一定温度，减小黏度，以增加重油雾化效果，其温度控制装置与燃烧器控制电路联锁。

2. 送风系统

送风系统的功能在于向燃烧室里送入一定风速和风量的空气，其主要部件有：壳体、风机马达、风机叶轮、风枪火管、风门控制器、风门挡板、扩散盘等。

（1）壳体：是燃烧器各部件的安装支架和新鲜空气进风通道的主要组成部分。从外形来看可以分为箱式和枪式两种，箱式燃烧器多数有一个注塑成形的外罩，且功率一般较小，大功率燃烧器多数采用分体式壳体，一般为枪式。壳体的组成材料一般为高强度轻质合金铸件。

（2）风机马达：主要为风机叶轮和高压油泵的运转提供动力，也有一些燃烧器采用单独电机提供油泵动力。某些小功率燃烧器采用单相电机，功率相对较小，大部分燃烧器采用三相电机，电机只有按照确定的方向旋转才能使燃烧器正常工作。

（3）风机叶轮：通过高速旋转产生足够的风压以克服炉膛阻力和烟囱阻力，并向燃烧室吹入足够的空气以满足燃烧的需要。它由装有一定倾斜角度的叶片的圆柱状轮子组成，其组成材料一般为高强度轻质合金钢，也有注塑成形的产品，所有合格的风机叶轮均具有良好的动平衡性能。

（4）风枪火管：起到引导气流和稳定风压的作用，也是进风通道的组成部分，一般由一个外套式法兰与炉口连接。其组成材料一般为高强度和耐高温的合金钢。

（5）风门控制器：是一种驱动装置，通过机械连杆控制风门挡板的转动。一般有液压驱动控制器和伺服马达驱动控制器两种，前者工作稳定，不易产生故障，后者控制精确，风量变化平滑。

（6）风门挡板：主要作用是调节进风通道的大小以控制进风量的大小。其组成材料有注塑和合金两种，注塑挡板一般为单片形式，合金挡板有单片、双片、三片等多种组合形式。

（7）扩散盘（调风器）：其特殊的结构能够产生旋转气流，有助于空气与燃料的充分混合，同时还有调节二次风量的作用。

3. 点火系统

点火系统的功能在于点燃空气与燃料的混合物，其主要部件有：点火变压器、点火电极、电火高压电缆。

（1）点火变压器：是一种产生高压输出的转换元件，其输出电压一般为：$2 \times 5kV$、$2 \times 6kV$、$2 \times 7kV$，输出电流一般为 $15 \sim 30mA$。

（2）点火电极：将高压电能通过电弧放电的形式转换成光能和热能，以引燃燃料。一般有单体式和分体式两种。

（3）电火高压电缆：其作用是传送电能。

4. 监测系统

监测系统的功能在于保证燃烧器安全的运行，其主要部件有火焰监测器、压力监测器、监测温度器等。

（1）火焰监测器：其主要作用是监视火焰的形成状况，并产生信号报告程控器。火焰检测器主要有三种：光敏电阻、紫外线 UV 电眼和电离电极。

（2）压力监测器：一般用于气体燃烧器，主要有燃气高压、低压监测，以及风压监测，若燃烧器用于蒸汽锅炉，还有蒸汽压力监测。

（3）温度监测器：燃油（重油）温度的监测与控制。

5. 电控系统

电控系统是以上各系统的指挥中心和联络中心，主要控制元件为程控器，针对不同的燃烧器配有不同的程控器，常见的程控器有：LFL 系列、LAL 系列、LOA 系列、LGB 系列，其主要区别为各个程序步骤的时间不同。

4.5.4 燃烧器工作过程介绍

以比例式燃气燃烧器为例，其工作过程有四个阶段：准备阶段、预吹扫阶段、点火阶段和正常燃烧阶段。

1. 准备阶段

程控器得电后，开始内部程序自检，同时，伺服马达驱动风门到关闭状态，程序自检完毕后，处于待机状态，当恒温器、过高过低燃气压力开关、蒸汽锅炉蒸汽压力开关等限制开关允许时，程控器开始启动，进入预吹扫阶段。如果电磁阀组带有泄漏检测系统，该系统在上述限制开关允许时先进行阀门泄漏检测，检测通过后，才进入预吹扫阶段。

2. 预吹扫阶段

伺服马达驱动风门到大火开度状态，同时风机马达启动，以吹入空气进行预吹扫，根据程控器的不同，约吹扫 20～40s 后，伺服马达驱动风门到点火开度状态，准备点火。整个预吹扫阶段，空气压力开关测量空气压力，只有空气压力保持在一个足够高的水平上，预吹扫过程才能持续进行。

3. 点火阶段

伺服马达驱动风门到点火开度状态后，点火变压器切入，并输出高电压给点火电极，以产生点火电火花，约 3s 后，程控器送电给点火阀组的电磁阀，阀打开后，燃气到达燃烧头，与风机提供的空气混合，然后被点燃。在阀打开后 2s 内，电眼应检测到火焰的存在，只有这样，程控器才继续后面的程序，否则，程控器锁定并断开电磁阀停止供气，同时报警。再经过 2s 后，燃气主气阀打开，如电眼检测到火焰后 2s，程控器应关闭点火气阀。

4. 正常燃烧阶段

点火正常并稳定燃烧几秒后，根据负荷控制器的指令，伺服马达驱动风门和燃气碟阀，逐渐加大到大火开度状态，（调试阶段并根据烟气分析情况来调节燃气阀后的燃气压力以调节燃气量，达到稳定、高效燃烧的目的）。此后，燃烧器根据各个限制开关的要求自动实现大小火转换和停机。此外，整个燃烧过程中，电眼和空气压力开关对燃烧器实行监控。

（1）二位式调节控制器（压力、温度控制器）

本仪表可用来对蒸汽压力（热水温度）进行二位式控制，具有一定的调节范围，并设有差动调节装置，可根据需要选择被控制压力（热水温度）值和差动值。

（2）比例式控制器（RWF40）

比例调节燃烧器进入负荷调节状态以后，其电动执行器是由 RWF40 控制的，可以在燃烧器的容量范围内改变其输出量。

4.5.5 燃烧器几个重要元器件

1. 油雾化器（油喷嘴）

（1）雾化原理及方法

把燃料油通过喷嘴破碎为细小颗粒的过程，称为油的雾化。根据雾化理论的研究，雾化过程大致是按以下几个阶段进行的：

1）液体由喷嘴流出时形成薄雾或流股。

2) 由于流体的初始湍流状态和空气对液体流股的作用，使液体表面发生弯曲波动。

3) 在空气压力的作用下，产生了流体薄膜。

4) 靠表面张力的作用，薄膜分裂成颗粒。

5) 颗粒的继续碎裂。

6) 颗粒（互相碰撞时）的聚合。

油的雾化都是要消耗能量的，按其能量来源，油的雾化可分为蒸汽或空气介质式雾化和机械式雾化两大类。蒸汽或空气介质式雾化是利用高速蒸汽（或空气）的运动，将燃油雾化成细粒，这类方法还可根据雾化介质压力不同分为：①高压雾化，雾化剂压力在100kPa以上。②中压雾化，雾化剂压力在10~100kPa。③低压雾化，雾化剂压力在3~10kPa。主要靠液体本身的压力能把液体以高速喷入相对静止的空气中，或以旋转方式使油流加强搅动，使油雾化，这种方法称为机械式（或油压式）雾化。

（2）雾化质量

一般常用下列特性参数表征喷嘴的雾化质量，即雾化气流（或称雾化锥）中液滴群的雾化细度、雾化气流的扩张角度（雾化角）、雾化气流的流量密度分布、射程及流量等。现分别叙述如下。

1) 雾化锥

液滴细度雾化锥中液滴大小各不相同，液滴直径越小，则表面积越大，蒸发、混合及燃烧速度也就越快。例如，1cm³球形液滴的表面积仅为4.83cm²，如将它分成10⁷个相同直径的小液滴时，其表面积增加到1200cm²，表面积约增加250倍。采用离心式机械喷嘴雾化的油滴直径在5~500μm，而多数在150μm左右；蒸汽—机械雾化的油滴多数在100μm左右。雾化的滴径不仅要求平均滴径小，也要求滴径尽量均匀，当粒径分布不均匀，大小颗粒较分散时，较大的油滴仍对燃烧有影响。

2) 雾化角

喷嘴出口处的燃料油形成细油滴组成的雾化锥（见索引04.05.002），喷出的雾化气流不断卷吸炉内气体并形成扩展的气流边界。从雾化锥根部至出口不远的距离内雾化锥呈圆锥形，圆锥尾部由于动能的消失及中心压力的降低使扩展渐渐减小，故雾化锥并非正圆锥形。雾化锥的形状和扩展与喷嘴结构有关（见索引04.05.003），也对合理的配风有影响。度量雾化锥的扩张程度常用雾化角表示。因为雾化锥为非正圆锥，故只能用拍摄照片后作图求得雾化角的大小。雾化角有不同的表示方法（见索引04.05.004）有出口雾化角和条件雾化角之分。

（3）燃油雾化器（或称油喷嘴）的分类

燃油燃烧器按燃油雾化器（或称油喷嘴）的型式分类见索引04.05.005。

1) 简单压力式雾化喷嘴

简单压力式雾化喷嘴主要由雾化片、旋流片、分流片构成的切向槽式简单压力式雾化喷嘴，见索引04.05.006。由油管送来的具有一定压力的燃油，先经过分流片上的几个进油孔汇合到环形均油槽中，再进入旋流片上的切向槽，获得很高的速度后，以切向流入旋流片中心的旋流室，燃油在旋流室中产生强烈的旋转，最后从雾化片上的喷口喷出，并在离心力作用下迅速被粉碎成许多细小的油粒，形成一个空心的圆锥形雾化炬。

简单压力式雾化喷嘴的进油压力一般为 2~5MPa，运行过程中的喷油量通过改变进油压力来调节。但进油压力降低会使雾化质量变差，因此负荷调节范围受到限制。这种喷嘴的最大负荷调节比为 1：2。

2）回油式压力雾化喷嘴

回油式压力雾化喷嘴其结构原理与简单压力式雾化喷嘴基本相同，其不同点在于其旋流室前后各有一个通道，一个通向喷孔，将燃油喷向炉膛，另一个通过回油管，让燃油流回储油罐。见索引 04.05.007。回油式压力雾化喷嘴可以理解为是由 2 个简单压力雾化喷嘴对叠而成，在油喷嘴工作时，进入油喷嘴的油被分成喷油和回油两部分。理论和试验表明，当进油压力保持不变时，总的进油量变化不大，因此只要改变回油量，喷油量自行改变。回油式压力雾化喷嘴也正是利用这个特性来调节负荷的。显然，当回油量增大时，喷油量相应减少，反之亦然。同时，因这时进油量基本上稳定不变，油在旋流室中的旋转强度也就能保持，雾化质量就始终能得到保证。这种喷嘴的负荷调节比可达 1：4。

3）转杯式喷嘴

转杯式喷嘴结构见索引 04.05.008。它的旋转部分是由高速的转杯和通油的空心轴组成。轴上还有一次风机叶轮，后者在高速旋转下能产生较高压力的一次风，风压 2.5~7.5kPa。转杯是一个耐热空心圆锥体，燃油从油管引至转杯的根部，随着转杯的旋转运动沿杯壁向外流到杯的边缘，在离心力的作用下飞出，高速的一次风，风速达 40~100m/s，帮助把油雾化得更细。一次风通过导流片后做旋转运动，旋转方向与燃油的旋转方向相反而得到更佳的雾化效果。

转杯式喷嘴由于不存在喷孔堵塞和磨损问题，因而对油的杂质不敏感，油的黏度可允许高一些。这种喷嘴在低负荷下不降低雾化质量，甚至会因油膜减薄而改善油滴的雾化细度，因此调节比最高可达 1：8。转杯式喷嘴雾化油粒较粗，但油粒大小和分布比较均匀，雾化角较大，火焰短宽，进油压力低，易于控制；其最大缺点是由于具有一套高速旋转机构，结构复杂，对材料、制造和运行的要求较高。

4）高压介质雾化喷嘴

高压介质雾化喷嘴利用高速喷射的介质（0.3~1.2MPa 蒸汽或 0.3~0.7MPa 的空气）冲击油流，并将其吹散而使之雾化。这种喷嘴结构简单，运行可靠，雾化质量好而且稳定，火焰细长（2.5~7m），调节比很大，可达 1：5，对油种的适应性好；但耗气量大，有噪声。

该型喷嘴可分为内混式和外混式两种。内混式蒸汽雾化喷嘴见索引 04.05.009。外混式蒸汽雾化喷嘴见索引 04.05.010。

5）低压空气雾化喷嘴

低压空气雾化喷嘴见索引 04.05.011。燃油在较低压力下从喷嘴中喷出，利用速度较高的空气从油的四周喷入，将油雾化。所需风压约为 2.5~7.0kPa。这种喷嘴的出力较小，一般用于喷油量在 100kg 以下。它的雾化质量较好，能使空气部分或全部参加雾化，火焰较短，油量调节比大，在 1：5 以上，对油质要求不高，从轻油到重油都可燃烧，能量消耗低，系统简单，适合于小型锅炉。

常用燃油雾化器的特性及选用见表 4-3。

种类	特性	选择和用途
压力雾化器	油粒粒径为 20～250μm，粗细不均匀，低负荷时油粒变粗。雾化角 70°～120°，可用于各种油品黏度（11～27mm²/s），火炬形状随负荷变化，火焰短粗。调节比：简单压力式 1∶2，回油压力式 1∶4。出力 100～3500kg/h，所需进口油压 2～5MPa，需用高压油泵。雾化片制造维修要求高，易堵塞，运行噪声较小	用于小型或前墙以及两侧墙布置的大型锅炉，可用于正压或微正压锅炉
转杯雾化器	油粒粒径 100～200μm，粗细均匀，低负荷时油滴变细。雾化角 50°～80°可用于各种油品黏度（11～42mm²/s），火炬形状不随负荷变化，易于控制，调节比为 1∶6～1∶8。出力 1～5000kg/h，进口油压不用油泵或用低压油泵。旋转部件制造要求高，无堵塞，运行噪声较小，转速 3000～5000r/min	用于小型或四角布置的大型锅炉，可用于正压或微正压锅炉
蒸汽雾化器	油粒粒径小于 100μm，细而均匀，低负荷时油粒变化不大。雾化角 15°～45°。可用于各种油品黏度（56～72mm²/s），火炬形状容易控制，火焰狭长，调节比 1∶5，出力 1000kg/h 以下。进口油压不用油泵或用低压油泵。结构简单，无堵塞，运行噪声大，蒸汽压力 0.3～1.2MPa，雾化剂耗量（汽/油）0.3～0.6kg/kg	用于小型或四角布置的大型锅炉，可用于正压或微正压锅炉
低压空气雾化器	油粒粒径小于 100μm，细而均匀，低负荷时油粒变化不大。雾化角 20°～45°。不宜用于残渣油黏度（35mm²/s），火炬形状易于控制，火焰较短，调节比 1∶5。出力 1000kg/h 以下，进口油压不用油泵或用低压油泵，结构简单，无堵塞，运行有噪声。雾化高压空气压力 0.3～0.7MPa，低压空气压力 2.5～7.0kPa 理论空气量为 75%～100%	只用于小型锅炉，不宜用于正压或微正压锅炉

2. 调风装置

调风器是燃烧器的重要组成部分，其作用是向燃油供给足够的空气，使油雾与空气充分混合，达到及时着火、稳定而充分地燃烧的目的。

调风器一般由稳燃器、配风器、风箱和旋风口四个部分组成。其中配风器结构形式很多，按气流流动的方式分为平流式或旋流式两种，平流式配风器见索引 04.05.012 喷出的主气流是不旋转的，而旋转式配风器所喷出的气流是旋转的。如索引 04.05.013 所示为平流式调风器结构简图。

进入调风器的空气，有一部分从稳焰器流过，一般称为一次风，呈旋转流动，形成合适的根部风，在出口处就和油雾混合，一起扩散，被回流区中的高温烟气所加热，着火燃烧。而大部分空气是通过稳焰器上的开口直接进入油雾，这部分空气称为二次风。二次风是平行调风器轴线的高速气流，流速为 50～70m/s。直流二次风衰减较慢，能穿入火焰核心，加强后期混合。

采用这种调风器，锅炉可以在较小过量空气系数 1.05 的条件下运行，既可有效地防止低温腐蚀，又可提高锅炉热效率。因此，这种调风器近些年来被燃油锅炉广泛采用。

3. 火焰检测器

火焰检测器俗称电眼——它的作用是向控制装置发出火焰存在或火焰熄灭或中断信号的一种装置，是锅炉启炉和熄火保护作用的。电眼的目的是随时检测炉膛内燃烧情况（包括点火），当点火失败或燃烧中途熄灭时，鼓风机后吹扫后，相关控制电器等设备停止运行。

4. 程控器

程序控制器的复位按钮、显示窗和故障指示灯（无故障时不亮）做成一体。透过显示窗，其后面的旋转指示盘动态显示燃烧器在整个燃烧过程中所处的状态。当燃烧器发生故障时，程序控制器故障指示灯亮并报警，旋转指示盘停止在代表所发生的故障的位置，同时系统将立即切断燃料供应。此时需人工排除故障，然后按复位按钮，等旋转指示盘按程序方向转回至 a 位置且故障指示灯灭后，再在触摸屏上按启动按钮才可启动。

当有燃烧器故障发生时，除程序控制器故障指示灯亮外，触摸屏同时也显示故障信息，可通过弹出式帮助画面对故障进行处理，如有未尽事宜，可进一步查阅随机供给的燃烧器使用说明书。

注：故障不排除，则程序控制器不能复位，程序控制器不复位，则锅炉启动不起来。所以当有未知故障发生锅炉不能启动时，应打开电控柜检查程序控制器的故障指示灯是否闪亮，不应强行多次点火。复位按钮按下时间不可超过 10s，同时应注意，燃重油锅炉的程序控制器无论发生故障与否，不需要人工去操作。

4.5.6 燃气燃烧器

在广义的燃气燃烧器概念中，家用的热水器、煤气灶，乃至打火机等都可以认为是燃烧器的一种。与燃油燃烧器相比，由于燃气在燃烧之前不存在雾化的问题，所以燃气燃烧器要简单得多。

1. 燃气燃烧器分类

燃烧器根据其不同的属性，具备多种的分类方式。

（1）按一次空气分：扩散式、大气式、完全预混式、部分预热式。

（2）按空气供给方法分：引射式、鼓风式、自然引风式。

（3）按燃气压力分：低压、高（中）压。

（4）按火焰形状分：直焰、平焰、可调焰。

（5）按火道处烟气出口速度分：低速（<50m/s）、高速（200～300m/s）。

（6）按燃气种类：人工燃气、天然气、液化石油气、通用。

2. 典型燃气燃烧器分类

典型燃气燃烧器原理、定义、分类见表 4-4。典型燃气燃烧器适用范围及特点见表 4-5。结构见索引 04.05.014～索引 04.05.017。

典型燃气燃烧器原理、定义、分类　　　　　　　　　　　　　　表 4-4

名称		定义	原理	分类
扩散式燃烧器	自然引风扩散式燃烧器	自然引风扩散式燃烧器是依靠自然抽力或扩散供给空气，燃烧前燃气与空气不进行预混	燃气在一定压力下进入管内，经火孔逸出后从周围空气中获得氧气而燃烧，形成扩散火焰	燃气流动状态分：层流和紊流扩散燃烧器。层流扩散式燃烧器：一般不适用于天然气和液化石油气——燃气燃烧速度慢，易产生不完全燃烧和煤烟
	鼓风扩散式燃烧器	依靠鼓风机供给空气	燃气燃烧所需全部空气均由鼓风机一次供给，但燃烧前燃气与空气并不预混——燃烧过程属扩散燃烧	套管式、旋流式、平流式

名称	定义	原理	分类
完全预混式燃烧器	按照完全预混燃烧方法设计的燃烧器	使燃气与空气充分预先混合，再经燃烧器进行燃烧	据燃烧器头部结构分： 1. 有火道头部结构：（头部冷却—防回火；火道—防脱火）； 2. 无火道头部结构； 3. 用金属网或陶瓷板稳焰器做成的头部结构
大气式燃烧器	按照部分预混燃烧方法设计的燃烧器	燃气在一定压力下，以一定速度从喷嘴喷出，依靠燃气动能产生的引射作用从一次空气口吸入一次空气，在引射器内燃气与一次空气混合，经头部火孔流出而燃烧	低压引射式——多用于民用燃具； 高（中）压引射式——多用于工业装置

典型燃气燃烧器适用范围及特点　　　　表 4-5

名称	适用范围	优点	缺点
扩散式燃烧器	适于：温度要求均匀且不高，火焰稳定的场合。如：小型采暖锅炉的点火器、临时性加热设备	1. 结构简单、制造方便； 2. 燃烧稳定、不会回火；点火容易、调节方便； 3. 可利用低压燃气（200～400Pa 或更低），且不需鼓风，无动力消耗	1. 燃烧热强度低，火焰长、需较大燃烧室； 2. 为使燃烧完全，必须供给较多的过剩空气（$a=1.2～1.6$）；燃烧温度低，排烟热损失大
完全预混式燃烧器	大部分应用在工业加热装置上，在民用灶具上有少部分厂家采用	1. 火焰短、燃烧热强度大、燃烧温度高——可缩小燃烧室体积、易满足高温工艺要求； 2. 过剩空气少——不会引起直接加热工件的过分氧化； 3. 易燃烧低热值的燃气； 4. 燃烧完全，节约能源； 5. 可用引射器引射空气——不需鼓风、节省动力	1. 火焰稳定性差——调节范围较小； 2. 保证燃烧稳定，要求燃气热值及密度要稳定； 3. 为防止回火，头部结构比较复杂和笨重； 4. 火孔出口流量明显增大——噪声大
大气式燃烧器	多火孔大气式燃烧器应用非常广泛，在家庭及公共事业中的燃气用具如家用灶、热水器、沸水器及食堂灶上用的最为广泛，在小型锅炉及工业炉上也有应用。单火孔大气式燃烧器在中小型锅炉及某些工业炉上广泛应用	1. 比自然引风扩散式燃烧器火焰短、火力强、燃烧温度高； 2. 可以燃烧不同性质的燃气，燃烧比较完全、燃烧效率比较高、烟气中CO含量比较少； 3. 可以应用低压燃气、由于空气依靠燃气吸入，所以不需要送风设备； 4. 适应性强，可以满足较多工艺的需要	1. 由于只预混了部分空气，而不是全部燃烧所需的空气，故火孔热强度、燃烧温度虽比自然引风扩散式燃烧器高，但仍受限制，仍不能满足某些工艺需求； 2. 当热负荷较大时，多火孔燃烧器的结构比较笨重

名称	适用范围	原理	特点
扩散式燃烧器	工业部门尤其在冶金工业中得到广泛的应用。平焰燃烧器可有效应用与多种，如锻造炉、热处理炉、环形加热炉和耐热材料隧道窑炉等。如：小型采暖锅炉的点火器、临时性加热设备	燃气经喷嘴吸入一次空气，混合后经头部条形火孔流出。二次空气依靠炉内负压吸入，在火孔出口处与燃气混合物相遇，二者边混合边进入烧嘴砖沟槽内进行燃烧，形成平展火焰	1. 加热均匀，防止局部过热——因火焰中心为一回流区，有稳焰、搅拌作用； 2. 火焰中心是回流区——强化燃烧、需过量空气少——降低烟气中 NO_x 含量； 3. 炉子升温（对流、辐射传热加剧）、并且离受热件近——物料加热快，省燃气； 4. 炉内压力均匀（炉壁四周为正压区）——防冷风吸入； 5. 制造、安装要求高，布置方位受限，热负荷不能太大
高速燃烧器	热处理炉、玻陶制品窑炉、金属熔化炉等高温工业炉	1. 以对流传热为基础； 2. 燃气和空气在燃烧室内进行强烈混合、燃烧，完全燃烧的高温烟气以 $200\sim300$ m/s 的高流速直接吹向物料表面，高速气流破坏物料表面的气体边界层，与物料进行强烈的对流换热	1. 炉体小、热强度大、加热快、热惯性小； 2. 负荷调节范围大——1：50； 3. 可高温预热空气——低热值燃气可获高温； 4. 炉内可调气氛（氧化、还原或中性）； 5. 需较高燃气和空气压力——耗能多； 6. 燃烧室内要求耐高温、耐磨损材料； 7. 噪声大——需采取消声措施
浸没燃烧器	广泛用于液体加热、各种酸洗液的加热、再生和浓缩，废水净化，液体气化，清洗储罐和管道等	1. 将燃气与空气预先充分混合，送入燃烧室进行完全燃烧，燃烧产生的高温烟气直接喷入液体中，从而加热液体的方法； 2. 属完全预混式燃烧、直接接触传热	1. 气、液直接接触——不存在传热面上的结晶、结垢、腐蚀等问题； 2. 高温烟气从液体中鼓泡后排出——气、液剧烈混合，强化传热； 3. 排烟温度低——热效率高、能耗少； 4. 设备简单、投资少
脉冲燃烧器		1. 近似于内燃机的燃烧； 2. 燃烧和热量的释放是周期性进行的； 3. 是一台靠自身动力驱动的共振器	1. 脉冲振动燃气、空气混合均匀，燃烧加剧——热效高； 2. 严重破坏了气流的传热边界层——传热系数大； 3. 燃烧室容积热强度大——结构紧凑、体积小； 4. 易引起设备提前损坏； 5. 正常运行时，点火和排烟不需外界能量——节能； 6. 正压排气——不需考虑烟囱的设置位置； 7. 调节比小——只有在一定的热负荷范围内才能保持良好的运行稳定性； 8. NO_x 排放量低——烟气回流，只有常规燃烧器的 50%； 9. 噪声大——需装消声器或隔声设备

3. 新型燃气燃烧器分类

新型燃气燃烧器适用范围、工作原理及特点见表4-6。

4.5.7 燃气阀组

燃气阀组（索引04.05.018）一般包含燃气球阀、燃气过滤器、调压器、电磁阀、燃气压力开关、燃气压力表、阀检漏系统、点火燃气阀组（气球阀、调压器、电磁阀）等。

1. 燃气过滤器

燃气过滤器燃气阀门组中必备的元件之一，其功能是将燃气中的杂物、灰尘过滤下来，以保证后面燃气电液阀的关闭严密。燃气过滤器必须定期进行清理以防止堵塞。

清理方法：锅炉初次投运时，每一个星期拧下过滤器盖上的螺栓，打开盖子，取出过滤网，轻轻拍打；如特别脏，可用水清洗后晾干。过滤器内留存的杂物也要清理干净，然后装好拧紧。锅炉投运一段时间以后，可每月清理一次，清理周期可根据燃气质量好坏适当增减。

放气口：平时不用，一般初次投运或检修后初次投运前，拧松螺栓用来放掉过滤器前管道中空气，闻到燃气味后拧紧。

2. 燃气调压阀

燃气调压阀的作用是把较高的气源稳定在燃烧器需要的供气范围之内，是阀门组中最主要的元件之一，其主要功能是将气源来的较高压力的燃气调低到所需的压力，调压阀后的压力不随进气压力的变化而变化。

压力的调节是靠调压阀内弹簧的松紧来实现的。根据气源压力和要求出口压力的不同，调压阀内的弹簧可选用不同的规格，但对用户而言，根据燃气特性，调压阀里面的弹簧已确定。使用各规格弹簧时调压阀后的出口压力范围见表4-7，供调整时参考。

使用各种规格弹簧时调压阀后的出口压力范围　　　　　表4-7

规格	NO.	4	5	6	7	8
颜色		蓝（BLUE）	红（RED）	黄（YELLOW）	黑（BLACK）	粉红（PINK）
出口压力范围	mmH$_2$O	100～300	250～550	300～700	600～1100	1000～1500

调整方法：拧下上面的螺帽，旋拧里面的螺栓进行调节。顺时针方向为压紧弹簧，出口压力升高，反之降低。

放气口：平时不用，一般初次投运或检修后初次投运前，拧松螺栓用来放掉调压阀前管道中空气，闻到燃气味后拧紧。

3. 电磁阀

为主气阀与大火气阀的组合。双重电磁阀在整个阀组中起安全保障作用，由程控器控制，快开快关。

安装及接线时应根据阀体上的图纸进行，严禁接错。

4.6 燃油、燃气燃烧器使用

4.6.1 燃烧器选型

燃油、燃气锅炉燃烧器的选用，应根据锅炉本体的结构特点和性能要求及燃料特性，结合用户使用条件进行选择。燃烧器作为燃油、燃气锅炉的燃烧设备，它的主要作用是：

（1）提供锅炉所需的燃油或燃气，对油燃料还要选择油雾化方式，增大燃料与空气的接触面积。对气体燃料还应选择燃烧方式。

（2）供给燃烧所必需的空气，实现空气与油雾或燃气充分混合，保证燃烧完全。

（3）保证点火迅速，燃烧稳定。

（4）实现程序点火和燃烧过程的自动控制。

1. 燃烧器出力与锅炉容量、锅炉烟风阻力需匹配

一体化结构的燃烧器结构紧凑，安装方便，不需另配风机、油泵等设备，在中小型燃油、燃气锅炉中得到了广泛的应用。而多数锅炉采用正压燃烧和运行，即锅炉的进风是由燃烧器的风机送入炉膛，燃烧产生的烟气也是以风机产生的压头为动力吹出炉膛排入大气。此时，如果所选燃烧器的背压小于锅炉系统的烟风阻力，燃烧器就不能将烟气吹出炉外，也不能将空气送入炉膛，从而无法保证正常燃烧。但燃烧器的背压和燃烧器的热功率（或燃料消耗量）之间存在一定的关系，如索引 04.06.001 所示，在燃烧器选型时既要考虑燃烧器热功率与锅炉出力匹配，又要考虑燃烧器背压与烟风系统阻力的匹配，二者缺一不可。在燃烧器选用时，应首先根据燃料的类别，如液体燃料有煤油、柴油、重油、渣油和废油；气体燃料有城市煤气、天然气、液化石油气和沼气。应了解燃料的如下特性：

（1）煤油、柴油应有发热量和密度。

（2）重油、渣油和废油应有黏度、发热量、水分、闪点、机械杂质、灰分、凝固点和密度。

（3）燃气应有发热量、供气压力和密度。

2. 燃烧器火焰的几何尺寸与锅炉燃烧室需匹配

如索引 04.06.002 所示，燃烧器燃烧产生的火焰具有一定的几何形状和尺寸，通常在锅炉设计和燃烧器选型时，应注意控制火焰直径和长度两个基本参数，不同的燃烧器的火焰直径和长度是不同的。要想使燃烧充分进行并将热量很好地传递给锅炉，燃烧室结构一定要与火焰的外形结构尺寸相匹配。如果燃烧室太小，火焰直径和长度大，则会出现火焰直接冲刷受热面，造成未燃尽油雾或气体的急冷而在受热面上积炭；若燃烧室太大，火焰长度、直径小时，则会出现火焰充满度差，炉内温度低的现象，影响受热面的有效利用。因此，一般的燃烧器供应商都有推荐的燃烧器火焰直径和长度的尺寸图。

3. 燃烧器的选型原则

燃油燃气锅炉燃烧器的选用应根据锅炉本体的结构特点和性能要求，结合用户使用条件，作出正确的比较，一般可按下列几条原则进行选择：

（1）根据用户使用燃料的类别选用，燃料类别液体燃料有煤油、柴油、重油、渣油和废油；气体燃料有城市煤气、天然气、液化石油气和沼气。使用的燃料应有必要的分析资料：

1）煤油、柴油应有发热量和密度；

2）重油、渣油和废油应有黏度、发热量、水分、闪点、机械杂质、灰分、凝固点和密度；

3）燃气应有发热量、供气压力和密度。

（2）根据锅炉性能及炉膛结构来选择燃油燃烧器中喷油嘴雾化方式或燃气燃烧器的

类型。

（3）燃烧器输出功率应与锅炉额定出力相匹配，选择好火焰的形状，如长度和直径，使之与炉膛结构相适应。从火炬根部供给燃料燃烧所需的空气，使油雾或燃气与空气迅速均匀混合，保证燃烧完全。

根据锅炉改造确定的额定出力和锅炉效率，计算出燃料消耗量，然后按所选单个燃烧器的功率确定燃烧器的配置数量。增加燃烧器的数量，有利于雾化质量，保证风油混合；但数量过多，又不便于运行维护，也会给燃烧器布置带来困难。

（4）燃烧器调节幅度要大，能适应锅炉负荷变化的需要，保证在不同工况下完全稳定地燃烧。

（5）燃油雾化消耗的能量要少，调风装置阻力要小。

（6）烟气排放和噪声的影响必须符合环保标准的要求，主要是 SO_2、CO 和 NO_x 的排放量必须低于国家的规定，应选用低 NO_x 和低噪声的燃烧器。

（7）燃烧器组装方式的选择，燃烧器组装方式有整体式和分体式两种。整体式即燃烧器本体、燃烧器风机和燃烧系统（包括油泵、电磁阀、伺服电动机等）合为一体；分体式即燃烧器本体（包括燃烧头、燃油或燃气系统）、燃烧器风机和燃烧器控制系统（包括控制盒、风机热继电器、交流接触器等）三部分各为独立系统。应根据锅炉的具体情况和用户要求选择。

（8）应选用结构简单，运行可靠，便于调节控制和修理，易于实现燃烧过程自动控制的燃烧器。

（9）应对燃烧器品牌、性能、价格、使用寿命及售后服务进行综合比较。

（10）燃烧器的风压除要考虑克服锅炉本体的阻力外，还应考虑到烟气系统的阻力。

4.6.2　燃烧器调试和运行注意事项

1. 调试前需确认事项

（1）检查油/气系统设计安装是否正确，如储油罐和日用油箱的液位控制是否可靠；油箱溢流口是否已接至室外；油箱呼吸阀是否已安装并接至室外；燃气排空系统是否接至室外；

（2）检查燃烧器已牢固地装在锅炉上并接好线；并检查所接线路是否正确；

（3）储油罐和日用油箱已装好油，燃气已通至现场，管道并已排尽空气；

（4）排烟风门已经全部打开；

（5）锅炉的水位在正常位置；

（6）在测试水泵或油泵前必须先排尽空气；

（7）确认电机的旋转方向已正确（可通过单部调试）；

（8）锅炉、燃烧器和供油系统的控制和安全设备已预先设定好；

（9）如果是重油燃烧器使用轻油作燃料，必须将所有的加热装置切断；

（10）检查水汽管路上各种压力控制器及燃重油管路上燃油压力控制器、燃油温度控制器等的设定值是否正常；

（11）检查燃气压力是否符合要求；检查整个供气管路，确认无泄漏后才可启动锅炉。

（12）燃料管道宜采用无缝钢管，管路连接应可靠密封及可靠固定，以防振动及确保没有燃料的渗漏；

（13）油管道宜采用顺坡敷设，但接入燃烧器的重油管道不宜坡向燃烧器。柴油管道的坡度不应小于0.3%，重油管道的坡度不应小于0.4%；

（14）燃料供应管路应有可靠的防火、防雷、防静电设施；

（15）燃气调压间、燃气锅炉间和油泵间，应设置可燃气体浓度报警装置；

（16）在重油供油系统的设备和管道上应装吹扫口。重油供油管道应保温及伴热；

（17）燃气管道越短越好并尽量减少弯头，当供气管距离长时，一般选用大一号管径来减少压力损失；

（18）运行前对燃烧器的程序控制器进行复位。

2．调试过程中注意事项

（1）当燃烧器第一次点火时，调试人员应远离燃烧机和防爆门，千万不能趴在管火镜处观察火焰。

（2）如燃烧器连续3次点不着火，应停下来检查原因，不应盲目一直点火。每次点火均应具有前后吹扫功能。

（3）燃气燃烧器切记无捡漏或捡漏短接强行点火调试或运行。

（4）如燃烧器点着后，应运行在小档位进行烘炉，烘炉结束后，才能转到大档位进行调整。

（5）应分别进行安全设备的逐项测试。如水位低时，水泵应自动打水，水位过低时，应故障报警停炉；如燃烧器点着火后，检测火焰探测器性能，将火焰扫描器从其安装座中拆出，遮住火焰扫描器的光线进口，电磁阀必须在1s内自动关闭，燃烧器应报警停炉。

4.6.3 燃油燃烧器常见的故障及处理方法

1．燃油燃烧器常见的故障

燃油燃烧器常见的故障及其产生原因和处理方法见表4-8。

燃油燃气锅炉常见故障及处理方法 表4-8

常见故障	产生原因	处理方法
燃烧器不启动	无供电	闭合所有开关，检查熔断丝
	极限控制器 TL 打开	调整或更新
	控制盒锁定	重新启动
	电动机保护断开、锁定	重置热继电器
	泵卡住损坏	更换
	电连接错误	检查连接
	控制盒损坏	更换
	电动机电容损坏	更换
	电动机损坏	更换
启动后锁定	光电管短路	更换更换光电管
	光线和模拟火焰出现	消除光源或更换控制盒
	缺相	连接后复位
预吹扫后锁定，火焰不出现	油箱中无油或油箱中有水	提高油位或将水抽干
	燃烧头和空气控制阀调节不当	调整

常见故障	产生原因	处理方法
预吹扫后锁定，火焰不出现	一级电磁阀或安全电磁阀没有打开	检查电路或更换电磁阀
	一级喷嘴堵塞，脏或损坏	清洗或更换
	点火电极未调整或较脏	调整或清理
	电极绝缘破坏而接地	更换
	高压电缆损坏或接地	更换或调整
	点火变压器损坏	更换
	电磁阀或变压器接线错误	检查改正
	控制盒损坏	更换
	油泵不动	重新启动并见前述原因
	联轴节损坏	更换
	进回油管接反	正确连接
	泵过滤器堵塞	清洗
	电机反转	更换链接
点火成功后 5s 内锁定	光电管或控制器损坏	更换
	光电管脏	清洗
	一级液压缸打不开	更换液压缸
点火脉动或不稳	燃烧头位置不对	调整
	电极脏或位置不对	清洗或调整
	风门设置不对，一级风太大	调整
	一级喷嘴不适于锅炉或燃烧器	更换
	一级喷嘴损坏	更换
	泵压不合适	调整至 1.0~1.4MPa
二级火不启动	控制装置 TR 未闭合	调整或更换
	控制盒损坏	更换
	二级电磁阀线圈损坏或电磁阀堵塞	清理或更换
第二个喷嘴喷油但风门不能达到大火位置	泵压力低	调大
	二级液压缸损坏	更换
燃烧器大小火切换阶段停机，燃烧器重复启动周期	喷嘴脏	清洗或更换
	光电管脏	清理
	风量过大	调小
燃料供应不正常	油泵及供油系统是否有问题	从离燃烧器较近的油管检查到燃烧器
泵有噪声，转动不正常	进油管有气，油泵进油压力过高	检查连接并紧固
	油管径太小	更换大管径
	进油过滤器堵塞	清洗
	进油阀关闭	打开
	油管与燃烧器液位差过大	采用循环回路供油

常见故障	产生原因	处理方法
泵长时间中断后不启动	回油管未浸入油中	将进油管插入深处
	供油系统进气	紧固接头
冒黑烟或白烟	又喷嘴磨损或滤网堵塞	更换或清洗
	泵压调节有误	重新调整
	配风稳燃盘脏、松动或磨损	清洗、紧固或更换
	油中掺水，但不多	改善油质
	风量太大	调小风门
燃烧头脏（可能积炭）	油喷嘴或过滤器脏	清洗或更换
	喷嘴喷油量或角度不合适	调整喷嘴或更换
	油喷嘴松动	拧紧
	配风稳燃盘上有杂物	清扫
	燃烧头位置不当或风量不足	调节位置或风门
	燃烧头长度不够	按锅炉调长引风管

2. 燃气燃烧器常见的故障及处理方法

燃气燃烧器常见的故障及其产生原因和处理方法见表4-9。

燃油燃气锅炉常见故障及处理方法   表 4-9

常见故障	产生原因	处理方法
燃烧器不启动	没有电	闭合所有开关，检查连接
	限制器或安全装置打开	调整或更换
	控制盒锁定或损坏	重置或更换控制盒
	控制盒保险丝熔断	更换
	没有燃气供应	打开阀组前手动阀
	主燃气压力不足	联系供气单位提高压力
	最低燃气压力开关没闭合	调整或更换
	电动机远程控制开关损坏	更换
	电动机损坏	更换
	电动机保护断开（缺相）	所掉相接上，重置热继电器
	伺服电机触电没校准	调节凸轮或更换伺服电机
	空气压力开关在运行位置	调整或更换
燃烧器启动后马上锁定	出现模拟火焰，空气压力不足，空气压力开关不工作	更换控制盒
	空气压力开关调整不适当	调整或更换
	压力开关测压点管道堵塞	清洗
	燃烧头调整错误	重新调整
	燃烧室背压过高	将空气压力开关接到入风口
	火焰检测电路故障	更换控制盒
	VS 和 VR 燃气阀门没接上或线圈断开	检查连线或更换线圈

常见故障	产生原因	处理方法
在燃烧器预吹扫和安全时间之后，燃烧器进入锁定状态，无火焰	电磁阀 VR 只允许少量燃气通过	增加燃气通过量
	电磁阀 VR 或 VS 不能打开	更换线圈或整流器面板
	燃气压力过低	增加控制器处的压力
	点火电极调整不正确	调整
	电极由于绝缘破坏而接地	更换
	高压电缆破坏	更换
	点火变压器损坏	更换
	阀或点火变压器接线错误	检查
	控制盒损坏	更换
	阀组下行管道中旋塞关闭	打开
	管道中有空气	排除空气
火焰出现后燃烧器马上锁定	电磁阀 VR 只允许少量燃气通过	增加燃气通过量
	离子探针调整不正确	重新调整
	离子探针接线故障	重新接线
	离子探针接地	缩短或更换电缆
	燃烧器接地不紧	检查接地
	控制盒损坏	更换
点火脉动	燃烧头调整不当	调整
	点火电极调整错误	调整
	风门调整不当，风量过大	调整
	点火阶段输出功率过高	减小输出功率
燃烧器重复启动而不锁定	主燃气压力接近于燃气压力开关最低限定值，阀门开启跟随着压力不断降低，从而引起压力开关自身的暂时开启，阀门立即关闭，燃烧器停机。压力又升高，压力开关再次关闭，重复点火周期。该过程无休止地进行	减小燃气压力开关的工作压力，更换燃气过滤器
燃烧器没有过渡到第二级	远程控制装置 TR 不闭合	调整或更换
	控制盒损坏	更换
	伺服电机故障	更换或修理
燃烧器从一级到二级或从二级到一级过渡时锁定	空气量过大或燃气量过小	调整燃气和空气量
运行中，燃烧器停机并且锁定	离子探针或电缆接地	更换磨损部件
	空气压力开关故障	修理或更换
燃烧器停机，而风门开启	伺服电机故障	压力表修理或更换

教学单元 5　锅炉结构 I

5.1　锅炉汽水系统和水循环

5.1.1　锅炉水循环

锅炉水循环是指水和汽水混合物在锅炉蒸发受热面的闭合回路中作有规律的、连续的流动过程称为水循环。水循环就是组织管内工质的合理流动，在各种参数条件下都能够使工质从火焰或烟气吸收足够的热量，并且要确保管壁得到充分冷却。如索引 05.01.001 所示按水循环原理不同锅炉可分为自然循环锅炉、强制循环锅炉、直流锅炉。

1. 自然循环锅炉

自然循环锅炉是指只靠汽水密度差推动工质流动。自然循环锅炉由汽包将锅炉受热面分割为加热、蒸发和过热三段。它把锅炉各部分受热面，如加热段、蒸发段和过热段都明确地分开，不论负荷、燃烧率如何变化，各受热面的大小是固定不变的。在运行中有以下特点：

（1）锅炉蒸发量主要由燃烧率的大小来决定（蒸发量由加热段受热面的吸热量 Q_1 和蒸发段受热面的吸热量 Q_2 决定），而与给水流量 W 的大小无关。所以在汽包锅炉中由燃烧率调节负荷（实现燃料热量与蒸汽热量之间的能量平衡），由给水流量调节水位（实现给水流量与蒸汽流量间的物质平衡）这两个控制系统的工作可以认为是相对独立的。

（2）汽包除作为汽水分离器外，还作为燃水比失调的缓冲器。当燃水比失去平衡关系时，利用汽包中的存水和空间容积暂时维持锅炉的工质平衡关系，而各段受热面积的界限是固定，使得燃料量或给水流量的改变对过热汽温的影响较小。因为过热蒸汽温度主要取决于加热段、蒸发段吸热量与过热段吸热量的比值 $（Q_1+Q_2）：Q_3$，由于汽包锅炉各受热面的区域界限是固定的，所以当燃烧率变化时，即使 Q_1、Q_2、Q_3 也都发生了变化，但这个比值不会有过大的改变，因而对汽温的影响幅度较小。

（3）蓄热量大。锅炉蓄热量是其工质和受热面金属中储存热量的总和。汽包锅炉有重型汽包、较大的水容积、较粗的下降管和联箱等，所以其蓄热能力比直流锅炉要大 2～3 倍。

2. 强制循环锅炉

强制循环锅炉是指利用水泵压头和汽水密度差推动工质流动。具有以下特点：

（1）由于装有循环泵，强制循环锅炉的循环推动力比自然循环大好几倍。自然循环产生的运动压头一般只有 0.05～0.1MPa，而强制循环则可达到 0.25～0.5MPa，因此可用小直径管作为水冷壁管。小直径管在同样压力下所需的管壁较薄，金属消耗量较少。

（2）强制循环锅炉可任意布置蒸发受热面，将管子直立、平放都可以，因此锅炉的形状和受热面都能采用比较好的布置方案。

（3）强制循环锅炉的循环倍率较低。因为循环倍率的大小与水冷壁的冷却有直接关系，循环倍率大则安全，但不经济（会使循环泵流量大，消耗功率大）。由于强制循环锅炉可以使用小直径管，管壁薄，壁温较低，如果采用较高流速 [一般 $\rho_w=1000\sim1500kg/(m^2\cdot s)$]，则循环倍率可取的小一些（一般取循环倍率 $K=3\sim5$）。

（4）由于强制循环锅炉的循环倍率小，循环水流量较小，可以采用蒸汽负荷较高、阻力较大的旋风分离装置，以减少分离装置的数量和尺寸，从而可采用较小直径的汽包。

（5）强制循环锅炉的蒸发受热面中可以保持足够高的质量流速，而使循环稳定，不会使受热弱的管子发生循环停滞或倒流等循环故障。而且大容量强制循环锅炉的水冷壁管子进口处一般都装有节流圈，这时避免出现水动力的多值性、脉动现象、停滞、倒流或过大的受热偏差的有效措施。

（6）一台强制循环锅炉一般装设循环泵 $3\sim4$ 台，其中 1 台备用。运行时循环泵所消耗的功率一般为机组功率的 $0.2\%\sim0.25\%$。

（7）强制循环锅炉的调节控制系统的要求比直流锅炉低。

（8）强制循环锅炉能快速启停。由于循环系统的管子金属壁较薄，热容量小，在加热或冷却过程中温度易于趋向均匀，启动时汽包壁温升允许值一般可达 $100℃/h$（自然循环锅炉为 $50℃/h$）。而且强制循环锅炉在点火前已开始启动循环泵，建立正常循环系统，所以可以缩短启动时间。

（9）强制循环锅炉的缺点是由于循环泵的采用，增加了设备的制造费用，而且循环泵长期在高压、高温（$250℃\sim300℃$）下运行，需使用特殊材料，才能保证锅炉运行的安全性。

3. 直流锅炉

在给水泵压头作用下，工质顺次通过预热，蒸发，过热各受热面，而被预热，蒸发，过热到所需要的温度。简言之，直流锅炉是工质一次通过各受热面，没有循环的强制流动锅炉。

（1）本质特点：

没有汽包，工质一次通过，受热面无固定界限。

（2）蒸发受热面中工质流动工程特点

强制流动锅炉没有自补偿能力，即受热强的管子，流动速度小；有脉动现象；直流锅炉消耗水泵压头大。

（3）传热过程特点

直流锅炉没有汽包，给水带来的盐分除一部分被蒸汽带走外，其余将全沉积在受热面上，因此直流锅炉要求给水品质高。

（4）调节过程特点

直流锅炉，当负荷发生变化时，必须同时调节给水量和燃煤量，以保持物质平衡和能量平衡，才能稳住汽压和汽温。

（5）启动过程特点

直流锅炉和自然循环锅炉相比，在结构上有蒸发受热面和启动旁路系统与之不同。在启动时首先启动旁路系统，建立启动流量和启动压力。此外由于直流锅炉没有汽包，升温过程比较快，所以启动速度快。

（6）设计制造安装特点

适用于任何压力、蒸发受热面可任意布置、节省金属、制造方便。

4. 三种类型锅炉特点比较

三种类型锅炉特点比较　　　　　　　　　　　　　　表 5-1

项目	自然循环锅炉	强制循环锅炉	直流锅炉
工作压力范围	主要用于（≤12.74MPa）和超高压（13.72～15.68MPa）也可用于亚临界（16.66～18.62MPa）	强制循环锅炉适用于自然循环锅炉的工作范围，但只有在压力在 15.68MPa 以上时，才有经济性	直流锅炉可以用于任何压力，但当 $p \geqslant 22.1$MPa 只有采用直流锅炉
设计制造安装特点	有锅筒但锅筒较大，蒸发受热面布置受限、金属耗量大	有锅筒但锅筒较小，水冷壁管径小、节省金属、制造方便	无锅筒、蒸发受热面可任意布置、节省金属、制造方便
安全性	水容量大、蓄热量大，对外界负荷与压力的扰动（外扰）不太敏感，有自调节能力	水容量大、蓄热量大，无自调节能力	水容量小、蓄热量小，对外界负荷与压力的扰动（外扰）敏感
能耗	耗电少	耗电量大	耗电量大

5.1.2 自然循环

1. 自然循环原理

自然循环是指：在一个闭合的回路中，由于工质自身的密度差造成的重位压差，推动工质流动的现象。具体地说，自然循环锅炉的循环回路是由汽包、下降管、分配水管、水冷壁下联箱、水冷壁管、水冷壁上联箱、汽水混合物引出管、汽水分离器组成的，重位压差是由下降管和上升管（水冷壁管）内工质密度不同造成的。而密度差是由下降管引入水冷壁的水吸收炉膛内火焰的辐射热量后，进行蒸发，形成汽水混合物，使工质密度降低形成的。

自然循环的实质，是由重位压差造成的循环推动力克服了上升系统和下降系统的流动阻力，从而推动工质在循环回路中流动而自然循环锅炉的"循环推动力"实际上是由"热"产生的，即由于水冷带管吸热，使水的密度改变成为汽水混合物的密度，并在高度一定的回路中形成了重位压差。回路高度越高，且工质密度差越大，形成的循环推动力越大。而密度差与水冷壁管吸热强度有关，在正常循环情况下，吸热越多，密度差越大、工质循环流动越快。

2. 典型自然循环

如索引 05.01.002 所示。

（1）水冷壁水循环

上锅筒→下降管→集箱（下锅筒）→上升管（水冷壁）→上锅筒。

（2）锅炉管束水循环

上锅筒→受热弱的对流管束→下锅筒（集箱）→受热强的对流管束→上锅筒。

3. 常见自然循环故障

（1）循环停滞

循环回路由并联于锅筒与集箱之间的许多根上升管和数根下降管组成；由于炉膛结

构、管子受热长度以及积灰等情况的不同，产生受热不均匀性；如果个别上升管受热严重不良，则产生的有效压头将不足以克服公共下降管的阻力，从而使循环流速趋近于零，这种现象就是"循环停滞"。

1）危害

① 循环停滞的管内仍产生蒸汽，循环倍率接近1，汽泡依靠浮力上升，同时在倾斜管转弯、接头部位往往引起汽泡的集聚，并沉积水垢，造成传热恶化甚至烧坏管；

② 如果循环停滞发生的上升管恰好连接于汽包的蒸汽空间，则形成一层自由水面，水面以上仅有蒸汽，冷却效果差；而水面的波动则导致温差应力和盐垢沉积；

③ 上升管尽量不要连接在锅筒汽空间，对自然循环不利；高出锅筒水位的 h 段（汽水混合物）对应的下降管内工质不是水而是蒸汽，所以此段的流动压头是负的，相当于增大了流动阻力。

2）预防措施

① 一般多采用加大下降管截面积和引出管截面积的方法来减少循环阻力，防止循环停滞与倒流。

② 根本办法就是减少或避免并联的各上升管受热的不均匀性。

（2）汽水分层

发生于水平或者微倾斜的上升管段，特别是流速较低的时候会出现汽水分层现象；多发生于炉顶、前后拱的受热面。

1）危害

当这一管段受热时，会引起上下温差应力以及汽水界面的交变应力；在上部会结盐垢使壁温升高甚至过热。

2）预防措施

一般情况下，随着蒸汽压力的增加、蒸发管直径的增大，发生汽水分层的可能性增加。因此要保证循环流速不低于 0.6～0.8m/s、倾角不小于 15°、尽量避免流动死角等。

（3）下降管带汽

正常情况下，下降管入口水流纯粹靠静压进入，不会汽化；但是如果入口处阻力过高，将产生压降，则锅筒内的饱和水在进入下降管的时候因压力降低而汽化产生汽泡，造成下降管带汽，从而使平均体积流量增大、流速加快、阻力增加，对水循环不利。

另一个原因是下降管管口距离锅筒水面太近，由于上方水面形成的漩涡而将蒸汽吸入下降管；因此下降管要尽量连接在锅筒底部或保证入口上方有一定水位。

下降管受热强烈、下降管出口与上升管入口距离太近并且没有良好的隔离装置也可能造成下降管带汽。

1）危害

下降管带汽不仅使自身的阻力增加，还迫使循环的运动压头降低，减弱了水的循环流动，从而增大了循环停滞、倒流、自由水面等出现的可能性。

2）预防措施

减小下降管受热，增大下降管出口上升管入口距离，并设置良好的隔离装置。

5.1.3　自然循环锅炉汽水系统组成

如索引 05.01.003 所示，锅炉的汽水系统由给水管路、省煤器、汽包、下降管、水冷壁、过热器、再热蒸汽及主再热蒸汽管路等组成。其主要任务是使水吸热、蒸发，最后变成有一定参数的过热蒸汽。从给水管路来的水经过给水阀进入省煤器，加热到接近饱和温度，进入汽包，经过下降管进入水冷壁，吸收蒸发热量，在回到汽包。经过汽水分离以后，蒸汽进入过热器，水在进入水冷壁进行加热。进入过热器的蒸汽吸收热量，成为具有一定温度和压力的过热蒸汽，经过主蒸汽管，进入汽轮机高压缸做功。蒸汽从高压缸做完工后，经再热蒸汽管冷段，进入锅炉再热器加热至额定温度后，经再热蒸汽热段，进入汽轮机中缸、低压缸继续做功。

下降管和集箱

（1）下降管

1）下降管的作用是把汽包内的水连续不断地通过下联箱供给水冷壁，以维持正常的循环。

2）下降管布置在炉外不受热，管外包覆有保温材料。下降管有小直径分散型和大直径集中型两种。

3）小直径分散型的直径一般 108～159mm，它直接与各下联箱连接。

4）大直径集中型下降管的管径一般为 325～762mm，大直径下降管通过下部的小直径分配支管接至各下联箱，以达到均匀配水的目的。

5）小直径分散型下降管的管径小、管子数目多（40 根以上），流动阻力大，对循环不利，一般用在中、小量容量锅炉上。

6）大直径集中型下降管管径大、管子数目少（4～6 根），流动阻力小，并能节约钢材，简化布置，广泛用于高压以上锅炉。

（2）集箱

1）联箱由无缝钢管两端焊上平封头构成，在联箱上有若干管头与管子焊接相连。

2）联箱分为上联箱和下联箱。

3）联箱的作用是汇集、混合、分配工质。联箱一般布置在炉外，不受热。

4）水冷壁下联箱底部还设有定期排污装置、蒸汽加热装置。

5）位于炉排两侧的下集箱又称防焦箱，主要作用是防止炉排处炉墙结焦。

5.2 蒸发受热面

5.2.1 水冷壁

水冷壁管是锅炉的主要受热面。水冷壁由许多并列的上升管组成，紧贴炉墙形成炉膛四周内壁或布置在炉膛中部

1. 水冷壁作用

（1）吸收炉膛辐射热量，使水部分蒸发成饱和蒸汽。

（2）保护炉墙，简化炉墙结构，还可防止炉墙结渣。

（3）节省金属，降低锅炉造价。

2. 主要结构型式

水冷壁管下端与下集箱相连，下集箱通过下降管与锅筒的水空间相连，上端直接与上锅筒连接，或接到上集箱经导汽管与锅筒连接，构成水冷壁的水循环系统。

水冷壁管通常采用外径 51～76mm、壁厚 3.5～6.0mm 的 10 号或 20 号无缝钢管。管中心距一般为管外径的 1.25～2 倍，见索引 05.02.001，有光管、销钉水冷壁和膜式水冷壁三种。

（1）光管水冷壁

由普通无缝钢管焊制而成。

现代锅炉水冷壁管的一半被埋在炉墙里，使水冷壁与炉墙浇成一体形成敷管式炉墙。由于炉墙温度低，所以炉墙做的较薄，既节省了材料，又减轻了重量，还便于采用悬吊结构

（2）销钉水冷壁

在水冷壁光管的外侧焊上很多一定长度的圆钢就构成了销钉式水冷壁，用销钉可以敷设和固牢耐火塑料，使水冷壁吸热量减少，提高炉内温度。因销钉数目多，焊接工作量大，质量要求高，销钉式水冷壁一般用在固态排渣煤粉炉的卫燃带，液态排渣煤粉炉的熔渣池、旋风炉的旋风筒等特殊区域。

（3）膜式水冷壁

膜式水冷壁是由许多鳍片管沿纵向依次焊接起来，构成整体的受热面，使炉膛内壁四周被一层整块的水冷壁膜严密包围。其优点：

1）气密性好；管屏外侧仅需敷以较薄的保温材料，炉膛高温烟气与炉墙不直接接触，有利于防止结渣；

2）管屏可在制造厂成片预制，便于工地安装。大容量，高温高压锅炉多采用膜式水冷壁。

3. 水冷壁固定

锅炉水冷壁主要是由许多小管径的管所组成，布置在炉膛四周。由于其管子较长，并且在炉内受热，如果没有可靠的拉固装置，水冷壁管容易发生较大的变形，因此所有水冷壁都有可靠的拉固装置。见索引 05.02.002。

（1）光管水冷壁固定

水冷壁管一般都是上部固定，下部能自由膨胀。水冷壁管的上集箱固定在支架上或与上锅筒相连接，下集箱由水冷壁管悬吊着。水冷壁管本身由拉钩限制其沿水平方向移动，从而保证它只能上下滑动。

（2）膜式水冷壁刚性梁拉固装置

如索引 05.02.003 所示，水冷壁管自上而下每隔加一道拉固装置，具体是采用波形板直接焊接在水冷壁管上，再通过螺栓或其他链接装置将波形板拉固至外边的刚性梁上，中间填入耐热保温材料。在刚性梁的铰接处，开有椭圆形孔，以适应水冷壁上下联箱的要求，整个刚性梁水冷壁拉固装置可以随水冷壁向下自由膨胀，这种拉固装置称为刚性梁水冷壁拉固装置。

5.2.2　凝渣管

后墙水冷壁管穿过炉膛出口烟道时，由于管子横向节距较小管排较密集，当炉膛出口烟温较高时，管排上会发生严重的结渣，为此须增加管子的横向节距。见索引 05.02.004。

（1）当 $p \geqslant 9.8$ MPa 时，此时不需要蒸发受热面，将后墙水冷壁的上集管就布置在折

焰角处，然后通过一排较粗节距较大的管子穿过炉膛出口，这排管子也称为凝渣管。

（2）当 $p < 9.8$ MPa 时，将后墙水冷壁在炉膛出口处拉稀而成为排管子，此时管束仍为蒸发受热面，这样的对流蒸发受热面就称为凝渣管束。

5.2.3 锅炉管束

对于低压锅炉，由于蒸发吸热量较大，仅布置水冷壁还不足以满足需要，因此还要对流蒸发受热面。

对流管束通常是由连接上、下锅筒间的管束构成。全部对流管束都布置在烟道中，受烟气的冲刷而换热，也称对流受热面，是另一种主要受热面。连接方式有胀接和焊接两种。

对流管束管径一般为 $51 \sim 63.5$ mm。排列方式有错排和顺排两种，见索引 05.02.005。错排管束的传热效果好，但清灰和检修不如顺排管束方便。

对流管束的传热效果主要取决于烟气的流速。提高烟气的流速，可使传热增强，节省受热面，但其阻力和运行费用增加；烟气流速过小，容易使受热面积灰，影响传热。对于水管锅炉，燃煤时，烟气流速一般在 10m/s 左右，燃油燃气锅炉则高些；对于烟管锅炉，燃煤时，烟气流速一般为 $15 \sim 20$ m/s，燃油、燃气锅炉为 $20 \sim 30$ m/s。

5.3 过热器再热器

5.3.1 过热器和再热器的作用和工作特点

1. 过热器和再热器的作用

过热器：将饱和蒸汽加热成具有一定过热度的过热蒸汽。

再热器：将汽轮机高压缸排汽加热成具有一定温度的再热蒸汽。

2. 过热器和再热器的工作特点

（1）工质温度高、传热性能差，处于高温烟气段，金属壁温高，达到金属使用极限。

（2）再热器受热面工作条件更差

1）中压蒸汽放热系数比高压蒸汽小（1/5），导致管壁金属温度高；

2）中压蒸汽比热小，对热偏差更加敏感；

3）阻力损失要求严格；

4）启动中及汽轮机甩负荷时的保护问题。

（3）锅炉参数提高，容量增大，锅炉各受热面数量和位置发生变化，过热受热面向炉膛移动（辐射式过热器），工作条件更差。

（4）设计或运行不当，很容易引起受热面金属超温，长期超温会造成爆管，工质泄漏、停机，是锅炉故障最多的部件之一。

5.3.2 过热器和再热器型式和结构

再热器与过热器的结构相似，故重点介绍过热器。

过热器构成：联箱与并列的受热面管组连接构成。

1. 过热器分类

由汽锅生产的饱和蒸汽引入过热器进口集箱，然后分配经各并联蛇形管受热升温至额定值，最后汇集于出口集箱由主蒸汽管送出。

（1）根据传热方式分：对流、辐射和半辐射式。

（2）根据烟气与管内蒸汽的相对流动方向分：逆流、顺流和混合流。

（3）根据对流受热面的放置方式分：立式、卧式。

（4）根据管子排列方式分：顺列、错列。

（5）根据管圈数分：单管圈、双管圈、多管圈。

（6）根据结构分：屏式过热器、壁式过热器、对流过热器。

2. 对流过热器

如索引 05.03.001 所示，对流过热器布置在对流烟道中，以对流传热为主，吸收烟气的热量。它由进出口联箱，及许多并列的蛇形管组成，蛇形管与联箱之间通过焊接连接。联箱一般布置在炉墙外，并进行保温以减小散热损失。烟气在管外横向冲刷蛇形管，并将热量传给管壁；蒸汽在蛇形管内纵向流动，吸收管壁传入的热量。

对流过热器区的烟气流速受传热性能、飞灰磨损和受热面积灰等诸多因素制约，烟气流速高，则传热性能好，受热面积灰轻，但管子磨损严重；反之，烟气流速低，则管子磨损轻，但传热性能降低和受热面容易积灰。

按烟气与管内蒸汽的相对流动方向，对流过热器可分为顺流、逆流、双逆流和混合流四种布置方式。

对流过热器的吊挂和固定见索引 05.03.002。

3. 辐射过热器

布置在炉膛壁面上、直接吸收炉膛辐射热的过热器或再热器，称为辐射式（或墙式）过热器或再热器。

高参数大容量锅炉蒸发吸热所占比例减小，为了在炉膛内部布置足够的受热面，就需要布置辐射式过热器或再热器。

辐射式过热器布置方式：

墙式过热器：布置在炉膛壁面上；

顶棚过热器：水平布置在炉顶；

前屏过热器：悬挂在炉膛上部并靠近前墙。

辐射式过热器不仅使炉膛有足够的受热面来冷却烟气，同时由于辐射式过热器的温度特性与对流式过热器相反，还可改善锅炉汽温调节特性。

对于中参数的锅炉机组，过热器吸热量占炉水总吸热份额吸热比例不是太高，因此，不需要布置墙式过热器和前屏过热器，仅仅采用顶棚过热器。

5.3.3 汽温的调节

1. 蒸汽温度调节的必要性

（1）汽温升高，材料强度下降。

例：12Cr1MoV：10 万 h(585℃)，3 万 h(595℃)；在超温 10℃～20℃时，寿命减半。

（2）汽温下降，循环热效率下降：−10℃，0.5%。

（3）汽温过低，汽轮机排汽湿度增加，从而影响汽轮机末级叶片的安全工作。

（4）再热汽温变化剧烈→中压缸转子与汽缸之间的相对胀差变化→汽轮机激烈振动→安全。

（5）通常规定蒸汽温度与额定温度的偏差值在 −10℃～+5℃ 范围内。

2. 蒸汽温度调节方式

蒸汽侧调节（改变蒸汽热焓）包括：喷水减温器、表面式减温器。

烟气侧调节包括：改变锅炉内辐射受热面和对流受热面的细热量分配比例（调节燃烧器倾角、烟气再循环）；改变流经过热器、再热器的烟气量（烟气挡板）。

3. 喷水减温装置

喷水减温：将水直接将水喷入蒸汽中，喷入的水在加热、蒸发和过热的过程中消耗蒸汽的热量，使汽温降低。喷水减温调节法、调节灵敏、惯性小，易于实现自动化，加上调温范围大、设备结构简单，所以在电站锅炉上获得了普遍应用。

（1）文丘里减温器

在文丘里管的喉部，布置有多排$\phi3mm$的小孔，减温水经水室从小孔喷入蒸汽流中。孔中水速约 $1\sim2m/s$，喉部蒸汽流速达 $70\sim100m/s$，使水和蒸汽激烈混合而雾化，该种减温器蒸汽流动阻力小，水的雾化效果较好。

（2）漩涡式喷嘴减温器

减温水经漩涡式喷嘴喷出雾化，在文丘里管喉部与高速（$70\sim120m/s$）蒸汽混合，很快汽化与过热，使汽温降低。混合管长约 $4\sim5m$，混合管与蒸汽管道的间隙为 $6\sim10mm$。这种减温器雾化质量很好，能适应减温水量频繁变化的场合，而且减温幅度较大

（3）多管式喷水减温器

多孔喷管上开有若干喷水孔，喷孔一般在背向汽流方向的一侧，以使喷水方向和汽流方向一致。喷孔直径通常为 $5\sim7mm$，喷水速度为 $3\sim5m/s$。

4. 分隔烟道挡板

烟道挡板是利用改变流过尾部烟道中的烟气量来调节汽温，现代锅炉上主要用来调节再热蒸汽温度。调节烟道挡板，可以改变流经两个烟道的烟气流量，也就是改变 2 个并联烟道中的烟气分配比率，从而调节再热汽温。

烟气流量的改变，也会影响到过热汽温，但可调节减温器的喷水量来维持过热汽温稳定。

再热器进口的喷水减温器正常下是不运行的，只是在再热器出口温度上升，并且不能被挡板控制的情况下作为紧急减温器使用。

采用烟道挡板调温的主要优点是：结构简单、操作方便，在调节再热汽温时，对炉膛的燃烧工况影响较小，且调温幅度较大；但其缺点是汽温调节的延迟时间太长，挡板的开度与汽温变化不成线性关系，而大多数挡板只有在 $0\%\sim40\%$ 的开度范围内比较有效，挡板开的较大时易引起磨损，关得较小时又易引起积灰。

在用烟道挡板调节再热汽温时，必须考虑到对过热汽温的影响。若想提高再热汽温，应在开大再热器侧挡板前，检查一下是否有一定的过热器减温水量。因为在开大再热器侧挡板时，过热器侧挡板关小，低温过热器出口温度降低；此时必须减小减温水量，以保持过热汽温稳定。否则，虽然低温再热器温升增大，但因为低温过热器出口温度下降，引起主蒸汽温度降低，导致高压排汽缸（低温再热器入口）温度降低，最后高温再热器出口温度没有什么变化。

5. 烟气再循环

工作原理：采用再循环风机从锅炉尾部低温烟道中（一般为省煤器后）抽出一部分温

度为250℃～350℃的烟气，由炉子底部（如冷灰斗下部）送回炉膛，用以改变锅炉内辐射和对流受热面的吸热量分配，从而达到调节汽温的目的。

特点：幅度大、迟滞小、调节灵敏；同时可降低NO_x排放。

5.4 锅筒和锅内设备

5.4.1 汽包的作用与构造

1. 汽包的作用

汽包又叫锅筒，是锅炉最重要的受压元件，其作用为：

（1）接受锅炉给水，同时向蒸汽过热器输送饱和蒸汽，连接上升管和下降管构成循环回路，是加热、蒸汽与过热三个过程的连接枢纽。

（2）锅筒中储存一定量的饱和水，具有一定的蒸发能力，储存的水量愈多，适应负荷变化的能力就愈大。

（3）锅筒内部安装有给水、加药、排污和蒸汽净化等装置，以改善蒸汽品质。

2. 汽包构造

如索引05.04.001所示，锅筒是由钢板焊接而成的圆筒形容器，由筒体和封头两部分组成。工业锅炉筒体长度为2～7m，筒体直径为0.8～1.6m，壁厚为12～16mm。锅筒两端的封头是用钢板冲压而成，并焊接在筒体上。在封头上开有椭圆形人孔，人孔盖板是用螺栓从汽包内侧向外侧拉紧的。

锅炉按锅筒分类，有双锅筒锅炉和单锅筒锅炉。双锅筒锅炉有一个上锅筒，一个下锅筒。上下锅筒由对流管束连接起来。单锅筒锅炉只有一个上锅筒。

3. 汽包附属阀门仪表接管

由于汽包是加热、蒸汽与过热三个过程的连接枢纽，又是锅炉最重要的受压元件，因此如索引05.04.002所示，在汽包上有众多阀门、管道、仪表的管接头。

（1）给水管接头、主汽阀管接头、副汽阀管接头、连续排污管接头、省煤器再循环管接头。

（2）安全阀管接头、水位表管接头、压力表管接头、紧急放水管接头。

（3）人孔、放气阀管接头。

（4）下锅筒接管有排污管接头和人孔。

5.4.2 锅内设备

如索引05.04.003所示锅内设备包括：汽水分离设备、给水配水装置、连续排污设备、挡板、预焊件。

1. 给水装置

蒸汽锅炉的给水大多由上锅筒引入。

给水管的作用是将锅炉给水沿锅筒长度方向均匀分配，避免过于集中在一起，从而破坏正常的水循环。同时为避免给水直接冲击锅筒壁，造成温差应力，给水管将水注入给水槽中，见索引05.04.003。

给水管的位置应略低于锅筒的最低水位，给水管上开有直径为8～12mm的小孔，孔间中心距为100～200mm。

给水均匀引入蒸发面附近，可使蒸发面附近锅炉水含盐量降低，消除蒸发面的起沫现象，从而减少蒸汽带水的含盐量。

2. 汽水分离装置

锅炉给水一般均含有少量杂质，随着锅炉水的不断蒸发和浓缩，锅炉水杂质的相对含量会越来越高，即锅炉水含盐浓度增大。又由于受热面各上升管进入上锅筒的汽水混合物具有很高动能，会冲击蒸发面和汽包内部装置，引起大量的锅炉水飞溅。这些质量很小的水珠很容易被流速很高的蒸汽带走。于是蒸汽携带了含盐浓度较高的锅炉水而被污染，即蒸汽品质恶化了。品质恶化的蒸汽会在蒸汽过热器或换热设备及阀门内结垢，这样不仅影响设备的传热效果，而且影响设备的安全运行。因此，保持蒸汽的洁净，降低蒸汽的带水量是非常重要的。

对于低压小容量的锅炉，由于对蒸汽品质要求不高，且上锅筒的蒸汽负荷较小，可以利用上锅筒中蒸汽空间进行自然分离或装设简单的汽水分离装置。对于较大容量的锅炉，单纯采用汽水的自然分离已不能满足要求，需要在上锅筒内装设汽水分离装置。

汽水分离装置形式很多，按其分离的原理可分为自然分离和机械分离两类。自然分离是利用汽水的密度差，在重力作用下使水、汽得以分离。机械分离则是依靠惯性力、离心力和附着力等使水从蒸汽中分离出来。目前，供热锅炉常用的汽水分离装置有水下孔板、挡板、匀汽孔板、集汽管、蜗壳式分离器、波形板及钢丝网分离器等多种。

在小型锅炉中，蒸汽引出管有时只有一根，为了均匀汽流又简化结构，可采用集汽管分离汽水，包括缝隙式集汽管和抽汽孔集汽管，包括缝隙式集汽管和抽汽孔集汽管，如索引 05.04.004。

3. 孔板和挡板

当汽水混合物被引入锅筒汽空间时，在汽水引入管的管口可装设挡板，如索引 05.04.003 所示，以形成水膜和削减汽水流的功能。蒸汽在流经挡板间隙时因急剧转弯，又可从汽流中分离出部分水滴，起着汽水的粗分离作用。

4. 连续排污装置

连续排污装置的作用是排走含盐浓度较高的锅炉水，使之含盐量降低，以防止锅炉水起沫，造成汽水共腾。通常在蒸发面附近沿上锅筒纵轴方向安装一根连续排污钢管，如索引 05.04.003 所示。

在排污管上装设许多上部有锥形缝的短管，缝的下端比最低水位低 40mm，以保证水位波动时排污不会中断。

5.4.3 热水锅炉锅内设备

1. 热水引出管

配水管的作用是将锅炉回水分配特定位置以保证锅炉正常的水循环。对于没有锅炉管束的锅炉，配水管将回水分配到冷水区，通常为锅筒的两端，而对于带有锅炉管束的锅炉，配水管将回水均匀地分配到各下降区。

给水分配管的结构一般是将分配管的端头堵死，在管侧面开孔，开孔方向正对下降管入口。

2. 配水管

配水管的作用是将锅炉回水分配特定位置以保证锅炉正常的水循环。对于没有锅炉管束的锅炉，配水管将回水分配到冷水区，通常为锅筒的两端，而对于带有锅炉管束的锅炉，配水管将回水均匀地分配到各下降区。

给水分配管的结构一般是将分配管的端头堵死，在管侧面开孔，开孔方向正对下降管入口。

3. 隔水板

自然循环热水锅炉是靠水的密度差循环的。为了在锅筒内形成明显的冷、热水区，使锅炉回水尽量少与热水混合，防止热水直接进入下降管，通常在热水锅炉锅内不同位置上加装隔水板。

5.5 尾部受热面

在锅炉尾部烟道的最后，烟气温度仍有 400℃左右，为了最大限度地利用烟气热量，大型锅炉在尾部烟道都布置一些低温受热面，通常包括省煤器和空气预热器。

5.5.1 省煤器

省煤器（英文名称 Economizer）就是锅炉尾部烟道中将锅炉给水加热成汽包压力下的饱和水的受热面，由于它吸收的是比较低温的烟气，降低了烟气的排烟温度，节省了能源，提高了效率，所以称之为省煤器。省煤器按制造材料的不同，可分为铸铁省煤器和钢管省煤器两种；按给水被预热的程度，可分为沸腾式和非沸腾式两种。

1. 省煤器的作用

给水在进入锅炉前，利用烟气的热量对之进行加热，同时降低排烟温度，提高锅炉效率，节约燃料耗量；给水流入蒸发受热面前，先被省煤器加热，降低了炉膛内传热的不可逆热损失，提高了经济性；降低锅炉造价：采用省煤器取代部分蒸发受热面，减少水在蒸发受热面的吸热量，也就是以管径较小、管壁较薄、传热温差较大、价格较低的省煤器代替部分造价较高的蒸发受热面。

改善汽包工作条件：进汽包水温升高，减少汽包壁温与给水温差，减小热应力。

因此，省煤器的作用不仅是省煤，实际上已成为现代锅炉中不可缺少的一个组成部件。

2. 铸铁省煤器

在供热锅炉中使用最普遍的是非沸腾式铸铁省煤器。它是一根外侧带有方形鳍片的铸铁管（见索引 05.05.001）通过 180°弯头串接而成。水从最下层排管的一侧端头进入省煤器，水平来回流动至另一侧的最末一根，再进入上一层排管，如此自下向上流动，受热后送入上锅筒。烟气则由上向下横向冲刷管束，与水逆流换热。

铸铁省煤器耐磨性及耐腐蚀性均较好，但铸铁性脆，强度低，且不能承受水击。因此，铸铁省煤器只能用作非沸腾式省煤器，且锅炉工作压力应低于 2.5MPa。为了保证铸铁省煤器的可靠性，要求经省煤器加热后的水温比其饱和温度至少低 30℃，以防产生蒸汽。

为了保证、监督铸铁省煤器的安全运行，在其进口处应装置压力表、安全阀及温度计；在出口处应设安全阀、温度计及放气阀，见索引 05.05.002。进口安全阀能够减弱给水管路中可能发生水击的影响，出口安全阀能在省煤器汽化、超压等运行不正常时泄压，以保护省煤器。放气阀则用以排除启动时省煤器中的大量空气。

3. 钢管式省煤器

在容量较大的供热锅炉上，采用给水热力除氧处理或给水温度较高时，铸铁省煤器加热温度就受到了限制，另外，给水除氧解决了金属腐蚀问题，此时可采用钢管省煤器，优点是工作可靠，体积小，重量轻。

（1）结构

钢管省煤器由并列的蛇形管组成，通常用外径为 25～42mm 的无缝钢管制作，呈错列布置，上、下端分别与出口集箱和进口集箱连接，再经出水引出管直接与锅筒连接，中间不设置阀门，见索引 05.05.003。由于钢管的承压能力好，钢管省煤器可以用作沸腾式省煤器，但最大沸腾度应不超过 20%，否则流动阻力太大。

（2）支吊方式

见索引 05.05.004。

支承结构

适用于中小型锅炉。

悬吊结构

集箱在烟道中，减少穿墙管的数目，以出水引出管为悬吊管，有利于热膨胀，大型电站锅炉普遍采用（管束垂直于前墙布置）。

（3）省煤器的启动保护

锅炉点火前虽然已上水到水位计最低可见水位处，但是点火后，由于炉水温度升高，体积膨胀使水位上升。随着炉水温度的进一步提高，水冷壁内逐渐产生蒸汽，锅炉水位进一步上升。也就是说，锅炉从点火开始有相当长的一段时间内不需要补水，省煤器内如没有水流过，可能因过热而损坏。如索引 05.05.005 所示，在汽包下部与省煤器入口装一根再循环管。

5.5.2 空气预热器

空气预热器是利用锅炉尾部烟气热量来加热燃烧所需空气的一种热交换装置。由于它工作在烟气温度最低的区域，回收了烟气热量，降低了排烟温度，因而提高了锅炉效率。同时由于燃烧空气温度的提高，有利于燃料的着火和燃烧，减少燃料不完全燃烧热损失。

1. 空气预热器作用

（1）降低排烟温度，提高锅炉效率。

（2）改善着火条件，强化燃烧过程，减少不完全燃烧热损失。

（3）提高炉膛温度，强化炉膛辐射换热、减少水冷壁受热面。

（4）给制粉系统提供干燥剂。

2. 空气预热器分类

（1）间壁式换热：通过壁面的导热，冷热流体不接触。

（2）再生式换热：冷热流体轮流接触受热面的蓄热元件，也称为蓄热式。

（3）直接混合式：冷热流体直接混合交换热量。

3. 管式空气预热器

（1）结构

1）直径为 40～51mm、壁厚为 1.25～1.5mm 的普通薄壁钢管。

2) 密集排列、错列布置，组成立方体型的管箱。

3) 数个管箱排列在尾部烟道中。如索引 05.05.006 所示。

（2）主要特点

1) 体积大，数倍于回转式空气预热器，金属耗量大。

2) 易受腐蚀、损坏，不易更换，清灰困难，管板易发生变形。

3) 漏风较小，运行方便，应用较少。

（3）布置方式

烟气管内纵向冲刷，空气管外横向冲刷，须满足烟气及空气流速的不同要求。烟气在管外，空气在管内，可以提高壁温、减轻金属腐蚀；采用较少。锅炉容量增大，管式空气预热器体积增加，锅炉尾部布置困难。

4. 回转式空气预热器

大型锅炉通常采用回转式空气预热器。

（1）工作原理

再生式，烟气和空气交替地流过受热面（蓄热元件）放热和吸热。

（2）回转式特点

结构紧凑、节省钢材、布置灵活方便、耐腐蚀性好、漏风量大、结构复杂、制造工艺高、运行维护、检修难度大。

（3）结构（见索引 05.05.007）

1) 可转动的扁圆柱形转子，内置蓄热元件；

2) 扁圆柱形转子从上到下被径向隔板分成 12 个大扇形格（30°），每个大扇形格又被许多块横向和径向短隔板规则地分为许多小格仓，小格仓中放满预先叠扎好的蓄热板；

3) 转子截面分三个区：烟气流通部约 50%、空气流通部约为 30%、其余部分为密封区；

4) 固定的圆筒型外壳（烟、风罩），扇形顶板和底板将转子流通截面分为两部分，分别与固定的烟气及空气通道相连接。

（4）防止措施

1) 足够高的烟速。

2) 吹灰装置、吹灰间隔和吹灰时间。

3) 防止省煤器泄漏。

（5）工作过程

装有受热面的转子由电机通过传动装置带动，以 $2\sim4r/min$ 的转速转动。因此受热面不断地交替通过烟气流通区和空气流通区，当受热面转到烟气流通区时，烟气自上而下流过受热面，从而将热量传给受热面（蓄热板），当它转到空气流通区时，受热面又把积蓄的热量传给自下而上流过的空气，这样循环下去，转子每转动一周，就完成一个热交换过程。

5.5.3 低温受热面的飞灰磨损

进入尾部烟道的飞灰由于温度较低，具有一定的硬度，因此随烟气冲击受热面排管时，会对管壁产生磨损作用。

特别是省煤器，进口烟温已降至 450℃ 左右，灰粒较硬，且采用小直径薄壁碳钢管，更易受到磨损损坏。磨损是省煤器爆管在锅炉四管爆破事故中占的比例较高的原因，也是空气预热器漏风的主要原因。

1. 影响飞灰磨损的因素

（1）灰粒特性：灰的颗粒形状，锐利有棱角的灰粒比圆体灰粒对金属的磨损较严重；灰颗粒直径及密度越大，磨损越严重。

（2）飞灰浓度：飞灰浓度越高，对锅炉受热面的磨损亦越强烈。高灰分燃料锅炉，省煤器磨损情况最严重；烟道局部地区形成飞灰浓度集中，引起严重的磨损。

（3）管束的排列与冲刷方式：

① 错列和顺列布置时，第一排管子因为正迎着气流，所以磨损最严重的地方在迎风面西侧 $20°\sim50°$ 处；

② 错列布置时以第二排磨损最严重，因为此处气流速度增大，管子受到更大的撞击。磨损最严重处在主气流两侧 $25°\sim35°$ 处。第二排以后，磨损减轻；

③ 顺列布置时，磨损最严重处在主气流方向两则 $60°$ 处，以第五排最为严重。

（4）烟气速度：磨损量与飞灰动能和飞灰撞击管壁的频率成正比。动能与速度成二次方关系撞击频率与速度成正比，因而管壁的磨损量与飞灰的冲击速度成三次方关系。冲击磨损量与烟气速度的 n 次方成正比，且 n 大于 3，烟速在 $9\sim40m/s$ 范围时，n 等于 $3.3\sim4.0$。

（5）运行中的因素

1）超负荷：烟气量（烟速）和飞灰浓度增加，磨损严重；

2）烟道漏风：烟气量增加。

2. 减轻和防止磨损的措施

（1）降低烟气速度和飞灰浓度：一般烟速为 $6\sim9m/s$。近年来国外倾向采用较低的烟气速度，从根本上减轻磨损（采用较低的过量空气系数及减少炉腔和烟道的漏风量）。

（2）防止在受热面烟道内产生局部烟速过大和飞灰浓度过大，避免烟气走廊。

（3）在省煤器弯头易磨损的部位加装防磨保护装置（见索引 05.05.008）。

（4）省煤器采用螺旋鳍片管或者肋片管。

（5）回转式空气预热器上蓄热板用耐热、耐磨的钢材制造，且厚度大 1mm。

5.5.4 尾部受热面的积灰

1. 尾部受热面积灰的形态

（1）干松灰：粒度小于 $30\mu m$ 的灰的屋里沉积，呈干松状，易清除。

（2）低温黏结灰：空气预热器冷端。原因：$CaSO_4$ 水泥状物质，吹灰凝结水或者省煤器漏水渗到积灰层形成水泥状物质。

（3）危害：硬结状、堵管、难清除。

2. 积灰对锅炉工作的影响

（1）排烟热损失增加；

（2）积灰堵塞烟道，流动阻力增加，出力下降；

（3）低温腐蚀。

3. 影响积灰的因素

（1）飞灰颗粒粒径：微小颗粒容易沉积。

（2）烟气流动工况。

错列：稀疏（类似单管），紧密（气流冲刷、减少积灰）；

顺列：积灰严重。

（3）烟气速度：烟速大，冲刷作用大。

5.5.5 低温受热面低温腐蚀

1. 低温受热面烟气侧腐蚀的原因及危害

（1）烟气中含有水蒸汽和硫酸蒸汽。

（2）烟温或受热面金属壁温低于露点，水蒸汽或硫酸蒸汽凝结。

（3）水蒸汽凝结，造成金属的氧腐蚀；硫酸蒸汽在受热面上凝结，使金属产生酸腐蚀——低温腐蚀。

2. 低温受热面烟气侧腐蚀的原因及危害

（1）低温腐蚀通常发生在空气预热器的冷端（空气及烟气温度最低）。

（2）空气预热器受热面金属的破裂穿孔，使空气大量漏至烟气中，致使送风不足，炉内燃烧恶化，锅炉热效率降低，同时腐蚀也会加重积灰，使烟道阻力增大，严重影响锅炉的安全、经济运行。

3. 烟气的露点

水蒸汽或硫酸蒸汽开始凝结的温度叫做露点。水蒸汽的露点＝烟气中水蒸汽分压力所对应的饱和温度。常压下燃用固体燃料的烟气中，水蒸汽的分压力 $p_{H_2O} = 0.01 \sim 0.015MPa$，水蒸汽的露点低达 $45℃ \sim 54℃$。因此，一般不应在低温受热面发生结露。但燃料含硫时，燃烧形成二氧化硫，其中一部分氧化成三氧化硫与烟气中的水蒸汽结合成为硫酸蒸汽。烟气中硫酸蒸汽的凝结温度称为酸露点。它比水露点要高的多。烟气中三氧化硫（或者说硫酸蒸汽）含量越多，酸露点就越高。酸露点可达 $140℃ \sim 160℃$，甚至更高。

4. 影响腐蚀的因素

（1）凝结液中硫酸浓度

56％腐蚀最严重。

（2）硫酸蒸汽的凝结量

凝结量越大，腐蚀越严重。而凝结酸量在壁温 $120℃$ 左右达到最大。

（3）受热面金属壁温

严重腐蚀区域有两个：一个发生在壁温为水露点附近；另一个发生于壁温约低于酸露点 $15℃$ 的区域。壁温介于水露点和酸露点之间，有一个腐蚀较轻的相对安全区。

5. 低温腐蚀的减轻和防止

（1）燃料脱硫；

（2）低氧燃烧，减少漏风；

（3）采用降低酸露点和抑制腐蚀的添加剂——白云石（燃烧脱硫，效率较低，且易发生粘附）；

（4）提高空气预热器受热面的壁温；

1）热风再循环

2）暖风器（大型锅炉常用）

（5）回转式空气预热器：烟气受热面壁温高。分段：热、中间、冷；冷端采用耐腐蚀的低合金钢，厚度较厚。

教学单元 6 锅炉结构 Ⅱ

6.1 炉 墙

6.1.1 锅炉炉墙的作用及对其的基本要求

1. 炉墙的作用

锅炉炉墙是用耐火和保温材料所砌筑或敷设的锅炉外壳，是使锅炉本体燃烧室和尾部烟道等区域的火焰和高温烟气与外界隔开的围墙。作用如下：

（1）构成密闭的燃烧室和一定形状的烟气流动通道，为锅炉燃烧和传热过程的正常进行提供必要的空间条件。

（2）对于负压运行的锅炉，防止外界的冷空气漏入炉膛或烟道内，以免使锅炉效率下降，影响锅炉的经济性；对于正压运行的锅炉或由于种种原因锅炉出现正压时，亦可防止炽热的火焰和烟气外泄，以免威胁运行人员的安全和影响环境卫生。

（3）防止锅炉热量向周围环境散失，这样既有助于保持炉内的高温环境，强化炉内燃烧和传热过程，同时也减少了锅炉散热损失，保证运行人员有良好的工作条件。

2. 对炉墙的基本要求

耐热性、良好的保温性、密封性和坚固性。

（1）耐热性

由于锅炉炉墙长期承受燃烧室内火焰的高温辐射或经受高温烟气强烈冲刷，在某些情况下，还可能有熔渣附着其上，炉墙内壁的温度通常是很高的，所以炉墙应具有足够的耐高温性能，并应能承受很大的温度变动和抵抗灰渣侵蚀的能力。

对炉墙耐热性的要求因锅炉的种类不同而不同。

在小型锅炉中，炉膛中有相当部分是不敷设水冷壁管的，敷设水冷壁管的地方水冷壁管的节距通常也较大，因而炉墙的内壁面温度超过 1000℃，这就要求炉墙有很好的耐热性。

敷设光管水冷壁的炉膛，因燃烧方式和相对节距不同其内壁温度约在 400℃～800℃。

现代大容量高参数锅炉由于广泛采用了密排或膜式水冷壁结构、膜式顶棚和膜式包覆受热面结构，使得炉墙内壁可维持在较低的温度水平（一般略高于锅炉运行压力下的饱和温度），因而对炉墙耐热性的要求也大为降低。

对炉墙耐热性的要求亦因其在锅炉中所处的部位不同而不同。以现代大容量高参数锅炉为例，虽然如前所述的原因炉墙温度整体水平较低，然而仍有局部炉墙承受着较高的温度，如燃烧器的喷口部位，燃用劣质煤需保证稳燃而敷设卫燃带的炉墙，液态排渣所要求的暖炉底炉墙，以及门孔炉墙等。所有这些部位的炉墙仍要求有较高的耐热性。

（2）保温性

锅炉炉墙保温性的好坏直接关系到锅炉运行的经济性，在锅炉热平衡计算时计及的散热损失 q_5 实际在很大程度上就是炉墙保温性能优劣的直观反映。虽然在高参数大容量电站锅炉热损失中，q_5 所占份额看起来不大，大约为 0.3％左右，但其热流值是很可观的，炉墙设计和施工应给予高度重视。

（3）密封性

炉墙的密封性对锅炉运行的经济性安全性有很大的影响。由于炉墙密封不严造成的漏风，不但会大大增加锅炉的排烟热损失，造成额外的引风电耗，也可能影响炉内正常的燃烧过程。如果不计增加的锅炉引风电耗，则漏入锅炉烟道中的空气量每增加 0.1％，锅炉效率降低约 0.4％～0.5％。对于正压运行的锅炉，更要求炉墙能严格密封，以确保运行人员的安全工作及锅炉房的环境卫生。

（4）坚固性

锅炉正常运行时在炉墙上作用有温度应力、烟气或大气压力。

由于燃料供应失调或燃烧工况恶化，可能会在炉膛内发生爆燃现象，造成突发性的烟气压力。

炉内燃烧火焰的脉动，也可能引起炉墙的振动。

处于地震区的炉墙，还需承受由地震引起的使炉墙产生水平惯性力的作用。

经常受到熔渣粘附和侵蚀的锅炉炉墙，还要求其有足够的抗熔渣性能。

CFB 锅炉的炉墙特别是炉膛密相区部位的炉墙、旋风分离器的内壁面，由于长期经受高浓度颗粒的冲蚀，所以该处耐火或保温材料应具有很好的防磨性。

6.1.2 锅炉炉墙的种类及其典型结构

锅炉炉墙主要有三种基本形式：重型炉墙、轻型炉墙及敷管炉墙。这三种炉墙都是由内侧耐热层、中间保温层和外部密封层构成；差别在于炉墙的支承方式，炉墙各层所用的材料及其厚度和结构方法不同。

1. 重型炉墙

重型炉墙主要用于无水冷壁或水冷壁管稀少的小型锅炉中。墙体直接砌筑在锅炉的钢筋混凝土地基或梁上，其重量为地基或梁所承受。

重型炉墙的高度不宜超过 10～12m，一般高 4～8m。较高的重型炉墙也有分成 2～3段的，下段砌在地基上，上段用钢梁或钢筋混凝土梁支承。

在厚度方向它通常由两层组成：用标准耐火砖（230mm×113mm×65mm）做内衬墙，用机制红砖（240mm×115mm×53mm）做外包墙。内衬墙用耐火砖，是为了能承受高温；外包墙用机制红砖是因为其绝热性较好而且价格便宜。有时为了提高重型炉墙的保温性能，也在两层之间留有 7～20mm 的空气夹层或放置耐火纤维材料。在烟气温度≤500℃的锅炉低温烟道部分，炉墙可全部用机制红砖砌筑。

虽然重型炉墙的结构形状很接近于普通的砖墙，但是由于其工作条件远较普通的砖墙恶劣，有一些特殊的墙体结构，砌筑技术要比普通砖墙严格得多。

如索引 06.01.001 所示重型炉墙的分段卸载结构，该结构亦称水平膨胀缝，通过该结构可将内墙体耐火砖的重量传递给外层红砖，水平膨胀缝之间的间距为 2～3mm。为了防止内衬墙和外包墙的脱离和倾斜，如索引 06.01.002 所示，内衬墙在高度方向每隔 7 层砖就把一层耐火砖伸入红砖外包墙内，即砌一层牵连砖或每层有几块耐火砖作牵连砖，而各层牵连砖的位置在垂直线相互错开。分段卸载结构和牵连结构的配合使用，可提高墙体的稳定性和整体性。

为了让高温的内层炉墙能自由膨胀，保证炉墙内不发生破坏性的温度应力，在墙体内要设置膨胀缝，膨胀缝的大小取决于内衬墙体的线膨胀系数和残余收缩率之差。分段卸载结构中的水平膨胀缝就兼有吸收炉墙沿高度方向膨胀的作用，而炉墙沿水平方向的膨胀量则靠垂直膨胀缝来吸收。垂直膨胀缝一般设在炉室的角部，如索引 06.01.003 所示，在膨胀缝内嵌入耐火纤维绳索，安装时要保证 2 根以上，且与内衬表面齐平，以防炉漏气或因灰渣堵塞而失去作用。当炉墙宽度超过 5m 时，在中间也需留垂直膨胀缝。

重型炉墙的总厚度通常为 1.5～3 块砖，相应于 380～720mm 厚。内层是 0.5～1 块耐火砖，外层是 1～2 块红砖。小型锅炉炉膛部分的重型炉墙总厚度一般为 500mm，内衬墙是一砖厚的耐火砖，对流受热面的炉墙总厚度一般为 360～473mm，内衬墙是半砖厚的耐火砖，或内墙也用红砖砌筑。重型炉墙外包墙的四壁转角处常在砌筑时互相咬合，这样四壁就自行形成整体，不需使用或只使用很少的钢架来把外墙箍住。

2. 轻型炉墙

炉墙分段压在金属托架上，每段高度为 5m 左右，由托架把每段炉墙的荷载传到锅炉构架上，炉墙高度可远远超过重型炉墙。轻型炉墙常用于水冷壁管较密的炉膛或炉膛内壁面温度低于 600℃～1000℃ 的场合，炉墙厚度一般为 260～310mm，比重型炉墙薄而轻，每平方米炉墙面积约重 400kg 左右（不包括钢制护板的重量）。因为轻型炉墙每段的高度不大，所以炉墙的总高度不受限制，承受横向力（如地震力等）的能力大。但是轻型炉墙的金属消耗量大（要用炉墙托架、拉钩、护板，并且要加强锅炉构架），砖砌的轻型炉墙还需采用价格比普通耐火砖高 2～3 倍的异形耐火砖，砌筑这些异形耐火砖的费用比普通砖贵 3～4 倍。

轻型炉墙可分为砖砌结构轻型炉墙和混凝土框架结构轻型炉墙两种。

（1）砖砌结构轻型炉墙

内侧耐热层一般采用耐火砖，在烟气温度低于 600℃～700℃ 的省煤器烟道的炉墙内侧也可采用优质红砖；绝热层由一层硅藻土焙烧板构成，或由里层为硅藻土砖、外层为石棉白云石板或矿渣棉板等绝热板两层构成；最外层是由钢制护板组成的密封层。如索引 06.01.004 所示，为轻型砖砌炉墙的分段卸载结构，炉墙的重量分段由一排固定在锅炉钢架梁上的铸铁或钢制的托架支承，每隔 3m 左右设置一层托架，托架之间的间距为 250～320mm。托架上下的耐火砖做成异形砖，两砖之间一般留有 7～15mm 的膨胀缝，在膨胀缝中填充石棉绳或耐火纤维绳索，以吸收内层耐火砖受热时沿垂直方向产生的膨胀量。为了防止炉墙因内部受热后向炉膛中凸出，每隔 500～1000mm 用一排铸铁拉钩把砌在内层耐火砖里的异形砖拉住，拉钩则固定在与护板焊牢的管子上，铸铁拉钩、异形砖和固焊于护板上的管子组成了轻型砖砌炉墙的牵连结构，见索引 06.01.005。炉墙内层耐火砖沿周向产生的膨胀量靠布置在墙角或炉墙中间的垂直膨胀缝来吸收，一般沿炉宽每隔 3～4m布置一道垂直膨胀缝。因硅藻土砖或其他绝热材料的工作温度较低且较疏松，绝热层可依靠自己的疏松性来补偿这不太大的膨胀量。如索引 06.01.006 所示是轻型砖砌炉墙垂直膨胀缝结构。

轻型砖砌炉墙常用于内壁温度高于 600℃～800℃ 的地方，例如，国产的蒸发量小于 130t/h 的锅炉炉膛和过热器烟道部分皆采用该型炉墙。

（2）混凝土框架结构轻型炉墙

混凝土框架结构轻型炉墙见索引 06.01.007，该结构利用型钢作框架，高温烟气侧耐热层和相邻的保温层分别由耐火混凝土和保温混凝土浇筑，最外层用钢板做成外护板或用以铁丝网为骨架的密封涂料涂抹而成。为了使耐火混凝土能更好地固定在框架上并具有足够的强度，在耐火混凝土中设置用 46mm 圆钢制成的钢筋网，网格尺寸为 120mm×120mm，钢筋的两端点焊在框架上，钢筋交叉处用退过火的 6mm 铁丝扎牢。为防止耐火混凝土因其膨胀系数和钢筋不同而引起裂缝，钢筋上应涂以 2mm 厚的沥青，以便高温下沥青熔化后使钢筋和耐火混凝土之间有一定的空隙．耐火混凝土板的接缝处应留有 5mm 左右的膨胀缝，并嵌以石棉纸板。混凝土框架结构轻型炉墙既可像轻型砖砌炉墙那样通过炉墙托架把荷载传到锅炉构架上去，也可通过吊耳悬吊起来把荷载传到锅炉的顶板钢梁上去。

这种炉墙可用于各种容量锅炉 800℃ 以下无受热面保护的烟道，现代大中型锅炉的尾部烟道已很少采用轻型砖砌炉墙，而均改用混凝土框架结构轻型炉墙。如索引 06.01.008 所示为某锅炉尾部转向转弯烟室和省煤器烟道部分的混凝土框架结构轻型炉墙结构。

采用混凝土框架结构轻型炉墙使得筑炉工作转变为大面积浇制预制块，并可使浇制机械化，大大地加快了安装进度；省去了砖砌炉墙所需的价格较贵的异形耐火砖、拉钩，节省了砌筑费用，使炉墙成本降低；用密封涂料代替钢制护板，可节约钢材，而且减少了炉墙的接缝。但是混凝土框架结构轻型炉墙比砖砌炉墙的耐热性能稍差，因耐火混凝土的耐高温、抵抗温度波动和灰渣侵蚀的能力较差，而且混凝土框架结构轻型炉墙的机械强度和密封性也稍差。

3. 敷管炉墙的结构

敷管炉墙是将轻质炉墙材料敷设在膜式水冷壁或光管水冷壁、包覆过热器的内扩板上形成的炉墙。敷管炉墙的特点是炉墙材料重量直接由受热面支承，炉墙材料和受热面一起膨胀。敷管炉墙的材料可以采用不定型材料和纤维状材料，这些材料有：耐火混凝土、保温混凝土、膨胀珍珠岩、微孔硅酸钙、硅酸铝耐火纤维、岩棉、矿棉和玻璃棉等，有时泡沫石棉也用作保温材料。保温混凝土的敷管炉墙用抹面涂料作防护层，纤维状保温材料的敷管炉墙用金属护板作防护层。敷管炉墙由于重量轻、保温性、气密性好，是近代大容量电站锅炉普遍采用的一种炉墙结构形式，目前 400t/h 以上的大型锅炉无一例外都采用这种炉墙结构。

敷管炉墙典型结构如索引 06.01.009 所示，分光管敷管炉墙和膜式壁敷管炉墙两大类。

（1）光管敷管炉墙

采用混凝土结构的炉墙，一般在工地现场浇筑。如果管的节距较大，可以用合适的圆钢点焊于管之间，圆钢直径应略大于两管之间的间隙；圆钢长度为 500mm，两圆钢之间留有 2mm 间隙，以利圆钢受热膨胀。在浇注混凝土之前，先在水冷壁或包覆管上敷设 35mm×40mm×40mm 的镀锌铁丝网并与管点焊，且每隔 320×400mm 的间距在管上焊上 M8 的螺栓作为紧固件。向火侧的耐火混凝土一般浇注 50～60mm 的厚度，经过规定的养护期后，再在其外浇灌保温混凝土或敷设保温材料；在保温层外铺设 6mm×20m×20m 的镀锌铁丝网，套上压板和旋紧 M8 螺母，最后在镀锌铁丝网上涂抹 20~25mm 厚的抹面涂料作为密封层。为了防止抹面层不规则开裂，在抹面层上应设膨胀缝，膨胀缝的网格为 1.5~2m。

由于光管敷管炉墙采用密度很大的耐火混凝土和保温混凝土，其热力性能均不太理想。如索引 06.01.009 所示表示了另一种结构的光管敷管炉墙，它是在光管外敷设 3m 钢板作炉墙的护板的炉墙结构，这种结构保证了炉墙的气密性并可采用纤维状保温材料，从而改善了炉墙性能。

（2）鳍片管敷管炉墙

当炉膛受热面采用整焊鳍片膜式水冷壁时，炉膛内壁面温度不超过 400℃，可以省去耐热层而直接由绝热层和密封层组成。这种管上炉墙和一般的保温层没有多大差别，所以采用这种炉墙的锅炉有时被称为"无炉墙锅炉"。如索引 06.01.009 所示分别表示了在膜式壁上浇灌保温混凝土外加抹面涂料、在膜式壁上外衬硅酸铝纤维毡和纤维状保温毡外加金属外护板及全部采用纤维状保温毡加金属外护板三种不同的敷管炉墙结构，其中采用纤维状保温毡结构的炉墙热力特性最好。保温混凝土的紧固采用螺栓、压板和螺母；纤维状保温材料的紧固采用保温钉和自锁压板。采用纤维状保温材料，可以在整台锅炉全部安装好并作完水压试验之后进行敷设，这样可以避免返工。

敷管炉墙由于是直接敷贴在锅炉受热面的管上，所以要求管排平整。在炉膛和烟道内出现正压或负压使管和炉墙受到很大的推力时不能凸起和出现裂缝。轻型砖砌炉墙的最外层有钢板和框架梁，具有很大的刚性，能承受这种推力。为了使敷管炉墙能承受这种推力，常沿炉墙高度每隔 3~4m 装设一圈刚性梁，用来把炉墙和管箍起来并使之形成具有刚性的平面，如索引 06.01.010 所示就是该型炉墙所用的刚性梁结构。

敷管炉墙比轻型砖砌炉墙薄，重量轻，消耗钢材少，成本低，且易于做成复杂的形状，又可以和受热面一起组装从而大大简化和加快安装进度。

局限性：当炉膛水冷壁管的节距较大时，由于炉墙和管的膨胀长度相差较大而可能使炉墙裂开，因而不宜采用敷管炉墙；直流锅炉炉墙水冷壁采用水平管圈及壁式辐射过热器时，由于结构上的困难，也难以采用敷管炉墙。

6.1.3 锅炉炉墙的材料及其性能

锅炉炉墙所使用的材料主要有耐火材料、保温材料及防护材料。

1. 耐火材料

凡是在高温下体积变化小、机械强度高、能经受温度急剧变化及所接触的烟气、熔渣和固体等侵蚀和磨耗的非金属材料统称为耐火材料。

（1）耐火材料的主要性能

耐火度：耐火度表示耐火材料在使用过程中抵抗高温而不熔化的特性，是耐火材料最主要的性能指标之一。耐火度可以理解为耐火材料的熔化温度，由于耐火材料是各种盐类化合物的集合体，所以没有确定的熔点，耐火度表示的只是耐火材料的熔融范围。

易熔材料：耐火度＜1350℃；

耐热或难熔化材料：1350℃～1580℃；

高耐火度材料：耐火度＞1770℃；

超高耐火度材料：耐火度＞2000℃；

强度：常温耐压强度和高温残余强度；

荷重软化温度：荷重软化温度亦称软化点，它表示耐火材料荷重为 0.196MPa 时，随温度不断升高，试样开始软化并发生一定变形量时的温度；

高温体积稳定性：反映耐火材料在高温下长期使用时，体积发生不可逆变化的性能，一般用重烧收缩（或膨胀）来表示，亦称残余收缩（或残余膨胀）；

热震稳定性：表示耐火材料抵抗因温度急剧变化而不损害的能力，亦称急冷急热性；

抗渣性：耐火材料高温下抵抗熔渣、气态及固态物质侵蚀的能力称为抗渣性，亦称化学侵蚀抵抗性。

（2）成型耐火材料

1）黏土质耐火砖

黏土质耐火砖亦称烧黏土砖，用经过烧成的硬质黏土熟料作骨料，以软质可塑性黏土生料作粘结剂，经成型、干燥和在 1300℃～1400℃温度下烧结而成。它能承受的最高温度为 1580℃～1750℃，在常温（约 20℃）时抗压强度一般不小于 10MPa，但在 1400℃时抗压强度仅为 0.5MPa 左右，锅炉炉墙用的耐火砖要求在受压 0.2MPa 时开始变形的温度应不低于 1300℃。耐火砖的疏松度应为 16％～28％，过松则易被灰渣侵蚀，过密则易固温度剧变而碎裂。耐火砖中含 Al_2O_3 的成分较高时耐火温度就较高，锅炉用的耐火黏土耐火砖所含的 Al_2O_3 约为 30％～45％，是对酸性或碱性灰渣都有一定抵抗力的中性砖。

2）高铝砖

Al_2O_3 的含量（质量分数）在 48％以上的耐火砖称高铝砖。高铝砖的生产流程和黏土质耐火砖相仿；高铝砖的化学性质近于中性，耐火度高，耐腐蚀，耐磨损，荷重软化点高。

3）轻质耐火砖

锅炉炉墙使用的轻质耐火砖主要有轻质黏土砖和轻质高铝砖，轻质耐火砖的优点是质量轻、热导率小和耐火度高；其缺点是组织结构疏松、抗渣性差，不能直接接触熔渣和侵蚀性气体。密度为 400～800kg/m³ 的轻质耐火砖可作高温绝热之用；而密度 1000～1300kg/m³ 的轻质耐火砖可用作隔火墙套砖和尾部烟道炉墙。

（3）不定型耐火材料

用于锅炉炉墙结构的不定形耐火材料主要有各种耐火混凝土和可塑性耐火料。它们是由耐火骨料、粉料和粘结剂另掺外加剂以一定比例组成的混合物，可直接使用或加适量的液体调制成稠糊状浆料，经捣固或浇注、养护硬化而形成设有接缝的墙体。

1）耐火混凝土

耐火混凝土是一种能够承受高温作用的特殊混凝土，按其所采用的粘结剂不同，可分为水泥粘结剂耐火混凝土和无机化合物粘结剂耐火混凝土。

混凝土框架结构轻型炉墙中常用的是硅酸盐水泥耐火混凝土，要求耐较高温度的部分也有用矾土水泥耐火混凝土。燃烧器喷口处的炉墙部分因直接暴露在火焰的高温辐射下，要求能耐更高的温度，可采用低钙铝酸盐水泥耐火混凝土。

2）可塑性耐火料

可塑性耐火料亦称捣打料，它主要由填充科（又称骨料）和粘结料两类材料组成，填充料常用耐火砖粒或铬矿砂、碳化硅粒（又称金刚砂）；粘结料常用矾土水泥、硅酸盐水泥、纯硅酸盐水泥、耐火黏土或水玻璃等。采用不同成分和颗粒大小的骨料，配以适当的粘结料，就可以得到不同的可塑性耐火料。可塑性耐火料一般在工厂被加工成坯料，经密封包装，施工时直接将坯料安装在砌筑部位，构成无接缝的整体炉衬。其优点是砌筑炉衬整体性好，耐剥落性强，热震稳定性高，施工方便等。其缺点是：气孔率高，干缩大，机械强度较低，存放期较短等。

可塑性耐火料主要用于液态排渣炉炉底、燃烧器喷口、卫燃带、旋风炉的旋风筒炉衬和不易支模浇灌耐火混凝土的部位，如锅筒和集箱的防护。

（4）纤维状耐火材料

耐火纤维是一种耐高温的材料，可在高达 1000℃ 的温度下工作，具有耐火和保温的双重功能。在锅炉炉墙中应用最多的是硅酸铝耐火纤维和高硅氧耐火纤维。

硅酸铝耐火纤维毡可用于重型炉墙耐火砖和机制红砖之间的耐热层和大中容量锅炉的顶棚上耐火混凝土和保温混凝土之间耐热密封层；硅酸铝和高硅氧耐火纤维用于炉墙穿墙管密封盒的填充料；高硅氧绳用作锅炉炉墙膨胀缝的填充，以取代石棉绳。

2. 保温材料

为了防止热量从锅炉、管道向周围散失而使用的热导率小、密度小而又具有相当耐热能力的材料称为保温材料。锅炉炉墙常用的保温材料种类很多，形态各异。

（1）成型保温材料

1）硅藻土质保温制品

硅藻土是一种高温保温材料，其化学组成中 SiO_2 的含量（质量分数）占 70％～80％，其余为 Al_2O_3、Fe_2O_3、CaO、MgO 和其他氧化物。此外，还含有 6％～7.5％ 的结晶水。

硅藻土质保温材料由于耐热温度较高，所以可以使用在重型炉墙和轻型炉墙的高温部位。此外，还可用于烟风道和管道的保温，硅藻土砖屑可用作保温混凝土的骨料。

2）膨胀蛭石制品

蛭石是一种复杂的铁、镁含水硅酸铝盐类矿物。蛭石在高温加热脱水时，处于封闭空间内的水分蒸发产生压力使蛭石膨胀而形成膨胀蛭石。膨胀蛭石可以与水泥、水玻璃等胶粘剂混合制成水泥膨胀蛭石和水玻璃膨胀蛭石等制品，如砖、板和瓦状保温制品，还可制成保温混凝土。

3）膨胀珍珠岩制品

珍珠岩是一种酸性火山玻璃质熔岩，其化学组成中 SiO_2 的含量（质量分数）占 65％～75％，其余为 Al_2O_3、Fe_2O_3、CaO、MgO 和其他氧化物。此外，还含有 3％～6％ 的结晶水。珍珠岩颗粒中所含的水分在焙烧温度为 850℃～1050℃ 时迅速膨胀，形成多孔的轻质膨胀珍珠岩，膨胀珍珠岩质轻、热导率小，是良好的保温材料。以膨胀珍珠为骨料按一定配比与不同的胶结剂混合可以制成不同种类的膨胀珍珠岩制品，主要的有：水泥膨胀珍珠岩制品，水玻璃膨胀珍珠岩制品及磷酸盐膨胀珍珠岩制品等。

由于胶结剂不同，膨胀珍珠岩制品材料性能有很大的差别，所以应根据不同的要求，选择不同的制品。如对强度、耐温和保温要术高的场合，可选用水玻璃和磷酸盐膨胀珍珠岩；而对大面积现场浇灌的炉顶罩壳保温和框架保温，可以采用水泥膨胀珍珠岩保温混凝土；板状膨胀珍珠岩制品可以用于膜式壁和烟风道的部位；管瓦状膨胀珍珠岩制品使用于锅炉汽水管道上。

4）微孔硅酸钙制品

微孔硅酸钙制品是以粉末状硅酸质（如硅藻土）添加石灰、石棉、水玻璃和水等经过混合搅拌、加热凝胶、压制成型、蒸压硬化和烘干脱水等过程而制成，它的气孔率高达90％以上。近年来，微孔硅酸钙制品得到越来越广泛的运用。

微孔硅酸钙制品可以做成板状和瓦状，主要用于锅炉本体、烟风道的平面保温和汽水管道的保温。由于微孔硅酸钙有较强的吸水性，所以采用专门配制的抹面涂料。

（2）不定型保温材料

主要有硅藻土保温混凝土、膨胀蛭石保温混凝土和水泥膨胀珍珠岩保温混凝土，其性能如前所述。中小容量锅炉炉顶部位，一般在耐火混凝土层上现场浇灌硅藻土保温混凝土或膨胀蛭石保温混凝土作为保温层；在大容量锅炉的炉顶大罩壳的顶部及底部，由于温度水平较低，所以一般采用水泥膨胀珍珠岩保温混凝土作为保温层。

（3）纤维状保温材料

纤维状保温材料是新型保温材料，目前被广泛使用的有3种：制品、玻璃棉及其制品和石棉及其制品。

1）岩棉（亦称矿物棉）

岩棉是以精选的玄武岩、灰绿岩为原料，经高温熔融，用压缩空气、蒸汽或离心力使之纤维化制成的。

经过施加胶结剂、沉降、压制、烘干和切割成型等工艺，岩棉纤维一般被制成板状或毡状的岩棉制品供使用。岩棉制品的热导率和密度有很大关系，密度太大或大小，热导率都较大，通常保温用的岩棉制品的密度为 $120\sim150kg/m^3$ 时有理想的热导率。

2）玻璃棉

玻璃棉是以钠钙硅酸盐玻璃成分为原料，采用和生产岩棉相同的工艺制成的玻璃纤维，玻璃棉的纤维直径为 4mm，所以亦称超细玻璃棉。由于钠钙硅酸盐玻璃棉中含有较多碱金属氧化物（质量分数约14％左右），故称为有碱超细玻璃棉。若以铝硼硅酸盐玻璃成分为原料制成玻璃棉，当其中碱金属氧化物的质量分数≤12％时，称为无碱超细玻璃棉。

超细玻璃棉可以被制成玻璃纤维毡、板和管壳供使用。

3）石棉

石棉是一种天然矿物纤维材料，通常使用的石棉叫温石棉，它是富硅酸镁纤维蛇纹石类石棉的一种，温石棉化学组成的质量分数为 SiO_2：41.5％，Fe_3O_4+FeO：2.0％，MgO：40％，H_2O：12.5％。石棉纤维具有较高热稳定性，最高工作温度可达 600℃～800℃。

石棉加工成石棉制品后才能供保温用，石棉制品有石棉绳、石棉布、石棉绒、硅藻土石棉粉和泡沫石棉毡，其中泡沫石棉毡是电站锅炉中近期应用较多的保温材料。

纤维状保温材料是电站热力设备重要的保温料，但由于强度较差，所以应设计合理的防护结构。

3. 防护材料

（1）非金属防护材料

非金属防护材料主要有普通黏土砖、抹面密封涂料和玻璃丝布防护层。

1）普通黏土砖

普通黏土砖又称建筑红砖，在重型炉墙上常用作为锅炉的防护层。其耐压强度为9.81MPa，抗折强度为2.16MPa，密度为1700～2000kg/m³，在荷重为1.47MPa时软化变形温度为600℃～700℃，所以其最高使用温度为600℃。

2）抹面密封涂料

抹面密封涂料根据主保温层的材料和材料供应情况及施工单位经验，一般选用水泥硅藻土石棉粉和石灰膏等作胶粘剂，膨胀珍珠岩和煤渣屑等作骨料，石棉绒和麻刀作增强材料制成。锅炉所使用的抹面密封涂料应满足下列基本要求：密度800～1000kg/m³，耐压强度0.785～0.981MPa，表面干燥或热态后不应有裂纹和脱落现象。

3）玻璃丝布防护层

玻璃丝布是工业用玻璃纤维制品。

防腐：先将管道除锈，用适合密度纤维布和沥青涂层或其他产品同时缠涂在管道外层。一般二层或三层。

保温：将防腐处理完毕的管道，用保温被或保温管缠好后，用适合宽度适合密度的纤维布，缠在保温层的外面然后刷上涂料或直接缠上沥青布即可。

性能：防腐，埋于地下不会腐烂，架于空中不会被风化，不怕水，不怕晒。

（2）金属防护材料

主要有普通碳钢薄板、镀锌薄板和铝合金薄板等。

普通碳钢薄板价格低，施工方便，可用火焰切割。在锅炉炉墙上应用较多的是轧制成型的厚度为1mm的波形板，通常在波形板上涂上防护漆，以延长其使用寿命和增加美观；镀锌薄板价格适中，使用寿命较长且外观好，使用也较普遍。但其安装较困难，不能用火焰切割；近年来铝合金薄板在锅炉炉墙和管道保温防护上应用渐多，铝合金的特点是强度高，抗腐蚀性强，外观漂亮。虽然初投资较贵，但使用寿命长，日益受到用户的欢迎。

4. 锅炉炉墙材料的图示方法

上述各种炉墙材料在锅炉施工图中的常用表示方法见索引06.01.011。

6.2 锅 炉 构 架

6.2.1 锅炉构架及其类型

锅炉构架是由梁、柱、支撑等构件所组成的钢结构或钢筋混凝土结构空间体系，是锅炉的主要承载部件和支撑骨架，锅炉的所有重量都通过构架传给锅炉基础或整个厂房的基础。所以，锅炉构架型式的合理选择和结构的正确设计直接关系到锅炉自身坚固性、稳定性、美观性和经济性。

锅炉构架的型式与锅炉的整体结构有很大的关系，尤其与锅炉炉墙采用的结构型式密切相关。小型工业锅炉大多采用重型炉墙，其受热面和汽包的总重量也不大，常把它们支承在钢筋混凝土短柱或直接安放在锅炉基础上，尽可能不采用钢构架来支承或悬吊。所以小型锅炉的构架基本上是不承重的，主要是用来箍紧炉墙和承受一些不大的横推力以及个别部件的重量，并用来连接一些必不可少的锅炉平台、扶梯。这种构架常用一些小型型钢（角钢、槽钢等）连成柱和拉条，是一种简单、轻便的钢构架。

大中型锅炉的受热面以及汽包常需架在几十米高的位置，而且一般采用轻型或敷管炉墙，所以汽包，受热面和炉墙必须用钢构架或钢筋混凝土构架来支承或悬吊。相对而言，其构架比较复杂。

按其结构，中、大型锅炉的构架可分为框架式和桁架式两类。如索引 06.02.001 所示，框架式构架一般为梁与柱刚性连接的空间框架；桁架式构架的各个平面由桁架组成，或在框架内加斜支撑。与框架式构架相比，桁架式构架更利于抵抗水平力，金属耗量也比框架式少。

按其承载方式，中、大型锅炉的构架又可分为支承式构架和悬吊式构架两类。对于支承式锅炉，当主要部件的支承点较分散且用轻型炉墙时、可采用框架式构架；当采用重型炉墙或锅炉的重量集中支吊在炉顶时，可采用桁架式构架；露天布置或安装在地震区时则应采用桁架式构架。由于尾部构架支杆布置较困难，一般常采用框架式构架。对于悬吊式锅炉，构架一般由钢结构的炉顶梁格和钢筋混凝土框架组成，当钢筋混凝土框架过高时（例如塔式布置锅炉），则应用桁架式构架代替钢筋混凝土框架。锅炉尾部为单级回转式空气预热器时，应另设构架支承，尾部受热面双级布置的半悬吊式锅炉，一般也另设钢结构的框架式构架支承。

6.2.2 支承式锅炉构架

支承式锅炉构架一般用于采用轻型炉墙的锅炉，主要由柱和梁构成。由于构架要直接支承轻型炉墙，柱和梁度应尽量贴近炉墙外壁面，所以经常用各种型钢拼制成大截面的钢梁和钢柱，而不采用占较大空间的钢筋混凝土结构。

立柱分为角柱和中柱，见索引 06.02.002，角柱紧贴在炉膛和尾部竖井的四角布置，当炉宽加大，角柱间距超过 10m 时，还应设置中柱，以减小梁的跨距，改善梁的工作条件。当燃烧器布置在炉膛四角时，为了避让燃烧器，在相应于燃烧器高度处，采用 8 根支柱来代替 4 根角柱，支柱通过刚性较大的横梁与上柱、下柱相连。

梁的布置除满足承载要求外，还要保证柱的稳定性。梁可分为锅筒支承梁、炉顶梁和框架梁三种。锅筒支承梁是用来支承锅筒和锅炉主要受热面重量的大梁，受较大的集中荷载，为了减少柱顶弯矩，梁与柱的连接应采用铰接；该梁还因锅筒的胀缩受到横向力的作用，故应具有较大的横向刚度，通常采用双腹梁。炉顶梁用来支承过热器和炉顶的重量，由主梁、次梁和小梁构成炉顶框架，主梁一般沿炉宽方向布置，大多与立柱刚性连接，次梁垂直于主梁，通常也为刚性连接。框架梁的设置除满足支承载荷的要求外，还要保证柱的稳定，对轻型炉墙要考虑护板强度和刚度所允许的高度。对于桁架式结构，可不设置框架梁，由腹杆来保证柱的稳定性。水平腹杆之间的高度应尽量相同，斜腹杆与水平杆夹角在 30°～60°之间，斜腹杆的布置形式有三种：交叉斜杆、单向斜杆、人字斜杆。

支承式锅炉构架常用的钢柱和钢梁的截面形状见索引 06.02.003，构架的钢柱通过钢柱座和锅炉的混凝土基础相连，钢柱所承受的重量就通过柱座地板传给锅炉的混凝土基础。

支承式锅炉构架基本上和锅炉房建筑没有关系，而且具有独立的锅炉基础，锅炉房建筑另采用钢筋混凝土结构。如索引 06.02.004 所示是某国产 130t/h 中压锅炉的支承式构架。

6.2.3　悬吊式锅炉构架

悬吊式锅炉构架的荷重方式和上述支承式锅炉构架不同，大中型悬吊式锅炉的所有重量，包括汽包、受热面、炉墙等都通过吊钩悬吊在顶板的大钢板梁或桁架式顶板上，强度很大的顶板被支座在 30~60m 高的钢筋混凝土构架的柱顶上，通过钢筋混凝土构架把巨大的荷重（300MW 自然循环锅炉总荷重约为 7000t）传给锅炉的混凝土基础。

因为悬吊式锅炉采用管上炉墙，炉墙重量无需直接由构架来支托，可以使锅炉构架远离炉墙，这样就可以用钢筋混凝土来制作锅炉构架，从而可节省大量钢材。我国的悬吊式锅炉构架大多采用钢筋混凝土结构，而国外则常采用全钢架结构。

如索引 06.02.005 所示，悬吊式锅炉的顶板系统是由主梁，次梁，小梁和支撑构件组成的桁架结构。

主梁由柱顶直接支承，并将悬吊载荷传递给立柱。主梁的布置有横向布置和纵向布置两种方式，通常，由于锅炉宽度方向的柱距大于深度方向的柱距，由跨距大的梁来承受较大的载荷比较经济，所以在一般情况下，主梁都是沿锅炉宽度方向布置，即采用如索引 06.02.005 所示的横向布置。当锅炉宽度方向的柱距小或接近深度方向的柱距时，主梁也可采用纵向布置。此时，主梁沿锅炉深度方向设置，其主要优点是可将主梁布置成一端或两端悬臂，以减少主梁跨度内的弯矩，塔式布置锅炉的主梁常采用这种布置方式。

次梁是直接支吊载荷的构件，并将载荷传递给主梁。次梁应对称于锅炉中心线布置，并在主梁两侧成一直线，其跨距应小于主梁。次梁与主梁的连接应采用刚性连接。

当支吊点不在次梁位置时，需用小梁直接支吊载荷，并传递给次梁。小梁还可作为保证次梁稳定和传递炉顶水平力的构件。

顶梁系统承受着锅炉大部分垂直载荷，当锅炉露天布置或在地震区时，还要承受风载和地震水平力的作用。为了保证主梁端部的稳定性和顶梁系统在水平方向具有一定的整体刚度，必须设置支撑构件。支撑构件常用交叉斜杆形式。

悬吊式锅炉的钢筋混凝土构架因离炉墙较远，常可作为锅炉房的厂房结构，这样也可节省全厂的总钢材耗量。我国的悬吊式锅炉不少是做成露天式的，即锅炉除在顶部用屋面板遮盖和做成炉顶小间，并把标高为 8m 的运行层平台以下以及操作表盘间等处做成封闭房间之外，锅炉的其他部分都是露天的。这种露天锅炉在我国已经过多年考验，不仅在南方甚至在北方只要采取适当措施均可安全运行，而厂房建筑的投资费用比采用室内布置要节省，而且通风采光条件较好。所以，我国新建的大中型锅炉常采用这种悬吊式露天布置结构。

如索引 06.02.006 所示是某国产 130t/h 中压锅炉的支承式构架。

6.3　平　台　扶　梯

平台扶梯也是锅炉构架的重要组成部分。大中型电站的锅炉车间除了有运行层平台和专设的楼梯间（或电梯）外，为运行和检修方便起见，必须在锅炉构架上装设平台和扶梯。

平台和扶梯的布置应能使运行人员从各个看火孔观察炉膛内的燃烧情况，可以操作和检修各个锅炉附件（风道挡板、吹灰器、排污阀、打渣孔，伺服电动机、气动机构等），可以查看各个仪表，并应在锅炉检修时便于工作人员进入人孔。

6.3.1 安全技术规程对平台扶梯的要求

操作人员立足地点距离地面（或者运转层）高度超过 2000mm 的锅炉，应当装设平台、扶梯和防护栏杆等设施。锅炉的平台、扶梯应当符合下列规定：

（1）扶梯和平台的布置应当保证操作人员能够顺利通向需要经常操作和检查的地方；

（2）扶梯、平台和需要操作及检查的炉顶周围设置的栏杆、扶手以及挡脚板的高度应当满足相关规定；

（3）扶梯的倾斜角度以 45°～50°为宜。如果布置上有困难时，倾斜角度可以适当增大；

（4）水位表前的平台到水位表中间的铅直高度宜为 1000～1500mm。

6.3.2 平台扶梯结构

如索引 06.03.001 所示，平台由焊在钢架上的牛腿支撑，扶梯连接在不同高度的平台之间。

如索引 06.03.002 所示，平台由槽钢角钢焊接的平台框和栅格板组成。

6.4 附属阀门仪表

锅炉的附件及仪表是锅炉安全经济运行不可缺少的一个组成部分。如果锅炉的附件不全，作用不可靠，全部或部分失灵，都会直接影响锅炉的正常运行。所以，必须保证锅炉的附件及仪表准确、灵敏、可靠。

6.4.1 安全阀

安全阀是一种自动阀门，它不借助任何外力而利用介质本身的力来排出一额定数量的流体，以防止压力超过额定的安全值。当压力恢复正常后，阀门再行关闭并阻止介质继续流出。是受压设备（如：容器、管道）上的超压保护装置。安全阀属于自动阀类，主要用于锅炉、压力容器和管道上，控制压力不超过规定值，对人身安全和设备运行起重要保护作用。

1. 安全阀分类

安全阀分类 表 6-1

分类方法	名称	原理及特点
按其整体结构及加载机构的不同	重锤杠杆式安全阀	重锤杠杆式安全阀是利用重锤和杠杆来平衡作用在阀瓣上的力。 重锤杠杆式安全阀结构简单，调整容易而又比较准确，所加的载荷不会因阀瓣的升高而有较大的增加，适用于温度较高的场合，特别是用在锅炉和温度较高的压力容器上。 重锤杠杆式安全阀结构比较笨重，加载机构容易振动，并常因振动而产生泄漏；其回座压力较低，开启后不易关闭及保持严密
	弹簧式	弹簧微启式安全阀是利用压缩弹簧的力来平衡作用在阀瓣上的力。 弹簧微启式安全阀结构轻便紧凑，灵敏度也比较高，安装位置不受限制，而且因为对振动的敏感性小，所以可用于移动式的压力容器上。 用于温度较高的容器上时，常常要考虑弹簧的隔热或散热问题，从而使结构变得复杂起来
	脉冲式	脉冲式安全阀由主阀和辅阀构成，通过辅阀的脉冲作用带动主阀动作、其结构复杂，通常只适用于安全泄放量很大的锅炉和压力容器

分类方法	名称	原理及特点
按照阀瓣开启的最大高度与安全阀流道直径之比来划分	微启式	开启高度为大于等于 1/40 流道直径且小于等于 1/20 流道直径
	全启式	开启高度大于等于 1/4 流道直径。全启式安全阀主要是用于气体介质的场合
	中启式安全阀	开启高度介于微启式与全启式之间。这种形式的安全阀在我国应用的比较少
按适用温度分类	超低温安全阀	$t\leqslant-100℃$ 的安全阀
	低温安全阀	$-100℃<t\leqslant-40℃$
	常温安全阀	$-40℃<t\leqslant120℃$
	中温安全阀	$120℃<t\leqslant450℃$
	高温安全阀	$t>450℃$
按公称压力分类	低压安全阀	公称压力 PN≤1.6MPa 的安全阀
	中压安全阀	公称压力 PN2.5～6.4MPa 的安全阀
	高压安全阀	公称压力 PN10.0～80.0MPa 的安全阀
	超高压安全阀	公称压力 PN≥100MPa 的安全阀

2. 安全阀安装

（1）安全阀应当铅直安装，并且应当安装在锅筒（壳）、集箱的最高位置。在安全阀和锅筒（壳）之间或者安全阀和集箱之间，不得装有取用蒸汽或者热水的管路和阀门；

（2）几个安全阀如果共同装在一个与锅筒（壳）直接相连的短管上，短管的流通截面积应当不小于所有安全阀的流通截面积之和；

（3）采用螺纹连接的弹簧安全阀时，应当符合《安全阀一般要求》GB/T 12241—2005 的要求。安全阀应当与带有螺纹的短管相连接，而短管与锅筒（壳）或者集箱筒体的连接应当采用焊接结构。

3. 锅炉安全阀排放

（1）排汽管应当直通安全地点，并且有足够的流通截面积，保证排汽畅通，同时排汽管应当予以固定，不得有任何来自排汽管的外力施加到安全阀上；

（2）安全阀排汽管底部应当装有接到安全地点的疏水管，在疏水管上不允许装设阀门；

（3）两个独立的安全阀的排汽管不应当相连；

（4）安全阀排汽管上如果装有消音器，其结构应当有足够的流通截面积和可靠的疏水装置；

（5）露天布置的排汽管如果加装防护罩，防护罩的安装不应当妨碍安全阀的正常动作和维修；

（6）热水锅炉安全阀排水管。

热水锅炉和可分式省煤器的安全阀应当装设排水管（如果采用杠杆安全阀应当增加阀芯两侧的排水装置），排水管应当直通安全地点，并且有足够的排放流通面积，保证排放畅通。在排水管上不允许装设阀门，并且应当有防冻措施。

4. 安全阀校验

（1）在用锅炉的安全阀每年至少校验一次。校验一般在锅炉运行状态下进行，如果现场校验有困难时或者对安全阀进行修理后，可以在安全阀校验台上进行；

（2）新安装的锅炉或者安全阀检修、更换后，校验其整定压力和密封性；

（3）安全阀经过校验后，应当加锁或者铅封，校验的安全阀在搬运或者安装过程中，不得摔、砸、碰撞；

（4）控制式安全阀应当分别进行控制回路可靠性试验和开启性能检验；

（5）安全阀整定压力、密封性（在安全阀校验台上进行时，只有整定压力和密封性）等检验结果应当记入锅炉技术档案

5. 安全阀的安全操作与日常维护保养：

（1）锅炉安装或移装后，投入运行前，应对安全阀进行调查。

（2）对于安全阀的泄漏，首先要分析其泄露原因，然后再采取措施。

（3）安全阀经过调查校验后，应加锁或铅封。

（4）要防止与安全阀无关的异物将安全阀压住，卡住，以保证安全阀动作的可靠性。

（5）安全阀使用一段时间后，为防止阀芯与阀座粘住，可定期进行手动或自动排汽（排水）试验，以检查安全阀动作的可靠性。

6.4.2　压力表

锅炉上使用的压力表是测量锅炉气压或水压大小的仪表。司炉人员可通过压力表的指示值，控制锅炉的气压升高或降低，对热水锅炉可了解循环水压力的波动，以保证锅炉在允许工作压力下安全运行。

1. 下列位置需装设压力表：

（1）热水锅炉的进水阀出口和出水阀进口。

（2）热水锅炉循环水泵的进水管和出水管上。

（3）蒸汽锅炉给水调节阀前。

（4）可分式省煤器出口。

（5）蒸汽锅炉过热器出口和主汽阀之间。

（6）燃油锅炉油泵进出口。

（7）燃气锅炉气源入口。

2. 压力表选用

选用的压力表应当符合下列规定：

（1）压力表应当符合有关技术标准的要求；

（2）压力表精确度不应当低于 2.5 级，对于 A 级锅炉，压力表的精确度不应当低于 1.6 级；

（3）压力表应当根据工作压力选用。压力表表盘刻度极限值应当为工作压力的 1.5～3.0 倍，最好选用 2 倍；

（4）压力表表盘大小应当保证锅炉操作人员能够清楚地看到压力指示值，表盘直径不应当小于 100mm。

3. 压力表安装

压力表安装应当符合下列要求：

（1）应当装设在便于观察和吹洗的位置，并且应当防止受到高温、冰冻和震动的影响；

（2）锅炉蒸汽空间设置的压力表应当有存水弯管或者其他冷却蒸汽的措施，热水锅炉用的压力表也应当有缓冲弯管，弯管内径不应当小于 10mm；

（3）压力表与弯管之间应当装有三通阀门，以便吹洗管路、卸换、校验压力表。如索引 06.04.001 所示表示吹洗管路、卸换、校验压力表三通旋塞操作示意图。

6.4.3 水位表

1. 水位表的作用与原理

水位表是锅炉三大安全附件之一。它的作用是显示锅筒内水位的高低。锅炉上如果不安装水位表或者水位表失灵，司炉工将无法了解锅筒内水位的变化，在运行中就会发生缺水或满水事故，如果严重缺水后盲目进水，还会造成爆炸事故。

水位表是按照连通器内水表面的压力相等时水面的高度便一致的原理设计制造的。水位表与锅筒之间分别由汽、水连管相连，组成一个连通器，所以水位表指示的水位即为锅筒内的水位。

2. 水位表的结构

根据工作压力的不同，水位表的构造形式有很多种，常用的有玻璃管式水位表和平板式水位表。

（1）玻璃管式水位表

玻璃管式水位表主要由玻璃管、汽旋塞、水旋塞和放水旋塞等组成，见索引 06.04.002。玻璃管是用耐热玻璃制成的，其内径不应过细，否则易造成毛细管现象，影响指示水位的准确性。一般水位表玻璃管常用 15mm 和 20mm 两种规格。汽、水旋塞用铸铁、铸钢或铸铜制成。水位表与锅筒之间一般用法兰连接。安装时水位表的汽水旋塞的中心应在同一中心线上，以防止玻璃管受弯曲应力造成破裂。在水位表的汽水旋塞通路中，有的还装有闭锁钢珠，其目的是当水位表玻璃管因某种原因破裂时，由于汽水的压力，将旋塞中的钢珠顶到汽水出口处，以防止锅内汽水的大量喷出，保护操作人员免受烫伤的危险。但当锅炉水质不良时，如给水不除氧，则钢球极易腐蚀，并黏附于停留处，以致在玻璃管破裂时，钢球起不到应有的保护作用。因此，如果采用这种结构的旋塞，在使用中应作定期检查，防止钢球因锈死而不起作用。

为防止玻璃管破碎时发生人身伤害事故，玻璃管水位表还要装设防护罩。防护罩应采用较硬的耐热钢化玻璃板，但不应影响观察水位。不能用普通玻璃板作防护罩。否则当玻璃管损坏后，会连带玻璃板破碎，反而增加危险。

玻璃管式水位表结构简单，价格低廉，安装和拆换方便，但玻璃管易破碎，适用于工作压力不超过 1.27MPa 的小型锅炉。

（2）平板式水位表

平板式水位表有单面玻璃板和双面玻璃板两种。主要由玻璃板、金属框盒、汽旋塞、水旋塞和放水阀等构件组成。

由于玻璃板式水位表比玻璃管式水位表承压能力大，因此广泛应用于额定工作压力大于或等于 1.27MPa 的锅炉上。

（3）浮球水位表

浮球水位表的结构与平板式水位表相比较，不同之处是表腔内有一个空心的石英玻璃球，球内充装有卤素着色剂。当表腔内有高温炉水时，它即变成一色彩鲜艳的小球漂浮在液面上，并随着表腔内液位的升降而同步变换其位置。因此这种水位表的汽水分界线一目了然，十分清晰，尤其在锅炉发生缺水或满水时，更能显示这种水位表的优越性。

（4）双色水位表

双色水位表是利用光学原理设计的，通过光的反射或透射作用，使水位表中无色的水和汽分别以不同的颜色显示，汽水分界面清晰醒目。利用它即使在远距离或夜间，操作者也能准确地判断水位。特别是当锅炉出现满水或严重缺水事故时，水位表内出现全绿或全红颜色，非常醒目，有利于司炉工迅速辨别事故，正确采取措施。

3. 水位表设置要求

每台蒸汽锅炉锅筒（壳）至少应当装设两个彼此独立的直读式水位表，符合下列条件之一的锅炉可以只装一个直读式水位表：

（1）额定蒸发量小于或等于 0.5t/h 的锅炉；

（2）额定蒸发量小于或等于 2t/h 且装有一套可靠的水位示控装置的锅炉；

（3）装有两套各自独立的远程水位测量装置的锅炉；

4. 水位表的结构、装置应符合下列要求

（1）水位表应当有指示最高、最低安全水位和正常水位的明显标志，水位表的下部可见边缘应当比最高火界至少高 50mm 且应当比最低安全水位至少低 25mm，水位表的上部可见边缘应当比最高安全水位至少高 25mm；

（2）玻璃管式水位表应当有防护装置，并且不应妨碍观察真实水位，玻璃管的内径不得小于 8mm；

（3）锅炉运行中能够吹洗和更换玻璃板（管）、云母片；

（4）用两个及两个以上玻璃板或者云母片组成的一组水位表，能够连续指示水位；

（5）水位表或者水表柱和锅筒（壳）之间阀门的流道直径不得小于 8mm，汽水连接管内径不得小于 18mm，连接管长度大于 500mm 或者有弯曲时，内径应当适当放大，以保证水位表灵敏准确；

（6）连接管应当尽可能地短，如果连接管不是水平布置时，汽连管中的凝结水能够流向水位表，水连管中的水能够自行流向锅筒（壳）；

（7）水位表应当有放水阀门和接到安全地点的放水管；

（8）水位表（或者水表柱）和锅筒（壳）之间的汽水连接管上应当装有阀门，锅炉运行时，阀门应当处于全开位置。对于额定蒸发量小于 0.5t/h 的锅炉，水位表与锅筒（壳）之间的汽水连管上可以不装设阀门。

5. 安装

（1）水位表应当装在便于观察的地方，水位表距离操作地面高于 6000mm 时，应当加装远程水位测量装置或者水位电视监视系统；

（2）用单个或者多个远程水位测量装置监视锅炉水位时，其信号应当各自独立取出；在锅炉控制室内应当有两个可靠的远程水位测量装置，同时运行中应当保证有一个直读式水位表正常工作；

（3）亚临界锅炉水位表安装时应当对由于水位表与锅筒内液体密度差引起的测量误差进行修正。

6. 冲洗水位表

当汽压上升到 0.05～0.1MPa（0.5～1kg/cm²）时，应冲洗水位表。冲洗时要戴好防护手套，脸部不要正对水位表，动作要缓慢，以免玻璃由于忽冷忽热而爆破伤人。

冲洗水位表的顺序，按照旋塞的位置，先开启放水旋塞，冲洗汽、水通路和玻璃管，再关闭水旋塞，单独冲洗汽通路；接着先开水旋塞，再关汽旋塞，单独冲洗水通路；最后，先开汽旋塞，再关放水旋塞，使水位恢复正常。水位表冲洗完毕后，水位迅速回升，并有轻微波动，表明水位表工作正常，如果水位上升很缓慢，表明水位表有堵塞现象，应重新冲洗和检查。水位表冲洗程序见索引 06.04.002。

6.4.4 测量温度的仪表

温度是热力系统的重要状态参数之一。蒸汽锅炉生产的蒸汽，热水锅炉热水出口温度，烟气温度是否满足要求，以及风机和水泵等设备运行时温升是否在许可的范围内，都依靠温度仪表对温度的测量来进行监视。

1. 设置

在锅炉相应部位应当装设温度测点以测量如下温度：

（1）蒸汽锅炉的给水温度（常温给水除外）；

（2）铸铁省煤器和电站锅炉省煤器出口水温；

（3）再热器进、出口的汽温；

（4）过热器出口和多级过热器的每级出口的汽温；

（5）减温器前、后的汽温；

（6）油燃烧器的燃油（轻油除外）入口油温；

（7）空气预热器进、出口的空气温度；

（8）锅炉空气预热器进口的烟温；

（9）排烟温度；

（10）额定蒸汽压力大于或者等于 9.8MPa 的锅炉的锅筒上、下壁温（控制循环锅炉除外），过热器、再热器的蛇形管的金属壁温；

（11）有再热器的锅炉炉膛出口应当装设烟温探针；

（12）热水锅炉进口、出口水温；

（13）直流蒸汽锅炉上下炉膛水冷壁出口金属壁温，启动系统储水箱壁温。

在蒸汽锅炉过热器出口、再热器出口和额定热功率大于或者等于 7MW 的热水锅炉出口应当装设可记录式的温度测量仪表。

2. 温度测量仪表量程

表盘式温度测量仪表的温度测量量程应当为工作温度 1.5～2 倍。

6.4.5 排污和放水装置

1. 排污的作用

锅炉在运行中，由于炉水不断地蒸发、浓缩，使水中的含盐量不断增加。所谓排污即是连续或定期从炉内排出一部分含高浓度盐分的炉水，以达到保持炉水质量和排除锅炉底部的泥渣、水垢等杂质的目的，这是排污最主要的作用。它的第二个作用就是当锅炉满水或停炉清洗时排放余水。

2. 定期排污装置

定期排污装置设在锅筒、集箱的最低处，一般由两只串联的排污阀和排污管组成。常用的排污阀有旋塞式、齿条闸门式、摆动闸门式、慢开闸门式等多种形式。

（1）旋塞式排污阀

旋塞式排污阀主要由阀芯和阀体两部分组成，见索引 06.04.003。阀芯呈上大下小的圆锥形，中间开有长圆形的对穿孔，以流通炉水。当阀芯旋转 90°时，其长圆孔与阀体接触，阀门即关闭。阀芯上部用填料与阀体密封。这种阀门属于快开型，特点是结构简单，但是阀芯很容易受热膨胀，使阀芯转动困难，所以目前已较少使用，仅在 $p<0.1$MPa 的 E2 级锅炉上尚有应用。

（2）齿条闸门式排污阀

齿条闸门式排污阀主要由齿条、闸板、阀座和阀体等零件组成，见索引 06.04.003。在手柄的摆动轴上有一小齿轮与齿条啮合，齿条的下部与闸板相连。闸板由两个套筒合成，中间的弹簧向两侧推压套筒，使闸板紧贴阀座，保持接触面严密。当手柄如图示摆动 180°时，小齿轮转动，同时带动齿条和闸板上移，闸门便快速开启，属快开型。

（3）摆动闸门式排污阀

摆动闸门式排污阀主要由手柄、传动轴、闸板和阀体等零件组成，见索引 06.04.003。闸板由两个阀片合成，中间的弹簧向两侧推压阀片，使闸板紧贴阀座，保持接触面严密。闸板的一端与传动轴相连，手柄转动轴与阀片两者的中心线不在同一直线上（相当于曲轴转动），当转动手柄时，阀片相随摆动，从而达到开启和关闭通路的目的。这种阀门动作敏捷，排污效果好，属快开型。

（4）慢开闸门式排污阀

慢开闸门式排污阀的构造与齿条闸门式大体相同，见索引 06.04.003，其不同点是用丝杆代替了齿条，阀杆上端装有手轮。使用时与其他普通闸阀一样，旋转手轮即可将阀门开启或关闭。与快开式闸阀比较，开启和关闭所需时间较长，故称为慢开闸门式排污阀，属慢开型。

3. 表面排污装置

表面排污装置设在上锅筒蒸发面处，一般由截止阀、节流阀和排污管组成。为了减少排污损失的热量，应尽量将排污水引到膨胀箱和热交换器中回收利用。

4. 排污和放水装置的设置和安装要求

（1）蒸汽锅炉锅筒（壳）、立式锅炉的下脚圈和水循环系统的最低处都应当装设排污阀；B级及以下锅炉应当采用快开式排污阀门；排污阀的公称通径为 20～65mm；卧式锅壳锅炉锅壳上的排污阀的公称通径不得小于 40mm；

（2）额定蒸发量大于 1t/h 的蒸汽锅炉和 B 级热水锅炉，排污管上应当安装两个串联的阀门，其中至少有一个是排污阀，且安装在靠近排污管线出口一侧；

（3）过热器系统、再热器系统、省煤器系统的最低集箱（或者管道）处应当装放水阀；

（4）有过热器的蒸汽锅炉锅筒应当装设连续排污装置；

（5）每台锅炉应当装设独立的排污管，排污管应当尽量减少弯头，保证排污畅通并且接到安全地点或者排污膨胀箱（扩容器）。如果采用有压力的排污膨胀箱时，排污膨胀箱上应当安装安全阀；

（6）多台锅炉合用一根排放总管时，应当避免两台以上的锅炉同时排污；

（7）锅炉的排污阀、排污管不宜采用螺纹连接。

6.4.6 安全保护装置基本要求

（1）蒸汽锅炉应当装设高、低水位报警（高、低水位报警信号应当能够区分），额定蒸发量大于或者等于 2t/h 的锅炉，还应当装设低水位联锁保护装置，保护装置最迟应当在最低安全水位时动作；

（2）额定蒸发量大于或者等于 6t/h 的锅炉，应当装设蒸汽超压报警和联锁保护装置，超压联锁保护装置动作整定值应当低于安全阀较低整定压力值；

（3）安置在多层或者高层建筑物内的锅炉，每台锅炉应当配备可靠的超压（温）联锁保护装置和低水位联锁保护装置；

（4）锅炉的过热器和再热器，应当根据机组运行方式、自控条件和过热器、再热器设计结构，采取相应的保护措施，防止金属壁超温。再热蒸汽系统应当设置事故喷水装置，并能自动投入使用。

6.4.7 成分仪表

为了保证锅炉的安全经济运行和给锅炉自动控制提供必要的数据，锅炉必须装有一系列热工检测仪表，它们他们可以随时显示锅炉运行工况的各种参数，如温度、压力、流量、水位、气体成分、汽水品质、热膨胀等，并记录下来。它们还可以把这些参数变送给锅炉自动化装置，作为自动调节的输入信号。因此，要求检测数据必须可靠、稳定、准确和灵敏。本节将给同学们介绍有关锅炉热工检测仪表方面的基本知识。

1. 氧化锆氧量计

采用氧化锆氧量计测量锅炉排烟中的含氧量，运行人员根据含氧量的多少及时调节锅炉燃烧的风与煤的比例，以保证锅炉经济燃烧。

（1）结构及工作原理

氧化锆氧量计由氧化锆测氧元件和二次仪表等组成。

1）氧化锆测氧元件的结构（见索引 06.04.004）。氧化锆测氧元件是一个外径约为 10mm，壁厚为 1mm，长度为 70～100mm 的管，管材料是氧化锆，在管的内外壁上烧结上一层长度约为 26mm 的多孔铂电极。用直径约为 0.5mm 的铂丝作为电极引出线，在氧化锆管外装有加热装置，使其工作在恒定温度（750℃～780℃）下。

2）氧化锆的测氧原理。当（在一定温度下）氧化锆管内、外流过不同的氧浓度的混合气体时，在氧化锆管内、外铂电极之间会产生一定的电动势，形成氧浓差电动势，如果氧管壁内侧氧浓度一定（通空气）根据氧浓差电动势的大小，即可知另一侧气体的氧浓度，这就是氧化锆氧量计的测氧原理。

（2）氧化锆氧量计的二次仪表

氧化锆氧量计的二次仪表由两部分组成，一是氧量运算及显示部分；二是测氧元件温度控制部分。

氧量运算器的作用是将测氧元件输出的毫伏信号进行放大和经过反对数运算后显示出被测含氧量。同时经 V/I 转换器转换后输出 4～20mA DC 信号，供记录表或自动控制系统使用。为方便检验和调试，仪表内设有标准毫伏信号（如 $5\%O_2$ 的毫伏信号）通过自校按钮使仪表显示出自校状态下相应的氧量（如 5%），以检验二次仪表本身是否正常。

温度控制器采用晶闸管控制电路，来自氧化锆探头的热电偶的温度信号与冷端补偿信号相加，然后与温度设定值进行比较，其结果送入晶闸管触发电路。改变加热电路晶闸管的导通角，以控制加热，达到恒温目的。

（3）氧化锆氧量计的安装与调试

目前大多数氧化锆氧量计都制造成带有恒温装置的直插型，所以对安装位置温度的要求不太严格，只要求烟气流动好和操作方便，一般安装在省煤器前，见索引 06.04.005。

（4）氧量计的校运

检查接线无误后即可开启电源，将氧探头升温至 $780℃$。当温度稳定后，按下测量键，仪表应指示出烟气含氧量。此时可能指示出很高的含氧量（超过 21%），这是正常现象，这是由于探头中水蒸汽和空气未赶尽所致，可用洗耳球慢慢地将空气吹入"空气入口"，以加速更新参比例的空气，一般半天后仪表指示即正常。

燃烧稳定时，在最佳风煤比例下，氧量指示一般应在 $3\%\sim5\%$ 之间变化。

2. 奥氏分析器

如索引 06.04.006 所示，奥氏分析器是利用化学吸收法，按容积测定气体成分的仪器。在锅炉试验中常用直接测定烟气试样中 RO_2 及 O_2 的容积含量百分率。

通常第一个吸收瓶内充 KOH 的水溶液，用以吸收 RO_2；第二个吸收瓶充焦性没食子酸的碱溶液，用以吸收 O_2。

3. 烟气全分析仪

烟气全分析仪目前在市场上国内外品牌较多，而在工业锅炉上直接测量烟气中的氧量、二氧化碳、一氧化碳却很少采用。一般只在工业锅炉进行热工试验时采用，测量烟气中的二氧化碳、一氧化碳、氧量等。根据测量的数值计算锅炉尾部烟道漏风系数，以及锅炉化学未完全燃烧热损失和锅炉排烟热损失。

6.4.8 常用阀门

阀门是安装是安装在锅炉及其管路上用以切断、调节介质流量或改变介质流动方向的必要附件。在电厂锅炉系统上，常用的阀门除安全阀和排污阀外，还有截止阀、闸阀、止回阀和减压阀等。

1. 电厂常用的阀门

（1）截止阀

截止阀的优点是，结构简单，密封性能好，制造和维修方便，广泛用于截断流体和调节流量的场合，如用作锅炉主汽阀、给水阀等。缺点是流体阻力大，阀体较长，占地较大。

（2）闸阀

闸阀的优点是，介质通过闸门为直线流动，阻力小，流势平稳，阀体较短，安装地位紧凑。缺点是，在闸门关闭后，闸板一面受力较大容易磨损，而另一面不受力，故而开启或关闭需用较大的力量。为此，常在高压或大型闸阀的一侧加装旁通管路和旁通阀，在开启主阀前，先开启旁通阀，即起预热作用，又可减少主阀门闸板两侧的压力差，是开启阀门省力。

（3）止回阀

止回阀又称逆止阀或单向阀，是依靠阀前阀后流体的压力差来自动启闭，以防介质倒流的一种阀门。止回阀阀体上标有箭头，安装时须注意箭头的指示方向与介质流动方向一致。

（4）减压阀

减压阀主要作用是通过节流调节自动将进口蒸汽压力减至某一需要的出口压力，并依靠介质本身的能量，使出口压力自动保持稳定。

（5）防爆门

防爆门对于用煤粉、油或气体作燃料的锅炉，如果点火前未进行吹扫或误操作，喷嘴有毛病或燃烧不完全，熄火时未能迅速切断燃料等，均容易造成炉膛和尾部烟道风压过高，严重时会引起爆炸和再次燃烧，并会引起炉墙和烟道开裂倒塌，尾部变热而烧坏等事故。常用的防爆门有翻板式和爆破膜式两种形式。

翻板式防爆门又称旋启式防爆门，多安装在燃烧室的炉墙上。按其安装位置分为倾斜式和垂直式两种，它们均由门框、门盖和铰链等构件组成。当炉膛或烟道内发生气体爆炸时，门盖即自动绕轴开启泄压，然后又自行关闭。

爆破膜式防爆门多装置在烟道上，由爆破膜和夹紧装置组成。爆破膜一般用石棉、铝和不锈钢等金属薄板制成。当炉膛或烟道内发生气体爆炸时，爆炸膜即被冲击波破坏，起到泄压保护作用。

（6）蝶阀

蝶阀内的蝶板绕阀座内的轴转动，达到启闭的作用。按驱动方式分为手动、蜗轮传动、气动和电动。手动蝶阀可安装在管道任何位置上。带传动机构的蝶阀，应直立安装，使传动机构处于铅垂位置。

（7）快速切断阀

常用的有旋塞阀和球阀。

1）旋塞阀　利用阀件内所插的中央穿孔的锥形栓塞以控制启闭的阀件称为旋塞，俗称"考克"，是一种快开式阀门。根据密封面的形式不同，又分填料旋塞、油密封式旋塞和无填料旋塞。

旋塞具有结构简单，启闭迅速，操作方便，流体阻力小和流量大等特点。但密封面易磨损，并用力较大，只适用于一般低温、低压流体且开闭迅速的管路中使用。

2）球阀工作原理与旋塞阀一样，是利用一个中间开孔球体阀心，靠旋转球体来控制阀的开启和关闭。该阀也和旋塞阀一样可做成直通、三通和四通的，是近几年发展较快的阀型之一。

球阀的优点是结构简单，体积小，零件少，质量轻，开关迅速，操作方便，流体阻力小，制作精度要求高，但限于密封结构材料的性能，目前生产的阀不宜用在高温介质中。

2. 锅炉阀门安装部位及技术要求

（1）锅炉阀门安装时，应按照阀门的技术要求，或水平或垂直安装，安装位置应便于操作。

（2）阀门应有明显的标志，标明阀门的名称、开关方向和介质流动方向，主要调节阀门还应有开度指示。

（3）主汽阀应安装在靠近锅筒或过热器集箱的出口处。立式锅壳锅炉的主汽阀可安装在锅炉房内便于操作的地方。连接锅炉和蒸汽母管的每根蒸汽管上，应装设 2 个蒸汽闸阀或截止阀，闸阀或截止阀之间应装有通向大气的疏水管和阀门，其内径不得小于 18mm。

（4）不可分式省煤器入口的给水管上，应装设给水截止阀和给水止回阀。可分式省煤器的入口处和通向锅筒的给水管上应分别装设给水截止阀和给水止回阀。给水截止阀应装在锅筒（或省煤器入口集箱）与给水止回阀之间，并与给水止回阀紧接相连。

（5）锅筒、过热器、再热器和省煤器等可能集聚空气的地方应装设排气阀。

（6）热水锅炉的阀门安装

1）锅炉（包括与热水总管相连的锅炉）出水管上应装截止阀或闸阀。锅炉给水、补给水管上应装设截止阀和止回阀。

2）热水锅炉每一个回路的最高处以及锅筒最高处或出水管上都应安装额定直径不小于 20mm 的排气阀。排气阀可使用截止阀。

3）强制循环锅炉的锅筒最高处或出水管上应装设内径不小于 25mm 的泄放管，管上应安装泄放阀。

6.4.9 清灰

锅炉受热面积灰是不可避免的普遍现象。受热面积灰后使传热热阻增加，管内工质的吸热量减少，排烟温度升高。据计算，锅炉排烟温度每升高 10℃，锅炉热效率约降低 0.5 个百分点，相当于一台 300MW 机组锅炉损失标准煤若干吨（要计算一下）。同时，因受热面积灰使管壁金属超温，对锅炉安全运行造成威胁，因此，锅炉吹灰势在必行。为了防止积灰，提高锅炉热效率，实现锅炉安全、稳定运行的目的，结合实际运行情况，及其具体结构特点，一般需采用清灰装置。目前锅炉常用的清灰装置主要有：吹灰器、声波清灰、可燃气体爆燃吹灰和机械振打装置。

1. 吹灰器

吹灰是锅炉常用的一种机械清灰方式，往往一台锅炉装设几十台甚至上百台吹灰器。吹灰介质有过热蒸汽、压缩空气或氮气等，它的优点是吹灰介质压力高，喷射速度大，能清除黏附性较强的积灰；安装位置可自由选择；还可以按设计程序自动吹灰；吹灰介质也容易获得。它的缺点是一次性投资较大；吹扫有死角，清灰不完全；运行费用高。如果采用压缩空气或蒸汽作吹灰介质，还会增加烟气中含氧量或水分并增加锅炉的排烟量，从而对生产工艺带来一定的不良影响。

2. 声波清灰

声波吹灰的原理是近壁面的气流边界层在声振动作用下断续存在形成声波，且伴有烟气逆向流动，这种不稳定的流动使灰粒难以在管壁表面沉积，进而被逆向流动的烟气携带出锅炉，从而达到清灰目的。声波除灰装置具有以下特点：①在声波有效范围内彻底除灰。由于声波具有反射、衍射、绕射的特性，无论受热面管排如何布置，只要在声波有效作用范围内，声波总可以清除管排间及管排背后的积灰，除灰彻底，不留死角；②短间隔断续运行，连续保持受热面清洁。一般声波吹灰装置 1 次工作时间为 15～30s，停运 20～120min，如此循环往复，可连续保持受热面清洁，有效提高锅炉换热效率，降低排烟温度；③无受热面机械损伤。声波依托高温烟气为介质来传播，使烟气中的灰粒在声波能量作用下发生质点位移，从而使灰粒难于附着在管壁上，达到除灰的目的。但声波吹灰器震动膜片制造难度大，造价高，需不断更换，维护工作量大，成本高，且持续的 140dB 以上的噪声对人体有害。

3. 可燃气体爆燃吹灰

可燃气体爆燃吹灰原理利用可燃气体（煤气、乙炔、天然气、石油液化气等）与空气按一定比例混合产生特性气体，通过燃烧混合气体产生冲击波和高速热气流，以低频脉冲冲击波作用于积灰面，对积灰产生一种先压后拉的作用，使积灰面上的灰垢因冲击而破碎，达到彻底清灰的效果。其传播全方位、有效范围大、不留死角。但吹灰系统复杂，安全性差，设备造价高，投资大。

4. 机械振打

机械振打装置是利用小容量电动机作为动力，通过变速器带动一长轴做低速转动，在轴上按等分的相位挂上许多振打锤，按顺序对锅炉受热面进行锤击，在锤击的一瞬间使受热面产生强烈的振动，使黏附的积灰受到反复作用的应力而产生微小的裂痕，直到积灰的附着力遭到破坏而脱落。机械振打的优点是消耗动力少，而且不会对烟气增加额外的介质。但缺点是对锅炉管子和焊口焊缝的使用寿命和强度有一定程度的不良影响，但只要设计中加以防范，是可以延长使用寿命的。

6.5 锅炉炉型及选择

锅炉炉型主要分为锅壳式锅炉和水管式锅炉。二者特点见表6-2。

锅壳式锅炉和水管式锅炉比较　　　　　　　　　　　　　表 6-2

序号	项目	锅壳式锅炉	水管锅炉
1	管内流动流体	烟气	工质（水）
2	适用压力	≤2.5MPa	不受限
3	容量	≤35t/h	不受限
4	燃料种类	燃煤采用水火管形式 燃油燃气采用纯烟管形式	不受限
5	炉膛压力	燃油燃气锅炉采用微正压，炉膛温度高，烟气量小，漏风量小	炉膛微负压漏风量相对较大
6	高度	由于烟气在管内流动，受热面烟管水平布置，锅炉高度低	为防止工质（水）在管内发生汽水分层，受热面管排尽可能垂直布置。与锅壳式锅炉相比锅炉高度高
7	出厂形式	多数为快装出厂，少数为组装出厂	多数为散装出厂，少数为组装出厂
8	水循环	烟管浸没在水中，水循环可靠	工质在管内流动，需克服沿程阻力和局部阻力
9	烟气流动	烟速在20~30m/s之间	烟速在8~12m/s之间
10	支吊形式	采用底部支撑，钢架耗钢量小	多数以吊挂形式为主，构架耗钢量大
11	制造难易程度	烟管焊接胀接在管板的平直区，钻孔焊接加工简单	管束焊接胀接在锅筒圆弧段，钻孔焊接难度大

6.5.1 锅壳式锅炉

锅壳式锅炉主要形式有：带内部回燃室的湿背式锅炉、半湿背式锅炉、干背式锅炉、回焰式锅炉、立式烟管锅炉、水火管锅炉。

其中适用最广的是带内部回燃室的湿背式锅炉和水火管锅炉。

1. 带内部回燃室的湿背式锅炉

带内部回燃室的湿背式锅炉。如索引 06.05.001 所示，此型锅炉的烟气在锅壳内呈三（二）个回程流动。烟气流动的第一回程是燃烧的烟气在火筒内自前向后流动，纵向冲刷火筒内壁；第二回程是烟气经后烟箱进入左、右两侧烟管自后向前流至前烟箱；第三回程是进入前烟箱的烟气经上部烟管自前向后流入锅炉后部。离开锅壳后的烟气，流经省煤器、除尘器、引风机、烟囱排入大气。

卧式火管锅炉不需外砌炉膛，整体性和密封性极好，采用快装，安装费用少，占地面积小。但由于内燃，对煤质要求较高；烟管采用胀接，后管板内外温差大，易产生变形，使胀接的烟管在胀口处造成泄漏；烟管间距小，清洗水垢比较困难，因而对水质要求较高；烟管水平布置，管内易积灰，且烟气在管内纵向冲刷，因而传热效果差，热效率低。

由于卧式火管锅炉整体性和密封性极好，可以采用微正压燃烧，而且火筒的形状与油、气燃烧产生的火焰形状一致，燃烧完全，火焰充满整个火筒，辐射换热效果好，热效率高，因此，此型燃油、燃气锅炉应用很广泛。卧式内燃燃油、燃气火管锅炉的结构还有下列一些特点：

（1）目前国内外燃油、燃气火管锅炉大多采用具有弹性的波形炉胆和回燃室。一则可以吸收高温所引起的炉胆和回燃室受热面的热膨胀量，还可以提高系统的刚性，同时，也使辐射受热面面积加大，增加了辐射换热量。

（2）由于大功率燃烧器的采用，单台锅炉容量大大提高，国产的燃油、燃气卧式火管锅炉单台蒸发量最大达 28t/h，国外此型锅炉蒸发量最大的为 32t/h。

（3）采用湿背式结构，彻底解决了后烟室的密封问题，使其更适于微正压燃烧。

（4）烟气的回程数大多是三回程的，也有用二回程、四回程、五回程的。但四回程、五回程结构太复杂，一般较少采用。

（5）采用强化传热的螺纹烟管，传热性能接近或超过水管锅炉的横向冲刷管束，从而使燃油、燃气锅炉的结构更加紧凑。

（6）采用先进的隔热保温材料，减少了散热损失，提高了锅炉的热效率。

2. 水火管锅炉

水火管锅炉是火管和水管组合的卧式外燃快装锅炉。如索引 06.05.002 所示，所谓外燃，就是将燃烧室由锅壳内移至锅壳外，置于锅壳下部，形成外置炉膛。在炉膛内设置炉排，炉膛左、右两侧各增设 1 排水冷壁，上、下端分别与锅壳和集箱连接。左、右集箱的前、后两端分别安装 1 根大直径的下降管，与水冷壁一起组成水循环回路。在炉膛后部的转向烟室内设置后棚管受热面，其上端与锅壳的后封头连接，下端与集箱相接，后棚管集箱的两端则各通过 1 根大直径短管与两侧水冷壁集箱连接，构成了后棚管的水循环回路。锅壳下腹部外壁面、水冷壁和后棚管构成了辐射受热面，锅壳内的烟管则为对流受热面。此型锅炉结构紧凑，整装出厂，称为快装锅炉。

锅炉的主要受压部件有锅壳（由壳节和前、后平封头组成）、前后烟箱、烟管、水冷壁、下降管、后棚管、集箱等。烟管与前后平封头的连接有胀接，也有焊接。采用轻型链带式炉排。

烟气有三个回程：第一回程为燃烧的烟气在炉膛内自前向后流动，进入后棚管组成的转向烟室；第二回程为高温烟气由转向烟室进入第一烟管管束，自炉后向炉前流动，进入前烟箱；第三回程为高温烟气由前烟箱进入第二烟管管束，自炉前向炉后流动。离开锅炉本体的烟气再先后流经外置的铸铁省煤器、除尘器、引风机，最后由烟囱排入大气。

汽水流程为：软化水经给水泵加压后送入省煤器，预热后进入锅壳，再经下降管进入两侧下集箱和后集箱，分配给两侧水冷壁和后棚管，在其内被加热、汽化后回到锅壳，进行汽水分离，合格的饱和蒸汽经主汽阀引向用户。

该型锅炉结构紧凑，安装和运输方便，使用和维修保养容易。但存在下列问题：

（1）锅壳下部位于炉膛上方高温区，会因结垢，使热阻增加，影响高温烟气向工质的传热，而导致锅炉传热系数降低，造成锅壳下部变形、鼓包，危及安全运行。

（2）第一回程烟管进口（即高温平封头）处，由于管板内外温差大，产生很大的应力，致使后管板产生裂纹，进而产生水（汽）泄漏。

（3）采用拉撑结构，不利于受热膨胀，而且，容易引起拉撑开裂，造成事故。

6.5.2 水管锅炉

汽水在管内流动吸热，烟气在管外冲刷放热的锅炉称之为水管锅炉。水管锅炉没有大直径的锅壳，用富有弹性的弯水管取代了刚性较大的直烟管，这不仅可以节省金属，而且可以增大锅炉容量和提高参数。采用外燃方式，燃烧室的布置非常灵活，在燃烧室内可以布置各种燃烧设备，有效地燃用各种燃料，包括劣质燃料。

水管锅炉可以充分应用传热理论来布置受热面，如可按优化计算理论，合理地安排辐射受热面和对流受热面的配比，充分地组织烟气流对受热面进行横向冲刷，合理地组织管的错排和顺排等。

水管锅炉锅筒内不布置烟管受热面，蒸汽的容积空间增大，更利于安装完善的汽水分离装置，可以保证蒸汽品质符合使用要求，水管受热面布置可以满足清垢除灰要求。总之，水管锅炉具有很多的优越性，对于大容量、高参数锅炉来说，水管锅炉是确定炉型的唯一选择。

水管锅炉的主要特征反映在锅筒的数目和布置方式上，下面介绍几种典型的水管锅炉结构型式。

1. 双锅筒纵置式水管锅炉

双锅筒纵置式水管锅炉，上下两个锅筒平行布置，其间安装锅炉管束，两个锅筒的轴线与锅炉（炉排）的纵向中心线相互平行。根据锅炉管束烟道相对于炉膛的位置，可分为锅炉管束烟道旁置的"D"型锅炉和锅炉管束烟道后置的"O"型锅炉。

（1）"D"型锅炉

如索引 06.05.003 所示为 SZL2-1.27-A II 型锅炉。其锅炉管束烟道与炉膛平行布置，各居一侧。右墙水冷壁在炉顶沿横向微倾斜延伸至上锅筒，并与两锅筒间垂直布置的锅炉管束、水平炉排一起，形似英文字母 D，故称"D"型锅炉。为了延长烟气在炉内的行程，保证适当的流速和逗留时间，在对流烟道中间和左侧水冷壁与锅炉管束间，用耐火材料各砌筑一道隔烟墙，形成三回程烟道，使烟气循着三回程流动。即烟气在炉膛和燃尽室内由前向后流动为第一回程，烟气经炉膛后的烟窗进入右侧对流烟道（第一对流烟道），由炉后向炉前流动为第二回程，烟气在炉前水平转向左侧对流烟道（第二对流烟道），由炉前向炉后流动,最后离开锅炉本体,此为第三回程。

"D"型锅炉,结构紧凑;长度方向不受限制,便于布置较长的炉排,以利于增强对煤种的适应性;锅炉水容量大,适应负荷变化的能力强。但只能单面操作,单面进风,此型燃煤锅炉容量以不大于10t/h为宜。

(2)"O"型锅炉。

如索引06.05.004所示为SZP型双锅筒纵置式抛煤机锅炉,炉膛在前,锅炉管束在后,从炉前看,居中的纵置双锅筒及其间的锅炉管束呈现为英文字母O的形状,故常称为"O"型锅炉。此型锅炉,上锅筒有长锅筒和短锅筒两种型式。上锅筒为长锅筒时,其延伸至整个锅炉的前后长度,两侧水冷壁上端弯曲后微向上倾斜与上锅筒连接,形成双坡形炉顶;上锅筒为短锅筒时,炉膛两侧设置上集箱,再由汽水引出管将上集箱和上锅筒相连接,左右两侧水冷壁管在炉膛顶部弯曲后交叉进入对侧的上集箱。

"O"型水管锅炉燃烧设备采用抛煤机手摇翻转炉排、链条炉排或振动炉排;在炉膛与对流管束之间设置燃尽室;在对流管束烟道内竖向有两道折烟墙,使烟气沿水平方向呈S形流动,横向冲刷对流管束。然后进入铸铁省煤器、除尘器、引风机、烟囱排向大气。

"O"型水管锅炉容量有6~20t/h的饱和蒸汽或过热蒸汽锅炉,4.2~10.5MW的热水锅炉。此型锅炉烟气横向冲刷管束,传热好,热效率高;且具有结构紧凑,金属耗量低、水容积大及水循环可靠等优点,整装或组装出厂,既能保证锅炉产品质量,又能缩短安装周期。

2. 双锅筒横置式水管锅炉

双锅筒横置式水管锅炉国内产品很多,应用甚广,特别是在较大的工业锅炉中被广泛采用。

如索引06.05.005所示为SHL10-1.27/350-WⅡ型双锅筒横置式水管锅炉,即为双锅筒横置式水管锅炉的典型型式,上下锅筒及其间的锅炉管束被悬挂在炉膛之后,炉膛四周及炉顶全部布满了蒸发受热面——水冷壁,烟窗在炉膛后墙上部,后墙水冷壁在此处被拉稀,形成凝渣管。燃料燃烧生成的烟气掠过凝渣管经烟窗离开炉膛,进入蒸汽过热器烟道,纵向冲刷蒸汽过热器;继而进入锅炉管束烟道,在锅炉管束折烟墙的导向下,呈倒S形向上绕行,横向和纵向冲刷锅炉管束,再从上部出口窗向后流至尾部烟道,依次经过省煤器、空气预热器、除尘器、引风机、烟囱排入大气。该锅炉燃烧设备为链条炉排。

该型锅炉的容量为6~65t/h的饱和蒸汽和过热蒸汽锅炉。其燃烧设备可配置链条炉排、煤粉、燃油、燃气燃烧器、流化床等。

双锅筒横置式水管锅炉具有大、中型锅炉的特点:受热面齐全,而且锅炉辐射受热面、对流受热面以及尾部受热面在布置上灵活自如,互不牵制,燃烧设备机械化程度高,锅炉自控系统比较完善。但此型锅炉整体性差,宜采用散装形式,构架和炉墙较复杂,安装周期长,金属耗量大,成本高。

3. 单锅筒横置式水管锅炉

当参数达到中压参数后,水的汽化潜热进一步下降,仅靠炉膛内的水冷壁吸热量就可以满足蒸发吸热量。因此不用再布置对流管束如索引06.05.006所示,中压参数以上的锅炉一般均采用单锅筒结构。

4. 角管锅炉

角管式锅炉是德国水动力专家 Vorkauf 于 1944 年发明的一种水循环性能独特的锅炉。由于这种锅炉的下降管布置在锅炉的四个角上，同时作为锅炉支撑框架，故这种锅炉被称为角管式锅炉。

角管式锅炉本体整体热面布置呈 Π 型，锅炉由锅筒、前后左右四壁、炉膛后壁、凝渣管、旗形受热面、下降管等构成。角管式锅炉本体如索引 06.05.007 所示。

（1）优点

由锅筒向两侧水冷壁下集箱前各引出一根下降管，侧水冷壁下集箱后部与上集箱有一根连通管（在炉外），这根连通管被称为锅外再循环管，即丹麦人称作的自循环系统（见索引 06.05.008）。两侧水冷壁内的工质经炉膛换热后形成的汽水混合物由两侧上集箱前端直接插入锅筒，在锅筒内进行汽水分离。由于存在着汽水密度差，汽水混合物在进入上集箱后先作初步分离，部分蒸汽进入布置在侧水冷壁上集箱上方的蒸汽汇集集箱，部分蒸汽直接进入锅筒，分离出来的水经再循环管回到两侧下集箱，在锅筒外形成了一个自然循环回路。前后水冷壁的汽水混合物由上集箱的多根管子连接蒸汽汇集集箱和锅筒。这样，减少了锅筒内的汽水分离量，提高了锅筒内汽水分离效果。此外，由于进入锅筒的汽水混合物的减小，带入的动能减少，减小了对锅筒内锅水的径向冲击和扰动，更有利于锅内的汽水分离，提高蒸汽品质。

独特的旗式受热面结构。对流受热面管自烟气通道后壁的膜式水冷壁管引出，组成像一面面旗帜的受热面。一般从上到下布置有二段或三段旗式二段或三段旗式对流受热面，无需穿墙和密封，最大限度地降低了因尾部受热面穿墙漏风而引起的锅炉热效率下降；受热面整体结构简洁而富有弹性，受热后，整体随膜式水冷壁向上弹性膨胀，水循环可靠；烟气与管束作垂直横向冲刷，对流换热系数高，换热效果好。

（2）缺点

随着压力升高，饱和水与饱和蒸汽的密度比越来越小，单纯依靠水下孔板等自然分离手段已不能保证蒸汽的品质，而角管式锅炉的锅外再循环系统的汽水分离效果也会越来越差。角管式锅炉的第一个特点已不复存在。此外，汽水混合物在上集箱中进行汽水分离势必会增加流动阻力，随着容量的增大，汽水混合物在上集箱中的流动阻力也将增大。在中低压锅炉中，由于汽水密度差大，流动压头大，足以克服循环回路中的流动阻力。

在高压锅炉中，工质各阶段吸热的比例有所变化，预热吸热和蒸发吸热的比例下降，而过热吸热的比例上升很大。因此，在高压锅炉中已没有必要布置过多的蒸发受热面，炉膛中的蒸发受热面已足以应付工质蒸发所需，无须额外增加其他形式的蒸发受热面。在尾部竖井中取而代之的是过热受热面和少量的省煤器（吸收预热热使之达到饱和或近饱和水）。因此，角管式锅炉中第二个（旗式受热面）优势已很难体现。

6.5.3 电站锅炉

电站锅炉的本体结构类型主要取决于燃料特性、锅炉容量和蒸汽参数等因素。常见的有倒 U 型、塔型和箱型（见索引 06.05.009）。

倒 U 型　适用于各种容量的锅炉和燃料，故应用广泛。锅炉的高度比其他炉型低，受热面布置较方便，风机和除尘设备都可放在地面上，但占地面积较大。

塔型　适用于燃用多灰烟煤和褐煤的锅炉，无转弯烟道，可减轻飞灰对受热面的局部磨损，且占地面积较小。但炉体高，安装和检修较复杂。

箱型　适用于容量较大的燃油和燃气锅炉。炉膛以上的烟道分为两部分：一部分直接接在炉膛出口，烟气上流；另一部分烟气下流。其优点是结构紧凑，占地面积较小，锅炉与汽轮机的连接较方便。缺点是制造工艺较复杂，检修困难。

教学单元 7　锅炉计算

7.1　热　力　计　算

7.1.1　热力计算目的和分类

锅炉热力计算的目的是在燃料的燃烧计算和锅炉的热平衡计算的基础上，确定锅炉受热面与燃烧产物和工质参数间的关系。按计算任务不同，又可分为设计计算和校核计算。

设计计算：在给定的给水温度和燃料特性的前提下，为达到额定蒸发量和蒸汽参数以及选定的经济指标，计算、确定锅炉机组的炉膛尺寸及各个受热面的结构和尺寸，并确定锅炉的热效率和燃料消耗量、各受热面进出口处的烟温和工质温度、吸热量以及烟速和工质流速等，为选择辅机设备和进行上述其他各项提供原始资料。

校核计算：在已定的锅炉结构和受热面积条件下，对锅炉负荷、燃料、运行工况或某些结构变化时，求取各受热面进出口处的工质温度和速度、烟气温度和速度、锅炉热效率、燃料消耗量、空气和烟气量等。

7.1.2　热力计算标准

1.《层状燃烧及流化床燃烧工业锅炉热力计算方法》JB/DQ 1062—1982

该标准适用于容量小于等于 75t/h（58MW）、压力小于 3.8MPa 的层状燃烧锅炉和及容量小于等于 130t/h、压力小于 5.29MPa 的流化床燃烧锅炉。

2. 苏联 73 标准

苏联 73 标准是指苏联全苏热工研究所（BTH）和中央锅炉透平研究所（玖 KTH）编制的《锅炉机组热力计算—标准方法》（1973 年版）一书，在锅炉行业一直沿用至今。三十几年来，我国在 300MW 以下的锅炉机组设计计算中，一直是沿用苏联"锅炉机组热力计算标准方法"。

7.1.3　锅炉热力计算流程

锅炉计算流程见索引 07.01.001 热力计算整体框图。在结束热力计算时，可按式(7-1)～式(7-3)确定计算误差：

对于层燃炉

$$\Delta Q = Q_{\text{in}} \frac{\eta}{100} - (Q_{\text{fue}} + Q_{\text{ba}} + Q_{\text{sh}} + Q_{\text{ec}}) \frac{100 - q_4}{100} \tag{7-1}$$

对于流化床锅炉

$$\Delta Q = Q_{\text{in}} \frac{\eta}{100} - (Q_{\text{im}} + Q_{\text{sc}} + Q_{\text{ba}} + Q_{\text{sh}} + Q_{\text{ec}}) \frac{100 - q_4}{100} \tag{7-2}$$

式中 Q_{fue}、Q_{im}、Q_{sc}、Q_{sh}、Q_{ba}、Q_{ec} 分别表示炉膛、埋管、悬浮段、过热器、锅炉管束、省煤器的吸热量，kJ/kg。它们是根据各受热面的热平衡方程求得的。

如果计算正确，应当满足下列条件

$$\frac{\Delta Q}{Q_{\text{in}}} \times 100\% \leqslant 0.5\%$$ (7-3)

7.1.4 对流受热面热力计算

1. 传热方程

$$Q_{\text{ht}} = \beta \frac{KH\Delta t}{1000B_{\text{cal}}}$$ (7-4)

式中　Q_{ht} ——对于 1kg 燃料受热面的吸热量，kJ/kg；

　　　β ——修正系数，对于过热器取 1.0～1.3，其他取 1；

　　　K ——传热系数，W/(m² · ℃)；

　　　H ——传热面积，m²；

　　　Δt ——温压，℃；

　　　B_{cal} ——计算燃料消耗量，kg/s。

2. 热平衡方程

$$Q_{\text{hb}} = \varphi(I' - I'' + \Delta\alpha I_{\text{le}}^{0})$$ (7-5)

式中　Q_{hb} ——烟气的放热量，kJ/kg；

　　　φ ——保热系数；

　　　I' ——受热面入口烟气焓，kJ/kg；

　　　I'' ——受热面出口烟气焓，kJ/kg；

　　　$\Delta\alpha$ ——漏风系数；

　　　I_{le}^{0} ——理论漏风焓，kJ/kg。

3. 工质吸收热量

（1）吸收炉膛辐射的过热器

$$B_{\text{cal}}(Q_{\text{hb}} + Q_{\text{r}}) = D(i'' - i')$$ (7-6)

（2）未吸收炉膛辐射的对流受热面

$$B_{\text{cal}}Q_{\text{hb}} = D(i'' - i')$$ (7-7)

（3）省煤器

$$B_{\text{cal}}Q_{\text{hb}} = D\left(1 + \frac{\rho_{\text{b,w}}}{100}\right)(i'' - i')$$ (7-8)

（4）对于锅炉管束，由于管内工质温度不变，故本方程不适用。

式中　Q_{r} ——受热面从炉膛吸收的热量，kJ/kg；

　　　i' ——工质入口焓，kJ/kg；

　　　i'' ——工质出口焓，kJ/kg；

　　　D ——蒸发量，kg/s；

　　　$\rho_{\text{b,w}}$ ——锅炉排污率，%。

4. 传热系数

对流受热面传热系数按式（7-9）表示

$$K = \psi \frac{1}{\dfrac{1}{\alpha_1} + \dfrac{1}{\alpha_2}}$$ (7-9)

$$\alpha_1 = \alpha_{con} + \alpha_r \tag{7-10}$$

式中 K ——传热系数，$W/(m^2 \cdot ℃)$；

ψ ——热有效系数，kJ/kg；

α_1 ——烟气对管壁的换热系数，$W/(m^2 \cdot ℃)$；

α_{con} ——烟气对管壁的对流换热系数，$W/(m^2 \cdot ℃)$；

α_r ——烟气对管壁的辐射换热系数，$W/(m^2 \cdot ℃)$；

α_2 ——管壁对管内工质的换热系数，$W/(m^2 \cdot ℃)$。

5. 计算误差

检验受热面出口烟气温度假设是否合理，可按式（7-11）计算烟气放热量和传热量的误差百分比，即：

$$\Delta Q = \frac{|Q_{hb} - Q_{ht}|}{Q_{hb}} \times 100\% \tag{7-11}$$

当满足下列条件时计算结束：

（1）对无减温过热器 $\Delta Q < 3\%$；

（2）对有减温过热器、锅炉管束、省煤器、空气预热器 $\Delta Q < 2\%$；

（3）对防渣管 $\Delta Q < 3\%$。

6. 对流受热面热力计算流程

对流受热面热力计算流程见索引 07.01.002 对流受热面热力计算流程图。

7.1.5 层燃炉与室燃炉炉膛热力计算

1. 炉膛几何计算

（1）炉膛容积 V_{fue} 的周界

炉膛容积的周界按如下规则确定：

底部为火床表面；四周及顶部为水冷壁管中心线所在面，若水冷壁管覆盖有耐火涂料或耐火砖，则为后者的向火表面，在未布置水冷壁的地方则为炉墙内壁面；出口截面为出口窗处最前一排管子中心线所在面。

（2）炉膛周界面积 F_{fue}

$$F_{fue} = R + \Sigma F \tag{7-12}$$

式中 R ——火床面积，m^2；

ΣF ——除火床外炉膛周界面积，m^2；

F_{fue} ——炉膛周界面积，m^2。

（3）水冷度

$$H = xF \tag{7-13}$$

式中 H ——每片水冷壁的辐射受热面积，m^2；

F ——每片水冷壁面积，m^2；

x ——水冷壁角系数。

膜式水冷壁角系数取 1。

覆盖耐火涂料的水冷壁

$$H = 0.3F \tag{7-14}$$

覆盖耐火砖的水冷壁

$$H = 0.15F \tag{7-15}$$

$$X = \frac{H_r}{F_{\text{fue}} - R} \tag{7-16}$$

式中　X——水冷度；

　　　R——火床面积，m^2；

　　　H_r——炉内辐射受热总面积，$H_r = \Sigma H$，m^2；

　　　F_{fue}——炉膛周界面积，m^2。

（4）有效辐射层厚度

$$s = 3.6\frac{V_{\text{fue}}}{F_{\text{fue}}} \tag{7-17}$$

式中　s——有效辐射层厚度，m；

　　　F_{fue}——炉膛周界面积，m^2；

　　　V_{fue}——炉膛容积，m^3。

2. 炉内热平衡

（1）入炉热量

$$Q_{\text{fue}} = Q_{\text{in}}\frac{100 - q_3 - q_4 - q_6}{100 - q_4} + Q_a - Q_{\text{fo}} \tag{7-18}$$

式中　Q_{fue}——入炉热量，kJ/kg；

　　　Q_a——空气带入锅炉的热量，kJ/kg；

　　　Q_{fo}——用外部热源加热空气并带入锅炉的热量，kJ/kg。

（2）炉膛的热量平衡方程

$$Q_r = \varphi(Q_{\text{fue}} - I''_{\text{fue}}) \tag{7-19}$$

式中　Q_r——对应于 1kg 燃料的辐射受热面吸热量，kJ/kg；

　　　φ——保热系数；

　　　I''_{fue}——炉膛出口烟气焓，kJ/kg。

$$Q_r = \varphi VC_{\text{av}}(\vartheta_{\text{adi}} - \vartheta''_{\text{fur}}) \tag{7-20}$$

式中　φ——保热系数；

　　　VC_{av}——平均热容量，kJ/(kg·℃)；

　　　ϑ_{adi}——绝热燃烧温度；

　　　ϑ''_{fur}——炉膛出口温度，℃。

3. 炉膛系统黑度 α_{fue}

$$Q_r = 3.6\frac{\sigma_0 \alpha_{\text{fue}} H_r (T_{\text{av}}^4 - T_{\text{wal}}^4)}{B_{\text{cal}}} \tag{7-21}$$

式中　α_{fue}——炉膛系统黑度，$\alpha_{\text{fue}} = \dfrac{1}{\dfrac{1}{\alpha_{\text{wal}}} + \chi\dfrac{(1 + \alpha_g)(1 - \rho)}{1 - (1 - \alpha_g)(1 - \rho)}}$；

　　　α_{wal}——水冷壁黑度，可取 $\alpha_{\text{wal}} = 0.8$；

　　　χ——炉膛水冷度；

　　　α_g——烟气黑度；

　　　ρ——火床与炉膛面积比。

4. 炉出口烟温 ϑ''_{fue}

（1）层燃炉

$$\vartheta''_{\text{fue}} = k\left[B_0 \left(\frac{1}{\alpha_{\text{fue}}} + 1 \right) \right]^P \tag{7-22}$$

式中　ϑ''_{fue}——无因次炉膛出口温度 $\vartheta''_{\text{fue}} = \dfrac{T''}{T_{\text{adi}}}$；

　　　α_{fue}——炉膛系统黑度；

　　　k，P——系数见《工业锅炉设计计算标准方法》表 5-2；

　　　B_0——玻尔兹曼准则。

$$B_0 = \frac{\varphi B_{\text{cal}} VC_{\text{av}}}{3.6\sigma_0 H_{\text{r}} T_{\text{adi}}^3} \tag{7-23}$$

式中　σ_0——绝对黑体辐射常数 5.67×10^{-8} W/(m²·℃)；

　　　φ——保热系数；

　　　B_{cal}——计算燃料量，kg/h；

　　　VC_{av}——平均热容量，kJ/(kg·℃)；

　　　T_{adi}——绝热燃烧温度，K；

　　　H_{r}——炉内辐射受热总面积，m²。

（2）室燃炉

$$\vartheta''_{\text{fue}} = \frac{T_{\text{adi}}}{M\left(\dfrac{5.67 \times 10^{-11} \psi A_{\text{b}} \alpha_l T_{\text{adi}}^3}{\varphi B_{\text{cal}} VC_{\text{av}}} \right)^{0.6} + 1} - 273 \tag{7-24}$$

式中　ψ——热有效系数；

　　　A_{b}——炉膛面积，m²；

　　　α_l——炉膛黑度；

　　　M——考虑燃烧条件影响的参数。

5. 炉膛热力计算流程

炉膛热力计算流程见索引 07.01.03 炉膛热力计算流程图。

7.1.6　沸腾层和循环流化床密相区热力计算

1. 炉膛几何特性

（1）沸腾层周界

底部为密相区顶部，四周及顶部为水冷壁管中心线所在面炉墙内壁面；出口截面为稀相区出口窗处最前一排管子中心线所在面，顶部为炉膛顶部。

（2）密相区周界

底部为布风板耐火层表面，四周为炉墙，上部为床截面突变截面或二次风喷入口截面。

2. 燃烧份额 δ

（1）沸腾层

$$\delta = \frac{(100 - q_{3\text{b.b}} - q_{4\text{b.b}})}{100 - q_3 - q_4} \tag{7-25}$$

式中　$q_{3\text{b.b}}$——沸腾层气体不完全燃烧损失，%；

$q_{4b.b}$ ——沸腾层固体不完全燃烧损失，%。

（2）密相区

循环流化床锅炉炉膛由密相区和稀相区组成。

密相区和稀相区的燃烧份额受燃料粒径、煤种、流化风速、一二次风率、床层温度等诸多因素影响，尤其是煤种的影响较大，如挥发份高易爆的煤在密相区的燃烧份额会降低。在目前缺乏数据的情况下，设计时可以参考有关不同煤种的燃烧特性试验数据取值。一般地，固体颗粒粒径越大，燃烧份额相对增加。如果采用宽筛分燃料，可以采用鼓泡流化床计算标准中推荐的方法并考虑一次风率的影响而求取。

3. 热平衡

（1）沸腾层的入炉热量

$$Q_{b.b} = Q_{in} \frac{\delta(100 - q_3 - q_4) - q_{6c.av}}{100 - q_4} + \alpha_{b.b} I^0_{l.a} \tag{7-26}$$

式中　$Q_{b.b}$ ——密相区的入炉热量，kJ/kg；

　　　Q_{in} ——入炉热量，kJ/kg；

　　　$q_{6c.av}$ ——冷灰渣物理热损失，%；

　　　$\alpha_{b.b}$ ——密相区出口处的名义空气过剩系数；

　　　$I^0_{l.a}$ ——理论冷空气焓，kJ/kg。

（2）密相区的入炉热量

$$Q_{b.b} = Q_{in} \frac{\delta(100 - q_3 - q_4) - q_{6c.av}}{100 - q_4} - x \alpha_{b.b} I^0_{l.a} + n I_{s.a} \tag{7-27}$$

式中　$Q_{b.b}$ ——密相区的入炉热量，kJ/kg；

　　　Q_{in} ——入炉热量，kJ/kg；

　　　$q_{6c.av}$ ——冷灰渣物理热损失，%；

　　　x ——一次风占总风量的比例，%。

　　　$\alpha_{b.b}$ ——密相区出口处的名义空气过剩系数；

　　　$I^0_{l.a}$ ——理论冷空气焓，kJ/kg；

　　　$I_{s.a}$ ——分离返料灰焓，kJ/kg；

　　　n ——循环流化床锅炉循环倍率，%。

循环流化床锅炉循环倍率是循环物料重量与计算给煤重量的比值，其值的选取可参考表 7-1。

锅炉循环倍率　　　　　　　　　　　　　　　　　　　　表 7-1

项目	较高脱硫效率	不考虑脱硫	劣质燃料
循环倍率 n	20～50	10～20	1～10

（3）埋管的吸热量

$$Q_{im} = B_{cal} \varphi \left(Q_{b.b} - \frac{100 - q_{4b.b}}{100 - q_4} I''_{b.b} \right) \tag{7-28}$$

式中　Q_{im} ——埋管的吸热量，kW；

　　　$Q_{b.b}$ ——沸腾层或密相区的入炉热量，kJ/kg；

$I''_{b.b}$ ——沸腾层或密相区出口烟气焓，kJ/kg;

B_{cal} ——计算燃料消耗量，kg/s;

φ ——保热系数;

$q_{4b.b}$ ——沸腾层或密相区内固体未完全燃烧热损失，%;

q_4 ——固体未完全燃烧热损失，%。

4. 流化速度

（1）流化速度

$$W_{b.b} = \frac{B \dfrac{100 - q_{4b.b}}{100} V_g}{F_{di}} \frac{273 + \vartheta_{b.b}}{273} \tag{7-29}$$

式中　$W_{b.b}$ ——流化速度是假定没有料层时的横截面气体速度，m/s;

F_{di} ——布风板有效面积，m^2;

B ——燃料消耗量，kg/s;

$q_{4b.b}$ ——沸腾层或密相区内固体未完全燃烧热损失，%;

$\vartheta_{b.b}$ ——沸腾层或密相区温度，℃;

V_g ——实际过量空气系数 $\alpha^*_{b.b}$ 下烟气体积，m^3（标）/kg。

（2）料层的临界流化速度

$$W_{cr} = 0.0882 Ar^{0.328} \left(\frac{\nu_g}{d_{e.av}} \right) \tag{7-30}$$

式中　W_{cr} ——料层的临界流化速度，m/s;

ν_g ——烟气的运动黏度，m^2/s;

$d_{e.av}$ ——料层粒子的当量平均直径，m;

Ar ——阿基米德准则数。

（3）阿基米德准则数

$$Ar = \frac{g d_{e.av}^3}{\nu_g^2} \frac{\rho_p - \rho_g}{\rho_g} \tag{7-31}$$

式中　Ar ——阿基米德准则数;

g ——重力加速度，m/s^2;

ν_g ——烟气的运动黏度，m^2/s;

$d_{e.av}$ ——料层粒子的当量平均直径，m;

ρ_p ——固体粒子的真实密度，kg/m^3;

ρ_g ——沸腾层或密相区温度下的烟气密度，kg/m^3。

5. 传热计算

（1）传热方程

$$Q_{im} = K H_{im} (\vartheta_{b.b} - t_{w.f}) \tag{7-32}$$

式中　Q_{im} ——埋管的吸热量，kW;

H_{im} ——埋管传热面积，m^2;

K ——埋管总传热系数，$kW/(m^2 \cdot ℃)$;

$\vartheta_{b.b}$ ——密相区温度，℃；

$t_{w.f}$ ——埋管内的工质温度，℃。

（2）传热系数

$$K = \xi(\alpha_{em} + \alpha_r) \tag{7-33}$$

式中　K ——埋管总传热系数，$kW/(m^2 \cdot ℃)$；

　　　ξ ——埋管的结构特性系数，℃；

　　α_{em} ——乳化团对壁面的放热系数，$kW/(m^2 \cdot ℃)$；

　　　α_r ——沸腾层或密相区料层对壁面的辐射放热系数，$kW/(m^2 \cdot ℃)$。

6. 出口烟温

$$I''_{b.b} = \left(Q_{b.b} - \frac{Q_{im}}{\varphi B_{cal}} \right) \frac{100 - q_4}{100 - q_{4b.b}} \tag{7-34}$$

式中　$I''_{b.b}$ ——沸腾层或密相区的出口烟气焓，kJ/kg；

　　B_{cal} ——计算燃料消耗量，kg/s；

　　　φ ——保热系数；

　　$Q_{b.b}$ ——沸腾层或密相区的入炉热量，kJ/kg；

　$q_{4b.b}$ ——沸腾层或密相区内固体未完全燃烧热损失，％；

　　　q_4 ——固体未完全燃烧热损失，％。

按出口烟气焓根据焓温表得到出口烟气温度 $\vartheta_{b.b(计算)}$，如果计算所得的出口烟气温度 $\vartheta_{s.c(计算)}$ 和假设的出口烟气温度 $\vartheta_{b.b(假设)}$ 相差不超过±20℃，则认为计算合格。

7. 沸腾层和循环流化床密相区热力计算流程

沸腾层和循环流化床密相区热力计算流程见索引 07.01.004 沸腾层和循环流化床密相区热力计算流程图。

7.1.7　循环流化床稀相区热力计算

1. 炉膛几何特性

底部为密相区顶部，四周及顶部为水冷壁管中心线所在面炉墙内壁面；出口截面为稀相区出口窗处最前一排管子中心线所在面，顶部为炉膛顶部。

2. 稀相区热平衡

（1）带入稀相区的热量

$$Q'_{s.c} = Q_{in} \frac{(100 - q_3 - q_4)}{100 - q_4}(1 - \delta) - (1 - x)\alpha_{b.b} I^0_{l.a} + \Delta\alpha_{s.c} I^0_{l.a} \tag{7-35}$$

式中　$Q'_{s.c}$ ——带入稀相区的热量，kJ/kg；

　　Q_{in} ——入炉热量，kJ/kg；

　　　δ ——密相区的燃烧份额，％；

　　　x ——一次风占总风量的比例，％；

　　$\alpha_{b.b}$ ——密相区出口处的名义空气过剩系数；

　　$I^0_{l.a}$ ——理论冷空气焓，kJ/kg；

　$\Delta\alpha_{s.c}$ ——密相区漏风系数。

（2）稀相区吸热量

$$Q_{s.c} = B_{cal}\varphi(Q'_{s.c} - I''_{s.c}) \tag{7-36}$$

式中　$Q_{s.c}$——稀相区吸热量，kW；

$\quad\quad Q'_{s.c}$——带入稀相区的热量，kJ/kg；

$\quad\quad I''_{s.c}$——稀相区出口烟气焓，kJ/kg；

$\quad\quad B_{cal}$——计算燃料消耗量，kg/s；

$\quad\quad \varphi$——保热系数。

3. 稀相区的传热计算

$$Q_{s.c} = KH_{s.c}(\vartheta''_{s.c} - t_{wal}) \tag{7-37}$$

式中　$Q_{s.c}$——稀相区的传热量，kW；

$\quad\quad K$——总传热系数，kW/(m² · ℃)；

$\quad\quad \vartheta''_{s.c}$——稀相区出口温度，℃；

$\quad\quad H_{s.c}$——稀相区的传热面积，m²；

$\quad\quad t_{wal}$——管壁温度，℃。

$$K = K_{con} + K_r \tag{7-38}$$

式中　K——埋管总传热系数，kW/(m² · ℃)；

$\quad\quad K_{con}$——对流传热系数，kW/(m² · ℃)；

$\quad\quad K_r$——辐射传热系数，kW/(m² · ℃)。

$$K_{con} = \delta_{em}K_{em} + (1 - \delta_{em})K_{dis} \tag{7-39}$$

式中　K_{con}——对流传热系数，kW/(m² · ℃)；

$\quad\quad \delta_{em}$——颗粒团覆盖壁面的时均覆盖率，%；

$\quad\quad K_{em}$——颗粒团的对流传热系数，kW/(m² · ℃)；

$\quad\quad K_{dis}$——固体颗粒分散相的对流传热系数，kW/(m² · ℃)。

$$K_r = \delta_{em}K_{em.r} + (1 - \delta_{em})K_{dis.r} \tag{7-40}$$

式中　K_r——辐射传热系数，kW/(m² · ℃)；

$\quad\quad \delta_{em}$——颗粒团覆盖壁面的时均覆盖率，%；

$\quad\quad K_{em.r}$——颗粒团的辐射传热系数，kW/(m² · ℃)；

$\quad\quad K_{dis.r}$——固体颗粒分散相的辐射传热系数，kW/(m² · ℃)。

4. 稀相区的出口烟温

$$I''_{s.c} = Q_{s.c} - \frac{KH_{s.c}(\vartheta''_{s.c} - t_{wal})}{\varphi B_{cal}} \tag{7-41}$$

式中　$Q_{s.c}$——稀相区的传热量，kW；

$\quad\quad B_{cal}$——计算燃料消耗量，kg/s；

$\quad\quad \varphi$——保热系数；

$\quad\quad H_{s.c}$——稀相区的传热面积，m²；

$\quad\quad K$——埋管总传热系数，kW/(m² · ℃)；

$\quad\quad t_{wal}$——管壁温度，℃；

$\quad\quad I''_{s.c}$——稀相区出口烟气焓，kJ/kg。

按稀相区出口烟气焓根据焓温表得到稀相区出口烟气温度 $\vartheta''_{s.c(计算)}$，如果计算所得的稀相区出口烟气温度 $\vartheta''_{s.c(计算)}$ 和假设的稀相区出口烟气温度 $\vartheta''_{s.c(假设)}$ 相差不超过±20℃，则认为计算合格。

5. 稀相区热力计算流程

稀相区热力计算流程见索引 07.01.005 稀相区热力计算流程图。

7.2 强 度 计 算

7.2.1 强度计算目的和分类

锅炉受压元件强度计算是设计锅炉及对已有锅炉校核安全性能时必须进行的一项工作。

强度计算与热力计算一样，也分为设计计算和校核计算两种。

设计计算是根据给定的工作压力、受压元件的材料和结构尺寸等以确定受压元件的壁厚等；校核计算是根据受压元件的壁厚、结构尺寸、材料和工作状况等以确定受压元件的承压能力也就是允许工作压力。

7.2.2 强度计算标准

锅炉受压元件强度计算标准与其他锅炉标准，如锅炉热力计算标准相比，带有更大的强制性，并具有法律约束力。国家技术监督局根据强度计算标准，来计算新设计的及校核已运行的锅炉强度。

(1)《水管锅炉 第4部分：受压元件强度计算》GB/T 16507.4—2013

水管锅炉是指烟气在受热面管子外部流动，工质在管子内部流动的锅炉。

《电工名词术语 锅炉》GB/T 2900.48—2008，定义 3.1.21

《水管锅炉 第4部分：受压元件强度计算》GB/T 16507.4—2013 规定了水管锅炉受压元件强度计算的方法、材料设计的许用应力和确定元件最高允许工作压力的验证方法。

适用于《水管锅炉 第1部分：总则》GB/T 16507.1—2013 范围界定的水管锅炉的受压元件，包括锅筒筒体、集箱筒体、管子、锅炉范围内的管道、凸形封头、平端盖和盖板和三通等异形元件。

(2)《锅壳锅炉 第3部分：设计与强度计算》GB/T 16508.3—2013

锅壳锅炉是指蒸发受热面主要布置在锅壳内，燃烧的火焰在管内而汽水在管外流动的锅炉，包括卧式锅壳锅炉、立式锅壳锅炉和固定式机车锅炉。

《电工名词术语 锅炉》GB/T 2900.48—2008，定义 3.1.24

《水管锅炉 第4部分：受压元件强度计算》GB/T 16507.4 规定了锅壳锅炉基本受压元件设计和结构要求，并给出了铸铁锅炉、矩形集箱和水管管板的基本设计要求。

适用于承受内压圆筒形元件、承受外压圆筒形元件、封头、管板、拉撑件、下脚圈以及开孔和补强的设计计算。

7.2.3 许用应力

材料的许用应力 $[\sigma]$ 应按《水管锅炉 第2部分：材料》GB/T 16507.2—2013 选取

锅筒、集箱筒体的许用应力 $[\sigma]$，取《水管锅炉 第2部分：材料》GB/T 16507.2—2013 中相应材料的选取值与表 7-2 修正系数的乘积 η。

元件名称	烟温和工作条件	η
锅筒 集箱筒体	不受热	1
	烟温≤600℃、透过管束的低辐射热流且壁面无强烈的烟气冲刷	0.95
	烟温>600℃	0.90

7.2.4 计算壁温

J ——热流均流系数;

q_{max} ——最大热流密度,kW/m^2;

t_b ——金属壁温,℃;

t_o ——金属内壁温度,℃;

t_i ——金属外壁温度,℃;

t_m ——平均工质温度,℃;

t_d ——计算壁温,℃;

Δt ——温度偏差,℃;

β ——按名义厚度确定的外径与内径的比;

δ ——名义厚度,mm;

λ ——钢材导热系数,$kW/(m\cdot℃)$;

X ——介质混合程度系数。

1. 金属壁温

受压元件的个点金属壁温可按式(7-43)计算

$$t_b = \frac{t_i + t_o}{2} \tag{7-42}$$

2. 元件计算壁温

受压元件的计算壁温由传热计算确定,一般可按式(7-44)计算

$$t_d = t_m + J \times q_{max}\left(\frac{\beta}{\alpha} + \frac{\delta}{1000\lambda}\frac{\beta}{\beta+1}\right) + X\Delta t \tag{7-43}$$

锅筒、集箱、防焦箱、管子和管道的计算壁温也可按工作条件从《水管锅炉 第4部分:受压元件强度计算》GB/T 16507.4—2013,定义 6.3.8 选取。

7.2.5 计算压力

p ——计算压力,MPa;

p_0 ——工作压力,MPa;

p_r ——锅炉额定压力,MPa;

Δp_f ——工质流动阻力,MPa;

Δp_h ——静液柱压力,MPa;

Δp_a ——设计附加压力(考虑安全阀整定压力),MPa。

1. 工作压力

$$p_0 = p_r + \Delta p_f + \Delta p_h \tag{7-44}$$

工质流动阻力 Δp_f 取锅炉最大出口流量时,计算元件到锅炉出口之间的压降。

当元件底部静液柱压力 Δp_f 小于或等于 $3\%(p_r + \Delta p_f + \Delta p_h)$ 时,则静液柱压力可不考

虑。

2. 元件计算压力

$$p = p_0 + \Delta p_a \tag{7-45}$$

3. 附加压力

蒸汽或热水锅炉设计附加压力 Δp_a 取安全阀或动力泄压阀实际整定压力（较低）与工作压力的差值。

蒸汽锅炉（除锅炉再热系统外）和热水锅炉设计附加压力 Δp_a 按表 7-3 选取。

设计附加压力 Δp_a 表 7-3

额定压力 p_r（MPa）	蒸汽锅炉 Δp_a（MPa）	热水锅炉 Δp_a（MPa）
$\leqslant 0.8$	0.05	
$0.8 < p_r \leqslant 5.9$	$0.06 \times p_0$	0.10
$p_r > 5.9$	$0.08 \times p_0$	

7.2.6 减弱系数

D_i —— 内径，mm；

D_o —— 外径，mm；

d —— 开孔直径，mm；

d_o —— 外径，mm；

d_e —— 孔的当量直径，mm；

d_{ae} —— 相邻两孔平均的当量直径，mm；

s —— 孔桥纵向间距，mm；

s' —— 孔桥横向间距，mm；

s'' —— 孔桥斜向间距，mm；

n —— 斜向孔桥两孔间在筒体轴线方向上的距离 b 与两孔间圆筒体平均直径圆周上的弧长 a 的比值；

β —— 按名义厚度确定的外径与内径的比；

β_t —— 按计算厚度确定的外径与内径的比；

δ —— 名义厚度，mm；

δ_0 —— 强度未减弱圆筒体的计算厚度，mm；

δ_e —— 有效厚度，mm；

φ —— 孔桥减弱系数；

φ_h —— 封头开孔减弱系数；

φ_{min} —— 最小减弱系数；

φ_w —— 焊缝减弱系数。

1. 最小减弱系数

（1）圆筒体最小减弱系数取焊缝减弱系数、孔桥减弱系数中的最小值。

（2）孔桥与焊缝重叠，减弱系数取焊缝减弱系数和孔桥减弱系数的乘积。

（3）凸形封头顶部开孔中心与焊缝边缘距离小于或等于（$0.5d+12$）mm 时，最小减弱系数取焊缝减弱系数和孔桥减弱系数乘积。

2. 焊缝减弱系数

（1）元件焊缝质量应符合《水管锅炉 第 5 部分：制造》GB/T 16507.5—2013 的有关规定。

（2）当元件计算壁温超出持久强度确定许用应力的起始温度，焊缝减弱系数取值不应大于 0.8。

（3）对接焊缝减弱系数按表 7-4 选取。

对接焊缝减弱系数 表 7-4

焊缝形式	无损检测范围	φ_{w}
双面坡口焊缝	100%	1.00
	局部	0.90
单面坡口焊缝	100%	0.90
	局部	0.80

3. 凸形封头开孔减弱系数

（1）凸形封头顶部中心开孔、减弱系数按式（7-46）计算。

$$\varphi_{\text{h}} = 1 - \frac{d}{D_i} \tag{7-46}$$

（2）封头顶部中心开孔为椭圆时，d 取椭圆长轴。

4. 孔桥减弱系数

（1）纵向孔桥

$$\varphi = \frac{s - d_{\text{ae}}}{s} \tag{7-47}$$

（2）横向孔桥

$$\varphi = 2\frac{s' - d_{\text{ae}}}{s'} \tag{7-48}$$

s' 取圆筒体平均直径圆周上的弧长。

（3）斜向孔桥

$$\varphi = K\frac{s'' - d_{\text{ae}}}{s''} \tag{7-49}$$

$$K = \frac{1}{\sqrt{1 - \dfrac{0.75}{(1 + n^2)^2}}} \tag{7-50}$$

（4）相邻两孔平均当量直径

$$d_{\text{ae}} = \frac{d_{1\text{e}} + d_{2\text{e}}}{2} \tag{7-51}$$

7.2.7 元件厚度

δ——名义厚度，mm；

δ_1——平端盖或盖板名义厚度，mm；

δ_e——有效厚度，mm；

δ_{min}——最小需要厚度，mm；

121

δ_t ——计算厚度，mm；

δ_{dc} ——设计厚度，mm；

C ——厚度附加量，mm；

C_1 ——腐蚀裕量，mm。

1. 最小需要厚度

$$\delta_{min} = \delta_t + C_1 \tag{7-52}$$

2. 设计厚度

$$\delta_{dc} = \delta_t + C \tag{7-53}$$

3. 名义厚度

$$\delta \geqslant \delta_{dc} \tag{7-54}$$

4. 有效厚度

$$\delta_e = \delta - C \tag{7-55}$$

7.2.8 计算厚度

D_c ——盖板计算直径，mm；

D_i ——内径，mm；

D_o ——外径，mm；

d ——开孔直径，mm；

d_o ——外径，mm；

h_i ——封头内高，mm；

K_c ——盖板结构特性系数；

K_f ——平端盖结构特性系数；

K_s ——凸形封头结构特性系数；

p ——计算压力，MPa；

p_r ——锅炉额定压力，MPa；

Y_c ——盖板形状系数；

β_t ——按计算厚度确定的外径与内径的比；

δ ——名义厚度，mm；

δ_0 ——强度未减弱圆筒体的计算厚度，mm；

δ_1 ——平端盖或盖板名义厚度，mm；

δ_e ——有效厚度，mm；

δ_{min} ——最小需要厚度，mm；

δ_t ——计算厚度，mm；

$[\sigma]$ ——许用应力，MPa；

φ_{min} ——最小减弱系数；

φ_w ——焊缝减弱系数。

1. 直圆筒体

$$\delta_t = \frac{pD_o}{2\varphi_{min}[\sigma] + p} \tag{7-56}$$

$$\delta_t = \frac{pD_i}{2\varphi_{min}[\sigma] - p} \tag{7-57}$$

直圆筒体的厚度计算计算公式适用的 β_t 范围见表7-5。

直圆筒体的厚度计算计算公式适用的 β_t 范围   表 7-5

元件名称	β_t	范围
锅筒	$\beta_t = 1 + 2\delta_t/D_i$	$\beta_t \leqslant 1.30$
集箱	$\beta_t = D_o/(D_o - \delta_t)$	$\beta_t \leqslant 1.50$
		$\beta_t \leqslant 2.00$（过热蒸汽）
管和管道		$\beta_t \leqslant 2.00$

2. 凸形封头

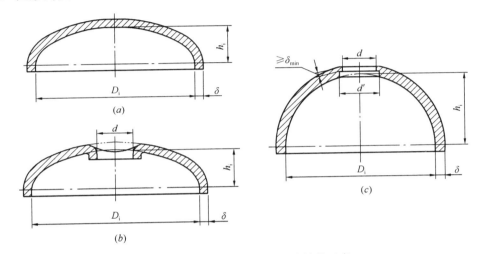

图 7-1　典型的椭球和球形封头结构示意

（a）椭球封头；（b）有中心孔的椭球封头；（c）球形封头

$$\delta_t = K_s \frac{pD_i}{2\varphi_{min}[\sigma] - p} \tag{7-58}$$

$$K_s = \frac{1}{6}\left[2 + \left(\frac{D_i}{2h_i}\right)^2\right] \tag{7-59}$$

椭球和球形封头的计算厚度公式适用范围

$$\frac{h_i}{D_i} \geqslant 0.2; \frac{\delta_t}{D_i} \leqslant 0.15; \frac{d}{D_i} \leqslant 0.6$$

凸形封头直段的计算厚度按式（7-60）计算

$$\delta_t = \frac{pD_i}{2\varphi_w[\sigma] - p} \tag{7-60}$$

3. 平端盖

平端盖的厚度按式（7-61）计算

$$\delta_t = K_f D_i \sqrt{\frac{p}{[\sigma]}} \tag{7-61}$$

平端盖直段的计算厚度按式（7-62）计算

$$\delta_t = \frac{pD_i}{2\varphi_w[\sigma] - p} \qquad (7\text{-}62)$$

4. 盖板

盖板的厚度按式（7-63）计算

$$\delta_t = K_c Y_c D_c \sqrt{\frac{p}{[\sigma]}} \qquad (7\text{-}63)$$

盖板形状系数 Y_c 按表 7-6 选取。

盖板形状系数   表 7-6

b/a	1.0	0.75	0.5
Y_c	1.00	1.15	1.3

盖板的结构特性系数 K_c 和直径 D_c 按表 7-7 选取。

盖板的结构特性系数和直径   表 7-7

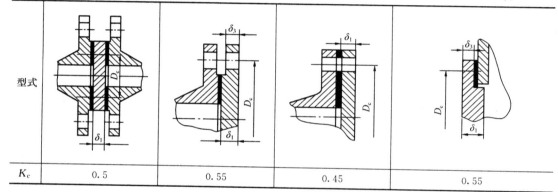

型式			
K_c	0.5	0.55	0.45	0.55

7.2.9　厚度附加量

C ——厚度附加量，mm；

C_1 ——腐蚀裕量，mm；

C_2 ——制造减薄量，mm；

C_3 ——钢材厚度负偏差，mm；

m ——钢管厚度负偏差的百分比值，%；

δ ——名义厚度，mm；

δ_t ——计算厚度，mm；

p_r ——锅炉额定压力，MPa。

1. 厚度附加量计算

$$C = C_1 + C_2 + C_3 \qquad (7\text{-}64)$$

2. 腐蚀裕量

腐蚀裕量 C_1 应根据实际腐蚀情况确定，一般情况，取 $C_1 = 0.5$mm。

锅筒筒体壁厚 $\delta > 20$mm 时，取 $C_1 = 0$mm。

3. 制造减薄量

制造减薄量 C_2 应根据元件的实际制造工艺情况确定，一般情况按《水管锅炉　第四部分：受压元件强度计算》GB/T 16507.4 附录 C 选取。

盖板形状系数

表 7-8

卷制工艺	热卷		冷卷	
	$p_r \geqslant 9.8MPa$	$p_r < 9.8MPa$	热校	冷校
减薄量	4	3	1	0

4. 钢材厚度负偏差

钢板厚度负偏差 C_3 取钢板标准规定厚度负偏差。

钢管厚度负偏差 C_3 按（7-65）计算

$$C_3 = \frac{m}{100 - m}(\delta_t + C_1 + C_2)$$ (7-65)

7.2.10 最高允许工作压力

D_c ——盖板计算直径，mm；

D_i ——内径，mm；

D_o ——外径，mm；

d ——开孔直径，mm；

d_o ——外径，mm；

h_i ——封头内高，mm；

K_c ——盖板结构特性系数；

K_f ——平端盖结构特性系数；

K_s ——凸形封头结构特性系数；

p ——计算压力，MPa；

p_r ——锅炉额定压力，MPa；

Y_c ——盖板形状系数；

β_t ——按计算厚度确定的外径与内径的比；

δ ——名义厚度，mm；

δ_0 ——强度未减弱圆筒体的计算厚度，mm；

δ_1 ——平端盖或盖板名义厚度，mm；

δ_e ——有效厚度，mm；

δ_{min} ——最小需要厚度，mm；

δ_t ——计算厚度，mm；

$[\sigma]$ ——许用应力，MPa；

φ_{min} ——最小减弱系数；

φ_w ——焊缝减弱系数。

1. 直圆筒体

$$[p] = \frac{2\varphi_{min}[\sigma]\delta_e}{D_i + \delta_e}$$ (7-66)

$$[p] = \frac{2\varphi_{min}[\sigma]\delta_e}{D_o + \delta_e}$$ (7-67)

2. 凸形封头

$$[p] = \frac{2\varphi_{\min}[\sigma]\delta_{\mathrm{e}}}{K_{\mathrm{s}}D_{\mathrm{i}} + \delta_{\mathrm{e}}} \tag{7-68}$$

凸形封头最高允许工作压力还应考虑封头直段最高允许工作压力。

3. 平端盖

$$[p] = \left(\frac{\delta_1}{K_{\mathrm{f}}D_{\mathrm{i}}}\right)^2 [\sigma] \tag{7-69}$$

平端盖最高允许工作压力还应考虑平端盖直段最高允许工作压力。

4. 盖板

盖板的厚度按式（7-70）计算

$$[p] = 3.3\left(\frac{\delta_1}{Y_{\mathrm{c}}D_{\mathrm{c}}}\right)[\sigma] \tag{7-70}$$

7.3 烟 风 阻 力 计 算

锅炉的烟风阻力计算的目的是确定锅炉烟风系统各部的合理流速及系统的全压降。为确定烟风道和烟囱的尺寸及选择鼓、引风机提供可靠依据。

我国锅炉烟、风阻力计算一直沿用苏联的烟风阻力计算方法。苏联 1977 年版《锅炉设备空气动力计算（标准方法）》具系统性和完整性的优点，与美国、德国锅炉制造厂商所使用的锅炉烟风阻力计算方法在原理上是相同的。

7.3.1 机械通风方式

对于设有尾部受热面和除尘装置的锅炉，由于空气和烟气的流动阻力较大，利用烟囱中热烟气与外界冷空气间密度差所形成的自生抽力来克服锅炉通风阻力的自然通风方式不能克服烟风道的阻力，必须采用机械通风，即借助于风机所提供的压头克服空气和烟气的流动阻力。

机械通风方式有三种：负压通风、正压通风、平衡通风。

1. 负压通风

除利用烟囱外，还在烟囱前装设引风机，利用引风机入口压头来克服全部烟、风道阻力。这种通风方式对小容量的、烟风系统的阻力不大的锅炉较为适用。若烟、风道阻力很大，采用这种通风方式必然在炉膛或烟、风道中造成较高的负压，从而使漏风量增加，降低锅炉效率。

2. 正压通风

正压通风是在锅炉烟、只在风道中装设送风机，利用送风机出口压头来克服全部烟、风道阻力。此时烟、风道均处于正压，燃烧强度有所提高，消除了锅炉漏风，减少了排烟损失，但对炉墙、炉门和烟道严密性要求较高。国内外有不少燃油、燃气锅炉采用了这种通风方式。

3. 平衡通风

平衡通风是在锅炉烟风通道系统中间同时安装送风机和引风机。利用送风机压头克服风道、燃烧设备及燃料层的全部阻力；利用引风机压头克服全部烟道系统阻力。在炉膛出口处保持 20～40Pa 的负压。平衡通风使风道中正压不大。因此，能有效地调节送引风量，满足燃烧要求，又使锅炉安全卫生条件得到改善。

锅炉通风计算是在锅炉热力计算确定了各受热面的结构特征和预先设计布置了烟、风道基础上，通过计算烟、风道的全压降，来校核锅炉结构、布置的合理性，并选择合适的烟囱、风机等通风装置，以保证燃烧的正常运行和满足锅炉设计的技术经济指标。

通风计算按锅炉额定负荷计算，计算所需要的原始数据，如烟气流量、温度、流速、有效截面积和其他结构特性等均取自热力计算。在个别情况下，为了确定烟、风道中的最大压力，需要进行低负荷得的通风计算。

7.3.2 锅炉烟道阻力计算

计算烟道阻力的顺序从炉膛开始，沿烟气流动方向，依次计算各部分阻力，由此求得烟道的全压降，作为引风机选择的参数依据。

按烟气流程的顺序，锅炉烟气系统总阻力 $\sum \Delta p_y$ 包括炉膛负压 Δp_1、锅炉本体阻力 Δp_g、省煤器阻力 Δp_s、空气预热器烟气侧阻力 Δp_{K-Y}、除尘器阻力 Δp_c、烟道阻力 Δp_y、烟囱阻力 Δp_{yc}，即

$$\sum \Delta p_y = \Delta p_1 + \Delta p_g + \Delta p_s + \Delta p_{K-Y} + \Delta p_c + \Delta p_y + \Delta p_{yc} \qquad (7\text{-}71)$$

式中　$\sum \Delta p_y$ ——锅炉烟气系统总阻力，Pa。

下面分述每一阻力的计算：

（1）炉膛负压 Δp_1：即炉膛出口的真空度，它由燃料的种类、炉子形式及所采用的燃烧方式而定。机械通风时，一般取 $\Delta p_1 = 20 \sim 40$Pa；自然通风时，取 $\Delta p_1 = 40 \sim 80$Pa。

炉膛保持一定的负压可防止烟气和火焰从炉门及缝隙向外喷漏，但负压不能过高，以免冷空气向炉内渗漏过多，降低炉温和影响锅炉热效率。

（2）锅炉本体阻力 Δp_g：指烟气离开炉膛后冲刷受热面管束所产生的阻力，其数值通常由锅炉制造厂家的计算书中查得。对于铸铁锅炉及小型锅壳锅炉，没有空气动力计算书，其本体阻力可参照表 7-9 进行估算。

锅炉本体阻力 表 7-9

炉型	锅炉本体烟气阻力（Pa）	炉型	锅炉本体烟气阻力（Pa）
铸铁锅炉	40~50	水火管组合锅炉	30~60
卧式水管锅炉	60~80	立式水管锅炉	20~40
卧式烟管锅炉	70~100		

（3）省煤器阻力 Δp_s：指烟气横向或纵向冲刷管束时产生的阻力，通常由锅炉厂家提供。

（4）空气预热器烟气侧阻力 Δp_{K-Y}：管式空气预热器中，空气在管束外面横向流动，烟气在管内流动。因此，空气预热器的烟气侧阻力是由管内的摩擦阻力和管子进出口的局部阻力组成。通常由制造厂家提供。

（5）除尘器阻力 Δp_c：与除尘器结构和型式有关，可根据制造厂提供的资料确定；对于常用的旋风除尘器，阻力约为 $600 \sim 800$Pa。

（6）烟道阻力 Δp_y：从锅炉尾部受热面到除尘器的烟道阻力，按锅炉热力计算的排烟温度和排烟量计算；从除尘器到引风机及引风机后的烟道则按引风机处的烟气量和烟气温

度计算。引风机处的烟气量按式（7-72）计算：

$$V_{\mathrm{y}} = B_{\mathrm{j}} \left(V_{\mathrm{PY}} + \Delta \alpha V_{\mathrm{K}}^0 \right) \frac{273 + t_{\mathrm{y}}}{273}$$

(7-72)

式中　V_{y}——引风机处的烟气量，$\mathrm{m^3/h}$；

　　　B_{j}——计算燃料消耗量，$\mathrm{kg/h}$；

　　　V_{PY}——尾部受热面后的排烟体积，$\mathrm{m^3/kg}$；

　　　$\Delta \alpha$——尾部受热面后的漏风系数，对砖烟道每 10m 长 $\Delta \alpha = 0.05$；对钢烟道每 10m 长 $\Delta \alpha = 0.01$；对旋风除尘器 $\Delta \alpha = 0.05$；对电除尘器 $\Delta \alpha = 0.1$；

　　　V_{K}^0——理论空气量，$\mathrm{m^3/kg}$；

　　　t_{y}——尾部受热面后的排烟温度，℃。

烟道阻力包括烟道的摩擦阻力 $\Delta p_{\mathrm{yd}}^{\mathrm{m}}$ 和局部阻力 $\Delta p_{\mathrm{yd}}^{\mathrm{j}}$。

烟道的摩擦阻力按式（7-73）计算：

$$\Delta p_{\mathrm{yd}}^{\mathrm{m}} = \lambda \frac{l}{d_{\mathrm{d}}} \frac{\omega_{\mathrm{pj}}^2}{2} \rho_{\mathrm{y}}^0 \frac{273}{273 + t_{\mathrm{pj}}}$$

(7-73)

式中　$\Delta p_{\mathrm{yd}}^{\mathrm{m}}$——烟道的摩擦阻力，Pa；

　　　λ——摩擦阻力系数，对于金属管道取 0.02，对于砖砌或混凝土管道取 0.04；

　　　l——管段长度，m；

　　　ω_{pj}——烟气的平均流速，$\mathrm{m/s}$；

　　　ρ_{y}^0——标准状态下的烟气密度，$1.34\mathrm{kg/m^3}$；

　　　t_{pj}——烟气的平均温度，℃；

　　　d_{d}——管道当量直径，m，圆形管道，d_{d} 为其直径；边长分别为 a，b 的矩形管道，可按式 7-74(a) 换算；管道截面周长为 u 的非圆形管道，可按式 7-74（b）换算。

$$d_{\mathrm{d}} = \frac{2ab}{a + b}$$

(7-74a)

$$d_{\mathrm{d}} = \frac{4F}{u}$$

(7-74b)

为了简化计算，将动压力 $\frac{\omega^2}{2}\rho$ 制成线算图，计算时可参考相关手册。

烟道的局部阻力可按式（7-75）计算

$$\Delta p_{\mathrm{yd}}^{\mathrm{j}} = \xi \frac{\omega^2}{2} \rho$$

(7-75)

式中　$\Delta p_{\mathrm{yd}}^{\mathrm{j}}$——烟道的局部阻力，Pa；

　　　ξ——局部阻力系数，查相关手册；

　　　ω——烟气流速，$\mathrm{m/s}$。

（7）烟囱阻力 Δp_{yc}：包括摩擦阻力和烟囱出口阻力。

烟囱的摩擦阻力按式（7-76）计算

$$\Delta p_{\mathrm{yc}}^{\mathrm{m}} = \lambda \frac{H}{d_{\mathrm{pj}}} \frac{\omega_{\mathrm{pj}}^2}{2} \rho_{\mathrm{pj}}$$

(7-76)

式中　$\Delta p_{\mathrm{yc}}^{\mathrm{m}}$——烟囱的摩擦阻力，Pa；

λ——烟囱的摩擦阻力系数，砖烟囱或金属烟囱均取 $\lambda=0.04$；

d_{pj}——烟囱的平均直径，取烟囱进出口直径的算术平均值，m；

H——烟囱高度，m；

ω_{pj}——烟囱中烟气的平均流速，(m/s)；

ρ_{pj}——烟囱中烟气的平均密度，(kg/m³)。

烟囱出口局部阻力可按式（7-77）计算

$$\Delta p_{yc}^{c} = \xi \frac{\omega_{c}^{2}}{2}\rho_{c} \tag{7-77}$$

式中 Δp_{yc}^{c}——烟囱出口阻力，Pa；

ξ——烟囱出口局部阻力系数，查相关手册；

ω_{c}——烟囱出口处的烟气流速，m/s；

ρ_{c}——烟囱出口处烟气的密度，kg/m³。

烟囱阻力按式（7-78）计算

$$\Delta p_{yc} = \Delta p_{yc}^{m} + \Delta p_{yc}^{c} \tag{7-78}$$

7.3.3 锅炉风道阻力计算

锅炉送风系统总阻力 $\Sigma \Delta p_{f}$ 包括燃烧设备阻力 Δp_{r}、空气预热器空气侧阻力 Δp_{k-k} 和风道阻力 Δp_{fd}，即

$$\Sigma \Delta p_{f} = \Delta p_{r} + \Delta p_{k-k} + \Delta p_{fd} \tag{7-79}$$

（1）燃烧设备阻力 Δp_{r} 取决于炉子型式和燃料层厚度等因素，对于层燃炉，燃烧设备阻力包括炉排与燃料层阻力，宜取制造厂的测定数据为计算依据，如无此数据，可参考下列炉排下要求的风压值来代替：往复推动炉排炉 600Pa；链条炉排 800～1000Pa；抛煤机链条炉排 600Pa。

对沸腾炉，燃烧设备阻力 Δp_{r} 指布风板（包括风帽）阻力和料层阻力；对于煤粉炉，燃烧设备阻力 Δp_{r} 指按二次风计算的燃烧器阻力；对燃油燃气锅炉，燃烧设备阻力 Δp_{r} 指调风器的阻力。

（2）空气预热器空气侧阻力 Δp_{k-k}：指管外空气冲刷管束所产生的阻力，通常由制造厂家提供。

（3）风道阻力 Δp_{fd}：风道阻力计算与烟道阻力计算一样，是按锅炉的额定负荷进行的。风道阻力计算时，空气流量按式（7-80）计算

$$V_{k} = B_{j}V_{k}^{0}(\alpha_{1}'' - \Delta \alpha_{1} + \Delta \alpha_{ky})\frac{273 + t_{lk}}{273} \tag{7-80}$$

式中 V_{k}——空气流量，m³/h；

α_{1}''——炉膛出口处的过量空气系数；

$\Delta \alpha_{1}$——炉膛的漏风系数；

$\Delta \alpha_{ky}$——空气预热器中空气漏入烟道的漏风系数，取 0.05；

t_{lk}——冷空气温度，℃。

风道阻力也包括摩擦阻力和局部阻力，可分别参照烟道的摩擦阻力和局部阻力计算方法进行计算，计算时只需用所有的空气参数来代替烟气的参数即可。

7.3.4 烟囱计算

1. 烟囱高度的确定

对于采用机械通风的锅炉，烟道阻力主要由风机来克服，烟囱的作用主要是将烟尘排至高空扩散，减轻飞灰和烟气对环境的污染，使附近的环境处于允许污染程度之下。因此，烟囱高度要根据环境卫生的要求确定，应符合《锅炉大气污染物排放标准》GB 13271—2001 的规定，其高度应根据锅炉房总容量选取。

烟囱最低允许高度 表 7-10

锅炉房总容量	t/h	<1	1～2	2～4	4～10	10～20	20～40
	MW	<0.7	0.7～1.4	1.4～2.8	2.8～7.0	7.0～14.0	14.0～28.0
烟囱最低允许高度	m	20	25	30	35	40	45

当锅炉房总容量大于 28MW(40t/h) 时，其烟囱高度应按环境影响评价要求确定，但不得低于 45m。

烟囱高度应高出半径 200m 范围内最高建筑物 3m 以上，以减轻对环境的影响。

对于自然通风的锅炉房，是利用烟囱产生的抽力来克服风、烟系统的阻力。因此，烟囱的高度除了满足环境卫生的要求，还必须通过计算使烟囱产生的抽力足以克服烟、风系统的全部阻力。

烟囱抽力是由于外界冷空气和烟囱内热烟气的密度差形成的压力差而产生的，即

$$S = gH(\rho_{lk} - \rho_y)$$

$$S = gH\left(\rho_{lk}^0 \frac{273}{273+t_{lk}} - \rho_y^0 \frac{273}{273+t_{pj}}\right) \tag{7-81}$$

式中 S ——烟囱产生的抽力（Pa），自然通风时应使 S 大于或等于风烟道总阻力的 1.2 倍；

H ——烟囱高度，m；

ρ_{lk} ——外界空气的密度，kg/m^3；

ρ_{lk}^0、ρ_y^0 ——标准状态下空气和烟气的密度，kg/m^3；

t_{lk} ——外界空气温度，℃；

t_{pj} ——烟囱内烟气平均温度，℃。

$$t_{pj} = t - \frac{1}{2}\Delta t H \tag{7-82}$$

式中 t ——烟囱进口处烟气温度，℃；

Δt ——烟气在烟囱每米高度的温度降，℃，按式（7-83）计算

$$\Delta t = \frac{A}{\sqrt{D}} \tag{7-83}$$

式中 D ——在最大负荷下，由一个烟囱负担的个锅炉蒸发量之和，t/h；

A ——考虑烟囱种类不同的修正系数，见表 7-11。

烟囱温降修正系数 表 7-11

烟囱种类	无衬铁烟囱	有衬铁烟囱	砖烟囱（壁厚小于 0.5m）	砖烟囱（壁厚小于 0.5m）
修正系数 A	2	0.8	0.4	0.2

烟囱或烟道的温降也可按经验数据估算，转烟道及烟囱或混凝土烟囱每米长温降约为

0.5℃，钢板烟道及烟囱每米长温降约为 2℃。

对于机械通风的锅炉房，为简化计算，烟气在烟道和烟囱中的冷却可不考虑，烟囱内烟气平均温度即按引风机前的烟气温度进行计算。

计算烟囱的抽力时，对于全年运行的锅炉房，应分别以冬季室外温度和冬季锅炉房热负荷以及夏季室外温度和相应的热负荷时系统的阻力来确定烟囱的高度，取二者中较高者；对于专供供暖的锅炉房，也应分别以采暖室外计算温度和相应的热负荷计算的阻力确定烟囱的高度，与采暖期将结束时的室外温度和相应的热负荷计算的系统阻力确定的烟囱高度相比较，取其中较高的值。

7.3.5 风机的参数确定与选型

风机的参数确定

当锅炉额定负荷下的烟、风道的流量和阻力确定后，即可计算所需风机的风压和风量，进行风机的选择。

（1）送风机的选择计算

送风机的风量按式（7-84）计算

$$V_s = 1.1V_k \frac{101.325}{b} \tag{7-84}$$

式中　V_s——送风机的送风量，m^3/h；

　　　　V_k——额定负荷时的空气量，m^3/h；

　　　　b——当地大气压，kPa。

送风机的风压按式（7-85）进行计算

$$H_s = 1.2 \sum \Delta p_f \frac{273 + t_{lk}}{273 + t_s} \times \frac{101.325}{b} \times \frac{1.293}{\rho_k^0} \tag{7-85}$$

式中　H_s——送风机的风压，Pa；

　　　$\sum \Delta p_f$——风道总阻力，Pa；

　　　　t_{lk}——冷空气温度，℃；

　　　　t_s——送风机铭牌上给出的气体温度，℃。

（2）引风机的选择计算

送风机的风量按式（7-86）计算

$$V_{yf} = 1.1V_y \frac{101.325}{b} \tag{7-86}$$

式中　V_{yf}——引风机的风量（m^3/h）；

　　　　V_y——额定负荷时的烟气量（m^3/h）。

由于引风机产品样本上列出的风压是以标准大气压下 200℃的空气为介质计算的，因此，实际设计条件下的风机压力要折算到风机厂家设计计算条件下的风压。

引风机的风压按式（7-87）进行计算

$$p_{yf} = 1.2(\sum \Delta p_y - s_y) \frac{273 + t_{py}}{273 + t_y} \times \frac{101.325}{b} \times \frac{1.293}{\rho_y^0} \tag{7-87}$$

式中　p_{yf}——引风机的风压，Pa；

　　　$\sum \Delta p_y$——烟道总阻力，Pa；

　　　　t_{py}——排烟温度，℃；

t_y ——引风机铭牌上给出的气体温度，℃；

s_y ——烟囱产生的抽力，Pa；

ρ_y^0 ——理论烟气密度（kg/（标准）m³）。

（3）风机所需电动机功率的计算

风机所需功率按式（7-88）计算

$$N = \frac{Vp}{3600 \times 10^3 \times \eta_f \eta_c} \tag{7-88}$$

式中　N ——风机所需功率，kW；

　　　V ——风机风量，m³/h；

　　　p ——风机风压，Pa；

　　　η_f ——风机在全压下的效率，一般风机为 0.6～0.7，高效风机可达 0.9；

　　　η_c ——传动效率，当风机与电机直联时，$\eta_c = 0.95～0.98$；用三角带传动时，$\eta_c = 0.90～0.95$；用平带传动时，$\eta_c = 0.85$。

电动机功率按式（7-89）计算

$$N_d = \frac{KN}{\eta_d} \tag{7-89}$$

式中　η_d ——电动机效率，一般取 0.9；

　　　K ——电动机储备系数，按表 7-12 选用。

电动机储备系数　　　　　　　　　　　　　　　表 7-12

电动机功率（kW）	储备系数	
	皮带传动	同一传动轴或联轴器连接
≤0.5	2.0	1.15
0.5～1.0（含）	1.5	1.15
1.0～2.0（含）	1.3	1.15
2.0～5.0（含）	1.2	1.10
>5.0	1.1	1.10

（4）风机的选择原则

1）锅炉的送风机、引风机宜单独配置，以减少漏风量，节约用电和便于操作。

2）风量和风压，应按锅炉的额定蒸发量、燃烧方式和通风系统的阻力经计算确定。

3）配置风机时，风量的富裕量一般为 10%，风压的富裕量一般为 20%。

4）尽量选用效率高的风机，以降低电动机功率、缩小风机外形尺寸。

5）引风机技术条件规定的烟气温度范围，必须与锅炉的排烟温度相适应。

6）为保持风机安全可靠运行，应在引风机前装设除尘器。

7.3.6　风、烟管道的设计

锅炉房的送风管道是指从空气吸入送风机入口，再从送风机出口到炉膛这段管道；排烟管道指从锅炉或省煤器出口到引风机入口，再从引风机出口到烟囱入口的连接管道，二者统称为风、烟管道。

1. 风、烟管道的结构

风、烟管道截面的形状有圆形、矩形，烟道截面还有圆拱顶形。在同等用料的情况下，圆形截面积最大，相应的流速及阻力最小，所以设计中常采用圆形风、烟道。制作风、烟管道的材料有钢板和砖等。对于砖砌烟道，因烟气温度较高，还应设内衬。砖砌烟道拱顶一般采用大圆弧拱顶和半圆弧拱顶两种形式。

2. 风、烟管道的布置要点

风、烟管道的布置原则是力求平直通畅，附件少、气密性好和阻力小。

水平烟道敷设要有坡度，沿烟气流动方向逐步抬高不得倒坡。

风、烟管道应尽量采用地上敷设方式，检修方便、修建费用低。

为了便于清灰，减少锅炉房面积，总烟道应布置在室外。烟道转弯处内壁不能做成直角，以免增加烟气阻力。烟道外表面应加以粉刷，以免冷风及雨水渗入，同时要有排除雨水的措施。

风机出口处风、烟道的转弯方向应与风机叶轮旋转方向一致，否则气流会形成旋涡使阻力明显增大。

管道布置时，如果产生局部阻力的相邻配件距离过近，会使阻力明显增加。两个串联弯头所产生的阻力之和往往大于两个单独弯头产生的阻力之和。为了减少管道阻力，其相邻距离有一定要求。

3. 风、烟管道截面面积

风、烟管道截面面积计算是按锅炉额定负荷进行的：

$$F = \frac{V}{3600\omega} \tag{7-90}$$

除尘器之前的烟道截面面积按锅炉排烟流量及排烟温度计算。除尘器之后的烟道截面面积按引风机处的烟气温度和烟气量计算。较短的风、烟管道截面尺寸宜按其所连接设备的进出口断面来确定。

风、烟管道截面面积确定之后，根据确定的断面形状计算出其几何尺寸。管道截面的尺寸确定后，还应该计算其实际流速。

4. 风、烟管道系统的阻力计算

空气和烟气在锅炉通风系统中流动所产生的阻力有：风、烟管道的摩擦阻力和局部阻力、燃烧设备阻力、锅炉本体阻力、省煤器阻力、空气预热器阻力、除尘器阻力、烟囱阻力。

（1）摩擦阻力 Δh_m

$$\Delta h_\mathrm{m} = \lambda \frac{l}{d_\mathrm{d}} \frac{\omega_\mathrm{pj}^2}{2} \rho_\mathrm{pj} \tag{7-91}$$

在水平烟道中，当烟气流速为 3～4m/s 时，每米长度的摩擦阻力约为 0.8Pa/m；流速为 6～8m/s，每米长度的摩擦阻力约为 3.2Pa/m。

（2）局部阻力 Δh_j

$$\Delta h_\mathrm{j} = \zeta \frac{\omega^2}{2} \rho \tag{7-92}$$

风烟管道的阻力主要为局部阻力。

教学单元 8　烟　气　净　化

8.1　烟气成分和危害

锅炉排烟中的有害成分主要有：烟尘、硫的氧化物、氮的氧化物、重金属等。

8.1.1　烟尘

1. 烟尘的组成

一是煤烟（炭黑）。它是煤在高温缺氧条件下分解和裂化出来的一些微小炭粒，其粒径为 $0.05\sim1.0\mu m$。烟气中炭黑多时即形成黑烟。

二是尘（飞灰）。是由于烟气的扰动作用而被带走的灰粒和一部分未燃尽的煤粒，其粒径一般在 $1\sim100\mu m$。尘又有飘尘和降尘之分。

2. 烟尘的危害

（1）妨碍植物的光合作用，造成植物叶片退绿，园林受害；

（2）烟尘粒子吸附有害物质，随人的呼吸被带入体内，危害人体健康；

（3）污染空气，降低空气可见度，增加城市交通事故；

（4）烟尘的遮挡减弱了太阳紫外线辐射，影响儿童发育；

（5）使空气的温度、湿度及雨量发生变化，影响某些工业产品的质量。

8.1.2　硫的氧化物

硫氧化物是大气的主要污染物之一，是无色、有刺激性臭味的气体，它不仅危害人体健康和植物生长，而且还会腐蚀设备、建筑物和名胜古迹。它主要来自含硫燃料的燃烧、金属冶炼、石油炼制硫酸（H_2SO_4）生产和硅酸盐制品焙烧等过程。废气中的硫氧化物主要有二氧化硫（SO_2）和三氧化硫（SO_3）。全世界每年向大气排放的 SO_2 约为 1.5 亿吨，SO_3 只占硫氧化物总量中的很小部分，排至大气的 SO_2 可缓慢地被氧化成 SO_3，其数量取决于氧对 SO_2 的氧化速度。SO_3 毒性 10 倍于 SO_2。燃烧过程中，SO_3 生成量，取决于燃烧的温度、时间和燃料中含的金属化合物的催化作用，通常燃烧形成废气中的 SO_3 量约为硫氧化物总量的 $1.0\sim5.0\%$。

治理除采用或少污染工艺技术。中国二氧化硫是大气中主要污染物之一，是衡量大气是否遭到污染的重要标志。世界上有很多城市发生过二氧化硫危害的严重事件，使很多人中毒或死亡。在我国的一些城镇，大气中二氧化硫的危害较为普遍而又严重。

二氧化硫进入呼吸道后，因其易溶于水，故大部分被阻滞在上呼吸道，在湿润的黏膜上生成具有腐蚀性的亚硫酸、硫酸和硫酸盐，使刺激作用增强。上呼吸道的平滑肌因有末梢神经感受器，遇刺激就会产生窄缩反应，使气管和支气管的管腔缩小，气道阻力增加。上呼吸道对二氧化硫的这种阻留作用，在一定程度上可减轻二氧化硫对肺部的刺激。但进入血液的二氧化硫仍可通过血液循环抵达肺部产生刺激作用。

二氧化硫可被吸收进入血液，对全身产生毒副作用，它能破坏酶的活力，从而明显地影响碳水化合物及蛋白质的代谢，对肝脏有一定的损害。动物试验证明，二氧化硫慢性中毒后，机体的免疫受到明显抑制。

二氧化硫浓度为 $10 \sim 15ppm$ 时，呼吸道纤毛运动和黏膜的分泌功能均能受到抑制。浓度达 $20ppm$ 时，引起咳嗽并刺激眼睛。若每天吸入浓度为 $100ppm$ 8 小时，支气管和肺部出现明显的刺激症状，使肺组织受损。浓度达 $400ppm$ 时可使人产生呼吸困难。二氧化硫与飘尘一起被吸入，飘尘气溶胶微粒可把二氧化硫带到肺部使毒性增加 $3 \sim 4$ 倍。若飘尘表面吸附金属微粒，在其催化作用下，使二氧化硫氧化为硫酸雾，其刺激作用比二氧化硫增强约 1 倍。长期生活在大气污染的环境中，由于二氧化硫和飘尘的联合作用，可促使肺泡纤维增生。如果增生范围波及广泛，形成纤维性病变，发展下去可使纤维断裂形成肺气肿。二氧化硫可以加强致癌物苯并（a）芘的致癌作用。据动物试验，在二氧化硫和苯并（a）芘的联合作用下，动物肺癌的发病率高于单个因子的发病率，〈fontface＝黑体〉在短期内即可诱发肺部扁平细胞癌。

二氧化硫还是酸雨的重要来源，酸雨给地球生态环境和人类社会经济都带来严重的影响和破坏。研究表明，酸雨对土壤、水体、森林、建筑、名胜古迹等人文景观均带来严重危害，不仅造成重大经济损失，更危及人类生存和发展。

8.1.3 氮氧化物（NO_x）

氮氧化物（NO_x）是造成大气污染的主要污染源之一，造成 NO_x 的产生的原因可分为两个方面：自然发生源和人为发生源。自然发生源除了因雷电和臭氧的作用外，还有细菌的作用。自然界形成的 NO_x 由于自然选择能达到生态平衡，故对大气没有多大的污染。然而人为发生源主要是由于燃料燃烧及化学工业生产所产生的。例如：火力发电厂、炼铁厂、化工厂等有燃料燃烧的固定发生源和汽车等移动发生源以及工业流程中产生的中间产物，排放 NO_x 的量占到人为排放总量的 90% 以上。据统计全球每年排入到大气的 NO_x 总量达 5000 万 t，而且还在持续增长。通常所说的氮氧化物（NO_x）主要包括 NO、NO_2、N_2O、N_2O_3、N_2O_4、N_2O_5 等几种。这些氮氧化物的危害主要包括：①NO_x 对人体及动物的致毒作用；②对植物的损害作用；③NO_x 是形成酸雨、酸雾的主要原因之一；④NO_x 与碳氢化合物形成光化学烟雾；⑤NO_x 亦参与臭氧层的破坏。

1. 对动物和人体的危害

NO 对血红蛋白的亲和力非常强，是氧的数十万倍。一旦 NO 进入血液中，就从氧化血红蛋白中将氧驱赶出来，与血红蛋白牢固地结合在一起。长时间暴露在 $1 \sim 1.5mg/L$ 的 NO 环境中较易引起支气管炎和肺气肿等病变。这些毒害作用还会促使早衰、支气管上皮细胞发生淋巴组织增生，甚至是肺癌等症状的产生。

2. 形成光化学烟雾

NO 排放到大气后有助于形成 O_3，导致光化学烟雾的形成 $NO + HC + O_2 + 阳光 \longrightarrow NO_2 + O_3$（光化学烟雾）这是一系列反应的总反应。其中 HC 为碳氢化合物，一般指 VOC（volatile organic compound）。VOC 的作用则使从 NO 转变为 NO_2 时不利用 O_3，从而使 O_3 富集。光化学烟雾对生物有严重的危害，如 1952 年发生在美国洛杉矶的光化学烟雾事件致使大批居民发生眼睛红肿、咳嗽、喉痛、皮肤潮红等症状，严重者心肺衰竭，有几百名老人因此死亡。该事件被列为世界十大环境污染事故之一。

氮氧化物对眼睛和上呼吸道黏膜刺激较轻，主要侵入呼吸道深部和细支气管及肺泡，到达肺泡后，因肺泡的表面湿度增加，反应加快，在肺泡内约可阻留 80%，一部分变成四氧化二氮。四氧化二氮与二氧化氮均能与呼吸道黏膜的水分作用生成亚碱酸与呼吸道的碱性分泌物相结合生成亚硝酸盐及硝酸盐，对肺组织产生强烈的刺激和腐蚀作用，可增加毛细血管及肺泡壁的通透性，引起肺水肿。亚硝酸盐进入血液后还可引起血管扩张，血压下降，并可以和血红蛋白作用生成高铁血红蛋白，引起组织缺氧。高浓度的一氧化氮亦可使血液中的氧和血红蛋白变为高铁血红蛋白，引起组织缺氧。因此，在一般情况下当污染物以二氧化氮为主时，肺的损害比较明显，严重时可出现以肺水肿为主的病变。

3. 导致酸雨酸雾的产生

高温燃烧生成的 NO 排入大气后大部分转化成 NO_2，遇水生成 HNO_3、HNO_2，并随雨水到达地面，形成酸雨或者酸雾。

4. 破坏臭氧层

N_2O 能转化为 NO，破坏臭氧层，使 O_3 分解，臭氧层遭到较大的破坏。

8.1.4 汞污染

燃煤产生的污染物 SO_x 和 NO_x 早已引起人们的广泛关注。现在燃煤造成的痕量元素（如 Hg、Pb、As、Se 等）污染问题也正在引起人们的重视，特别是燃煤造成的汞污染。在世界范围内，由于人类活动造成的汞排放占汞排放总量的 $10\%\sim30\%$，燃煤电厂汞的排放占主要地位。据美国环境保护机构估计，1994 年至 1995 年，美国由于人类活动排出的汞达 150t，其中约 87% 是由燃烧源排出的。我国 1978 年至 1995 年，燃煤造成的汞排放量累计达到 2500t，每年增速为 14.8%，2000 年燃煤造成的汞排放量估算为 273t。

汞作为煤中一种痕量元素，在燃煤过程中，大部分随烟气排入大气，进入生态环境的汞会对环境、人体产生长期危害。烟气中的汞主要以两种形式存在：单质汞和二价汞的化合物。单质汞具有熔点低、平衡蒸汽压高、不易溶于水等特点，与二价汞化合物相比更难从烟气中除去。汞的毒性以有机化合物的毒性最大，大量的汞通过干沉降或湿性沉降使甲基汞侵入沉降污染水体。生物反应后形成剧毒的甲基汞，与—SH 基结合形成硫醇盐，使一系列含—SH 某酶的活性受到抑制，从而破坏细胞的基本功能和代谢。甲基汞能使细胞的通透性发生变化，破坏细胞离子平衡，抑制营养物质进入细胞，导致细胞坏死。汞能在鱼类和其他生物体内富集后循环进入人体，对人类造成极大危害，并对植物产生毒害，导致植物叶片脱落、枯萎。由于汞在大气中的停留时间很长，毒性也大，因此对于汞的排放控制研究已成为研究热点。

汞是一种地方性、区域性和全球性的污染物，危害人体健康。研究表明，汞与胎儿中枢神经系统先天缺陷、儿童语言和运动能力发育迟缓、儿童自闭症、成年人心血管疾病，包括心脏病发作等有关联。减少汞排放有利于人类健康和环境。汞可以通过多种渠道进入大气，包括自然过程（如火山爆发）和人为活动（如电厂燃煤），现在电厂燃煤已经成为美国最大的人为汞污染源。美国及欧洲国家对工业汞排放控制经验表明，减少汞的排放会迅速和有效地降低食物链中的汞量，进而减少人类对汞的摄入，防止由此而产生的病变和危害。通过控制燃煤电厂汞排放将显著地降低生物群中汞，增强公众的健康。

8.1.5 二噁英

二噁英是一类结构和化学性质相关多卤代芳香烃，其主要包括多氯二苯并—对—二噁英（PCDDs）、多氯二苯并呋喃（PCDFs）和'二噁英类'多氯联苯（dl-PCBs）。这类物质非常稳定，熔点较高，极难溶于水，可以溶于大部分有机溶剂，是无色无味的脂溶性物质，所以非常容易在生物体内积累，对人体危害严重。

1. 来源

当有机物质在含有氯的环境下（可以有机氯化物或离子的方式存在）燃烧，就会产生二噁英类物质。

城市生活垃圾焚烧产生的二噁英受到的关注程度最高，焚烧生活垃圾产生二噁英的机理比较复杂，研究的人员最多。主要有三种途径：

（1）在对氯乙烯等含氯塑料的焚烧过程中，焚烧温度低于800℃，含氯垃圾不完全燃烧，极易生成二噁英。燃烧后形成氯苯，后者成为二噁英合成的前体；

（2）其他含氯、含碳物质如纸张、木制品、食物残渣等经过铜、钴等金属离子的催化作用不经氯苯生成二噁英；

（3）在制造包括农药在内的化学物质，尤其是氯系化学物质，像杀虫剂、除草剂、木材防腐剂、落叶剂（美军用于越战）、多氯联苯等产品的过程中派生。

2. 危害机理

TCDD由2组共210种氯化三环芳烃类化合物组成，包括75种多氯代二苯并二噁英135种多氯代二苯并呋喃，其化学性质稳定，进入人体后易在脂肪中溶解而积蓄，引起内分泌系统紊乱，故又称为环境荷尔蒙物质，且分解排除相当缓慢。

3. 危害特性

TCDD被称为"地球上毒性最强的毒物"，其毒性相当于氰化钾的100倍以上、马钱子碱500倍以上。二噁英系一类剧毒物质，其毒性相当于人们熟知的剧毒物质氰化物的130倍、砒霜的900倍。大量的动物实验表明，很低浓度的二噁英就对动物表现出致死效应。从职业暴露和工业事故受害者身上已得到一些二噁英对人体的毒性数据及临床表现，暴露在含有PCDD或PCDF的环境中，可引起皮肤痤疮、头痛、失聪、忧郁、失眠等症，并可能导致染色体损伤、心力衰竭、癌症等。有研究结果指出，二噁英还可能导致胎儿生长不良、男子精子数明显减少等，它侵入人体的途径包括饮食、空气吸入和皮肤接触。一些专家指出：人类暴露于含二噁英污染的环境中，可能引起男性生育能力丧失、不育症、女性青春期提前、胎儿及哺乳期婴儿疾患、免疫功能下降、智商降低、精神疾患等。此外还有致死作用和"消瘦综合征"、胸腺萎缩、免疫毒性、肝脏毒性、氯痤疮、生殖毒性、发育毒性和致畸性、致癌性。

4. 传播途径

由于二噁英是一种非常稳定的化合物，半衰期长，具有生物聚积性，通过食物链进入脂肪。因此，日常生活中通过食用鱼、各种动物肉等途径摄入或传播的。另外，由于二噁英在水下积聚，所以深层水不能喝。

生产工业区、农药厂、造纸厂；杀虫剂、除草剂；焚烧厂等生产和使用过程中会无意识地产生二噁英，并扩散到空气中，通过空气进行传播。

8.1.6 重金属的危害

1. 燃煤中的重金属种类及存在形式

密度在5g/cm³以上的金属统称为重金属，如Au、Ag、Cu、Pb、Zn、Ni、Co、Cd、

Cr 和 Hg 等 45 种。从环境污染方面来讲，重金属实际上主要是指 Hg、Cd、Pb、Cr 以及类金属 As 等生物毒性显著的重金属，也指具有一定毒性的一般重金属，如 Zn、Cu、Co、Ni、Sn 等。目前最引起人们注意的是 Hg、Cd、Cr 等。重金属随废水排出时，即使浓度很小，也可能造成污染，这种由重金属造成的环境污染称为重金属污染。

煤中除了一些主量和次量元素以外，还含有多种痕量重金属元素，如 B，Be，Ge，Co，Cu，Mn，Pb，Ni，Ba，Sr，Hg，Cr，As，Se 等。

由于元素本身的化学性质以及在煤中存在形式不同，它们在燃烧过程中的特性也不同。有些痕量重金属元素在高温燃烧时难汽化，而有的则易汽化形成金属蒸汽，随着温度降低会通过成核、凝聚、凝结等方式富集到亚微米颗粒表面，并随之排放到大气环境中。颗粒在大气中主要以气溶胶形式存在，不易沉降；重金属元素不易被微生物降解，可以在人体内沉积，并可转化为毒性很强的金属有机化合物，给环境和人类的健康造成危害。

2. 燃煤重金属的污染途径及危害

经锅炉高温燃烧，一部分易挥发的重金属，如 Hg、Pb、Zn、Ni、Cd、Cu 等极易气化挥发进入烟气，然后随粉煤灰颗粒一起向烟囱移动并逐渐降温，被粉煤灰颗粒吸附，再经冲灰渣水排至贮灰场。在这一过程中，灰渣中部分可溶的重金属微量元素转入水中，如果冲灰渣水外排至江河，则可能对外环境水体造成污染。

煤中有毒痕量元素及其化合物的排放，会对包括大气、水以及土壤在内的生态环境产生污染，继而危害到人类的身体健康。重金属污染有时会造成很大的危害，例如，日本发生的水俣病（Hg 污染）和骨痛病（Cd 污染）等都是由重金属污染引起的。痕量元素的浓度超过一定范围就会显示出极大的毒性。在环境污染中最受关注的痕量元素有 Hg、Pb、Cr、As、Se 等，其中部分元素在浓度很低的情况下也有相当大的毒性。据统计，每年因燃煤进入大气的就有 1500t，其中砷降落在地面的重金属化合物又会由于洗刷而流进水体。重金属化合物在水体中不能被微生物降解，而只能发生金属迁移。

生物从环境中摄取重金属，可以经过食物链的生物放大作用逐级富集，然后通过食物进入人体，引发某些器官和组织产生病变。据美国环境保护协会（USEPS）报道：从燃烧炉内排放出的空气污染物中最重要的是有机物有害成分（如苯并芘）、硫化物、氮氧化物以及未完全燃烧物和重金属，其中以亚微米颗粒形式存在的重金属排放物具有最大的威胁性，是造成几乎所有癌症的原因。

8.2 烟 气 排 放 标 准

为了防止大气污染、保护环境国家和地方制定了相应标准，对定排烟中污染物排入环境的数量所作的限制的规定。这些标准包括《锅炉大气污染物排放标准》GB 13271—2014、《火电厂大气污染物排放标准》GB 13223—2011、《生活垃圾焚烧污染控制标准》GB 18485、《锅炉大气污染物排放标准》DB11/139—2015 等。

8.2.1 大气污染物基准含氧量排放浓度折算方法

$$\rho = \rho' \frac{21 - \varphi(o_2)}{21 - \varphi'(o_2)} \tag{8-1}$$

式中 ρ——大气污染物基准含氧量排放浓度，mg/m^3；

ρ'——实测的大气污染物排放浓度，mg/m^3；

$\varphi(o_2)$——基准氧含量；

$\varphi'(o_2)$——实测氧含量。

对于工业锅炉：燃煤锅炉 $\varphi(o_2)=9$，燃油、气锅炉 $\varphi(o_2)=3.5$；

对于电站锅炉：燃煤锅炉 $\varphi(o_2)=6$，燃油、气锅炉 $\varphi(o_2)=3$、燃气轮机组 $\varphi(o_2)=15$。

8.2.2 锅炉大气污染物排放标准

1. 适用范围

本标准规定了锅炉烟气中颗粒物、二氧化硫、氮氧化物、汞及其化合物的最高允许排放浓度限值和烟气黑度限值。

本标准适用于以燃煤、燃油和燃气为燃料的单台出力 65t/h 及以下蒸汽锅炉、各种容量的热水锅炉及有机热载体锅炉；各种容量的层燃炉、抛煤机炉。

使用型煤、水煤浆、煤矸石、石油焦、油页岩、生物质成型燃料等的锅炉，参照本标准中燃煤锅炉排放控制要求执行。

本标准不适用于以生活垃圾、危险废物为燃料的锅炉。

本标准适用于在用锅炉的大气污染物排放管理，以及锅炉建设项目环境影响评价、环境保护设施设计、竣工环境保护验收及其投产后的大气污染物排放管理。

2. 与地方标准的关系

本标准是锅炉大气污染物排放控制的基本要求。地方省级人民政府对本标准未作规定的大气污染物项目，可以制定地方污染物排放标准；对本标准已作规定的大气污染物项目，可以制定严于本标准的地方污染物排放标准。环境影响评价文件要求严于本标准或地方标准时，按照批复的环境影响评价文件执行。

3. 新增内容

(1) 增加了燃煤锅炉氮氧化物和汞及其化合物的排放限值；

(2) 规定了大气污染物特别排放限值；

(3) 取消了按功能区和锅炉容量执行不同排放限值的规定；

(4) 取消了燃煤锅炉烟尘初始排放浓度限值；

(5) 提高了各项污染物排放控制要求。

8.2.3 火电厂大气污染物排放标准

本标准规定了火电厂大气污染物排放浓度限值、监测和监控要求，以及标准的实施与监督等相关规定。

本标准适用于现有火电厂的大气污染物排放管理以及火电厂建设项目的环境影响评价、环境保护工程设计、竣工环境保护验收及其投产后的大气污染物排放管理。

本标准适用于使用单台出力 65t/h 以上除层燃炉、抛煤机炉外的燃煤发电锅炉；各种容量的煤粉发电锅炉；单台出力 65t/h 以上燃油、燃气发电锅炉；各种容量的燃气轮机组的火电厂；单台出力 65t/h 以上采用煤矸石、生物质、油页岩、石油焦等燃料的发电锅炉。整体煤气化联合循环发电的燃气轮机组执行本标准中燃用天然气的燃气轮机组排放限值。

本标准不适用于各种容量的以生活垃圾、危险废物为燃料的火电厂。

本标准规定了火电厂大气污染物排放浓度限值、监测和监控要求，以及标准的实施与监督等相关规定。

本标准适用于现有火电厂的大气污染物排放管理以及火电厂建设项目的环境影响评价、环境保护工程设计、竣工环境保护验收及其投产后的大气污染物排放管理。

8.2.4 生活垃圾焚烧污染控制标准

本标准规定了生活垃圾焚烧厂选址要求、技术要求、入炉废物要求、排放废物要求、检测要求、实施与监督等要求。

排放废物包括：颗粒物（mg/m^3）、氮氧化物 NO_x（mg/m^3）、二氧化硫 SO_2（mg/m^3）、氯化氢 HCl（mg/m^3）、汞及其化合物 Hg（mg/m^3）、镉及其化合物（以 Cd 计）、铬、锡、锑、铜、锰及其化合物、二噁英类（TEQ mg/m^3）。

8.2.5 危险废物焚烧污染控制标准

本标准从危险废物处理过程中环境污染防治的需要出发，规定了危险废物焚烧设施场所的选址原则、焚烧基本技术性能指标、焚烧排放大气污染物的最高允许排放限值、焚烧残余物的处置原则和相应的环境监测等。

本标准适用于除易爆和具有放射性以外的危险废物焚烧设施的设计、环境影响评价、竣工验收以及运行过程中的污染控制管理。

8.3 除 尘 设 备

8.3.1 粉尘的物理性质

1. 粉尘的密度

（1）真密度 ρ_p：粉尘体积不包括颗粒内部和之间的缝隙

$$粉尘的真密度 = 粉尘自身的质量/粉尘自身的体积$$

$$粉尘所占的体积 = 粉尘自身的体积 + 空隙$$

（2）堆积密度：用堆积体积计算

$$堆积密度 = 粉尘自身的质量/粉尘所占的体积$$

真密度：一般用于粉尘的气动输送和研究在尘粒在空气中的运动。

堆积密度：一般用于仓储和灰斗的设计。

2. 润湿性

润湿性：粉尘颗粒与液体接触后能够互相附着或附着的难易程度的性质。

（1）润湿性与粉尘的种类、粒径、形状、生成条件、组分、温度、含水率、表面粗糙度及荷电性有关，还与液体的表面张力及尘粒与液体之间的粘附力和接触方式有关。

（2）粉尘的润湿性随压力增大而增大，随温度升高而下降。

（3）润湿性是选择湿式除尘器的主要依据。

亲水粉尘：锅炉飞灰、石英等。

疏（憎）水粉尘：石蜡、石墨、沥青等。

水硬性：水泥、熟石灰、白云石砂等。

3. 荷电性

悬浮于空气中的尘粒由于天然辐射、外界离子或电子的附着、尘粒间的摩擦等，都能使尘粒荷电。此外，在粉尘生成过程中也可能使其荷电。在这种状况下粉尘荷电的极性不稳定，荷电量也很小。因此，在电除尘器中，需要采用人工方法，使尘粒充分荷电。

荷电性是指粉尘能被荷电的难易程度。荷电量大小与粉尘的成分、粒径、质量、温度、湿度等有关。粉尘荷电对其凝聚与沉积有影响。

4. 比电阻

粉尘的导电性在除尘工程中用比电阻（或称视电阻）来表示，单位为。它是自然堆积的断面为 $1.0cm^2$、高为 $1.0cm$ 的粉尘圆柱，沿其高度方向测得的电阻值。

粉尘的比电阻与组成粉尘的各种成分的电阻有关，而且与粉尘的粒径、分散度、湿度、温度、空隙率以及空隙的气体的导电性等因素有关，它对静电除尘器的除尘效率有着重要的影响。

现在已知粉尘的比电阻值在范围内能获得理想电除尘效果，而比电阻低于 10 或高于 10 都将使除尘效果恶化。具体情况及应采取的措施。

5. 粉尘的自然堆积角

粉尘的自然堆积角也称安息角，即粉尘在水平面上自然堆放时，所堆成的锥体的斜面与水平面所成的夹角。粉尘从一定高度自由沉降，所堆积成的堆积角称为动堆积角；粉尘在空气中以极其缓慢的速度自由沉降，所堆积成的堆积角称为静堆积角。

堆积角的大小与粉尘的种类、粒径、形状和含水率等有关。粉尘愈细，含水率愈大则此值愈大；表面愈光滑的粉尘及愈趋近于球形的粉尘，此值愈小。设计除尘器时，应使管道和贮灰斗等倾斜角大于粉尘的自然堆积角，以防淤积堵塞。

6. 粉尘的爆炸性

某些粉尘（如表所示）在空气中达到一定浓度时，在外界的高温、明火、摩擦、振动、碰撞以及放电火花等作用下会引起爆炸，这类粉尘称为具有爆炸危险性粉尘。

有些粉尘（如镁粉、碳化钙粉）与水接触后会引起自燃或爆炸，这类粉尘也称为具有爆炸危险性粉尘。对于这种粉尘不能采用湿式除尘器。

还有些粉尘，如溴与磷、镁、锌粉互相接触或混合便会发生爆炸。

爆炸即瞬时急剧地燃烧。爆炸时生成气体受高温急剧膨胀，产生很高的压力，引起破坏作用。粉尘的爆炸主要取决于粉尘性质，还与粉尘的粒径和湿度等有关。粒径愈小、粉尘和空气的湿度愈小，爆炸危险性愈大，反之则小。

8.3.2 评价除尘器性能的指标

1. 技术指标

（1）效率

包括：总除尘效率 η、分级效率。

（2）处理气体流量

指除尘器在单位时间内所能处理的含尘气体的流量。常用体积流量（m^3/s 或 m^3/h）

（3）压力损失

压力损失为除尘器进、出口处气流的全压绝对值之差，表示气体流经除尘器所耗的机械能。

2. 经济指标

（1）设备费；

（2）运行费；

（3）占地面积。

3. 效率

$$\eta_x = \left(1 - \frac{C_2}{C_1}\right) \times 100\%$$

(8-2)

式中　　η_x——除尘效率，%；

　　　　C_1——除尘前烟气焓尘浓度，mg/m^3；

　　　　C_2——除尘后烟气焓尘浓度，mg/m^3。

8.3.3　除尘设备的选用

1. 除尘设备的选择原则

选择除尘设备时，应根据有关标准和规定，及不同燃烧方式的锅炉在额定蒸发量下出口的烟尘浓度，和除尘器对负荷的适应性等因素，经技术经济比较，选用高效、低阻、设备投资少、运行费用低的除尘器。

供热锅炉房多采用旋风除尘器。对于往复炉排、链条炉排等层燃式锅炉，一般采用单级旋风除尘器。对抛煤机炉、煤粉炉、沸腾炉等室燃炉锅炉。一般采用二级除尘；当采用干法旋风除尘达不到烟尘排放标准时，可采用湿式除尘。对湿式除尘来说，其废水应采取有效措施使排水符合排放标准。在寒冷地区还应考虑保温和防冻措施。

当采用多台并联除尘器时，应考虑并联的除尘器具有相同的性能，并应考虑其前后接管的压力平衡。

2. 选择除尘器时应注意的问题。

（1）排烟含尘浓度

首先应了解当地锅炉烟尘运行排放浓度及锅炉排烟的含尘浓度，计算出除尘器应具有的除尘效率，然后选配除尘器的型式和级数。

（2）烟尘的分散度

锅炉排烟的飞灰是由大小不同的尘粒组成的，烟尘的粒径范围一般为 $3 \sim 500 \mu m$。通常将灰尘按一定直径范围分组，各组重量占烟尘总重量的百分数称为它的分散度。不同形式的除尘器，对于尘粒的分散度具有不同的适应性。

实际应用中，常用分级效率为 50% 的粒径 dc50 来表示除尘器对不同尘粒的捕集能力，称为分割粒径。分割粒径是反应旋风除尘器性能的一项重要指标，dc50 越小，说明除尘效率越高。

（3）烟气量

各种除尘器都有与其相适应的设计处理烟气量。在此烟气量下工作，可使除尘器处于最佳运行工况。实际负荷变化时，将会引起除尘效率的变化。当实际负荷低于设计负荷时除尘效率将下降；当负荷高于设计负荷时，会使除尘器的阻力增加。

工业锅炉运行时烟气量往往变化很大。锅炉高负荷运行时，排烟量增加；低负荷运行时，排烟量减小。因此，选择除尘器时，应考虑烟气量及其变化这一因素。

8.3.4 除尘的机理和设备分类

1. 除尘的机理

对烟气施加作用（外力），使颗粒相对气流产生一定位移，并将颗粒从烟气中分离出来。颗粒捕集过程中需要考虑的作用力包括：外力、流体阻力、颗粒间相互作用力。

外力：重力、离心力、惯性力、静电力、磁力、热力、泳力等。

颗粒间相互作用力：颗粒浓度不高时可以忽略。

2. 除尘设备分类

锅炉除尘设备按其作用原理可以分为：

（1）机械式除尘器（重力沉降除尘器、惯性除尘器、离心除尘器）。

（2）湿式除尘器（冲击式除尘器、泡沫除尘器、麻石水膜除尘器）。

（3）过滤式除尘器（袋式除尘器）。

（4）静电除尘器。

除尘设备的分类及性能　　　　表 8-1

序号	类别	除尘设备形式	有效捕集粒径（μm）	阻力（Pa）	除尘效率（%）	设备费用	运行费用
1	机械式除尘器	重力除尘器	>50	50～150	40～60	少	少
		惯性力除尘器	>20	100～500	50～70	少	少
		旋风除尘器	>10	400～1300	70～92	少	中
		多管旋风除尘器	>5	800～1500	80～95	中	中
2	洗涤式除尘器	喷淋除尘器	>5	100～300	75～95	中	中
		文丘里水膜除尘器	>5	500～10000	9～99.9	中	高
		水膜除尘器	>5	500～1500	85～99	中	较高
3	过滤式除尘器	颗粒层除尘器	>0.5	800～2000	85～99	较高	较高
		布袋除尘器	>0.3	400～1500	8～99.9	较高	较高
4	电除尘器	干式电除尘器	0.01～100	100～200	8～99.9	高	少
		湿式电除尘器	0.01～100	100～200	8～99.9	高	少

8.3.5 机械力式除尘器

机械式除尘器通常指利用质量力（重力、惯性力、离心力等）的作用使颗粒物与气流分离的装置。

1. 重力沉降室

重力沉降室是通过重力作用使尘粒从气流中沉降分离的除尘装置。含尘气流进入重力沉降室后，由于扩大了流通截面积而使气体流速降低，较重的颗粒在重力作用下缓慢沉降到灰斗。

常用的沉降室有：干式重力沉降室、冲击水浴式沉降室、水封重力沉降室以及喷雾沉降室等。

重力沉降室结构简单、耗钢少、投资省、运行维护方便，但占地面积大。一般只能捕集大于 $50\mu m$ 的尘粒，除尘效率低，干式沉降室约为 $50\%\sim60\%$，湿式沉降室约为 $60\%\sim80\%$；沉降室内烟气流速控制在 $0.5\sim1.0m/s$，加喷雾时可稍大一些，但不宜超过

1.5m/s；除尘器阻力为98～147Pa。

2. 惯性除尘器

惯性除尘器是利用含尘气流冲击挡板或改变气流方向而产生的惯性力使颗粒状物质从气流中分离出来的装置。惯性除尘器的气流速度越高，气流方向转变角度越大，转变次数越多，净化效率愈高，压力损失愈大。惯性除尘器用于净化密度和粒径较大的尘粒时，具有较高的效率。这种除尘器的除尘效率只有50%左右，而且只能除掉较大粒径的尘粒。

由于惯性除尘器和重力除尘器除尘效率低，一般都用于炉内除尘，以降低锅炉原始的排尘浓度。

3. 旋风除尘器

旋风除尘器是利用旋转气流的离心力使尘粒从气流中分离出来的装置。它具有历史悠久，结构简单，应用广泛，种类繁多等特点。

如索引08.03.001所示，含尘烟气以20m/s的流速从烟气进口切向进入除尘器外壳和芯管之间的环型空间，沿外壁自上而下作旋转运动，形成外涡旋；旋转气流到达锥底后，受到引风机的抽吸作用，回转180°沿轴心自下而上旋转运动，形成内涡旋。烟气气流在做旋转运动的同时，尘粒在离心力作用下，与气流分离并沿着径向运动，到达壳体内壁的尘粒在向下旋转气流和自重联合作用下，沿内壁面下滑，最后落入灰斗。净化后的内涡旋烟气经烟气出口排出。

由于外涡旋作用，除尘器顶部压力下降，在芯管和筒体间，形成上涡旋，将部分未净化的烟气回流到芯管入口处，与已净化的烟气内涡旋气流混合，由于存在"返混"现象，从而使除尘器的效率降低。为了解决这个问题，设置了旁室，将上涡旋的含灰气流经旁室引向筒体的直锥部分，进一步进行气、固分离，使分离出来的灰粒不能返回到内涡旋，而只能沿内壁面下落入灰斗。

4. 多管旋风除尘器

根据离心分离原理，在相同进口烟气流速下，旋风筒的直径愈小，其分离效果也愈好。多管旋风除尘器就是在一个壳体内装设若干个小旋风筒（旋风子）组合而成。

当含尘烟气以很高的流速通过螺旋型导向器进入旋风子内部时，气流产生旋转运动，在离心力的作用下，尘粒被抛向旋风子壳体内壁，并沿其内壁下落，最后进入除尘器灰斗。净化后的烟气在引风机抽吸作用下，形成上升的内涡旋，经旋风子的芯管汇集到排气室，而被引风机抽走。

8.3.6 湿式除尘器

1. 概述

湿式除尘器是使含尘烟气与水密切接触，利用水滴和尘粒的惯性碰撞及其他作用捕集尘粒的装置。可以有效地除去直径为0.1～20μm的液态或固态粒子，亦能脱除气态污染物。

（1）除尘机理

除尘机理主要有：

1）通过惯性碰撞、接触阻留，尘粒与液滴、液膜发生接触，使尘粒加湿、增重、凝聚；

2）细小尘粒通过扩散与液滴、液膜接触；

3）由于烟气增湿，尘粒的凝聚性增加；

4）高温烟气中水蒸汽凝结时，以尘粒为凝结核，形成液膜包围在尘粒表面，增强了粉尘凝聚性，能改善疏水性粉尘可湿性。

粒径为 $1 \sim 5 \mu m$ 的粉尘主要利用第一个机理，粒径在 $1 \mu m$ 以下的粉尘主要利用后三种机理。

（2）气液接触界面

湿式除尘器的关键是要使液体和气体密切接触并把粉尘从气相转移到液相。这种接触大致有三种方式：

1）液滴

通过机械装置或气流把液体雾化成小液滴，液体呈分散相，含尘气体呈连续相，两者之间存在相对速度，利用惯性碰撞等作用实现液滴对颗粒物的捕集。

2）液膜

把液体淋洒在填料介质上，使之在表面形成薄薄的水膜，此时，液气均呈连续相。气体中的粉尘由水膜进入水体被带走。

3）汽泡

气体穿过液层而产生汽泡，气体为分散相，液体为连续相，颗粒在汽泡中依靠惯性、重力和扩散等作用而沉降，被带入液体。

（3）分类

根据能耗可以分为低、中、高能耗 3 类：

低能耗，如喷雾塔和旋风洗涤器等，压力损失为 $0.25 \sim 1.5 kPa$，对 $10 \mu m$ 以上尘粒的净化效率可达 90% 左右；

中能耗，如冲击水浴除尘器、机械诱导喷雾洗涤器等，压力损失为 $1.5 \sim 2.5 kPa$；

高能耗，如文丘里洗涤器、喷射洗涤器等，除尘效率可达 99.5% 以上，压力损失为 $2.5 \sim 9.0 kPa$。

（4）优点

1）在耗用相同能耗时，η 比干式机械除尘器高。高能耗湿式除尘器清除 $0.1 \mu m$ 以下粉尘粒子，仍有很高效率。

2）η 可与静电除尘器和布袋除尘器相比，而且还可适用于处理高温，高湿气流，高比电阻粉尘，及易燃易爆的含尘气体。

3）在去除粉尘粒子的同时，同时也能脱除气态污染物，如 SO_2、CO_2、SO_3 等。既起除尘作用，又起到冷却、净化的作用。

4）由于灰尘溶于液体中，有效的避免了二次扬尘。

（5）缺点

1）耗水量大，排出的污水污泥需要处理，澄清的洗涤水应重复利用。

2）净化含有腐蚀性的气态污染物时，洗涤水具有一定程度的腐蚀性，要注意设备和管道腐蚀问题。

3）不适用于净化含有憎水性和水硬性粉尘的气体。

4）寒冷地区使用湿式除尘器，容易结冻，应采取防冻措施。

5）烟气温度进一步下降，降低了烟气的抬升高度。

6）除尘器后要增设脱水设备。

7）不利于副产品的回收。

2. 冲击水浴除尘器

如索引 08.03.002 所示，含尘气体由入口进入除尘器，气流转弯向下冲击于水面，部分较大的尘粒落入水中。当含尘气体以 18～35m/s 的速度通过上、下叶片的 S 形通道时，激起大量的水花，使水、气接触，绝大部分微细的尘粒混入水中，使含尘气体得以净化。经由 S 形通道后，由于离心力的作用，获得尘粒的水又返回漏斗。净化后的气体由分雾室挡水板除掉水滴后经净气出口及通风机排出除尘器。泥浆则由漏斗的排浆阀连续或定期排出。新水则由供水管路补充。

3. 麻石水膜除尘器

（1）结构

如索引 08.03.003 所示，麻石水膜除尘器结构主要由文丘里、主筒体、上部注水槽、下部溢水孔、清理孔、副筒体和连接烟道（钢混结构）等组成。由花岗岩石料砌筑而成，经久耐用。

圆形筒体用麻石（花岗岩）砌筑而成，筒体的严密性是锅炉安全运行的重要保证；淋水装置是麻石水膜除尘器的重要组成部分，形成水膜的水由筒体外的溢流水槽供应，在圆形筒体上每隔一定的弧线距离留一个溢流口，并与水槽沟通，溢流口与水槽最低水位应保持一定的距离，应保证每个溢流口在圆筒内表面上形成的水膜能互相搭接，以防出现干的表面，当然水膜的重叠部分也不宜过大，以保证水膜均匀。灰斗处的水封池应始终处于良好状态，即根据除尘器内的负压设置一定的水封高度，以防冷空气侵入。

（2）工作过程

含尘气流以 20m/s 左右的速度由除尘器下部沿切线方向经烟气进口进入除尘器筒体内，气流沿螺旋线旋转上升，烟气中的尘粒在离心力的作用下甩向筒内壁，并被从溢流口留下的水膜所湿润，且附着在水膜上，随水膜流入灰斗，经溢流水封连续不断地流入沉灰池。净化后的烟气，沿螺旋线继续旋转向上，计入淋水装置上部的分离段，进行气、水重力分离或气、固重力分离，以保证除尘器出口烟气的洁净度和干燥度，这对保证引风机的安全运行是非常重要的。不仅除尘效率高，而且能有效地捕集小于 $5\mu m$ 粒径的尘粒，因此，它适用于所有工业燃煤锅炉。

（3）麻石水膜除尘器的特点

1）除尘效率高，而且稳定可靠。除尘效率一般达到 90％以上。

2）对炉型的适应性较强。不仅适用于链条炉、抛煤机炉，同时对于含尘浓度大、尘粒细的煤粉炉也可以取得 90％的除尘效率。

3）抗腐蚀性强，耐磨性好，耐冷耐热，经久耐用。有的单位已经使用十几年，经历过多次断水急热，但未发现漏水漏气现象。内部磨损甚微。

4）节约钢材。与同容量的钢制除尘器相比，钢材耗量只是多管旋风除尘器的十一分之一。是钢板单筒除尘器的四分之一。

5）耗水量较大。每处理 1000m³ 烟气的耗水量为 70～200kg。如循环使用，则需耗费电能。

6）沉淀池和捞灰设备占地面积较大。废水需经处理后方可排放。

4. 麻石水膜除尘器

如索引 08.03.004 所示,除尘过程分为雾化、凝聚和脱水三个过程。

含尘气体有进气管进入收缩管后流速增大,在喉管处气体流速达到最大值。在收缩管和喉管中,气液两相之间的相对流速很大。

从喷嘴喷射出来的水滴在高速气流冲击下雾化,气体湿度达到饱和,尘粒在表面附着的气膜被冲破,使尘粒被水润湿。尘粒与液滴,或尘粒与尘粒之间发生激烈的凝聚。

在扩散管中,气体流速越小,压力回升,以尘粒为凝结核的凝聚作用加快,凝聚成较大的含尘液滴,更易于被捕集。粒径较大的含尘液滴进入脱水器后,在重力、离心力等作用下,尘粒与水分离,达到除尘目的。

8.4 布 袋 除 尘 器

过滤式除尘器是使含尘气流通过过滤材料,将尘粒分离捕集的装置。根据所用过滤材料的不同,过滤式除尘器又分为袋式除尘器和颗粒层除尘器两种。袋式除尘器应用最为广泛,目前主要用于净化工业尾气,如锅炉除尘。

8.4.1 工作原理和工作过程

1. 原理

如索引 08.04.001 所示,烟气由除尘室下部进入除尘器后,经过一定的气流均布装置,在穿过布袋外壁进入布袋内部的过程中,烟气中的烟尘主要遇到沉降、筛滤、惯性力、静电和热运动作用几方面的作用而被截留在布袋外壁或者直接掉落,洁净的烟气再从布袋上部敞口流出进入净气室,通过净气室进入后续烟道排入大气,烟尘经过这个流程后得以去除。

2. 工作过程

含尘烟气因引风机的作用被吸入和通过除尘器。含尘气体进入布袋除尘器的进口烟道后,通过导流板进入各个滤室。烟气进入过滤室后含尘气流流速减小并均匀地分布于整个滤室内部,以非常缓慢的速度穿过滤袋,烟气粉尘被拦截在滤袋表面,穿过滤袋后的净化气体通过净气室汇集出口烟道排放到烟囱。

随着滤袋过滤过程的进行,滤袋上阻留的粉尘会不断增厚,过滤阻力也不断增大。当滤袋上的粉尘沉积到一定厚度,除尘器的压差达到某一设定值时,启动脉冲清灰装置,打开脉冲阀,压缩空气急速喷入滤袋内,使滤袋产生急骤鼓胀变形而抖落滤袋表面的粉尘并落入灰斗。清灰使滤袋能连续不断的正常工作。

8.4.2 布袋除尘器本体结构

如索引 08.04.002 所示,布袋除尘器的本体主要结构包括:支架、过滤室及灰斗、进烟通道、入口挡板门、滤袋与袋笼、净气室、脉冲清灰系统、出口、雨棚等。

(1) 滤袋

如索引 08.04.003 所示,滤袋由适合当前用途的滤布材料(针刺毡)制成。滤布一般为毡型,重量 $500\sim600\text{g/m}^2$。按照下列标准进行选择:

1) 要求净烟气含尘量。

2) 原烟气成分。

3）粉尘性质。

4）预期寿命（考虑原烟气性质）。

（2）袋笼

如索引 08.04.004 所示，袋笼又称笼骨，支撑滤袋，保证过滤时滤袋不被压扁。

8.4.3 布袋除尘器附属系统

如索引 08.04.005 所示，袋式除尘器的辅助系统包括：压缩空气系统、预喷涂系统、旁路系统、喷水降温系统。

（1）压缩空气系统

压缩空气是为脉冲喷吹清灰、各种气动装置和喷水降温系统提供气源，经脱油脱水处理的 0.6MPa 压缩空气接入 $10m^3$ 的储气罐以保证稳定的供气，通往气动装置的压缩空气还须经过油雾器加油后才可使用。

（2）预喷涂系统

预喷涂系统由喷涂管和入口阀组成，布置在烟道下方，用于炉前对滤袋涂灰，防止滤袋被炉点火时喷入未燃尽的油腐蚀。

（3）旁路系统

旁路保护是为保护滤袋设置的，当除尘器入口烟气温度超过 190℃时旁路系统自动开启，当锅炉爆管事故严重时手动打开，布袋除尘器的出口离线阀门关闭，烟气直接经过引风机排到烟囱。锅炉机组停机检修时定期检查旁路阀密封条和旁路阀的工作可靠性，检查发现密封不严或工作状态不正常时予以检修和更换。

（4）喷水降温系统

为防止锅炉出口烟气突然超温，产生烧袋现象，在除尘器入口烟道上安装紧急喷水冷却系统，当除尘器入口处温度传感器测点烟气温度≥175℃时，报警并开启喷水降温系统，当除尘器入口处温度传感器测点温度<150℃时，关闭喷水降温系统。

8.4.4 布袋除尘器特点

（1）优点：

1）除尘效率很高，一般都可以达到 99％，可捕集粒径大于 $0.3\mu m$ 的细小粉尘颗粒，能满足严格的环保要求。

2）性能稳定。处理风量、气体含尘量、温度等工作条件的变化，对袋式除尘器的除尘效果影响不大。

3）粉尘处理容易。袋式除尘器是一种干式净化设备，不需用水，所以不存在污水处理或泥浆处理问题，收集的粉尘容易回收利用。

4）使用灵活。处理风量可由每小时数百立方米到每小时数十万立方米，可以作为直接设于室内、附近的小型机组，也可做成大型的除尘室。

5）与电除尘器相比，结构比较简单，运行比较稳定，初始投资较少，维护方便。

（2）缺点：

1）承受温度的能力有一定极限。棉织和毛织滤料耐温在 80℃～95℃，合成纤维滤料耐温 200℃～260℃，玻璃纤维滤料耐温 280℃。在净化温度更高的烟气时，必须采取措施降低烟气的温度。

2）有的烟气含水分较多，或者所携粉尘有较强的吸湿性，往往导致滤袋黏结、堵塞滤料。为保证袋式除尘器正常工作，必须采取必要的保温措施以保证气体中的水分不会凝结。

3）某些类型的袋式除尘器工人工作条件差，检查和更换滤袋时，需要进入箱体。

4）阻力大，阻力约为 1000～1500Pa，电能消耗大，运行费用高。

5）不宜过滤黏性大灰粒或纤维状含尘气体。

8.4.5 布袋除尘器运行

布袋除尘器依靠滤袋对含尘气体进行过滤。含尘气体穿过滤袋时，随着它们深入滤料内部，间空隙逐渐减小，最终形成附着在滤袋表面的粉尘层，即所谓的初层。布袋除尘器的过滤作用主要是依靠这个初层以及逐渐堆积起来的粉尘层进行的，即使过滤很微细（1μm 左右）的粉尘也能获得较高的除尘效率（＞99％）。随着粉尘在初层基础上不断积聚，使其透气性变坏，除尘器的阻力增加，虽然此时除尘滤袋的除尘效率也增大，但阻力过大会使滤袋极易损坏或因滤袋两侧的压差过大，使空气通过滤袋孔眼的速度（过滤速度）过高，将已粘附的粉尘带走，反而使除尘效率下降。因此，布袋除尘器运行一定时间后要及时清灰，清灰时又不能破坏初层，以免尘效率下降。布袋除尘器的清灰方法有三种：机械摇动清灰，逆气流反吹和振动联合清灰，脉冲喷吹清灰。

（1）机械摇动清灰（机械振动式清灰方式利用机械装置（包括手动、电磁振动和气动）使滤袋产生振动，振动频率从每秒几次到几百次不等。）

机械摇动清灰是先关闭除尘风机，然后通过一台摇动电机的往复摇动给滤袋一个轴线方向的往复力，滤袋又将这一往复力转换成径向的抖动运动，使附在滤袋上的粉尘下落。显然在过滤状态时，由于滤袋受气流的压力而成柱状，摇动轴的往复运动就不能转换成滤袋的径向抖动，这就是必须停机清灰的原因。为了充分利用粉尘层的过滤作用，选择的过滤速度较低，清灰时间间隔较长（当阻力达到 400～600Pa 时清灰为宜），即使用普通的棉布做滤料，也会有较高的除尘效率。这种清灰方法的除尘器结构简单、性能稳定，适合小风量、低浓度和分散的扬尘点的除尘，但不适合除尘器连续长时间工作的场合。

（2）逆气流反吹清灰

1）分室反吹式清灰方式采用分室结构、阀门逐室切换、形成逆向气流，迫使除尘布袋收缩或鼓胀而清灰。这种清灰方式也属于低动能型清灰，借助于袋式除尘器的工作压力作为清灰动力，在特殊场合下才另配反吹气流动力。

2）振动反吹并用式清灰方式兼有振动和逆气流双重清灰作用的袋式除尘器，其振动使尘饼松动、逆气流使粉尘脱离。两种方式相互配合，使清灰效果得以提高，尤其适用于细颗粒黏性粉尘的过滤。此类袋式除尘的滤料选用，大体上与分室反吹式清灰方式的袋式除尘器相同。

3）喷嘴反吹式清灰方式利用高压风机或鼓风机作为反吹清灰动力，通过移动喷嘴依次对滤袋喷吹，形成强烈反向气流，使滤袋急剧变形而清灰，属中等能量清灰类型。按喷嘴形式及其移动轨迹可分为回转反吹式、往复反吹式和气环滑动反吹式三种。

4）回转反吹式和往复反吹式清灰方式的袋式除尘器采用带除尘骨架外滤扁袋形式，结构紧凑。从相反方向反吹空气通过滤袋和粉尘层，利用气流使粉尘从滤袋上脱落。采用气流清灰时，滤袋内必须有支撑结构，如撑环或网架，以避免把滤袋压扁、粘连、破坏初层。

（3）脉冲喷吹清灰（脉冲喷吹式清灰方式以压缩空气为动力，利用脉冲喷吹机构在瞬间释放压缩气流，诱导数倍的二次空气高速射入滤袋，使滤袋急剧膨胀，依靠冲击振动和反向气而清灰，属高动能清灰类型。）

含尘气体通过滤袋时，粉尘阻留在滤袋外表面，净化后的气体经文丘里管从上部排出。

每排滤袋上方设一根喷吹管，喷吹管上设有与每个滤袋相对应的喷嘴，喷吹管前端装设电磁脉冲阀，通过程序控制机构控制脉冲阀的启闭。脉冲阀开启时，压缩空气从喷嘴高速射出，带着比自身体积大 5～7 倍的诱导空气一起经文丘里管进入滤袋。滤袋急剧膨胀引起冲击振动，使附在滤袋外的粉尘脱落。当阻力达到 1～1.5kPa 时清灰为宜。压缩空气的喷吹压力为 500～600kPa，脉冲周期（喷吹的时间间隔）为 60s 左右，脉冲宽度（喷吹一次的时间）为 0.1～0.2s。脉冲喷吹清灰的优点是清灰过程不中断滤料工作，能实现粘附性强的粉尘脱落，清灰时间间隔短，可选用较高的过滤速度。缺点是脉冲喷吹需要有压缩空气源。

8.4.6 布袋除尘器运行

1. 运行前的准备工作

一台布袋除尘器经过安装、调试后进入负荷运行之前应具备以下投运条件。

（1）对除尘器内部进行全面检查，布袋除尘器滤袋之间不得有任何杂物粘挂。

（2）接地装置及其他安全设施必须安全可靠。

（3）卸灰机构和输灰机构（输灰系统）必须正常运行。

（4）检查完除尘器本体后关闭并锁紧所有的人孔门。

（5）压缩空气系统工作必须正常，清灰系统各开关位置正确，压力表、压差计显示正常。

（6）检查清灰系统的气路密封性，必须无泄漏，检查脉冲阀动作情况，必须动作均匀灵活。

（7）如有旁路烟道的，其旁路阀密封良好，并处于关闭状态。

（8）点炉前，必须对滤袋进行预涂灰保护。当滤袋预涂灰 48h 内主机又出现一时无法点火时，必须开启清灰系统，把滤袋灰层清除，在下次主机开机前再预涂灰，这样可以防止滤袋表面灰层潮解糊袋。预涂灰结果以进出口压差到 200～500Pa（大机组常达不到，以设计处蓝图的涂灰量为准）。

2. 启动操作步骤

（1）预涂灰结束后，将旁路阀处于打开状态，提升阀全部处于关闭位置。

（2）在点炉或系统开机的同时投入各排灰、开启相应的出灰系统。

（3）锅炉停止投油助燃升温，进入正常燃煤运行，且烟温高于露点温度后。打开提升阀，关闭旁路阀，使烟气流经袋场，再将旁路阀操作开关打到"禁止"位置，将"脉冲喷吹控制"开关打到自动位置投入脉冲喷吹。

（4）根据进出口压差情况设定布袋除尘器的脉冲清灰制度（通常为定时清灰，压差低于 600Pa 则增大清灰间隔时间；压差高于 1200Pa 则减小清灰间隔时间。）

3. 停操作过程（正常运行的停操作）：

（1）接锅炉通知（停炉或点油）后，将打开旁路阀，关闭提升阀，将袋区退出运行，并将脉冲喷吹控制方式开关打到停止位置；

（2）风机停止后，投入清灰系统运行，连续清灰 10～20 个周期；将"脉冲喷吹控制"开关打到自动位置，投入喷吹，运行几个周期，清完布袋上的灰（可将脉冲喷吹间隔设小以缩短清灰周期）；

（3）关闭灰斗加热器，将面板上的加热器开关打到"停止"位置，断开柜内各分路开关，断开总电源断路器（若只是短时间停机，可不停运加热，但要在停风机后不再进行清灰）。

4. 设备使用注意事项

（1）在开始预涂灰、锅炉喷油助燃点火期间到烟温高于露点之前，禁止运行布袋除尘的清灰系统，以防止涂灰层剥落，失去防低温结露的保护作用。

（2）当锅炉喷油助燃点火时间过程超过 2h 时，应连续小量预涂灰。

（3）保证滤袋压差在允许范围尽量延长清灰周期。

（4）预热器后和进口喇叭等处的测温温度计，要在故障（或磨损）后及时更换。

5. 常见故障及排除方法

布袋除尘器常见故障及排除方法 　　　　表 8-2

征兆	可能原因	排除方法
除尘器压差高	压差读数错误	清理测压接口/检查气管有无裂缝/检查压差表
	喷吹系统设定不正确	增加喷吹频率/压缩空气压力过低：提高压力/检查干燥器，清理若需要/检查管路内有无堵塞
	喷吹阀失灵	检查膜片阀/查控制电磁阀
	脉冲控制器失灵	检查控制器是否指示各接点/检查各端子的输出
	滤袋堵塞	滤袋上的凝结（参见以下）；将滤袋送实验室分析原因。滤袋干燥清灰处理/或更换/减少风量/增加压缩空气压力/加清灰频率/喷入中性调制粉，形成保护层和多孔疏松的初级饼
	过量二次扬尘	连续排空灰斗/各排滤袋/滤筒清灰按随机序列，而不是顺序清灰。检查进口挡板，确保干净
风机电机电流小/风量小	除尘器压差高	参见以上
	风机和马达皮带轮接反	查看图纸，反接皮带轮
	管道积灰堵塞	清理管道，检查气体流速
	风机挡板关闭	打开挡板并锁定在开位
	除尘器提升阀关闭	检查气路，打开阀板
	系统静压过高	测量风机两端静压并检查设计规格，按需调整。对于高流速检查管道更换原有不良设计
	风机没有运行在设计要求内	检查风机进口结构以确保做到平稳气流。检查叶片有无磨损，按需要修复或更换
	风机反向转动	反接马达上接线

征兆	可能原因	排除方法
粉尘从取尘点逸出	风量小	参见以上
	管道泄漏	修补裂缝使粉尘不会绕过取尘点
	管道平衡不正确	调整支路管道风门
	吸风罩设计不合理	封闭取尘点四周敞开区域
		检查平吸通风装置有无克服吸力
		检查粉尘是否被皮带带出吸风罩
烟囱冒灰	过滤袋渗漏	更换如果滤袋撕裂或有小洞
		检查弹簧圈的安装，确保紧密
	花板渗漏	填隙或焊缝
	无足够尘饼	降低压缩空气压力；减少清灰频率/喷入中性调制粉以产生初级尘饼
	滤袋或滤筒过多气孔	滤袋或滤筒作渗透测试，并咨询制造厂

8.5 电 除 尘 器

电除尘器是含尘烟气在通过高压电场进行电离的过程中，使尘粒荷电，并在电场静电力的驱动下作定向运动，使尘粒沉积在集尘极上，从而将尘粒从烟气中分离出来的一种除尘设备。

8.5.1 电除尘的工作原理

如索引 08.05.001 所示，静电除尘是在高压电场的作用下，通过电晕放电使含尘气流中的尘粒带电，利用电场力使粉尘从气流中分离出来并沉积在电极上的过程。主要包括以下四个复杂又相互有关的物理过程。它们是气体的电离、悬浮尘粒的荷电、灰尘粒子捕集、振打清灰及灰料输送。

1. 气体的电离

如索引 08.05.002 所示，放电极（电晕极）与高压直流电源连接，使其具有很高的直流电压（30～60kV，有时高达 100kV），正极接地，正负极之间形成电场。电晕极释放出大量的电子，迅速向正极运动，与气体碰撞并使之离子化，结果又产生了大量电子，这些电子被电负性气体（如氧气、水蒸汽、二氧化碳等）俘获并产生负离子，它们也和电子一样，向正极运动。这些负离子和自由电子就构成了使尘粒荷电的电荷来源。

由于局部电场强度超过气体的电离场强，使气体发生电离和激励，因而出现电晕放电。开始发生电晕放电时的电压称为电晕电压，与之相应的电场强度称为起始电晕场强或临界场强。

2. 悬浮尘粒的荷电

如索引 08.05.003 所示，含尘烟气通过这个空间时，尘粒在百分之几秒时间内因碰撞带电离子而荷电。尘粒获得电荷的多少随其粒径大小而异，粒径大的获得的电荷也多。一般情况，直径 $1\mu m$ 的粒子大约获得 30000 个电子的电量。

尘粒荷电的机理有 3 种：

（1）电场荷电：在电场作用下，离子与尘粒碰撞，粘附于尘粒上荷电。

（2）扩散荷电：由于离子的不规则热运动、气体扩散与尘粒碰撞、粘附，使尘粒荷电。

（3）联合荷电：电场荷电和扩散荷电均起重要作用。

3. 灰尘粒子捕集

如索引 08.05.003 所示，荷电粒子在延续的电晕电场作用下，向正极漂移，到达光滑的正极极板上，释放电荷，并沉积在集尘极板上，形成灰层。失去尘粒的烟气成为洁净的气流，净化后的烟气由烟气出口排出。

4. 清灰

电晕极和集尘极上都有灰尘沉积，灰尘的厚度为几毫来到几厘米。灰尘沉积在电晕极上会影响电晕电流的大小和均匀性。因此，对电晕极应采取振打清灰法，以保持电晕极表面清洁。

集尘极的灰层不宜太厚，否则灰尘会重新进入烟气流，从而降低除尘效率。

集尘板清灰方法在湿式和干式电除尘器中是不同的，在湿式电除尘器中，一般是用水冲洗集尘极板，使极板表面经常保持着一层水膜，灰尘落在水膜上时，随水膜流下，从而达到清灰的目的。

在干式电除尘器中集尘极上沉积的灰尘，采用电磁振打或锤式振打清除。

8.5.2　电除尘器结构

电除尘器是由机械本体和供电控制设备两大部分组成的。

如索引 08.05.004 所示，可知电除尘器的本体系统主要包括：收尘极系统（含收尘极振打）、电晕极系统（含电晕极振打和保温箱）、烟箱系统（含气流分布板和槽形板）、箱体系统（含支座、保温层、梯子和平台）和储卸灰系统（含阻流板、插板箱和卸灰阀）等。

供电控制设备包括：中央控制器、高压供电设备、低压控制设备、检测设备等。

1. 收尘极系统

电除尘器的收尘极系统由收尘极板、极板的悬挂和极板的振打装置三部分组成。它与电晕极共同构成电除尘器的空间电场，是电除尘器的重要组成部分。收尘极系统的主要功能是协助尘粒荷电，捕集荷电粉尘，并通过振打等手段将极板表面附着的粉尘呈片状或团状振落到灰斗中，达到防止二次扬尘和净化气体的目的。

对收尘极板的基本要求

（1）电性能良好。板电流密度和极板附近的电场强度分布比较均匀。

（2）电晕性能好。极板无锐边、毛刺。不易产生局部放电，火花放电电压高。

（3）振打传递性能好。极板表面振打加速度分布较均匀，清灰效果好。

（4）有良好的防止粉尘二次飞扬的性能。

（5）机械强度大、刚度高，热稳定性好，不易变形。

（6）制造方便、钢耗少、重量轻。

极板清洁与否直接影响电除尘器的防尘效率。因此，为了清除极板板面的粉尘，极板需要进行恰当的周期性振打，通过振打使粘附于极板上的粉尘落入灰斗并及时排出，这是保证电除尘器有效工作的重要条件之一。振打装置的任务就是定期清除粘附在极板上的粉尘。对振打装置的基本要求是：

（1）应有适当的振打力。

（2）能使极板获得满足清灰要求的加速度。

（3）能够按照粉尘的类型和浓度不同，适当调整振打周期和频率。

（4）运行可靠，能满足主机大、小检修周期要求。

2. 电晕极系统

电除尘器的电晕极系统由电晕线、阴极小框架、阴极大框架、阴极吊挂装置、阴极振打装置、绝缘套管和保温箱等组成。电晕极与收尘极共同构成极不均匀电场，它也是电除尘器的重要组成部分。电晕极系统的主要功能是使气体电离，产生电晕电流，使尘粒荷电，并协助收尘。由于电晕极在工作时带负高压，所以电晕极除能实现上述功能外，还要与收尘极及壳体之间有足够的绝缘距离和绝缘强度，这是保证电除尘器长期稳定运行的重要条件。

对电晕线的基本要求：

（1）牢固可靠、机械强度大、不断线。每个电场往往有数百根至数千根电晕线，其中只要有一根折断便可造成整个电场短路，使该电场停止运行或处于低除尘效率状态下运行，影响整台电除尘器的除尘效率，使出口排放浓度升高，从而导致引风机叶片磨损，使用寿命缩短。设计、制造时，应充分考虑具有足够的机械强度。

（2）电气性能良好。电晕线的形状和尺寸可在某种程度上改变起晕电压、电晕电流和电场强度的大小和分布。良好的电气性能通常是指使阳极板上的电流密度分布均匀、平均电场强度高。并对于含尘浓度高、粉尘粒度细及高比电阻粉尘均表现出极大的适应性。另外，起晕电压低、电晕功率大也是电晕线具有良好电气性能的表现形式。

（3）振打力传递均匀，有良好的清灰效果。电场中带正离子的粉尘在电晕线上沉积，积聚达到一定厚度时，会大大降低电晕放电效果，故要求极线粘附粉尘要少。

（4）结构简单、制造容易、成本低和安装、维护方便

收尘极和电晕极的制作、安装质量对电除尘器的性能有很大影响，安装前极板和极线必须调直，安装时要严格控制极距，偏差不得大于 5mm。如果个别地点极距偏小，会首先发生击穿。

3. 烟箱系统

电除尘器的烟箱系统由进、出气烟箱、气流均布装置和槽形极板组成。其主要功能是过渡电场与烟道的连接，使电场中气流分布均匀，防止局部高速气流冲刷产生二次扬尘，并可利用槽形极板协助收尘，达到充分利用烟箱空间和提高除尘效率的目的。

（1）烟箱的结构

烟箱包括进气烟箱和出气烟箱两部分。电除尘器通过烟道被连接到净化气体系统中。为防止粉尘在烟道中发生沉降，并考虑到烟气流动的压力损失，通常烟气在电除尘器前后烟道中的流速为 8～13m/s。然而为使荷电尘粒在电场中有足够的停留时间和保证电除尘器的捕集效率，烟气在电除尘器内电场中的流速为 0.8～1.5m/s。因此，烟气通过电除尘器时，是从具有小断面的通风烟道过渡到大断面的除尘空间电场，再由大断面的除尘空间电场过渡到小断面的烟道，如果采用直接连接，就会在电除尘器的电场前出现了断面的突

然扩大，在电除尘器的电场后出现了断面的突然收缩。断面骤变，将会引起气流的脱流、旋涡、回流，从而导致电场中的气流极不均匀。为了改善电场中气流的均匀性，将渐扩的进气烟箱连接到电除尘器电场前，以便使气流逐渐扩散；将渐缩的出气烟箱连接到电除尘器的电场后，以便使气流逐渐被压缩。

（2）气流均布装置

烟气进入电除尘器通常都是从小断面的烟道过渡到大断面的电场内的。所以，要在烟气进入电场前的烟道内加装导流板，在电除尘器的进口烟箱内加装气流分布板，使进入电场的烟气分布均匀，这样才能保证设计所要求的除尘效率。

若气流分布不均匀，烟气在电场内存在着高、低流速区，某些部位存在着涡流和死区。将导致在流速低处所增加的除尘效率远不足以弥补流速高处所降低的除尘效率，因而使平均后的总除尘效率降低。此外，高速气流、涡流会产生冲刷作用，使阳极板和灰斗中的粉尘产生二次飞扬。不良的气流分布会严重影响电除尘器效率。气流均布装置由导流板、气流分布板和分布板振打装置组成。

4. 箱体系统

电除尘器的箱体主要由两部分组成，一部分是承受电除尘器全部结构重量及外部附加载荷的框架。一般由底梁、立柱、大梁和支座构成。电除尘器的内件重量全部由顶部的大梁承受，并通过立柱传给底梁和支座。底梁和支座除承受电除尘器全部结构自重外，还承受外部附加载荷及灰斗中物料的重量。箱体的另一部分是用以将外部空气隔开，形成一个独立的电除尘器除尘空间的壁板。壁板应能承受电除尘器运行的负压、风压及温度应力等。

（1）支座

电除尘器壳体在热态运行时，整个壳体会受热膨胀。所以，每台电除尘器的底梁下面装有一套活动支座来补偿壳体受热膨胀的位移，其中有一个支点是固定的，其余各支点按不同位置安装不同结构的活动支座，在壳体受热时，按设定的方向滑动。

（2）辅助设备

电除尘器壳体上的辅助设备包括保温层、护板、梯子、栏杆、平台、吊车和防雨棚等。

保温层敷设在进出口烟箱、除尘器箱体和灰斗壁板的外表面上，用于防止除尘器内部结露及腐蚀，同时也使除尘器外表面温度低于50℃，以防止操作人员烫伤。

梯子和平台是维护及检修的通道，要求通行方便并具有承受检修荷载的能力。梯子、平台、栏杆对除尘器的外观有较大影响，设计施工时都应注意整体美观效果。

吊车用于检修变压器。目前电除尘器一般采用户外式电源，变压器放在除尘器顶部，设吊车便于就地检修变压器，还可利用吊车将变压器下放到0m，其他检修工具或材料也可利用吊车从0m吊到除尘器顶部。

防雨棚可防止阳光直射变压器，也可防雨，在高温多雨地区使用，可延长整流变压器的使用寿命。户外式整流变压器都具有适应室外环境条件的能力，一般情况下可不设防雨棚。

5. 储卸灰系统

电除尘器的储卸灰系统由灰斗、阻流板、插板箱和卸灰装置等设备组成。以实现捕集粉尘的储存、防止灰斗漏风和窜气、适时卸灰和防止堵棚灰等作用。

（1）灰斗的结构

电除尘器壳体下部的灰斗结构如索引 08.05.005 所示，从图中可以看出，灰斗上口有一由钢板焊成的双层法兰，高度约 100～150mm，用以搭放在底梁的支架上。灰斗上口四周与底梁的上平面用薄钢板连接，所有接缝处均满焊，保证除尘器的密封性。

灰斗一般分为上下两段制造，下段一般制造为整体，并且把蒸汽加热管也焊接在灰斗下段上。上段又分为四片或多片制造，各片之间用角钢或槽钢做为连接法兰，在现场先用螺栓连接，然后焊接。

通常灰斗的栈肋已经能够满足运行中强度和刚度的要求，为了解决运输中的变形问题又增加了竖肋。灰斗内部垂直于气流方向装有三块阻流板，防止烟气短路和因烟气短路在灰斗中产生二次扬尘。阻流板中间一块尺寸较大，约占灰斗总高度的 2/3 以上，其余两块尺寸较小而且有一个倾斜角度。灰斗阻流板在安装时直接或通过一条角钢间接焊在灰斗壁上。

为保证灰斗不积灰，灰斗内壁与水平面的夹角一般设计为 60°～65°，有时甚至更大。

为实现定时卸灰控制，应在灰斗上安装料位计，一般需设上、下两个料位计。当灰位达到上料位计对应的高度时，上料位计发出开始卸灰信号，启动卸灰阀进行卸灰。当灰位下降到下料位计对应的高度时，下料位计发出停止卸灰信号，关闭卸灰阀停止卸灰。

（2）插板箱

插板箱是连接灰斗和卸灰阀的一个中间设备。正常工作时插板箱处于开启位置，当卸灰阀发生故障需检修时，将插板箱关闭，就可以打开卸灰阀处理故障，同时不影响电除尘器的运行。插板箱一般有 300mm×300mm、400mm×400mm 两种规格。

插板箱由箱体、插板和驱动机构组成。箱体由钢板焊接而成，用以安装插板和驱动机构之用。插板通常位于箱体的侧部，当有异物落入卸灰阀影响其工作时，转动手轮将插板移至灰斗卸灰口下方（即关闭位置），打开检查门将落下异物取出。驱动机构由螺杆、螺母及手轮组成。手轮安装在螺杆轴上，转动手轮，插板可作往复运动，即可将插板箱打开或关闭。检查门安装在下料管的管壁上，与下料管用螺栓连接，中间有密封垫防止漏风。插板箱用石棉灰保温，这样可以起密封作用，防止冷空气进入灰斗而造成堵灰现象。

6. 高压供电装置

电除尘器高压供电装置的作用是向电除尘器施加高压电流和电压，提供烟气粉尘荷电电荷和收集粉尘的电场力。

高压供电装置是组成电除尘器的关键设备之一。

7. 低压控制设备

电除尘器低压设备的组成包括：阴阳极振打电机、气流分布板振打电机、卸灰输灰电机、仓壁振动电机、恒温加热设备（绝缘子室、灰斗等处的加热）。

8.5.3 电除尘器分类

由于各行业工艺过程不同，烟气性质各异，粉尘特性有别，对电除尘器提出的要求不同。因此，出现了不同类型的电除尘器，现将各种类型的电除尘器按以下分类方式介绍其各自的特点。

1. 按电极清灰方式不同

按电极清灰方式不同分为干式、湿式、雾状粒子捕集器和半湿式电除尘器。

（1）干式电除尘器

在干燥状态下捕集烟气中的粉尘，沉积在收尘极上的粉尘借助机械振打清灰的称为干式电除尘器。这种电除尘器振打时，容易使粉尘产生二次扬尘，对于高比电阻粉尘，还容易产生反电晕，所以设计干式电除尘器时，应充分考虑这两个问题。大、中型电除尘器多采用干式，干式电除尘器捕集的粉尘便于处置和利用。

（2）湿式电除尘器

收尘极捕集的粉尘，采用水喷淋或适当的方法在收尘极表面形成层水膜，使沉积在收尘极上的粉尘和水一起流到除尘器的下部而排出，采用这种清灰方法的称为湿式电除尘器。这种电除尘器不存在粉尘二次飞扬的问题，除尘效率高，但电极易腐蚀，需采用防腐材料，且清灰排出的浆液会造成二次污染。

（3）雾状粒子电捕集器

这种电除尘器主要用于捕集硫酸雾、焦油雾那样的液滴，捕集后液态流下并除去，实质上也是属于湿式电除尘器。

（4）半湿式电除尘器

吸取干式和湿式电除尘器的优点，出现了干、湿混合式电除尘器，也称半湿式电除尘器，高温烟气先经两个干式收尘室，再经湿式收尘室，最后从烟囱排出。湿式收尘室的洗涤水可以循环使用，排出的泥浆，经浓缩池用泥浆泵送入干燥机烘干，烘干后的粉尘进入干式收尘室的灰斗排出。

2. 按气体在电场内的运动方向

按气体在电场内的运动方向分为立式和卧式电除尘器。

（1）立式电除尘器

如索引08.05.006所示，气体在电除尘器的电场内自下而上作垂直运动的称为立式电除尘器。这种电除尘器适用于气体流量小，除尘效率要求不很高，粉尘性质易于捕集和安装场地较狭窄的情况。

（2）卧式电除尘器

气体在电除尘器的电场内沿水平方向运动的称为卧式电除尘器。

卧式电除尘器与立式电除尘器相比有以下的特点：

1）沿气流方向可分为若干个电场，这样可根据除尘器内的工作状况，各个电场可分别施加不同的电压，以便充分提高电除尘器的效率。

2）根据所要求达到的除尘效率，可任意增加电场长度。而立式电除尘器的电场不宜太高，否则需要建造高的建筑物，而且设备安装也比较困难。

3）在处理较大的烟气量时，卧式电除尘器比较容易保证气流沿电场断面均匀分布。

4）设备安装高度较立式电除尘器低，设备的操作维修比较方便。

5）适用于负压操作，可延长引风机的使用寿命。

6）各个电场可以分别捕集不同粒度的粉尘，这有利于有色稀有金属的富集回收，也有利于水泥厂当原料中钾含量较高时提取钾肥。

7）占地面积比立式电除尘器大，所以旧厂扩建或除尘系统改造时，采用卧式电除尘器往往要受场地的限制。

3. 接收尘极的形式

如索引 08.05.007 所示，按接收尘极的形式分为管式、板式和棒帏式电除尘器。

（1）板式电除尘器

收尘极由若干块平板组成，为防止二次飞扬和增强极板刚度，极板一般要轧制成各种不同断面形状，电晕线安装在每两排收尘极板构成的通道中间。板式电除尘器多制成卧式，结构布置较灵活，可以组装成各种大小不同的规格。因此，在各个行业得到广泛的应用。

（2）管式电除尘器

收尘极由一根或一组呈圆形或六角形的管子组成，管子直径一般为 200～300mm，长度为 3～5m。电晕线安装在管子中心，气体自下而上从管内通过。管式电除尘器多制成立式，且处理烟气量较小，多用于中小型水泥厂、化工厂、高炉烟气净化和炭黑制造部门。

（3）棒帏式电除尘器

阳极是用实心圆钢或钢管垂直地吊挂在一条直线上，间距很密，制成帏状。其主要优点是结实、耐腐、不易变形和耐高温（370℃～427℃）。但棒帏阳极质量重、钢耗多、易积灰、二次扬尘严重。因此，棒帏式电除尘器除烟气温度较高时使用外，在其他场所应用较少。

4. 按收尘极和电晕极

如索引 08.05.008 所示，按收尘极和电晕极的不同分为单区和双区电除尘器。

（1）单区电除尘器

电除尘器的收尘极和电晕极都装在同一区域内，所以粉尘的荷电和捕集在同一区域内完成。单区电除尘器是各个工业部门广泛采用的电除尘装置。

（2）双区电除尘器

电除尘器的收尘极系统和电晕极系统分别装在两个不同的区域内。前区内安装电晕极，粉尘在此区域内进行荷电，这一区为电离区。后区内安装收尘极，粉尘在此区域内被捕集，称此区为收尘区。由于电离区和收尘区分开，所以既可把电晕极电压由单区的几万伏降到一万余伏，又可采用多块收尘极板，增大收尘面积，缩小极板间距。因而收尘极可以用几千伏较低的电压；这样运行也更安全。双区电除尘器主要用于空气净化方面。

双区电除尘器和工业上用的电除尘器不同的主要一点是采用正电晕放电，即用正极性的电极作为放电电极。由于正电晕容易从电晕放电向火花放电转移，只能施加较低的工作电压。由于正电晕产生的臭氧少，所以用于空气净化是很有利的。

8.5.4 电除尘器特点

电气除尘器是一种高效节能的空气净化设备。电除尘过程与其他除尘过程的根本区别在于：静电力直接作用在粒子上，而不是作用在整个气流上，这就决定了它具有分离粒子耗能小、气流阻力也小的特点。由于作用子在粒子上的静电力相对较大，所以即使对亚微米级的粒子也能有效地捕集。

1. 优点

（1）效率高，总的能耗低。适用于微粒控制，对粒径 1～2μm 的尘粒，效率可达 98%～99%；对小于 0.1μm 粉尘仍有较高的效率；

（2）阻力低。在电除尘器内，尘粒从气流中分离的能量，不是供给气流，而是直接供给尘粒的，因此，和其他的高效除尘器相比。电除尘器的阻力较低，仅为 $100\sim200Pa$；

（3）耐高温。可以处理高温（在 $400℃$ 以下）的气体，采用一般涤纶绒布的袋式除尘器工作温度需要控制在 $120℃\sim130℃$ 以下，而特殊设计可达到 $500℃$，大大简化了烟气冷却设备；

（4）处理气体量大。适用于大型的工程，处理的气体量愈大，它的经济效果愈明显；

例如 500t 平炉的烟气量达 $5\times105m^3/h$；$6\times105kW$ 汽轮发电机所配锅炉的烟气量在 $30\times105m^3/h$ 以上，如果采用袋式除尘器，需要 3 万多条滤袋（按袋径 120mm，高 2.0m，过滤风速 2.5m/min 计算），而用电除尘器，选用断面为 $240m^2$ 的 4 台就完全能满足要求；

（5）能捕集腐蚀性大、黏附性强的气溶胶颗粒；

（6）电除尘器的操作控制的自动化程度高。

2．缺点：

（1）设备庞大，占地面积大；

（2）耗用钢材多，一次投资大；

（3）结构较复杂，制造、安装的精度要求高；

（4）易受工况条件的影响。比如对粉尘的比电阻有一定要求。最适宜的范围是 $10^4\sim5\times10^{10}\Omega\cdot cm$。在此范围之外，就需要采取一定措施才能达到必要的效率。

目前电除尘器已广泛应用于火力发电、冶金、化学和水泥等工业部门的烟气除尘和物料回收。

8.5.5　电除尘器除尘效率的影响因素

影响电除尘器性能的因素主要有：粉尘的性质、设备状况和操作条件，这些因素影响到电除尘的电晕电流、粉尘比电阻、电除尘器内的粉尘收集和二次飞扬等，从而最终表现为除尘效率的高低。若电除尘器的结构形式固定，则主要是含尘烟气在电除尘器内分布、含尘气体性质、工艺和操作条件等。

1．气体分布的影响

气体分布是影响电除尘器除尘效率的重要因素之一。除尘器设计效率越高，气体分布对除尘效率的影响越大。

电除尘器进口处的气体流速，一般为 $10\sim15m/s$，而进入电除尘器后仅为 $0.5\sim2m/s$，流速骤然降低会使气流紊乱且分布不均，在电除尘器内形成旁路窜气。实践证明，5％的窜气量，即会使除尘效率低于 95％。所以，在电除尘器中，若不采取必要的气体分布，气体在电场内会很不均匀，局部流速将大大超过设计指标，使气体在电场内的停留时间大大缩短，被捕集到的粉尘又被高速气流带出电场形成二次扬尘。同时电晕线容易产生程度不同的晃动，引起供电电压波动，从而使除尘效降低，严重时电除尘器不能正常操作。

2．烟气含尘浓度的影响

电除尘器对所净化的气体的含尘浓度有一定的适应范围，如果超过一定的范围，除尘效果会降低，甚至终止除尘过程。随着气体含尘量增加，虽然荷电尘粒所形成的电晕电流不大，但是其所具有的空间电荷却很多，严重抑制电晕电流产生，使尘粒不能获得足够电荷，导致电除尘器除尘效率显著降低，尤其是尘粒直径在 $1\mu m$ 左右的数量越多，这种现象越严重。当含尘量大到某一数值时，电晕现象消失，尘粒在电场中根本得不到电荷，电晕电流几乎减小到零，失去除尘作用，即电晕闭塞。

　　3. 烟气成分的影响

　　气体组成对负电晕放电特性影响很大，气体成分不同，在电晕放电中电荷载体的迁移不同。在电场中，电子与中性气体分子想碰撞而形成负离子的概率在很大程度上取决于气体成分，其差别是很大的，不同气体成分对电除尘器的伏安特性及火花放电电压影响比较大，尤其是在含有三氧化硫时，气体对电除尘器运行效果有很大的影响。

　　4. 粉尘的比电阻的影响

　　粉尘的比电阻是指在 $1cm^2$ 圆面积上堆积 $1cm$ 高的尘粒，然后沿高度方向测得的电阻值。比电阻值是粉尘导电性能的标志，对电除尘器除尘性能影响较大。一般认为，最适宜电除尘器工作的比电阻范围为 $10^4 \sim （5 \times 10^{10}）$ $\Omega \cdot cm$。当粉尘比电阻太低，低于 $10^4 \Omega \cdot cm$（如炭黑粉尘），粉尘到达除尘极后，很快释放出其上的电荷，成为中性，易于从除尘极上脱落，重新进入气流，产生二次扬尘，降低除尘效率。当粉尘比电阻太高，高于 $10^{11} \Omega \cdot cm$ 时，粉尘到达除尘极后，粉尘电荷不易释放，逐渐沉积在除尘极表面的粉尘仍为负极性，它排斥随后的粉尘新附于其上，当粉尘层达到一定厚度后，在粉尘层内部形成一定的电场，粉尘层表面为负极，除尘极为正极。粉尘层增厚，电场强度增加，以致粉尘层内的空气击穿，从而产生反向放电（称为反电晕），即从除尘极向除尘空间放出大量正离子，使粉尘荷正电进入除尘空间，破坏正常的除尘工作。对于比电阻较低和较高的粉尘，在沉积到除尘极后，都需要尽快的从除尘极上清除，以免影响除尘器的除尘效率。

　　5. 气体湿度的影响

　　电除尘器运行过程中，其击穿电压与气体的含湿量有关。在同样温度条件下，气体所含水分越大，其比电阻越小，电场击穿电压相应提高，火花放电较难出现，这种作用对电除尘器来说是有实用价值的，可以使用电除尘器在较高电压下稳定运行，而电场强度的增高会使电除尘器的除尘效果显著改善。

　　6. 气体温度的影响

　　气体温度能够改变粉尘的比电阻、影响气体的黏滞性。气体黏滞性随温度的上升而增大，导致其驱进速度下降；如果可能，在较低温度条件下运行比较好，所以通常在裂化气进入电除尘器之前先要进行初步冷却。但是，对含湿量较高和有三氧化硫之类成分的气体，其温度一定要保持在露点温度 $20℃ \sim 30℃$ 以上作为安全余量，以避免发生腐蚀。由于我厂裂化气基本不含三氧化硫等气体，所以可以将温度控制在露点以下。

　　7. 气体压力的影响

　　经验公式表面，当其他条件确定后，起晕电压随气体密度而变化，而气体的温度和压力是影响气体密度的主要因素。气体密度对电除尘器的放电特性和除尘性能都有一定影响，如果只考虑气体压力的影响，则放电电压与气体压力成正比关系。在其他条件相同的情况下，净化高压气体时电除尘器的电压比净化低压气体时要高，并且其除尘效率也提高。

　　8. 气体速度的影响

　　气体速度对粉尘的驱进速度有一定的影响，其相互关系中有一个相应的最佳流速，在该流速下，驱进速度最大。

如果气体速度太快，即使没有采用软水对极板进行喷淋，极板上被捕的粉尘也会自动剥落，引起粉尘的二次飞扬，从而被高速气流带出电场，引起电除尘器的除尘效率降低。

9. 电极和绝缘件积灰

实践表明，电极表面略有粗糙，比光滑表面的临界电压可以提高 15% 左右。由于电晕极周围有少量尘粒获得正电荷，电荷量与荷负电尘粒电荷量基本相等，且与电晕极同极离子中和时间比荷负电荷尘粒长得多。在所谓梯度压力作用下被吸引到电场强的电晕极并牢牢的粘附着，且很快增厚，形成电晕极线积灰肥大，即电晕极线半径增大，以致电晕效果降低，电晕电流减小。严重时不起电晕作用，造成电晕闭塞，使操作状况恶化。因此，必须采用喷淋水对电晕极进行连续冲洗，以即时清除积尘。

绝缘件积尘后，其绝缘性能下降，严重时发生爬电，击穿降低工作电压，甚至无法送电，从而影响点除尘器的除尘性能。所以保持绝缘件清洁十分重要。在湿式电除尘器中，为使绝缘件不致积尘，采用加热天然气吹扫电晕极的支撑绝缘件。

10. 外加电压的影响

当电除尘器的外加电压达到一定数值时，电场内就会产生火花放电。

影响火花放电次数的因素很多，不同工艺过程和不同类型供电设备，其火花次数不一样。板式电除尘器因受相邻电晕极线干扰，火花放电的始发电压随电晕极线数目增多而增加。实验表明，在每分钟内火花放电 20~80 次的范围内，存在着最佳除尘效率。

11. 设备安装质量的影响

如果电极线的粗细不均，则在细线上发生电晕时，粗线上还不能产生电晕；为了使粗线发生电晕而提高电压，又可能导致细线发生击穿。如果极板或极线的安装没有对好中心，则在极板/极线之间即使有一个地方过近，都容易发生击穿。

扩能电除尘器投运一段时间后，发现电压开始降低，电流始终不到运行要求。拆开绝缘瓷瓶套筒后发现，安装过程中未将套筒内部毛刺打磨光滑，并且铁屑等渣滓比较多。将其打磨光滑，并彻底清理后，运行效果比较理想。所以电除尘器本体的制造、安装质量也是影响其除尘效率，甚至运行稳定性的关键因素之一。

8.5.6 电除尘器的运行

1. 运行前检查

电除尘器运行前检查包括：

（1）电除尘器电场检查；

（2）电除尘器辅助电气设备检查；

（3）电除尘器辅助机械设备检查；

（4）电除尘器高压供电设备检查。

2. 投入运行前的试运行

电除尘器投入运行前的试运行：

（1）高压供电系统空载升压试验；

（2）阴、阳极振打系统试运行；

（3）卸灰系统检查；

（4）加热系统试运行；

（5）输灰系统检查。

3. 电除尘器的启动操作

（1）送上输灰、卸灰、振打、加热装置和高压供电设备的电源；

（2）锅炉点火前 24h，投入各加热装置，并控制在规定范围内；

（3）锅炉点火前 2h，启动输灰、卸灰、振打，并置于连续运行位置；

（4）锅炉点火时，投入各检测设备（烟温、压力、浊度、CO 等）；

（5）锅炉点火后期（燃烧稳定、烟温超过露点温度或锅炉负荷超过 50％），顺序启动 4、3、2、1 电场的高压供电设备，先用手动，判断电场无故障后再装入自动，并调整输出电流电压至需要值，调节火花率至合格值；

（6）锅炉正常运行后将输灰、卸灰、振打等均切换为自动控制方式；

（7）操作完毕后，做全面检查并报告值长。

4. 电除尘器的停运操作

（1）锅炉负荷降低，或入口烟温低于露点温度时，接值长命令后顺序退出 1、2、3、4 电场的高压供电设备，先用手动将电场电压降至 0，再按停机按钮，最后截断电源；

（2）锅炉完全停运后，退出各检测设备（烟温、压力、浊度、CO 等）；

（3）停止对各电场供电后，将振打置于连续运行位置，锅炉完全停运后，再继续运行 4h 方可停运；

（4）振打停运后，确认灰斗中的会完全排空时，停运卸灰、输灰，关闭冲灰水总阀门；

（5）停运各加热装置；

（6）切断控制柜电源开关；

（7）操作完毕后，做全面检查并报告值长，做好记录。

5. 运行操作的注意事项

（1）高压供电系统投运时，应先在手动状态启动升压，判断电场无故障后，方可在自动状态下运行。

（2）整流变压器严禁开路运行，故启动操作前应保证高压回路完好，一旦发现开路运行（二次电压高，二次电流为 0）应立即用"手动"降压停机。

（3）控制柜因某种原因引起跳闸报警后需先按下控制器上的"复位"按钮，解除警铃及使有关电路复位后，可再重试启动。

（4）从安全角度考虑，在正常启动前应先完成一台电除尘器所有电场的高压侧操作检查，停机操作改为检修状态时，一般应在所有电场电压侧电源切除的情况下进行高压回路操作。

（5）运行中严禁操作高压隔离开关，人孔门应上锁，运行中电加热不得置于"手动"位置，以防电加热烧坏。

（6）为了减少设备冲击，停机操作时宜用"手动"降压后分闸，尽量避免在正常运行参数下直接人工分闸。

（7）如果是短时间停炉，电除尘器的振打，卸灰，加热装置仍可按原运行方式运行。

（8）检修停炉时，电除尘器停运后应将高压隔离开关置于接地位置，待电场停运 8h 后，方可打开人孔门通风冷却。

6. 电除尘器运行的监视表计及信号

（1）电场的一二次电压，电流及浊度指示。

（2）振打程控运转信号及振打电动机运转指示。

（3）卸、输灰系统的有关压力、灰位信号。

（4）电加热器的运行指示、报警。

（5）CO气体分析仪的指示报警。

（6）各类异常报警及跳闸信号。

（7）一些其他因特殊工艺要求为安全，可靠运行而设置的有关指示及信号。

7．电除尘异常故障原因处理

常见故障及排除方法   表 8-3

现象	原因	解决方法
二次电压较低，二次电流较大（不完全短路）	1. 高压部分绝缘不良。 2. 阴、阳极之间距离局部变小。 3. 电场内有金属或非金属异物。 4. 保温箱或阴极轴绝缘部分温度不够而造成绝缘性能下降。 5. 电缆或终端盒绝缘不良	1. 调整阴、阳极间距。 2. 清除异物。 3. 检查电加热器或漏风情况将积灰擦干净。 4. 改善电缆与终端盒的绝缘情况
二次电压接近零，二次电流指示最高（短路）	1. 阴极线断后，造成阴、阳极短路。 2. 电场内有金属异物。 3. 高压电缆或终端盒对地击穿短路。 4. 绝缘瓷瓶破损对地短路	1. 将已断的阴极线剪掉。 2. 清除异物。 3. 修换损坏的绝缘瓷瓶或电缆
一次电流、电压正常，二次电流很小	1. 阴、阳极板上积灰太多。 2. 阴极或阳极振打装置未投入或部分失灵。 3. 电晕极肥大，放电不良	1. 清除积灰。 2. 启动或修复振打装置。 3. 找出电晕肥大原因，并予于处理

8.5.7 电袋复合式除尘器

1．电袋复合式除尘器结构

电袋复合式除尘器整体上主要结构为电除尘部分和后级布袋两个部分。

（1）电除尘部分

1）阴极系统

是前级电场的心脏。它包括：阴极绝缘瓷支柱、阴极大框架、阴极小框架及电晕线（针刺线）、电缆引入室。一般电除尘器采用框架固定方式，阴极线垂直张紧在框架中，多根极线平行布置，与框架一起形成一片片的结构。

阴极系统是产生电晕、建立电场的最主要构件，它决定了放电的强弱。

2）阳极系统

由阳极板排组成。它的主要功能是捕获荷电粉尘。

3）阴阳极顶部振打机构

它的主要功能是将粘附在极板极线上的粉尘振打落入灰斗。

4）高低压供电装置

它的主要功能是为阴极系统提供高压直流电，为顶部振打机构提供低压直流电。

（2）后级布袋

后级布袋：有滤袋袋笼装置、清灰系统、提升阀、压力差压及温度检测装置、预涂灰装置、旁路系统、控制设备。

1）滤袋袋笼装置

它的主要功能是收集经过电除级后未被捕集细微粉尘。

2）清灰系统

在压差控制状态下，当除尘器的压差超过一个设定值时，PLC（可编程逻辑控制器）会向脉冲控制器发送一个信号，脉冲阀打开后，气包内的压缩空气瞬间释放抵达滤袋内。当滤袋扩张时，堆积在外侧的灰尘块就破碎松脱并落到底部灰斗内。

3）提升阀

它的主要功能是关闭布袋分室烟气气流实现离线清灰和离线检修。

4）压力差压及温度检测装置

它的主要功能是检测各项数据、保护设备及事故报警。

5）预涂灰装置

它的主要功能是预喷涂将在滤料表面上先覆盖上一个灰层，来防止由于水汽而导致滤袋堵塞。（预喷涂时应将所有脉冲阀、脉冲控制器关闭，不能对布袋喷吹。）

6）旁路系统

它的主要功能是在锅炉点火初期投油，防止未完全燃烧的油进入后级布袋，污染布袋。所设立的烟气通道，携带燃油的烟气可以不通过滤布除尘器进入下游设备。

7）控制设备

它的主要功能是对电袋复合式除尘器各设备及阀门进行集中控制。

2. 工作原理

含尘气体在引风机的作用下，首先进入烟气预处理室，在预处理室内对高温气体进行降温除火星、高比电阻粉尘进行降电阻处理、过于干燥烟气进行适量增湿（湿度应≤10%，以减少二次扬尘）。处理后的烟气通过气流均布装置均匀进入高压电场，在高压电场内，含尘颗粒荷电后在电场力的作用下偏离主气流方向，趋向收尘电极，被收尘电极所捕集，收尘电极上的灰尘经过一段时间累积后，由振打控制器发出振打信号，通过高频振打，灰尘落入灰斗，80%～90%粉尘由电收尘部分地收集；发挥电除尘器能收集80%～90%粉尘的优点后，经过高压静电除尘后的气体，在通过导向装置，进入布袋除尘器的进气室，由外而内通过布袋，粉尘颗粒被阻留在布袋外侧而将气体再次净化，滤袋外的粉尘通过设计的定时清灰或定阻清灰程序进行清灰。洁净气体则通过布袋进入排气室，通过管道由引风机排入脱硫系统。

烟气粉尘通过前级电场电晕荷电后，荷电粉尘在滤袋上沉积的颗粒之间排列的规则有序，同级电荷相互排斥使形成的粉尘层空隙率高、通气性好，易于剥落。降低滤袋阻力。

3. 技术特点

（1）适用高比阻（浓度）粉尘收集，除尘效率具有高效性和稳定性

电袋除尘器的效率不受粉尘的比电阻及粒径影响，不受煤种、烟灰特性影响，排放浓度可以保证在20mg/Nm³以下，且长期稳定。

（2）阻力低

运行阻力低，滤袋清灰周期时间长，具有节能功效：电袋复合式除尘器滤袋的粉尘负荷量小，再加上粉尘荷电效应作用，因此滤袋形成的粉尘层对气流的阻力小，易于清灰，比常规布袋除尘器低 500Pa 以上的运行阻力，清灰周期时间是常规布袋除尘器 4～10 倍，大大降低设备的运行能耗。同时阻力低，引风机出力降低，节省电能经济性提高。

（3）延长滤袋使用寿命

运行阻力低、滤袋的内外压差低，减缓滤袋疲劳破坏。清灰周期长、清灰次数少延长了滤袋使用寿命。在相同运行条件下电袋的使用寿命比纯布袋除尘器的寿命延长 2～3 年。

（4）一次性投资少，运行维护费用低

适当提高过滤风速可减少滤袋、阀件等数量以降低设备成本及费用，运行能耗低和滤袋使用寿命长降低了运行及维护成本（因延长了使用寿命，所以相比纯布袋除尘器来讲，故障次数减少，即维修次数减少，所以降低维护成本）。

综上所述，证明电袋复合式除尘器同时具备了电除尘器和纯布袋除尘器的优点，能减少电除尘器和纯布袋除尘器的缺点。

8.6 烟 气 脱 硫

烟气脱硫（Flue Gas Desulfurization，简称 FGD）主要是指从燃烧后的烟气中或者其他工业废气中除去硫氧化物的工艺技术。

8.6.1 烟气脱硫技术分类

根据在烟气脱硫技术中脱硫剂的种类区别一般分为湿法、干法和半干法三类。

脱硫方法比较

表 8-4

种类	简介	优点	缺点
湿法烟气脱硫技术（WF-GD）	液体或浆状吸收剂在湿状态下脱硫和处理脱硫产物	该法具有脱硫反应速度快、脱硫效率高等优点	存在投资和运行维护费用都很高、脱硫后产物处理较难、易造成二次污染、系统复杂、启停不便等问题
干法烟气脱硫技术（DF-GD）	脱硫吸收和产物处理均在干状态下进行	该法具有无污水和废酸排出、设备腐蚀小、烟气在净化过程中无明显温降、净化后烟温高、利于烟囱排气扩散等优点	脱硫效率低、反应速度较慢、设备庞大
半干法烟气脱硫技术（SDFGD）	半干法兼有干法与湿法的一些特点，是脱硫剂在干燥状态下脱硫在湿状态下再生或者在湿状态下脱硫在干状态下处理脱硫产物的烟气脱硫技术	特别是在湿状态下脱硫在干状态下处理脱硫产物的半干法，以其既具有湿法脱硫反应速度快、脱硫效率高的优点，又具有干法无污水和废酸排出、脱硫后产物易于处理的优点而受到人们广泛的关注	脱硫率较低，设备磨损也相对严重，原料成本也比湿法和干法高

以上对湿法、干法和半干法三类脱硫技术进行了简单的总体比较，接下来将会分别介绍几种这三类的具体脱硫方法并比较各自的优缺点。

8.6.2 湿法烟气脱硫技术（WFGD）

1. 湿式石灰石/石灰-石膏法

这种方法实质上就是喷雾干燥法脱硫的湿法，烟气经电除尘后进入脱硫反应吸收塔，石灰石制成石灰浆液后用泵打入吸收塔，吸收塔结构和型式颇多，有单塔也有双塔，有空塔也有填料层塔。不管哪种型式的反应塔，它都由吸收塔和塔底浆池两部分组成。脱硫过程分别在吸收塔和浆池的溶液中完成，其反应式如下：

$$SO_2 + H_2O \longrightarrow H^+ + HSO_3^-$$

$$H^+ + HSO_3^- + 1/2O_2 \longrightarrow 2H^+ + SO_4^{2-}$$

$$CaCO_3 + 2H^+ + SO_4^{2-} + H_2O \longrightarrow CaSO_4 \cdot 2H_2O + CO_2$$

浆池中形成的 $CaSO_4 \cdot 2H_2O$ 由专用泵抽至石膏制备系统，在石膏制备系统中经浓缩脱水至含水 10% 以下的石膏制品。

该脱硫方法技术比较成熟，生产运行安全可靠，脱硫率高达 90%～95%。为此，在国外烟气脱硫装置中占主导地位，一般在大型发电厂中使用。但这种方法系统复杂、设备庞大、耗水量大、一次性投资大，脱硫后排烟温度低影响大气扩散，为此，系统中必须要安装加热烟气的气-气加热器。副产品石膏质量不高，销售困难，抛弃和长期堆放又会产生二次污染。石灰石膏法最大的缺点是系统复杂，设备投资大（占电站总投资 15%～20%），为此，必须简化系统和优化设备。在简化系统方面，可采用除尘、吸收、氧化一体化的吸收塔、烟囱组合型吸收塔等，这些简化系统都是日本川崎重工和三菱重工开发的。另一个庞大的设备是气-气加热器，如果排烟温度能达到 80℃，或者吸收塔至烟道、烟囱材料允许低温排放，则可不设气-气加热器。

2. 氧化镁法

氧化镁法在美国的烟气脱硫系统中也是较常用的一种方法，目前美国已有多套 MgO 法装置在电厂运转。

烟气经过预处理后进入吸收塔，在塔内 SO_2 与吸收液 $Mg(OH)_2$ 和 $MgSO_3$ 反应：

$$Mg(OH)_2 + SO_2 \longrightarrow MgSO_3 + H_2O$$

$$MgSO_3 + SO_2 + H_2O \longrightarrow Mg(HSO_3)_2$$

其中 $Mg(HSO_3)_2$ 还可以与 $Mg(OH)_2$ 反应：

$$Mg(HSO_3)_2 + Mg(OH)_2 \longrightarrow 2MgSO_3 + 2H_2O$$

在生产中常有少量 $MgSO_3$ 被氧化成 $MgSO_4$，$MgSO_3$ 与 $MgSO_4$ 沉降下来时都呈水合结晶态，它们的晶体大而且容易分离，分离后再送入干燥器制取干燥的 $MgSO_3/MgSO_4$，以便输送到再生工段，在再生工段，$MgSO_3$ 在煅烧中经 815.5℃ 高温分解，$MgSO_4$ 则以碳为还原剂进行反应：

$$MgSO_3 \longrightarrow MgO + SO_2$$

$$MgSO_4 + 12C \longrightarrow MgO + SO_2 + 12CO_2$$

从煅烧炉出来的 SO_2 气体经除尘后送往制硫或制酸，再生的 MgO 与新增加的 MgO 一道，经加水熟化成氢氧化镁，循环送去吸收塔。

MgO 法比较复杂，费用也比较高，但它却是有生命力的。这主要是由于该法脱硫率较高（一般在 90% 以上），且无论是 $MgSO_3$ 还是 $MgSO_4$ 都有很大的溶解度，因此也就不存在如石灰/石灰石系统常见的结垢问题，终产物采用再生手段既节约了吸收剂又省去了废物处理的麻烦，因此这种方法在美国还是颇受青睐的。

3. 双碱法

双碱法是由美国通用汽车公司开发的一种方法，在美国它也是一种主要的烟气脱硫技术。它是利用钠碱吸收 SO_2、石灰处理和再生洗液，取碱法和石灰法二者的优点而避其不足，是在这两种脱硫技术改进的基础上发展起来的。双碱法的操作过程分三段：吸收、再生和固体分离。吸收常用的碱是 NaOH 和 Na_2CO_3，反应如下：

$$Na_2CO_3 + SO_2 \longrightarrow Na_2SO_3 + CO_2$$
$$2NaOH + SO_2 \longrightarrow Na_2SO_3 + H_2O$$

美国再生过程中的第二种碱多用石灰，反应如下：

$$Ca(OH)_2 + Na_2SO_3 + H_2O \longrightarrow 2HaOH + CaSO_3 \cdot H_2O$$

副反应：

$$Ca(OH)_2 + Na_2SO_3 + 12O_2 + 2H_2O \longrightarrow 2NaOH + CaSO_4 \cdot 2H_2O$$

NaOH 可循环使用。

双碱法的优点在于生成固体的反应不在吸收塔中进行，这样避免了塔的堵塞和磨损，提高了运行的可靠性，降低了操作费用，同时提高了脱硫效率。它的缺点是多了一道工序，增加了投资。

4. 海水烟气脱硫

海水呈碱性，碱度 1.2～2.5mmol/L，因而可用来吸收 SO_2 达到脱硫的目的。海水洗涤 SO_2 发生如下反应：

$$SO_2 + H_2O \longrightarrow H_2SO_3$$
$$H_2SO_3 \longrightarrow H^+ + HSO_3^-$$
$$HSO_3^- \longrightarrow H^+ + SO_3^{2-}$$

生成的 SO_3^{2-} 使海水呈酸性，不能立即排入大海，应鼓风氧化后排入大海，即：

$$SO_3^{2-} + 1/2O_2 \longrightarrow SO_4^{2-}$$

生成的 $2H^+$ 与海水中的碳酸盐发生下列反应：

$$H^+ + CO_3^{2-} \longrightarrow HCO_3^-$$
$$HCO_3^- + H^+ \longrightarrow H_2CO_3 \longrightarrow CO_2 \uparrow + H_2O$$

产生的 CO_2 也应驱赶尽，因此必须设曝气池，在 SO_3^{2-} 氧化和驱尽 CO_2 并调整海水 pH 值达标后才能排入大海。净化后的烟气再经气-气加热器加温后，由烟囱排出。海水脱硫的优点颇多，吸收剂使用海水，因此没有吸收剂制备系统，吸收系统不结垢不堵塞，吸收后没有脱硫渣生成，这就不需要脱硫灰渣处理设施。脱硫率可高达 90%，投资运行费用均较低。因此，世界上一些沿海国家均用此法脱硫，其中以挪威和美国用得最多，我国深圳西部电厂应用此法脱硫，效果良好。

5. 柠檬酸钠法

柠檬酸钠法是 80 年代初由华东化工学院开发，1984 年在常州化工二厂实现了工业化。一般认为用水溶液吸收 SO_2，吸收量取决于水溶液的 pH 值，pH 值越大，吸收作用越强。但 SO_2 溶解后会形成亚硫酸根离子（HSO_3^-），降低了溶液 pH 值，限制了对 SO_2

的吸收。但采用宁檬酸钠溶液作吸收剂，由于该溶液是柠檬酸钠和柠檬酸形成的缓冲溶液能抑制 pH 值的降低，可吸收更多的 SO_2。其吸收反应过程可用下列溶解和离解平衡式表示：

$$SO_2（g）\rightleftharpoons SO_2（l）$$

$$SO_2（l）+H_2O\rightleftharpoons H^++HSO_3^-$$

$$C_i^{3-}+H^+\rightleftharpoons HC_i^{2-}$$

$$HC_i^{2-}+H^+\rightleftharpoons H_2C_i^-$$

$$H_2C_i^-+H^+\rightleftharpoons H_3C_i$$

式中 C_i 表示柠檬酸根。含 SO_2 的烟气从吸收塔下部进入，与从塔顶进入的柠檬酸钠溶液逆流接触，烟气中的 SO_2 被柠檬酸钠溶液吸收，脱除 SO_2 的烟气从塔顶经烟囱排空，吸收了 SO_2 的柠檬酸钠溶液由吸收塔底部排出，经加热器加热后进解析塔除 SO_2，解析出的 SO_2 气体经脱水、干燥后压缩成液体 SO_2 进储罐，从解析塔底部来的柠檬酸钠溶液冷却后返回吸收塔重复使用。

柠檬酸钠法具有工艺和设备简单、占地面积小、操作方便、运转费用低、污染少等特点，但对进口烟气的含尘浓度有比较高的要求，比较适合于化工等行业的综合开发利用，在其他行业则要考虑解决硫酸的再利用问题，电站煤粉锅炉还要求有非常高的除尘效率。

8.6.3 干法烟气脱硫技术（DFGD)

1. 电子束照射脱硫（ER）

该法工艺由烟气冷却、加氨、电子束照射、粉体捕集四道工序组成，温度约为 150℃ 左右的烟气经预除尘后再经冷却塔喷水冷却到 60℃～70℃，在反应室前端根据烟气中的 SO_2 及 NO_x 的浓度调整加入氨的量，然后混合气体在反应器中经电子束照射，排气中的 SO_2 和 NO_x 受电子束强烈氧化，在很短时间内被氧化成硫酸（H_2SO_4）和硝酸（HNO_3）分子，并与周围的氨反应生成微细的粉粒（硫酸铵和硝酸铵的混合物），粉粒经集尘装置收集后，洁净的气体排入大气。

该工艺能同时脱硫脱硝，具有进一步满足我国对脱硝要求的潜力；系统简单，操作方便，过程易于控制，对烟气成分和烟气量的变化具有较好的适应性和跟踪性；副产品为硫铵和硝铵混合肥，对我国目前硫资源缺乏、每年要进口硫磺制造化肥的现状有一定吸引力。但在是否存在二氧化硫污染物转移、脱硫后副产物捕集等问题上尚有待进一步讨论，另外厂耗电率也比较高。

2. 荷电干式吸收剂喷射脱硫系统（CDSI）

荷电干式吸收剂喷射脱硫系统（CDSI）是美国最新专利技术，它通过在锅炉出口烟道喷入干的吸收剂（通常用熟石灰），使吸收剂与烟气中的二氧化硫发生反应产生颗粒物质，被后面的除尘设备除去，从而达到脱硫的目的。

干式吸收剂喷射是一种传统技术，但由于存在以下两个技术问题没能得到很好的解决，因此效果不明显，工业应用价值不大。一个技术难题是反应温度与滞留时间，在通常的锅炉烟气温度（低于 200℃）条件下，只能产生慢速亚硫酸盐化反应，充分反应的时间在 4s 以上。而烟气的流速通常为 10～15m/s，这样就需要在烟气进入除尘设备之前至少要有 40～60m 的烟道，无论从占地面积还是烟气温度下降等方面考虑均是不现实的。另一个技术难题是即使有足够长的烟道，也很难使吸收剂悬浮在烟气中与 SO_2 发生反应。因为粒度再小的吸收剂颗粒在进入烟道后也会重新聚集在一起形成较大的颗粒，这样反应只发生在大颗粒的表面，反应概率大大降低；并且大的吸收剂颗粒会由于自重的原因落到烟道的底部。对于传统的干式吸收剂喷射技术来说，这两个技术难题很难解决，因此脱硫效率低，很难在工业上得到应用。

8.6.4 半干法烟气脱硫技术（SDFGD）

1. 循环流化床烟气脱硫（CFB）

烟气循环流化床脱硫工艺近几年发展迅速，是一种适用于燃煤电厂的新干法脱硫工艺。它以循环流化床为原理，通过物料在反应塔内的内循环和高倍率的外循环，形成含固量很高的烟气流化床，从而强化了脱硫吸收剂颗粒之间、烟气中 SO_2、SO_3、HCl、HF 等气体与脱硫吸收剂间的传热传质性能，将运行温度降到露点附近，并延长了固体物料在反应塔内的停留时间（达 30～60min），提高了 SO_2 与脱硫吸收剂间的反应效率、吸收剂的利用率和脱硫效率。在钙硫比为 1.1～1.5 的情况下，系统脱硫效率可达 90% 以上，完全可与石灰石石膏湿法工艺相媲美，是一种性能价格比较高的干法或半干法烟气脱硫工艺。

2. 喷雾干燥法脱硫（SDA）

这种方法是把脱硫剂石灰乳 $Ca(OH)_2$ 喷入烟气中，使之生成 $CaSO_3$，被热烟气烘干呈粉末状进入除尘器捕集下来，由于 $Ca(OH)_2$ 不可能得到完全反应，为了提高脱硫效率，可将吸收塔和除尘器中收集下来的脱硫渣返回料浆槽与新鲜补充石灰浆混合循环使用，国内外均有用电石渣(含 $Ca(OH)_2$ 达 92%)代替石灰乳作为脱硫剂使用的情况，其脱硫效果较好。由于回收系统简单，这种方法投资小，运行费用也不高，对中大型工业锅炉和电站锅炉改造较适用。我国白马、黄岛电厂均用此法脱硫。这种脱硫方法的关键设备是吸收塔，而吸收塔中 $Ca(OH)_2$ 和 SO_2 的传质过程的好坏，完全取决于脱硫剂的雾化质量和雾化后与 SO_2 的混合情况。为了提高脱硫剂浆液的雾化质量，如用机械雾化，则其出口喷射速度不能太低，但又因为脱硫剂浆液是飞灰和石灰浆混合液，因此喷嘴的磨损应特别注意，有使用超声波雾化浆液的技术，这样，喷嘴的磨损会有改善。

3. 移动床活性炭吸附法（BF/FW）

活性炭具有高度活性的表面，在有 O_2 存在时，它可促使 SO_2 转化为 SO_3，烟气中有 H_2O 存在时，SO_3 和 H_2O 化合生成 H_2SO_4 并吸附在活性炭微孔中。这种方法的脱硫效率可达 90%，这种脱硫方法的再生过程也比较简单，常用的是热再生，活性炭在吸附 SO_2 后移动进入再生塔，用惰性气体作热载体，将热量带给要再生的活性炭产生如下反应：

$$2H_2SO_4 + C \longrightarrow 2SO_2 \uparrow + 2H_2O + CO_2$$

脱吸后的 SO_2 送入专门的车间制成硫制品，脱吸后的活性炭则返回吸收塔再吸附烟气中的 SO_2。这种方法很方便，但要消耗部分活性炭，因此，运行中要添加活性炭，其量约为吸收 SO_2 重量的 10% 左右。另一种方法是洗涤再生，将活性炭微孔中的 H_2SO_4 用水洗涤出来，这种方法虽方便，但所得副产品为稀 H_2SO_4，浓缩到有实用价值的 92% 以上浓 H_2SO_4 需要消耗能源。

8.6.5 几种脱硫技术比较

典型脱硫方法比较 表 8-5

脱硫技术	循环流化床 (CFB)	喷钙增湿活化 (LIFAC)	喷雾干燥法 (SDA)	石灰石-石膏法 (LW)	简易石灰石-石膏法	双碱法 (DA)	氨洗涤法 (AW)	磷铵复合肥法 (PAFP)	电子束照射法 (ER)
脱硫率 (%)	90	80	85	90	70～90	95	95	95	90
相对投资 (%)	41	47	59	100	70～90	114	130	137	200
相对运行费用 (%)	34	44	33	100	70	111	123	134	139
占地面积	小	小	小	大	大	大	大	大	中
脱硫剂 — 主要药剂	石灰	石灰石或石灰	石灰	石灰石	石灰石	可溶碱	NH_3	活性炭、磷矿粉、NH_3	电力、氨
脱硫剂 — 能否再生	否	否	否	否	否	能	否	否	否
副产品处理方式（抛弃或回收）	抛弃或做建材	抛弃	抛弃或部分用做建材	回收石膏	回收石膏	回收 SO_2	回收硫铵化肥	回收磷铵化肥	硫酸铵
技术成熟程度	国内外应用	国内外应用	国内外应用	国内外应用	国内外应用	国外应用	国外应用	国内首创、中试	国内外应用
应用及前景	工业锅炉、电站锅炉用，很有应用前景	中、大工业锅炉、电站锅炉环保改造用	应用前景好，低硫煤电站用	大电站主导脱硫方法	低硫煤大电站应用	碱源充足可应用	有氨源可应用	国内可大力推广应用	大电站脱硫脱硝同时进行时用

8.7 锅炉烟气氮氧化物控制技术

8.7.1 影响 NO_x 生成与排放的因素

燃烧过程中 NO 的生成量和排放量与燃烧方式、燃烧条件密切相关，主要影响因素有：

（1）煤种的特性。如煤的含氮量、挥发分以及固定碳与挥发分的比例；

（2）燃烧温度：锅炉内温度低，NO_x 量少；

（3）过剩空气系数；

（4）反应区烟气的组成。即烟气中 O_2、N_2、NH_i、CH_i、CO 及 C 的含量；

（5）燃料与燃烧产物在火焰高温区的停留时间，停留时间短，NO_x 量少。

其中燃烧温度和过剩空气系数是主要影响因素。

8.7.2 低氮燃烧技术及其原理

1. 空气分级燃烧

(1) 基本技术原理

空气分级燃烧是目前国内外普遍采用的、比较成熟的低 NO_x 燃烧技术。不同制造厂家所采用的空气分级燃烧锅炉结构形式多种多样，但它们的基本原理大致相同，无论是前后墙布置还是切向燃烧锅炉，在进行了空气分级燃烧之后都可使 NO_x 的排放浓度降低 30% 左右。空气分级燃烧的原理是将燃烧过程分阶段进行，首先将从主燃烧器供入炉膛的空气减少到总燃烧空气量的 70%～75%，相当于理论空气量的 80%，此时的 $a<1$，使燃料先在缺氧条件下燃烧，在还原性气氛中降低 NO_x 生成速率。完全燃烧所需的其余空气量则通过布置在主燃烧器上方的空气喷口"火上风"送入炉膛，与一级燃烧区所产生的烟气混合，最终在 $a>1$ 的条件下完成全部燃烧过程。

空气分级燃烧弥补了简单的低过量空气燃烧所导致的未完全燃烧损失和飞灰含碳量增加的缺点，但是，若两级的空气比例分配不合理，或炉内的混合条件不好，则会增加不完全燃烧损失。同时，煤粉炉一级燃烧区内的还原性气氛将导致灰熔点降低而引起结渣和受热面腐蚀。

(2) 影响因素及其范围

1) 一级燃烧区过剩空气系数 (a_1) 的影响

为了有效控制 NO_x 的生成量，应正确选择 a_1，当 a_1 为 0.8 时，NO_x 的生成量较 a_1 为 1.2 左右时降低 50%，而且此时的燃烧工况也稳定。当 a_1 下降至 0.8 以下，虽然可进一步减少 NO_x 的生成，但烟气中 HCN、NH_3 和煤中的焦炭 N 的含量也会随之增加，继而在二级燃烧区（燃尽区）氧化成 NO，使总的 NO_x 排放量增加。因此，a_1 一般不低于 0.7。对于具体的燃烧设备和煤种，a 值应通过试验确定。

2) 温度的影响

有人通过实验得到了挥发分为 32.4%、含氮 1.4%、固定碳与挥发分比例为 1.78 的烟煤在停留时间为 3s 时，不同燃烧温度下产生的 NO_x 随 a_1 的变化曲线，如索引 08.07.001 所示。

3) 停留时间的影响

停留时间也是影响 NO_x 的排放浓度的一个重要因素，实验表明，当停留时间从 1s 增加到 4s，NO_x 的浓度明显减少，降低幅度可达 60%，但若在 4s 以后继续延长停留时间，则效果不明显。

烟气在一级燃烧区的停留时间取决于"火上风"喷口距主燃烧器的距离。如果停留时间足够长，可使一级燃烧区出口烟气中的燃料 N 基本反应完全，否则，在燃尽区还会生成一定量的 NO_x。因此"火上风"喷口的位置和过剩空气系数共同决定了一级燃烧区内 NO_x 能够降低的程度。"火上风"喷口的位置不仅与 NO_x 的排放值有关，还直接关系到燃尽区内燃料的完全燃烧与炉膛出口的烟气温度。

4) 煤种和煤粉细度的影响

空气分级燃烧降低 NO_x 的原理就是尽量减少煤中的挥发分 N 向 NO 转化，所以，煤种的挥发分越高，对 NO_x 的降低效果就越明显，对减少 NO_x 排放的效果更显著。

在未采取分级燃烧时，细煤粉的 NO_x 排放高于粗煤粉，在采用空气分级燃烧技术后，

当 $a_1 < 1$ 时，细煤粉 NO_x 的排放值明显低于粗煤粉，而且，烟煤粒度的降低对抑制 NO_x 的生成效果优于贫煤。

2. 烟气再循环

(1) 技术原理

烟气再循环是目前使用较多的低氮燃烧技术。它是在锅炉的空气预热器前抽取一部分烟气返回炉内，利用惰性气体的吸热和氧浓度的减少，使火焰温度降低，抑制燃烧速度，减少热力型 NO_x。抽取的烟气可以直接送入炉内，也可以与一次风或二次风混合后送入炉内，当烟气再循环率为 $15\% \sim 20\%$ 时，煤粉炉的 NO_x 排放浓度可降低 25% 左右。锅炉烟气再循环系统如索引 08.07.002 所示。

(2) 烟气再循环率

再循环的烟气量与未循环时的锅炉烟气量之比称为烟气再循环率。在采用烟气再循环法时，由于烟气量的增加，将引起燃烧状态不稳定，从而增加未完全燃烧热损失。因此，电站锅炉的烟气再循环率一般不超过 20%。

(3) 使用条件与范围

烟气再循环技术既可以单独使用，也可以和其他低氮燃烧技术配合使用。在与燃料分级技术联合使用时可用来输送二次燃料。

采用烟气再循环技术需要安装再循环风机、循环烟道，这些都需要场地，从而在现有电站进行改造时，对锅炉附近的场地条件有一定的要求。

3. 燃料分级燃烧

(1) 基本原理与技术

由 NO_x 的还原机理可知，已生成的 NO 在遇到烃基 CH_i 和未完全燃烧产物 CO、H_2、C 及 C_nH_m 时，会还原成 N_2。

利用这一原理，将 $80\% \sim 85\%$ 的燃料（一次燃料）送入一级燃烧区，在 $a > 1$ 的条件下燃烧并生成 NO_x，其余 $15\% \sim 20\%$ 的燃料（一次燃料）则在主燃烧器的上部送入二级燃烧区（再燃区），在 $a < 1$ 的条件下形成很强的还原性气氛，将一级燃烧区中生成的 NO_x 还原成 N_2。再燃区不仅使得已生成的 NO_x 得到还原，而且还抑制了新的 NO_x 的生成，可使 NO_x 的排放浓度进一步降低。一般情况下，该法可使 NO_x 的排放浓度降低 50% 左右。在再燃区的上部还需布置"火上风"喷口，形成三级燃烧区（燃尽区），以保证再燃区未完全燃烧的产物燃尽。燃料分级低氮燃烧原理见索引 08.07.003 所示。

(2) 综合分析

燃料分级燃烧中，影响 NO_x 排放浓度的因素有：二次燃料的种类、过剩空气系数 a_1、温度和停留时间等，当采用烃类气体作二次燃料时，则与一次燃料的种类无关。这些影响因素的最佳值均需试验确定。

和空气分级燃烧相比，燃料分级燃烧的燃尽率与降低 NO_x 浓度的矛盾更加突出，由于燃料在燃尽区的停留时间更短，选择 a_2 和利用"火上风"，组织好燃尽区的燃烧过程，以获得较高的燃尽率显得更为重要。

4. 低 NO_x 燃烧器

低 NO_x 燃烧器的主要技术原理是通过特殊设计的燃烧器结构（LNB）及改变通过燃烧器的风煤比例，以达到在燃烧器着火区空气分级、燃烧分级或烟气再循环法的效果。在保证煤粉着火燃烧的同时，有效抑制 NO_x 的生成。如燃烧器出口燃料分股：浓淡煤粉燃烧。在煤粉管道上的煤粉浓缩器使一次风分成水平方向上的浓淡两股气流，其中一股为煤粉浓度相对高的煤粉气流，含大部分煤粉；另一股为煤粉浓度相对较低的煤粉气流，以空气为主。我国低 NO_x 燃烧技术起步较早，国内新建的 300MW 及以上火电机组已普遍采用 LNBs 技术。对现有 100～300MW 机组也开始进行 LNB 技术改造。采用 LNB 技术，只需用低 NO_x 燃烧器替换原来的燃烧器，燃烧系统和炉膛结构不需作任何更改。因此，它是在原有炉子上最容易实现的最经济的降低 NO_x 排放的技术措施。其缺点是，单靠这种技术无法满足更严格的排放法规标准。因此，LNBs 技术应该和其他 NO_x 控制技术联合使用。在国外，LNBs 技术通常和烟气脱氮技术联合使用。

8.7.3 烟气脱硝技术

1. 选择性催化还原法（SCR）

在含氧气氛下，还原剂优先与废气中 NO 反应的催化过程称为选择性催化还原。以 NH_3 作还原剂，V_2O_5-TiO_2 为催化剂来消除固定源（如火力发电厂）排放的 NO 的工艺已比较成熟。

选择性催化还原也是目前唯一能在氧化气氛下脱除 NO 的实用方法。1979 年，世界上第一个工业规模的脱 NO_x 装置在日本的 Kudamatsu 电厂投入运行，1990 年在发达国家得到广泛应用，目前已达 500 余家（包括发电厂和其他工业部门）。

在理想状态下，此法 NO 脱除率可达 90% 以上，但实际上由于 NH_3 量的控制误差而造成的二次污染等原因，使得通常的脱除率仅达 65%～80%。性能的好坏取决于催化剂的活性、用量以及 NH_3 与废气中的 NO_x 的比率。

NH_3-SCR 消除 NO 的方法已实现工业化，且具有反应温度较低（300℃～480℃）、催化剂不含贵金属、寿命长等优点。但也存在明显的缺点：（1）由于使用了腐蚀性很强的 NH_3 氨水，对管路设备要求高，造价昂贵（投资费用 80 美元/kW）；（2）由于 NH_3 加入量控制会出现误差，容易造成二次污染；（3）易泄漏，操作及存储困难，且易于形成 $(NH_4)_2SO_4$。

2. 非催化选择性还原法（SNCR 法）

同 SCR 法，由于没有催化剂，反应所需温度较高（900℃～1200℃），因此需控制好反应温度，以免氨被氧化成氮氧化物。该法净化率为 50%。

该法的特点是不需要催化剂，旧设备改造少，投资较 SCR 法小（投资费用 15 美元/kW）。但氨液消耗量较 SCR 法多。日本的松岛火电厂的 1～4 号燃油锅炉、四日市火电厂的两台锅炉、知多火电厂 350MW 的 2 号机组和横须贺火电厂 350MW 的 2 号机组都采用了 SNCR 方法。但是，目前大部分锅炉都不采用 SNCR 方法，主要原因如下：（1）效率不高（燃油锅炉的 NO_x 排放量仅降低 30%～50%）；（2）增加反应剂和运载介质（空气）的消耗量；（3）氨的泄漏量大，不仅污染大气，而且在燃烧含硫燃料时，由于有硫酸氢铵形成，会使空气预热器堵塞。

3. 催化分解法

理论上，NO 分解成 N_2 和 O_2 是热力学上有利的反应，但该反应的活化能高达 364kJ/mol，需要合适的催化剂来降低活化能，才能实现分解反应。由于该方法简单，费用低，被认为是最有前景的脱氮方法，故多年来人们为寻找合适的催化剂进行了大量的工作，主要有贵金属、金属氧化物、钙钛矿型复合氧化物及金属离子交换的分子筛等。

Pt、Rh、Pd 等贵金属分散在等载体上，可用于 NO 的催化分解。在同等条件下，Pt 类催化剂活性最高。贵金属催化剂用于 NO 催化分解的研究已比较广泛和深入，近年来，这方面的工作主要是利用一些碱金属及过渡金属离子对单一负载贵金属催化剂进行改性，以提高催化剂的活性及稳定性。

4. 等离子体治理技术

电子束（electron beam，EB）法的原理是利用电子加速器产生的高能电子束，直接照射待处理的气体，通过高能电子与气体中的氧分子及水分子碰撞，使之离解、电离，形成非平衡等离子体，其中所产生的大量活性粒子（如 OH、O 等）与污染物进行反应，使之氧化去除。许多国家已经建立了一批电子束试验设施和示范车间。日本、德国、美国和波兰的示范车间运行结果表明，这种电子束系统去除 SO_2 总效率通常超过 95%，去除 NO_x 的效率达到 80%～85%。

但电子束照射法仍有不少缺点：（1）能量利用率低，当电子能量降到 3eV 以下后，将失去分解和电离的功能，剩余的能量将浪费掉；（2）电子束法所采用的电子枪价格昂贵，电子枪及靶窗的寿命短，所需的设备及维修费用高；（3）设备结构复杂，占地面积大，X 射线的屏蔽与防护问题不容易解决。上述原因限制了电子束法的实际应用和推广。

针对电子束法存在的缺点，20 世纪 80 年代初期，日本的 Masuda 提出了脉冲电晕放电等离子体技术（pulse corona discharge plasma，PCDP）。PCDP 技术产生电子的方式与 EB 法截然不同，它是利用气体放电过程产生大量电子，电子能量等级与 EB 法电子能量等级差别很大，仅在 5～20eV 范围内。与电子束照射法相比，该法避免了电子加速器的使用，也无须辐射屏蔽，增强了技术的安全性和实用性。

20 世纪 90 年代中期，Ohkaho 和 Chang 等根据喷嘴电晕矩的流动稳定性原理，提出了直流电晕自由基簇射脱硝过程。此法的优点是添加剂被分解，NH_3 排放可减少到 0.0038mg/L 以下；另一优点是 NH_3 直接喷入电晕区，不会激活烟气中的其他气体，可提高能量利用率。其他等离子体治理技术还包括介质阻挡放电技术、表面放电技术等，但这些技术都还处于实验室阶段，还没有实际的工业应用。

5. 液体吸收法

NO_x 是酸性气体，可通过碱性溶液吸收净化废气中的 NO_x。常见吸收剂有：水、稀 HNO_3、NaOH、$Ca(OH)_2$、$NH_4(OH)$、$Mg(OH)_2$ 等。为提高 NO_x 的吸收效率，又可采用氧化吸收法、吸收还原法及络合吸收法等。氧化吸收法先将 NO 部分氧化为 NO_2，再用碱液吸收。气相氧化剂有 O_2、O_3、Cl_2、和 ClO_2 等；液相氧化剂有 HNO_3、$KMnO_4$、$NaClO_2$、H_2O_2、$K_2Br_2O_7$ 等。吸收还原法应用还原剂将 NO_x 还原成 N_2，常用还原剂有 $(NH_4)_2SO_4$、$(NH_4)HSO_3$、Na_2SO_3 等。液相络合吸收法主要利用液相络合剂直接同 NO 反应，因此对于处理主要含有 NO 的 NO_x 尾气具有特别意义。NO 生成的络合物在加热时又重新放出 NO，从而使 NO 能富集回收。目前研究过的 NO 络合吸收剂有 $FeSO_4$、Fe（Ⅱ）-EDTA 和 Fe（Ⅱ）-EDTANa$_2SO_4$ 等。

该法在实验装置上对 NO 的脱除率可达 90%，但在工业装置上很难达到这样的脱除率。Peter、Harri、Ott 等人在中试规模达到了 10%～60% 的 NO 脱除率。

此法工艺过程简单，投资较少，可供应用的吸收剂很多，又能以硝酸盐的形式回收利

用废气中的 NO_x，但去除效率低，能耗高，吸收废气后的溶液难以处理，容易造成二次污染。此外，吸收剂、氧化剂、还原剂及络合物的费用较高，对于含 NO_x 浓度较高的废气不宜采用。

6. 吸附法

吸附法是利用吸附剂对 NO_x 的吸附量随温度或压力的变化而变化，通过周期性地改变操作温度或压力，控制 NO_x 的吸附和解析，使 NO_x 从气源中分离出来，属于干法脱硝技术。根据再生方式的不同，吸附法可分为变温吸附法和变压吸附法。变温吸附法脱硝研究较早，已有一些工业装置。变压吸附法是最近研究开发的一种较新的脱硝技术。常用的吸附剂有杂多酸、分子筛、活性炭、硅胶及含 NH_3 的泥煤等。

吸附法净化 NO_x 废气的优点是：净化效率高，不消耗化学物质，设备简单，操作方便。缺点是：由于吸附剂吸附容量小，需要的吸附剂量大，设备庞大，需要再生处理；过程为间歇操作，投资费用较高，能耗较大。

7. 烟气脱硝技术的总结及展望

（1）选择性催化还原（SCR）是最早实现工业化应用的氮氧化物脱除技术，其过程要求严格控制 NH_3/NO 比率。

（2）有关催化分解法及催化还原法这两类反应的催化剂虽然研究得很多，但是仍与实际要求有很大的距离。寻找新型催化材料，探索新的催化剂制备技术以及设计新的催化工艺流程以求得突破，是目前具有实际意义的研究工作。

（3）电子束照射和脉冲电流晕放电是当今烟气脱氮的一大发展方向，可以同时处理大型火力发电厂的 CO_2、SO_2、NO_x 和飞灰，但存在着设备和运行费用高的缺点。如果设备和运行费用能得到进一步控制，此技术有良好的应用前景。

（4）传统的液体吸收、吸附脱硝技术工艺过程简单，投资较少，虽然存在不少的问题，但通过处理手段和操作工艺的不断完善，必将焕发出新的生命力。

（5）微生物法目前还处于实验阶段，存在着明显的缺点，例如填料塔的空塔气速、烟气温度、反硝化菌的培养、细菌的生长速度和填料的堵塞等等问题都有待于得到解决，它的实际应用取决于工艺的不断完善。随着人们对微生物净化含 NO_x 废气处理工艺研究的不断深入，该技术将会从各方面得到全面的发展。

8.8　二噁英的主要控制措施

8.8.1　焚烧前的控制措施

对进行焚烧的垃圾进行预处理，从根源上最大限度的避免二噁英、高含氯物质以及 Cu，Fe 等二噁英生成反应的催化剂入炉。因此，一方面我国必须尽快实现垃圾的分类收集，分类处理，至少应对入炉垃圾进行预处理；另一方面，从根源上，我国应注意减少或停止含氯化学品及农药生产。

8.8.2　焚烧过程中的控制措施

1. 改进燃烧技术

在焚烧过程中，改进焚烧工况，保证稳定、充分的燃烧可以控制二噁英前驱物产生从而避免二噁英的大量合成。

控制燃烧工况最有效的方法就是所谓的"3T＋E"理论。即炉膛温度（Temperature）在850℃以上（最好是900℃以上），使二噁英完全分解；保证烟气在炉中有足够的停留时间（Time），在2s以上，使可燃物完全燃烧；优化焚烧锅炉的炉体设计，采用二次配风等方法合理配风，提高烟气的湍流度（Turbulence），改善传热、传质效果；保证足够的炉膛空气供给量（Excessair）过量的氧气能够保证充分燃烧，但是过多的氧气会促进氯化氢转化为氯气，因此须保证适量O_2，质量分数一般控制在7％～9％。为保证锅炉焚烧温度的稳定，一般要求燃料中可燃成分要达到一定标准，燃料的投加须自动化，锅炉须能够连续稳定运行。采用炉排炉、流化床焚烧炉以及斯托克焚烧炉等炉型，可保证燃料的自动投加和充分燃烧，从而减少二噁英的排放。

此外，采用2段燃烧也是一种控制二噁英的常用手段，由于在250℃～500℃温度范围内，二噁英会再次合成。一段燃烧区控制供氧量，使其处于缺氧还原区，温度控制在850℃左右，燃烧烟气继续送入二次燃烧室内彻底氧化分解，二次燃烧室内温度较高，通常在1000℃以上。烟气经二次燃烧室高温燃烧后，二噁英物质已经基本被消除，研究表明，二噁英去除率可达99.9999％。

2. 骤冷技术

二噁英合成的最适温度是烟气、灰烬冷却后的低温区（约250℃～450℃），其质量分数占到总生成量的90％以上。为了快速跳过这个低温区。烟气从二次燃烧室出口进入控制设备时，利用急冷技术（如喷洒石灰乳），通过热交换器将烟气温度迅速冷却至250℃以下，快速越过易产生二噁英的温度区，从而抑制其再次合成。

3. 添加抑制剂

研究人员发现使用煤作为助燃剂可以大幅减少二噁英的排放，添加少量劣质高硫煤可以增强这一效果。研究证明，这是煤中的硫对二噁英的生成有抑制作用，主要机理包括：

（1）SO_2通过反应消耗活性氯，减少氯化反应，反应式为：

$$Cl_2＋SO_2＋H_2O \longrightarrow 2HCl＋SO_3$$

（2）硫与金属形成硫酸盐，降低其催化活性，反应式为：

$$SO_2＋1/2O_2 \longrightarrow SO_3$$

$$SO_3＋CuO \longrightarrow CuSO_4$$

（3）硫与前驱物形成磺化物，降低其形成二噁英的概率。

有文献报道，在焚烧后的烟气中喷入氨，CaO，KOH，$CaCO_3$都对二噁英有抑制效果。高温条件下，氯与碱性化合物生成的氯酸盐还可以氧化破坏已经生成的二噁英污染物。此外，碱性化合物还可以毒化催化剂，从而阻止二噁英的生成。一些碱性化合物如CaO，$CaCO_3$还可以在焚烧前与垃圾等掺烧。但是，碱性化合物可能会与SO_2反应，从而降低硫化物抑制二噁英的效果。若在烟气中加入碱性化合物，不但避免了这个问题，而且还可以处理烟气中的硫化物。

氨气、尿素及一些胺类可以与金属催化剂形成稳定的配合物，减少其催化能力，同样对二噁英的形成具有抑制作用。实验过程观察的这类物质一般是含有未成对电子的氨基化合物，如乙醇胺、三乙醇胺、二氨基乙醇、乙二胺四乙酸（EDTA）、次氮基三乙酸

（NTA）等。

8.8.3 焚烧后烟气中二噁英的脱除与降解

焚烧后的烟气必须经过处理，达标后才能最终向大气排放。尾气净化是决定烟气能否达标的最终步骤。处理主要分为催化降解法和物理吸附法。

1. 催化降解法

催化降解法是指利用催化剂（如 TiO_2）在一定温度下将二噁英分解为小分子甚至 CO_2 和水，可以彻底解决二噁英污染。但催化剂造价昂贵，投资高，运行成本高，限制了其在我国的发展。

2. 物理吸附法

物理吸附法是通过使用吸附剂或降低温度来减少二噁英的排放。通过增湿降温或喷洒石灰浆的方法，可以降低烟气温度，改变二噁英在气固相的分配比，将二噁英部分转移到灰相或水相中去，与布袋除尘系统联合使用，可以有效去除二噁英。袋式除尘器的入口温度一般为 150℃ 以下，而合成二噁英类物质的催化反应温度为 300℃，因此其前驱物不可能在袋式除尘器中催化合成为二噁英类物质。

此外，在烟气中喷入活性炭或多孔性吸附剂吸附，配合布袋除尘器捕集的方法，可以大大提高二噁英的去除效率。活性炭具有较大的比表面积，吸附能力较强，不但能吸附二噁英类物质，还能吸附 NO_x、SO_2 和重金属及其化合物。其工艺主要由吸收、解析部分组成，烟气进入含有活性炭的移动吸收塔，温度在 120℃～180℃ 范围之内，吸附二噁英。这个温度一般是活性炭吸附的最佳温度。采用活性炭固定床或使用活性炭纤维毡吸附也是去除二噁英的重要方法，且活性炭可以通过高温活化再生。但物理吸附方法并不能根除二噁英，且废水和废渣处理困难。

8.8.4 飞灰中二噁英的脱除

通过改进燃烧和废气处理技术，排入大气中的二噁英类物质的量达到最小，被吸附的二噁英类物质随颗粒一起进入飞灰及灰渣系统中，所以灰渣中二噁英的量比大气中的二噁英的量要多的多。

1. 高温熔融处理技术

将焚烧飞灰在温度为 1350℃～1500℃ 的熔融燃烧设备中进行熔融处理，在高温下，二噁英类物质被迅速的分解和燃烧。实验证明，通过高温熔融处理过后，二噁英的分解率为 99.77%，TEQ 为 99.7%。因此高温熔融处理技术是种较为有效的二噁英处理手段。但是采用熔融处理技术的缺点在于，此法需要耗用一定的能量，同时挥发性的重金属如汞在聚合反应中可能会重新生成，使得飞灰中重金属含量超标。

2. 低温脱氯

垃圾焚烧过程产生的飞灰能够在低温（250℃～450℃）缺氧条件下促进二噁英和其他氯代芳香化合物发生脱氯/加氢反应。在下列条件下飞灰中的二噁英可被脱氯分解：①缺氧条件；②加热温度为 250℃～400℃；③停留时间为 1h；④处理后飞灰的排放温度低于 60℃。日本研究者按照上述原则设计了一套低温脱氯装置，安装在松户的垃圾焚烧炉上投入运行。结果表明，在飞灰温度为 350℃ 和停留时间为 1h 的条件下，二噁英的分解率达到 99% 以上。用低温脱氯技术处理二噁英，当氧浓度增加时，在低温范围内会出现二噁英的再生反应，因此必须严格控制气氛中氧的含量，增加了运行难度。

3. 光解

二噁英可以吸收太阳光中的近紫外光发生光化学反应，且这一降解途径可以通过人为的加入光敏剂、催化剂等物质而得到加速。目前，在二噁英的各种控制技术中，采用光解方法处理垃圾飞灰污染的研究主要集中在：飞灰的直接降解、将飞灰中二噁英转移到有机溶剂中的光解，目前光解研究的重点是结合其他催化氧化方法，比如结合臭氧、二氧化钛等催化氧化剂，以达到更好的降解目的。

4. 热处理

飞灰热处理方法如化学热解和加氢热解等对二噁英的分解率很高。有研究表明：①在有氧气氛，加热温度600℃，停留时间为2h的条件下，飞灰中二噁英脱除率为95％左右，但在温度低于600℃的情况下，二噁英会重新形成；②在惰性气氛下，加热温度为300℃，停留时间为2h的条件下，大约90％的二噁英被分解。特别提出的是加热温度、停留时间和气氛三者间存在着一定的关系。在惰性气氛下，加热温度可降低；而在有氧气氛下，则需要较高的加热温度；当温度高于1000℃，停留时间很短。也有实验表明，高温熔炉处理飞灰温度1200℃～1400℃，二噁英的分解率为99.97％。

5. 超临界水氧化法

在临界点（374℃，22.1MPa）以上的高温高压状态的水中，飞灰中的二噁英被溶解、氧化，可达到去除二噁英的目的。

8.9 重金属污染及其控制技术

8.9.1 重金属控制机理

煤在炉膛中燃烧时，由于炉内温度高达1100℃～1600℃，煤中大部分重金属会根据热力平衡、反应动力学或质量和热量守恒定律挥发、分解或与其他物质反应形成金属蒸汽，由于燃烧器前温度比较高，气体温度高于重金属蒸汽露点温度，重金属吸附在飞灰和吸附剂表面。重金属蒸汽浓度、分压随温度的降低而下降，因其吸附作用在颗粒表面产生更稳定、不易挥发的物质；当气体温度相当于重金属蒸汽露点温度时，吸附作用还会进行，在热交换器旁出现边界层，气体温度急剧下降，出现以下的冷凝过程：

（1）当没有足够的颗粒表面时，重金属蒸汽达到过饱和，通过均相冷凝形成新的核，它通过相互碰撞、凝结或附着在大颗粒表面长大；

（2）当重金属蒸汽没有达到饱和时，发生异相冷凝；

（3）气体温度低于露点温度时，冷凝过程肯定会发生。

从机理方面控制：

（1）尽可能阻止（或减少）金属颗粒的形成。如在燃烧中通过改变金属化合物的形式来改变金属饱和压力，使它在尾部烟道中尽量按我们想要的方式冷凝下来；

（2）减少排出炉膛的金属颗粒数量。这样，进入大气的重金属元素必然会减少，如采用高效除尘设备。

8.9.2 燃烧前预处理

燃烧前预处理主要指煤炭加工技术，包括选煤、动力配煤、型煤、水煤浆等，这些技术一般通过提高煤燃烧效率，减少烟气的排放量来达到降低重金属污染的目的。采用先进的洗选技术可使煤中重金属元素含量明显降低，脱除率以汞最低，为46.7%；铅最高，达80%。曾汉才等曾通过实验证实，采用浮选法可不同程度地除去原煤中As、Cd、Pb、Co、Cu、Cr、Ni等。型煤技术可减排烟尘40%～80%，我国工业型煤也有一定的生产规模，但粘结剂开发技术与发达国家相比还较薄弱。

1. 浮选法

它是一种物理清洗技术，是建立在煤粉中有机物与无机物的密度不同及它们的有机亲和力不同的基础上。一般来说，重金属元素与其他矿物质类似，主要存在于无机物中，当在煤粉浆液中加入有机浮选剂进行浮选时，有机物主要成为浮选物，无机矿物质则主要成为浮选矿渣，这样，重金属元素将会富集在浮选废渣中，从而起到除去煤中重金属的目的。

另一种物理脱除重金属的技术是洗煤。洗煤可以减少燃煤的灰分，同时也控制了重金属排放。因为重金属元素主要富集在飞灰颗粒上，减少飞灰的总量，重金属排放也就减少了。据国外研究表明：洗煤对As、Cr、Cd、Pb的脱除率分别为50%～70%、26%～50%、0～75%、≤50%。当然，脱除率还与煤的颗粒大小、元素在煤中的存在形式等有关。物理清洗技术虽然成本相对较低，但并不能完全除去燃煤中的重金属，且对于每一种特定元素来说，其效果与煤种、煤粉颗粒的大小、浮选剂的pH值等有关。

2. 化学脱硫

煤中重金属元素相当一部分存在于硫化物、硫酸盐中，如As、Co、Hg、Se、Pb、Cr、Cd等元素就主要存在于硫酸盐中。如果采用一定的化学方法脱去原煤中的硫酸盐与硫化物，也就相应除去了存在于其中的重金属元素。喻秋梅用此法处理青山烟煤，燃烧后的灰粒中大部分重金属含量会有不同程度的减少，其中Cd、Co、Pb、Cu、As尤为明显，分别减少了41%、50.5%、77.6%、54.69%、38.1%。化学方法既可以减少煤灰中的重金属，又可减少SO_2对大气的污染，但这种方法的效果与重金属元素在煤中的存在形式有关。

8.9.3 燃烧中控制

燃烧中控制重金属排放主要有两种方法，即改变燃烧工况和添加固体吸附剂。由于重金属在高温下易挥发，且挥发率随温度升高而升高。挥发后的重金属会在烟道下游发生凝结、非均相冷凝、均相结核等物理化学变化，形成亚微米颗粒继而增加排放到大气中的重金属量。

在煤燃烧过程中加入固体吸附剂（如高岭土、石灰石、铝土矿等）或生物质，使有毒重金属与活化了的吸附剂进行物理吸附和化学反应等，减少重金属排放和固化重金属元素。这种方法操作简单、有效、经济，同时可减少SO_2排放。

目前，燃烧中控制重金属排放的技术主要有以下几种：

1. 流化床燃烧技术

流化床燃烧技术（FBC）具有高效燃烧、低污染、综合利用率较高的优点，近年来发展迅速。有研究指出，它可以减少燃煤重金属如汞的排放。施正伦等对石煤流化床燃烧重金属排放特性及灰渣中重金属溶出特性进行了试验研究，结果表明，燃烧后烟气中汞浓度低于国家标准；灰渣中的重金属不会对水体造成污染。由于FBC技术日益普遍，虽然这方面的研究起步较晚，但意义重大。

2. 吸附剂吸附技术

在煤燃烧过程中添加固体吸附剂来捕获重金属被广泛认为是一项极有前景的技术。在金属蒸汽还未结核前，使有毒重金属与活化了的吸附剂进行吸附和化学反应，从而达到捕获或固化重金属元素的目的。国内外研究表明：固体吸附剂对烟气中的重金属蒸汽的清除非常有效。吸附过程是一个包含有吸附、凝结、扩散和化学反应的复杂过程。在煤燃过程中，向烟道中加入固态吸附剂，可以控制重金属的排放。Chen 等研究了 Pb、Cd、Cu 和 Cr 在不同条件下的排放情况，发现吸附剂俘获重金属的能力为石灰石＞水＞高岭土＞铝氧化物，重金属被吸附量依次为 Pb＞Cu＞Cr＞Cd。另外，加入 NaCl 和 Na_2SO_4 可以提高吸附剂对重金属的吸收能力，而且直接加入燃烧炉中比在烟道中加入效果更好。曾汉才等也对高岭土吸附剂控制重金属排放的效果和机理进行了研究，认为这是物理吸附和化学反应综合作用的结果。

Chiang 等对已使用过的吸附剂进行热处理，证明吸附法可以降低重金属的滤出率。马鲁铭等发明了一种去除烟道气吸收液中重金属的方法，处理后的废水完全达到排放标准，其中汞的质量浓度低于 0.049mg/L。

8.9.4 燃烧后控制

1. 高效除尘

高效除尘器（电除尘器和布袋除尘器）脱除亚微米颗粒，使之与重金属一起减少。因为重金属元素大多是富集在烟气中的颗粒上，这表明 95% 以上的重金属元素可以被除掉，但对小于 $5\mu m$ 颗粒的捕集效率较低（电除尘器对 $0.1\sim1.5\mu m$ 的颗粒收尘率最低），所以，微粒上重金属的脱除效率要比实际除尘效率低。在烟气中加入少量的 NH_3、SO_3，可大大提高除尘器脱除小颗粒的效率。因为这样增加了灰的黏性，故可通过改变电荷、黏度、化学成分等某些特性来控制灰粒的特性。

2. 湿法烟气脱硫

湿式 FGD 能有效地控制易挥发性痕量重金属元素（尽管对 As、Hg、Se 效果不大）。但由于痕量重金属元素也富集于废渣和废水系统中，仍存在固态和废渣的污染，故需要综合性控制。

3. 在烟气处理装置中加凝固剂

对于 Hg 的处理，由于它在烟气中主要以气态存在，可以在烟气处理装置中加入凝固剂，如 Na_2S 和 $NaClO_3$ 等，来减少气态 Hg 的存在。

4. 多段净化

对于烟道后处理系统，一般采取能同时净化多种污染物（HCl、HF、SO_2、NO、重金属、粉尘、PCDD、PCDF）的多段净化装置，例如德国的 NOELL 除尘器分三段反应，即烟气先被洗涤并快冷到 160℃，使 PCDD/PCDFF 生成量减少，接着在第一洗涤器中用 $Ca(OH)_2$ 洗涤吸收 HCl/HF，然后在第二洗涤器中加入 NaOH 溶液或 $Ca(OH)_2$ 溶液来吸收 SO_2，若加入 $NaClO_3$，可减少烟气中的 Hg，并能进一步减少 NO_2。

教学单元 9　锅炉给水处理

9.1　水质指标与水质标准

9.1.1　水中的杂质及其危害

1. 水中杂质

天然水（地表水、地下水）在自然界的循环运动过程中，溶解和混杂了大量杂质。

按其颗粒大小这些杂质可分为三类：悬浮物（颗粒最大）、胶体、离子和分子（溶解物质）。

悬浮物：水流动时呈悬浮状态存在，但不溶于水的物质。其颗粒直径在 10^{-4} mm 以上，通过滤纸可以分离出来。主要是黏土、砂粒、植物残渣、工业废物等。

胶体：许多分子和离子的集合体。其颗粒直径在 $10^{-6} \sim 10^{-4}$ mm 之间。水中胶体物质有铁、铝、硅等的化合物，以及动植物有机体的分解产物——有机物。

天然水溶解物质主要是钙、镁、钾、钠等盐类以及氧和二氧化碳等气体。这些盐类在水中大都以离子状态存在，其颗粒直径小于 10^{-6} mm。水中溶解的气体则是以分子状态存在的。

2. 水质不良对锅炉的其他危害

（1）腐蚀

水中含有氧气、酸性和碱性物质都会对锅炉金属面产生腐蚀，使其壁厚减薄、凹陷，甚至穿孔，降低了锅炉强度，严重影响锅炉安全运行。尤其是热水锅炉，循环水量大，腐蚀更为严重。锅炉金属的腐蚀不仅要缩短设备本身的使用年限，造成经济损失，同时还由于金属腐蚀的产物如：$Fe(OH)_2$，Fe_3O_4 等转入水中，使水中杂质增多，从而加剧在高热负荷受热面上的结垢过程，结成的垢又会促进锅炉的腐蚀。此种恶性循环会迅速导致爆管等恶性事故。

含有高价铁的水垢，容易引起与水垢接触的金属产生腐蚀。而铁的腐蚀产物又容易重新结成水垢。这是一种恶性循环，它会迅速导致锅炉部件损坏。

（2）汽水共腾

蒸汽锅炉锅内的水滴被蒸汽大量带走的现象，称为汽水共腾。产生汽水共腾的原因除了运行操作不当外，当炉水中含有较多的氯化钠、磷酸钠、油脂和硅化物时，或锅水中的有机物和碱作用发生皂化时，在锅水沸腾蒸发过程中，液面就产生泡沫，形成汽水共腾。汽水共腾使产生的蒸汽中的含盐量急剧增加，这些被带出的盐分在用汽设备中发生沉积，影响传热，损坏设备，从而影响锅炉的安全运行。

（3）过热器和汽轮机的积盐。

水质不良会使锅炉不能产生高纯度的蒸汽，随蒸汽带出的杂质就会沉积在蒸汽通过的各个部位，如过热器和汽轮机，这种现象称为积盐。过热器管内积盐会引起金属管壁过热甚至爆管；汽轮机内积盐会大大降低汽轮机的出力和效率，特别是高温高压大容量汽轮机，它的高压部分蒸汽流通的截面积很小，所以少量的积盐也会大大增加蒸汽流通的阻力，使汽轮机的出力下降。当汽轮机积盐严重时，还会使推力轴承负荷增大，隔板弯曲，造成事故停机。

水中杂质对锅炉和蒸汽的影响见表 9-1。

9.1.2 水垢的形成、危害及清除

工业锅炉所用水尽管经过了一系列处理过程，但水中的溶解固形物（主要是钙、镁盐类）依然存在，受热后就会析出或浓缩沉淀出来，沉淀物的一部分成为锅水中的悬浮杂质——水渣，而另一部分则附着在受热面的内壁，形成水垢。水垢的导热性能很差（是钢的 $1/50 \sim 1/30$），它的存在使受热面的传热情况恶化，以致锅炉出力降低、排烟温度升高，从而降低了锅炉热效率，根据试验，受热面内壁附着 1mm 厚的水垢，热效率降低 $2\% \sim 3\%$。与此同时受热面壁温升高，金属材料因过热而使机械强度降低，导致受热面鼓泡或出现裂缝，造成爆管事故。管中结垢，使管内介质流通截面减小，增加了循环流动的阻力，结垢严重时会堵塞受热面管子，使水循环遭到破坏，导致部分管子过热而烧坏，威胁锅炉安全运行。因此，为了保证锅炉安全经济运行，必须防止受热面结生水垢，并对已生成的水垢及时进行清除。

水中杂质对锅炉和蒸汽的影响 表 9-1

杂质名称	分子式	结垢与沉渣	腐蚀	恶化蒸汽
氧气	O_2	—	+	—
二氧化碳	CO_2	—	+	—
重碳酸钙	$Ca(HCO_3)_2$	+	—	—
重碳酸镁	$Mg(HCO_3)_2$	+	—	—
硫酸钙	$CsSO_4$	+	—	—
硫酸镁	$MgSO_4$		+	+
硅酸镁	$MgSiO_3$	+		+
硅酸钙	$CaSiO_3$	+	+	+
氯化钙	$CaCl_2$	—	+	+
氯化镁	$MgCl_2$	—	+	+
碳酸钠	Na_2CO_3	—		+
硫酸钠	$NaSO_4$	—		+
氯化钠	$NaCl$	—	+	+
苛性钠	$NaOH$	+		+
氯化铁	Fe_2O_3	+		+
悬浮物		+		
油		+	+	+
有机物		+		+

注：+表示要发生，—表示不会发生。

1. 水垢的形成

（1）受热分解

含有暂时硬度的水进入锅炉后，在加热过程中，一些钙、镁盐类受热分解，从溶于水的物质转变成难溶于水的物质，附着于锅炉金属表面上结为水垢，钙、镁盐类分解如下：

$$Ca(HCO_3)_2 \longrightarrow CaCO_3 \downarrow + H_2O + CO_2 \uparrow$$

$$Mg(HCO_3)_2 \longrightarrow MgCO_3 + H_2O + CO_2 \uparrow$$

$$MgCO_3 \longrightarrow Mg(OH)_2 \downarrow + CO_2 \uparrow$$

（2）某些盐类超过了其溶解度

由于锅水的不断蒸发和浓缩，水中的溶解盐类含量不断增加，当某些盐类达到过饱和时，盐类在蒸发面上析出固相，结生水垢。

（3）溶解度下降

随着锅水温度的升高，锅水中某些盐类溶解度下降，如 $CaSO_4$ 和 $CaSiO_3$ 等盐类。

（4）相互反应

给水中原溶解度较大的盐类和锅水中其他盐类、碱反应后，生成难溶于水的化合物，从而结生水垢。一些盐和碱相互反应如下：

$$Ca(HCO_3)_2 + 2NaOH \Longrightarrow CaCO_3 \downarrow + Na_2CO_3 + H_2O$$

$$CaCl_2 + Na_2CO_3 \Longrightarrow CaCO_3 \downarrow + 2NaCl$$

（5）水渣转化

当锅内水渣过多时，而且又黏，如 $Mg(OH)_2$ 和 $Mg_3(PO_4)_2$ 等，如果排污不及时，很容易由泥渣转化为水垢。

2. 水垢的分类

（1）碳酸盐水垢　是以钙镁的碳酸盐为主要的水垢，包括氢氧化镁，其中 $CaCO_3 > 50 \times 10^{-2}$。

（2）硫酸盐水垢　是以硫酸钙为主要成分的水垢，其中 $CaSO_4 > 50 \times 10^{-2}$。

（3）硅酸盐水垢　当水垢中的 $SiO_2 > 20 \times 10^{-2}$ 时，属于这类水垢。

（4）混合水垢　这种水垢有两种组成形式：一种是钙镁的碳酸盐、硫酸盐、硅酸盐以及氧化铁的混合物，难以分出哪一种是主要成分；另一种是各种水垢以夹层的形式组成为一体，所以也很难指出哪一种成分是主要的。表9-2给出了各种水垢的定性鉴别方法。

水垢类别鉴别方法　　　　　　　　　　　　　　　　　　　　　表 9-2

水垢类别	颜色	鉴别方法
硅酸盐水垢 $CaCO_3 + Mg(OH)_2$ 占 50×10^{-2} 以上	白色	在 5×10^{-2} 盐酸溶液中，大部分可溶解，反应生成大量汽泡，反应结束后，溶液中不溶物很少
硫酸盐水垢 $CaSO_4 + MgSO_4$ 占 50×10^{-2} 以上	黄或白色	在盐酸溶液中很少产生汽泡，溶解很少，加入 10×10^{-2} 氯化钡溶液后，生成大量的白色沉淀（硫酸钡）
硅酸盐水垢 SiO_2 占 20×10^{-2} 以上	灰白色	在盐酸中不溶解，加热后其他成分部分地缓慢溶解，有透明状沙粒沉淀，而加入 1×10^{-2} 氢氟酸或氟化钠可有效溶解
铁垢以铁氧化合物为主，其他盐类	棕褐色	加稀盐酸可溶解，溶液呈黄色
油垢（含油 5×10^{-2} 以上）	黑色	将垢样研碎，加入乙醚后，溶液呈黄绿色

3. 水垢的危害

水垢的导热性一般都很差。不同的水垢因其化学组成不同，内部孔隙不同，水垢内各层次结构不同等原因，导热性也各不相同。各种水垢的导热系数如表 9-3 所示。水垢的导热系数大约仅为钢材导热系数的 $1/100\sim1/10$。这就是说假设有 0.1mm 厚的水垢附着在金属壁上，其热阻相当于加厚了几毫米到几十毫米。水垢的导热系数很低是水垢危害大的主要原因。

钢和各种水垢的平均导热系数

表 9-3

名称	导热系数 λ[W/(m·℃)]	名称	导热系数 λ[W/(m·℃)]
钢材	$46.40\sim69.60$	硅酸钙垢	$0.058\sim0.232$
炭黑	$0.069\sim0.116$	硫酸钙垢	$0.58\sim2.90$
氧化铁垢	$0.116\sim0.230$	碳酸钙垢	$0.58\sim6.96$

水垢的危害可归纳如下。

（1）浪费燃料、降低锅炉热效率

因为水垢的导热系数比钢材的导热系数小数十倍到数百倍。因此锅炉结有水垢时，使锅炉受热面的传热性能变差，燃料燃烧所放出的热量不能有效地传递到锅炉水中，大量的热量被烟气带走，造成排烟温度升高，排烟热损失增加，锅炉的热效率降低。在这种情况下，为保证锅炉的参数，就必须更多投加燃料，提高炉膛的温度和烟气温度，因此造成燃料浪费。有人估算，锅炉受热面上结有 1mm 厚的水垢，浪费燃料约 $3\%\sim5\%$。

（2）影响锅炉安全运行

锅炉水垢常常生成在热负荷很高的锅炉受热面上。因水垢导热性能差，导致金属管壁局部温度大大升高。当温度超过了金属所能承受的允许温度时，金属因过热而蠕变，强度降低，在锅炉工作压力下，金属会发生鼓包、穿孔和破裂，影响锅炉安全运行。

（3）水垢能导致垢下金属腐蚀

锅炉受热面内有水垢附着的条件下，从水垢的孔、缝隙渗入的锅水，在沉积的水垢层与锅炉受热面之间急剧蒸发。在水垢层下，锅水可被浓缩到很高浓度。其中有些物质在高温高浓度的条件下会对锅炉受热面产生严重腐蚀，如 NaOH 等。结垢、腐蚀过程相互促进，会很快导致金属受热面的损坏，以致使锅炉发生爆管事故。

（4）降低锅炉出力

锅炉结垢后，由于传热性变差，要达到锅炉额定蒸发量或额定产热量，就需要多消耗燃料。但随着结垢厚度的增加，以及炉膛容积、炉排面积是一定的，燃料消耗受到限制，因此锅炉的出力就会降低。

（5）结垢会降低锅炉使用寿命

锅炉受热面上的水垢，必须彻底清除才能保证锅炉安全经济运行。无论人工、机械、还是采用化学药品除垢都会影响锅炉的使用寿命。

4. 水垢的清除

（1）人工除垢

这种方法要靠人工锤、刮、铲等清除水垢，最后冲洗排尽。此方法除垢效率低、劳动强度大，且由于工作人员原因可能会损坏锅炉受压部件，随着化学清洗技术的提高，目前很少使用。

（2）机械除垢

依靠专门的清洗工具，如带有电机、钢丝软带的电动洗管器。清除水垢的物理过程是：当转轴上的铣刀因电动机驱动，与软轴一起转动时，铣刀和水垢接触，铣刀不仅跟软轴转，同时也沿管壁移动，将水垢研碎研细、剥落。直径为 35～100mm 的管内水垢，均可清除。

（3）化学除垢

化学除垢分碱煮法和酸洗法两种。

碱煮法就是将不同品种、不同浓度的碱液注入锅炉，然后在一定的压力下进行煮炉，一般煮 48h 或更长一点时间，从而达到除垢的目的。碱煮法的除垢效率与水垢的类型有较大关系。

酸洗法除垢时，酸不仅能清除锅炉受热面上的水垢，同时也能与金属反应，从而使锅炉遭到腐蚀或穿孔。因此酸洗的技术要求比较高。不经批准，一般单位和个人不准从事酸洗除垢业务。酸洗除垢法技术比较成熟，是目前公认最有效的除垢方法。锅炉酸洗除垢时，必须请具有相应级别的酸洗单位来进行。此酸洗单位必须持有锅炉压力容器安全监察部门颁发的化学清洗许可证。

水循环，妨碍锅炉内部的传热，降低锅炉的蒸发能力。因此，锅炉出力就会降低。

9.1.3　锅炉用水分类

锅炉用水，根据其部位和作用不同，一般可分为以下几种。

1. 原水（源水）

又称生水，泛指未经任何处理的天然水。原水主要来自江河水、井水或城市自来水等。

2. 给水

直接进入锅炉，被锅炉蒸发或加热使用的水称为锅炉给水。给水通常由补给水和生产回水两部分混合而成。

3. 补给水

锅炉在运行中由于取样、排污、泄漏等要损失掉一部分水，而且生产回水被污染不能回收利用，或无蒸汽回水时，都必须补充符合水质要求的水，这部分水叫补给水。补给水是锅炉给水中除去一定量的生产回收外，补充供给的那一部分。因为锅炉给水有一定的质量要求，所以补给水一般都要经过适当的处理。当锅炉没有生产回水时，补给水就等于给水。

4. 生产回水

当蒸汽或热水的热能利用之后，其凝结水或低温水应尽量回收，循环使用这部分水称为生产回水。提高给水中回水所占的比例，不仅可以改善水质，而日可以减少生产补给水的工作量。如果蒸汽或热水在生产流程中已被严重污染，那就不能直接回收，而应进行处理，水质合格后才能回收。

冷凝水的污染主要是金属离子的溶入污染，溶入的同时伴随着腐蚀的发生。目前采用的处理方法为碱性中和法和成膜法，如把两种方法结合处理效果最佳。中和处理主要是中和剂在汽、液相中的分配问题与中和特性。成膜剂则要重点解决其乳化与分散的问题以及膜的致密性与完整性。

5. 软化水

原水经过软化处理，使总硬度达到一定的标准，这种水称为软化水。简称软水。

6. 锅水

正在运行的锅炉本系统中流动着的水称为锅炉水。简称锅水。

7. 排污水

为了除去锅水中的杂质（过量的盐分、碱度等）和悬浮性水渣，以保证锅炉水质符合《工业锅炉水质》GB/T 1576—2008 水质标准的要求，就必须从锅炉的一定部位排放掉一部分锅水，这部分水称为排污水。

8. 冷却水

锅炉运行中用于冷却锅炉某一附属设备的水，称为冷却水。冷却水往往是生水。

9.1.4 水质指标

常用的工业锅炉都是以水为介质的，水质的好坏对于锅炉安全经济运行影响很大。所谓水质，是指水和其中杂质共同表现的综合特性。评价水质好坏的指标，叫水质指标。

工业锅炉用水的水质指标有两种表示方法：一种是客观反映水中某种杂质含量的成分指标，例如，溶解氧、氯离子、钙镁离子等。另一种是为了技术上的需要反映水质某一方面特性的技术指标，例如，碱度、硬度、溶解固形物的含量等。

1. 浊度

是指水中悬浮物对光线透过时所发生的阻碍程度。水中的悬浮物一般是泥土、砂粒、微细的有机物和无机物、浮游生物、微生物和胶体物质等。水的浊度不仅与水中悬浮物质的含量有关，而且与它们的大小、形状及折射系数等有关。

水中含有泥土、粉砂、微细有机物、无机物、浮游生物等悬浮物和胶体物都可以使水质变得浑浊而呈现一定浊度，水质分析中规定：1L 水中含有 $1mgSiO_2$ 所构成的浊度为一个标准浊度单位，简称 1FTU。

2. 含盐量

表示水中溶解盐类的总和，单位为 mg/L。

指标：溶解固形物 RG、电导率 DD、氯根 Cl^-。

3. 硬度

硬度是指溶解于水中的钙、镁离子总量。钙离子存在于重碳酸钙、碳酸钙、硫酸钙、氯化钙等盐类中；镁离子存在于重碳酸镁、碳酸镁、硫酸镁、氯化镁等盐类中。

4. 碱度

碱度是指水中含有能够接受氢离子的物质的量。如 OH^-、CO_3^{2-}、HCO_3^-、PO_4^{3-} 以及其他一些弱酸性盐类和氨等，都是水中常见的碱性物质，它们都能与酸进行反应。碱度用符号"JD"表示。单位为 mmol/L。

天然水中一般不含 OH^-、CO_3^{2-} 的含量也很少，故天然水中的碱度主要是 HCO_3^-。HCO_3^- 进入锅筒后，在不同的压力和温度下，会全部分解成 CO_3^{2-} 和一定比例的 OH^-。因此，炉水的主要碱度由 CO_3^{2-} 和 OH^- 组成。

当水中同时存在重碳酸盐根（HCO_3^-）和氢氧根（OH^-）时，就会发生化学反应，即

$$HCO_3^- + OH^- \Longrightarrow CO_3^{2-} + H_2O$$

故水中不可能同时存在重碳酸根碱度和氢氧根碱度。

因此，水中碱度可能有五种不同存在形式：①只有 OH^- 碱度；②只有 CO_3^{2-} 碱度；③只有 HCO_3^- 碱度；④同时有 $OH^-+CO_3^{2-}$ 碱度；⑤同时有 $HCO_3^-+CO_3^{2-}$ 碱度。

5. 相对碱度

相对碱度是指锅水中游离的 NaOH 和溶解固形物含量之比值。即

$$相对碱度 = \frac{游离 NaOH}{溶解固形物} = \frac{[OH^-] \times 40}{溶解固形物}$$

相对碱度是为防止锅炉产生苛性脆化而规定的一项技术指标。锅炉在有高浓度 NaOH 和高度应力集中的情况下，会产生晶间腐蚀，称为苛性脆化。发生苛性脆化的部位失去了金属光泽，会使锅炉受热面发生脆性破裂。

6. 电导率

衡量水中含盐量最简便和迅速的方法是测定水的电导率。表示水中导电能力大小的指标，称为电导率。电导率是电阻的倒数，可用电导仪测定。电导率反映了水中含盐量的多少，是水纯净程度的一个重要指标。水越纯净，含盐量越少，电导率越小。水电导率的大小除了与水中离子含量有关外，还和离子的种类有关，单凭电导率不能计算水中含盐量。在水中杂质离子的组成比较稳定的情况下，可以根据试验求得电导率与含盐量的关系，将测定的电导率换算成含盐量。电导率的单位为 S/m 或 $\mu S/cm$。

7. pH 值

pH 值是用溶液中氢离子浓度的负对数来表示溶液酸碱性强弱的指标。

pH<7，水呈酸性；pH=7，水呈中性；pH>7，水呈碱性。

酸性水进入锅炉，会使金属产生酸性腐蚀。

8. 溶解氧

水中溶解氧气的浓度叫溶解氧。单位为 mg/L。

氧气在水中的溶解度随着温度的变化而变化，水温越高，其溶解度越小。由于水中的溶解氧能腐蚀金属，所以，锅炉给水中的溶解氧应尽量除去。控制溶解氧的含量是防止锅炉腐蚀的主要措施之一。

热水锅炉循环水处于密闭循环系统内，给水带入的溶解氧不能像蒸汽锅炉那样可以随蒸汽蒸发掉一部分，所以给水中溶解氧对热水锅炉的腐蚀更为严重。

9. 氯离子

水中氯离子的含量也是常见的一项水质指标，水中氯离子含量越低越好，含量高时则会腐蚀锅炉，易引起汽水共腾。由于氯化物的溶解度很大，不易呈固相析出，所以常以锅水中氯离子的变化，间接表示锅水含盐量的变化。另外也常用锅水中的氯离子含量和给水中氯离子含量的比值来衡量锅水浓缩倍数和指导排污。氯离子的单位以 mg/L 表示。

10. 亚硫酸根（SO_3^{2-}）

给水中的溶解氧可用化学方法去除，常用的化学药剂为亚硫酸钠。为了使反应完全，提高除氧效果，药剂的实际加入量要求多于理论计算量，以维持水中一定的亚硫酸根离子浓度。但加入量过多，不仅增加了运行费用，而且使锅水溶解固形物增加，从而增加锅水的泡沫，污染空气，易使蒸汽品质恶化。因此，对锅水中 SO_3^{2-} 浓度也作为一项控制指标。单位为 mg/L。

11. 磷酸根（PO_4^{3-}）

天然水中一般不含磷酸根。为了消除锅炉给水带入汽锅的残留硬度，使之形成松软的碱式磷酸钙水渣，随锅炉排污排走，通常在锅内进行加磷酸盐处理，同时还可消除一部分游离的苛性钠，保证锅水的 pH 值在一定范围内。但锅水中的磷酸根含量不能太高，过高时会生成 $Mg_3(PO_4)_2$ 水垢，也会增加不必要的运行费用。因此，对锅水中的 PO_4^{3-} 浓度应作为一项控制指标。单位为 mg/L。

12. 含油量

天然水中一般不含油，但蒸汽结水或给水在其使用过程中受到污染后可能混入油类物质。锅水含油在锅筒水位面易形成泡沫层，使蒸汽带水量增加，影响蒸汽品质，严重时造成汽水共腾，还会在传热面上生成难以清除的含油水垢。含油量的单位为 mg/L。

13. 含铁量

给水中含铁较高时对锅炉造成的主要危害是：结生氧化铁垢；三价铁离子是阴极去极化剂，可对金属本身构成腐蚀；氧化铁垢不仅妨碍传热，更为严重的危害是产生垢下腐蚀，造成金属管壁减薄、穿孔。

14. 酚酞碱度

为了即可放宽锅水碱度的上限值，又能防止由于 pH 值过高而造成的碱性腐蚀，也可通过制定锅水全碱度和酚酞碱度两个指标来实现。

9.1.5 工业锅炉水质标准

1. 适用范围

《工业锅炉水质》GB/T 1576—2008 本标准适用于额定出口蒸汽压力小于 3.8MPa，以水为介质的固定式蒸汽锅炉和汽水两用锅炉，也适用于以水为介质的固定式承压热水锅炉和常压热水锅炉。

由于本标准的水质不适合铝及铝合金防腐蚀条件，因此，规定本标准不适用于铝材制造的锅炉。

2. 标准内容

（1）规定了单纯采用锅外水处理的自然循环蒸汽锅炉和汽水两用锅炉的给水和锅水水质标准。

（2）规定了单纯采用锅内加药处理的自然循环蒸汽锅炉和汽水两用锅炉的给水和锅水水质标准。

（3）规定了单纯采用锅外水处理的热水锅炉的给水和锅水水质标准。

（4）规定了单纯采用锅内加药处理的热水锅炉的给水和锅水水质标准。

（5）规定贯流和直流锅炉应采用锅外水处理，并规定了给水和锅水水质标准。

（6）规定余热锅炉的水质指标应符合同类型、同参数锅炉的要求。

（7）规定了补给水和回水水质。

（8）规定了供汽轮机用汽的蒸汽质量

一些工业锅炉其蒸汽用于汽轮机发电，有必要规定此类蒸汽质量，在表注中规定：在表注中规定："对于供汽轮机用汽的锅炉，蒸汽质量应按照《火力发电机组及蒸汽动力设备水汽质量》GB 12145—2016 规定的额定蒸汽压力 3.8～5.8MPa 汽包炉标准执行"。

9.1.6　火力发电机组及蒸汽动力设备水汽质量标准

1. 适用范围

《火力发电机组及蒸汽动力设备水汽质量》GB/T 12145—2016 标准适用于锅炉主蒸汽压力不低于 3.8MPa（表大气压）的火力发电机组及蒸汽动力设备。

2. 适用范围

（1）氢电导率：水经过氢型强酸阳离子交换树脂处理后测得的电导率。

（2）无铜系统：与水汽接触的部件和设备（包括凝汽器在内）不含铜和铜合金材料的系统为无铜系统。

（3）氧化性全挥发处理〔AVT（O）〕：锅炉给水只加氨的处理。

（4）还原性全挥发处理〔AVT（R）〕：锅炉给水加氨和还原剂的处理。

（5）加氧处理（OT）：锅炉给水加氧的处理。

（6）炉水全挥发处理：将给水加挥发性碱，炉水不添加固体碱的处理定义为炉水全挥发处理。

（7）炉水固体碱处理：炉水中添加磷酸盐、氢氧化钠等固体碱的处理方式。

（8）标准值和期望值：运行控制的最低要求值为标准值；运行控制的最佳值为期望值。

3. 内容

《火力发电机组及蒸汽动力设备水汽质量》GB/T 12145—2016 标准规定了蒸汽质量标准、锅炉给水质量标准、凝结水质量标准、锅炉炉水质量标准、锅炉补给水质量标准、减温水质量标准、疏水和生产回水质量标准、闭式循环冷却水质量标准、热网补水质量标准、水内冷发电机的冷却水质量标准，同时还规定了停（备）用机组启动时的水汽质量标准和水汽质量恶化时的处理方法。

9.2　锅炉用水预处理

含有一定的泥砂、悬浮物和胶体物质的天然水，不能直接用于锅炉给水，否则会造成对锅炉运行的严重危害。若直接进入离子交换器，同样将会影响其正常运行。其危害主要有：污染树脂，并且这种污染较难复苏；水中微小杂质会使交换剂网状微孔堵塞，使交换剂交换能力降低，同时也会造成再生剂的用量增大；增加交换器的运行阻力和动力消耗，造成交换器出力下降。

为了保证锅炉和交换器的正常运行，就必须将锅给水在进入离子交换器之前，先将水中影响离子交换过程的杂质除掉，这种水处理工艺通常称为锅炉用水的预处理。本节针对锅炉用水的不同水源，对锅炉用水预处理的原理、设备和工艺流程做简单介绍。

9.2.1　地表水预处理

地表水预处理的目的主要是去除水中的悬浮物和胶体物质，通常采用混凝、沉淀和过油工艺进行水的预处理。

（1）地表水预处理宜采用混凝、澄清、过滤处理；水中悬浮物含量较小时，可采用混凝、过滤水处理设备。

（2）如果水中出现季节性含砂量或悬浮物含量较高，影响混凝、澄清处理时，则要在供水系统中设置降低泥砂含量的预沉水处理设备或增加蓄水池等。

（3）如果原水中重碳酸盐硬度或硅酸盐含量较大，或原水受到污染以综合治理、改善水质时，可考虑进行石灰或其他药剂联合处理。如当水中胶体硅含量较高（大于 $0.5\sim0.6mg/L$ 以上）时，可能会使锅炉蒸汽中含硅量超标，可采用钙化镁剂处理，以去除部分硅酸化合物。采用镁剂除硅后，可去除约 40％水中硅化合物，出水中 HSiO 含量降至 $1mg/L$。

（4）当原水有机物含量较高时，可采用氯化、混凝、澄清、过滤处理工艺，对水中有机物去除率一般可为 40％～60％，出水浊度可小于 $2mg/L$，基本上可以满足离子交换工艺对入床水质的要求。如需进一步除去水中有机物，可考虑在系统中增设活性炭过滤水处理设备或吸附树脂罐等水处理设备。

（5）活性炭过滤水处理设备既可除去某些有机物，也可除去水中游离氯，在深度预处理时使用较多。在使用活性炭过滤水处理设备时要注意：当活性炭过滤水处理设备以除去有机物为主时，宜放在阳床之后，研究证明，活性炭在酸性介质中可以较好的吸附水中有机物；当以除活性氯为主时，应放在阳床之前。

9.2.2 含铁地下水预处理

水中含铁在生活上和工业上有较大的危害，对工业锅炉及其水质处理的危害也不能忽视。因二价铁离子易污染离子交换树脂，使树脂铁中毒而降低交换能力；当用水作锅炉补给水时，容易在锅炉受热面上结成铁垢，这样就会影响传热效果，还会使垢下炉管发生腐蚀。

含铁地下水在我国分布甚广，通常水中 Fe^{2+} 的浓度都在 $1mmol/L$ 以下。地下水中的 HCO_3^- 浓度大多在 $1mmol/L$ 以上，所以，根据假想化合物的组合关系，地下水通常只含有 $Fe(HCO)_2$ 化合物。

由于地下水的溶解氧含量很低，而游离二氧化碳含量较高，所以，Fe^{2+} 比较稳定。通常采用以下几种方法，将 Fe^{2+} 从水中除掉。

1. 曝气除铁法

Fe^{2+} 具有较强的还原性，它易被氧化剂（如氧气、氯气、高锰酸钾等）氧化成 Fe^{3+}，Fe^{3+} 在水中易发生水解反应，生成难溶化合物 $Fe(OH)_3$ 沉淀，从而达到除铁。用空气中的氧气对地下水中 Fe^{2+} 进行氧化处理是最经济的方法。此方法是将含铁地下水提汲到地表面后，使其充分与空气接触，空气中的氧气使迅速溶于水中，这个过程称为地下水曝气。水中的 Fe^{2+} 与溶解的氧气发生如下反应

$$4Fe^{2+}+O_2+10H_2O\longrightarrow 4Fe(OH)_3+8H^+$$

$Fe(OH)_3$ 在形成中可与水中的悬浮杂质发生吸附架桥使其脱稳，即同时起到混凝作用。所以，含铁地下水的曝气过程是除铁和混凝同时发生的，曝气后的水经过过滤处理，即可将铁和悬浮物去除。

地下水曝气的目的不仅是让水中溶解氧气，同时也是为了散除水中的二氧化碳。

自然氧化除铁所需反应时间一般不超过 $1\sim2h$，若反应时间过长，处理系统会显得过于庞大而不经济，这时应采取加速氧化反应的措施。

当原水经曝气后，仍然为 $pH<7$，就需要采用石灰碱化法将水的 pH 值调整至 7 以上。地上水曝气装置较多，较为简单的装置有莲蓬头曝气和跌水曝气。

跌水曝气方法简单，运行安全。便于和重力式除铁滤池组合使用。

2. 锰砂过滤除铁法

（1）锰砂除铁原理

天然锰砂的主要成分是二氧化锰 MnO_2，它是二价铁氧化成三价良好的催化剂。只要含铁地下水的 PH$>$5.5 时，与锰砂接触，即可将 Fe^{2+} 氧化成 Fe^{3+} 其反应为

$$4MnO_2 + 3O_2 \longrightarrow 2Mn_2O_7$$

$$Mn_2O_7 + 6Fe_2 + 3H_2O \longrightarrow 2MnO_2 + 6Fe^{3+} + 6OH^-$$

生成的 Fe^3 立即水解成絮状氢氧化铁沉淀，其反应式为

$$Fe^{3+} + 3OH^- \longrightarrow Fe(OH)_3 \downarrow$$

$Fe(OH)_3$ 沉淀物经锰砂滤层后被去除。所以锰砂层是起着催化和过滤双重作用。由以上两式可见，在 Fe^{2+} 氧化为 Fe^{3+} 的过程中，水中必须保持足够的溶解氧，所以在用天然锰砂除铁时，仍需将原水充分曝气。

天然锰砂或人造锈铁有强烈的催化作用，能使水中二价铁在较低的 pH 值条件下，顺利进行氧化反应，所以锰砂除铁一般不要求提高水的 pH 值，曝气的主要目的是向水溶解氧气，而不是散除水中的二氧化碳。

锰砂除铁可用无阀滤池装填天然锰砂或人造锈铁，并提高进水区的跌水高度，即可成为良好的除铁设备。

（2）锰砂除铁系统

由于锰砂除铁只要求水中溶解氧气，而不必考虑散除二氧化碳问题，所以对用水量较小的工业锅炉的水处理宜采用压力式除铁系统。这种系统是在压力式锰砂过滤器之前设有水气混合装置，进行曝气充氧。常用的压力式除铁系统有气，如索引 09.02.001 所示。

9.2.3 自来水预处理

自来水是经过净化等一系列处理后的水，水中悬浮杂质含量都很少，一般都在 3mg/L 以下，这种水无需再进行除浊处理。因水厂为了消灭水中的细菌等微生物，防止疾病传播而进行加氯消毒，故自来水与天然水不同之点就是含有游离性氯（常以次氯酸 HOCl 形式存在）。向自来水中投加的氯量，一般由需氯量和余氯量两部分组成。需氯量是指用于杀死细菌和氧化有机物等所消耗的部分，余氯量是为了抑制水中残存细菌的再度繁殖，避免水质二次污染，一般要求自来水管网中尚需维持少量剩余氯。通常规定，管网末端余氯量不能低于 0.05mg/L。出厂水余氯控制在 0.5~1.0mg/L。如锅炉给水中余氯量较大，而进入离子交换器，则会破坏离子交换树脂的结构，使其强度变差，颗粒容易破碎。因此，用自来水作为锅炉的补给水源时，如果水中活性氯较大，在离子交换软化之前，需将水中的游离性余氯去除；特别是在距自来水厂较近时，更应十分注意。通常采用的除氯方法有化学还原法和活性炭脱氯法。

1. 化学还原法

化学还原法向含有余氯的水中投加一定量的还原剂，使之发生脱氯反应。通常还原剂有二氧化硫和亚硫酸钠。

（1）二氧化硫的脱氯反应为

$$SO_2 + HOCl + H_2O \longrightarrow 3H^+ + Cl^- + SO_4^{2-}$$

此反应非常迅速，脱氯效果较好，但反应结果由弱酸转变成强酸，会使水的 pH 值所

降低。

（2）亚硫酸钠的脱氯反应为

$$Na_2SO_3 + HOCl \longrightarrow Na_2SO_4 + HCl$$

亚硫酸钠具有较强的还原性，不仅能与次氯酸迅速反应，而且还能于水中的溶解氧发生反应

$$2Na_2SO_3 + O_2 \longrightarrow 2Na_2SO_4$$

因此，用亚硫酸钠处理自来水会起到脱氯和除氧的双重效果。

亚硫酸钠的投加可采用如索引 09.02.002 所示的孔板加药，用转子流量计控制加药量，该方法设备简单、操作方便，可同时达到脱氯和除氯的目的。

2. 活性炭脱氯法

活性炭是用木炭、煤、果壳等为原料，经高温炭化和活化后制成的一种吸附剂，其微孔结构发达，吸附性能优良，用途广泛。活性炭对许多物质都有一定的吸附能力，同时也能去除水中的臭味、色度及有机物等，且活性炭表面还能起到接触催化的作用。活性炭脱氯作用，并非是单纯的吸附过程，同时在其表面发生了一系列的化学反应。当含有活性氯的水通过活性炭滤层时，由于活性炭的催化作用是游离氯变成氯离子。如果单纯以脱氯为目的，则活性炭使用寿命是很长的。例如，用 $19.6m^2$ 的粒状活性炭滤料，处理含余氯量为 4mg/L 自来水，可连续制取 $264.95 \times 10^4\ m^2$ 的余氯质量浓度小于 0.01mg/L 的水。在相同条件下，处理含氯质量浓度为 2mg/L 水时，其寿命可延长至六年左右。如果在原水中还有有机物和悬浮物共存时，在这些活性炭表面起氧化作用，从而促使其性能下降。

活性炭吸附过滤装置通常采用单流式机械过滤器，过滤器的入口可直接与自来水管连接，当自来水的压力不足时，可装设水箱用泵输送，过滤器和离子交换器串联运行。过滤器内活性炭层高一般为 1.0～1.5m，如果脱氧和除浊同时进行时，一般采用 6～12m/s 滤速，单纯用于脱氯可采用 40～50m/s 滤速，当活性炭过滤器截留悬浮物较多，使水流阻力增大，或出水水质恶化时，应自行反冲洗，反冲洗方法与普通滤池相同。

活性炭的炭粒小，温度升高，pH 值降低，都会使反应速度加快。活性炭脱氯简单、经济、有效，其应用较普遍。

9.2.4　高硬度与高碱度水预处理

原水硬度过高时，如果直接进入离子交换器进行软化，单级钠离子难以达到软化要求，且经济效益明显下降。而碱度过高的水，也不能直接作为锅炉的补给水。对于高硬度和高碱度的水，在送入锅炉和进行离子交换软化之前，宜采用化学方法进行预处理，通常有以下几种方法。

1. 石灰预处理法

（1）石灰处理的化学反应

生石灰（CaO）是由石灰石经过燃烧制取。通过加水消化后制成熟石灰（$Ca(OH)_2$），其反应为

$$CaO + H_2O \longrightarrow Ca(OH)_2$$

将 $Ca(OH)_2$ 配制成一定浓度石灰乳溶液投加在水中，进行如下化学反应

$$Ca(OH)_2 + CO_2 \longrightarrow CaCO_3 \downarrow + H_2O$$
$$Ca(OH)_2 + Ca(HCO_3)_2 \longrightarrow 2CaCO_3 \downarrow + 2H_2O$$

$$Ca(OH)_2 + Mg(HCO_3)_2 \longrightarrow CaCO_3 \downarrow + MgCO_3 + 2H_2O$$
$$Ca(OH)_2 + MgCO_3 \longrightarrow CaCO_3 \downarrow + Mg(OH)_2 \downarrow + H_2O$$

熟石灰最容易于水中 CO_2 起化学反应，其次与碳酸盐硬度起化学反应，后者是石灰软化的主要反应。由于上式中反应生成的 $MgCO_3$，其溶解度较高，还需要再与 $Ca(OH)_2$ 进一步反应，生成溶解度很小的 $Mg(OH)_2$ 才会沉淀出来。

单纯石灰软化是不能降低水中的非碳酸盐硬度的，不过，通过石灰处理，在软化的同时还可以去除水中部分铁和硅的化合物，其反应式为

$$4Fe(HCO_3)_2 + 8Ca(OH)_2 + O_2 \longrightarrow 4Fe(OH)_3 \downarrow + 8CaCO_3 \downarrow + 6H_2O$$
$$HSiO_3 + Ca(OH)_2 \longrightarrow CaSiO_3 \downarrow + 2H_2O$$

当水中总碱度大于总硬度时，水中存在钠盐碱度，石灰软化不能去除钠盐碱度，仅是把 $NaHCO_3$ 等物质量转化为 $NaOH$，即碱度不变，其反应为

$$NaHCO_3 + Ca(OH)_2 \longrightarrow CaCO_3 \downarrow + NaOH + H_2O$$

（2）石灰处理后的水质变化。

经石灰处理后，水中碳酸盐硬度大部分被去除，非碳酸盐硬度得不到去除，残留碳酸盐硬度可减少到 $0.4 \sim 0.8$mmol/L。

经石灰处理后，水中和碳酸盐硬度相应的碱度也得到去除。残留碱度可降到 $0.8 \sim 1.2$mmol/L，但水中的钠盐碱度得不到去除，只能等当量由 $NaHCO_3$ 转化为 $NaOH$。

经石灰处理后，水中有机物去除率为 25% 左右；硅化物降低 30%～35%，铁的残留量小于 0.1mg/L。所以相应减少了原水中溶解固形物。

（3）石灰预处理系统

1）澄清池石灰处理系统

用石灰预处理需要的处理构筑物，和用混凝剂去除悬浮物的构筑物类似。石灰也和混凝剂一样，需要经过一个配制和投加过程，水里加了石灰后，也需经过混合、反应、沉淀和过滤的过程。但石灰预处理构筑物有几个特点：

石灰的溶解配制比混凝剂困难，一般石灰用量比混凝剂要大得多，并容易产生堵塞管道、排渣困难等一系列问题，软化产生的沉淀物较细，比悬浮物沉得慢，因此，往往需要同时投加一定量的絮凝剂以形成较大颗粒，设备采用澄清池较好，当用其他设备时，停留时间相对较长。

石灰比较便宜，又易得到，所以当水中碳酸盐硬度较高时，用石灰除去碳酸盐硬度，会降低软化水的成本。尤其是当原水是地面水，需要同时除去浊度时，采用石灰软化，不必增加沉淀设备，更方便，如索引 09.02.003 所示给出了两个石灰处理的实际流程。

用这种方法加石灰是比较准确，但由于饱和器停留时间太长，只适用于石灰用量小的情形。

沉淀设备可以采用平流沉淀池或澄清池，采用平流式沉淀池时，沉淀时间需加长到 $4 \sim 6$h。在澄清池的停留时间随澄清池的类型有所不同，对加速澄清池仍可按 1.5h 考虑。

2）涡流反应器石灰处理系统

用涡流反应器也可进行脱硬处理，如索引 09.02.004 所示。此设备主要用钙硬度较大及镁硬度不超过总硬度的 20% 和悬浮物不大的情况，可设计成压力式或敞开重力式。原

水和石灰乳都从锥底延切线方向进入反应器，因水的喷射速度较高，产生强烈的涡流旋转上升，与注入的石灰乳充分混合并迅速发生反应，生成碳酸钙沉淀。先形成的沉淀为结晶核心，后生成的碳酸钙与结晶核心接触逐渐长大成球形颗粒从水中分离出来。由于沉淀物形成致密的结晶体，防止高度分散的泥渣产生，从而加快了沉淀物的分离速度。这种设备体积小，出水能力较高，但它不能将镁硬度分离出来。

涡流反应器的最大优点是把软化所需要的混合、反应和沉淀三种作用包括在一个设备中，而停留时间只需 $10\sim15min$，它是容积最小的一种设备。另外沉渣都呈颗粒状、排渣水量小，沉渣容易脱水。但是由于产生的 $Mg(OH)_2$ 不能被吸附在砂粒上，会使水变浑。为避免这种现象出来，一般加石灰量应略低于和重碳酸钙反应的需要量，且当水中 Mg^{2+} 浓度超过 $0.8mmol/L$ 时，不宜采用涡流反应器。

2. 石灰—苏打处理法

（1）石灰—苏打处理法化学反应

当原水硬度高而碱度较低时，除了采用石灰处理去除碳酸盐硬度外，通常还可用苏打（Na_2CO_3）去除非碳酸盐硬度。这种处理方法是向水中同时投加石灰和苏打，所以称石灰—苏打处理法。石灰与水中 CO_2 和碳酸盐硬度的化学反应如前所述，苏打与非碳酸盐硬度发生如下化学反应

$$CaSO_4 + Na_2CO_3 \longrightarrow CaCO_3\downarrow + Na_2SO_4$$

$$CaCl_2 + Na_2CO_3 \longrightarrow CaCO_3\downarrow + 2NaCl$$

$$MgSO_4 + Na_2CO_3 \longrightarrow MgCO_3 + Na_2SO_4$$

$$Mgcl_2 + NaCO_3 \longrightarrow MgCO_3 + 2NaCl$$

反应生成的 $MgCO_3$ 进一步与石灰反应生成 $Mg(OH)_2$ 沉淀。

$$MgCO_3 + Ca(OH)_2 \longrightarrow Mg(OH)_2\downarrow + CaCO_3\downarrow$$

该方法适用与硬度大于碱度的原水，软化水的剩余硬度可降低到 $0.3\sim0.4mmol/L$。

（2）石灰—苏打处理后的酸化

在石灰或石灰纯碱处理过程中，为了较彻底地除掉镁硬度，需多投加石灰，因此致使水中的 Ca^{2+} 和 OH 含量明显地增加。这会影响到水的软化效果，并且导致 OH^- 碱度的增加，在这种情况下可采用下列采用两种方法进行在处理。

1）采用部分原水混合法。这种方法是将 $60\%\sim90\%$ 原水通过石灰或石灰—苏打处理，而将另一部分原水（$10\%\sim40\%$）与软化处理后的水进行混合，也可达到中和过量碱度及降低硬度的目的。

2）通过二氧化碳进行酸化的反应如下

$$CO_2 + 2OH^- \longrightarrow CO_3^{2-} + H_2O$$

$$CO_3^{2-} + Ca^{2+} \longrightarrow CaCO_3\downarrow$$

在用 CO_2 酸化时，应保持水中的 pH 值不能低于 10，否则大量的 CO_3^{2-} 会转化为 HCO_3^-，其反应式为

$$CO_3^{2-} + H_2O \longrightarrow HCO_3^- + OH^-$$

因此过量 Ca^{2+} 不能沉淀下来。

（3）石灰—苏打处理系统

如索引 09.02.005 所示为苏打溶液配制与加药系统。该系统适用于处理水量较大的锅炉。碳酸钠用电动吊桶运至溶解箱内，通过水力搅拌进行溶解，一般配制成质量分数为 5%～10% 的溶液；溶液泵既起着水搅拌溶解的作用，又起着输送溶液的作用。用溶液泵将药液输送到加药罐内，然后通过水力排挤法注入水管中。

3. 石灰—石膏处理法

石灰—石膏（$CaSO_4$）处理法适用于原水中硬度大于碱度的情况，当原水中碱度大于硬度时，单纯石灰软化，只能较低与碳酸盐硬度相应的那一部分碱度，而其余的盐碱度是不能除去的。如果同时投加石膏（$CaSO_4$ 也可用 $CaCl_2$），则在软化的同时，不降低水的钠盐碱度。其反应式为

$$4NaHCO_3 + 2CaSO_4 + Ca(OH)_2 \Longrightarrow 2CaCO_3 \downarrow + 2Na_2SO_4 + 2H_2O$$

4. NaOH 处理法

NaOH 可以代替石灰—苏打处理，其化学反应为

$$Ca(HCO_3)_2 + 2NaOH \longrightarrow CaCO_3 \downarrow + Na_2CO_3 + 2H_2O$$

$$Mg(HCO_3)_2 + 4NaOH \longrightarrow Mg(OH)_2 \downarrow + 2Na_2CO_3 + 2H_2O$$

$$MgSO_4 + 2NaOH \longrightarrow Mg(OH)_2 \downarrow + 2NaCl$$

$$CO_2 + 2NaOH \longrightarrow Na_2CO_3 + H_2O$$

$$CaCl + Na_2CO_3 \longrightarrow CaCO_3 \downarrow + 2NaCl$$

$$CaSO_4 + Na_2CO_3 \longrightarrow CaCO_3 \downarrow Na_2SO_4$$

9.3 水的离子交换原理

离子交换水处理是一种去除水中可溶性杂质离子的方法。水可在一定条件下，通过离子交换剂就完成了离子交换水处理过程，水本身得到了软化、除碱和除盐等。这种过程是依靠离子交换剂本身所具有的某种离子和水中同电性的离子相交换而完成的，如交换反应。

$$2NaR + Ca^{2+} = CaR_2 + 2Na^+$$

Na 型离子交换剂　　Ca 型离子交换剂

$$2NaR + Mg^{2+} = MgR_2 + 2Na^+$$

Na 型离子交换剂　　Mg 型离子交换剂

式中 R 不是化学符号，只用于表示离子交换剂母体。反应后 Na 型离子交换剂因吸附水中的 Ca^{2+} 转变为 Ca 型离子交换剂，原含 Ca^{2+} 的水因其 Ca^{2+} 同 Na 型离子交换剂上的 Na^+ 发生交换而得到软化。离子交换剂失去交换能力后可用食盐溶液再生。

离子交换水处理具有高效、简便，交换系可再生，去除水中离子状态杂质比较彻底，适应性广等特点。

9.3.1 离子交换树脂的物理性质

1. 外观

离子交换树脂的外观表现在以下几个方面：

（1）样色

离子交换树脂是一种呈透明或半透明的物质，颜色有黄、白、赤褐色、黑色等。如苯乙烯呈黄色，丙烯酸系呈橙黄色等。树脂的颜色与其性能关系不大，一般交联剂多的，原料中杂质多的，制出的树脂颜色稍深；树脂失效或被铁质及有机物污染后，颜色也会变深。

（2）形状

离子交换树脂一般呈球形，树脂呈球状的百分率，通常用圆球率表示，树脂的圆球率越高越好，一般应达90％以上。球形有很多优点，如制造容易，聚合式可直接成型（利用不同的搅拌速度，即可得到不同粒度的树脂），树脂填充状态和流动性好，易用水力装卸；水流分布均匀，而且水通过树脂层的压力损失较小；单位体积内的装卸量最大；耐磨性能也比较其他形状好。

（3）粒度

它是指树脂在水中充分膨胀后的颗粒直径。树脂颗粒大，交换速度慢；颗粒小，水流通过树脂层的压力损失大；颗粒大小不均匀，水流分度也不均，导致反洗流速控制困难，过大会冲走小颗粒，过小又不能松动大颗粒。

2. 密度

树脂的密度可分为干、湿两种，在水处理中都使用湿密度。

（1）干真密度

干真密度是指在干燥状态下树脂本身的密度

$$干真密度＝干树脂质量/树脂的真体积$$

树脂的真体积湿指树脂颗粒内实体部分所占的体积，颗粒内孔眼和颗粒间孔隙的容积均不应计入。树脂干真密度的值一般为1.6左右，在使用上对凝胶型树脂意义不大。

（2）湿真密度

湿真密度指树脂在水中经充分膨胀后颗粒的密度

$$湿真密度＝湿树脂质量/湿树脂的真体积$$

这里的湿树脂重包括颗粒微观孔隙重的溶胀水重；湿树脂颗粒体积也包括颗粒微观孔隙及其所含溶胀水的体积，但不包括树脂颗粒之间的孔隙体积。树脂的湿真密度一般为$1.04\sim1.30g/mL$，它在实用上有重要意义，阳树脂一般比阴树脂的湿真密度大。

（3）湿视密度

湿视密度指树脂在水中充分膨胀后的堆积密度

$$湿视密度＝湿树脂质量/湿树脂的堆积体积$$

湿树脂堆积体积包括树脂颗粒之间的孔隙体积。熟知的湿视密度一般为$0.6\sim0.85g/mL$，在设计交换器时，常用它来计算树脂的用量。

树脂的密度主要取决于树脂的交联度及其种类。对于含同一类交换基团的树脂，交联度高的，其密度就大；对于交联度相同的树脂，阳树脂的密度一般比阴树脂的大。

3. 含水率

熟知的含水率是指水中充分膨胀的湿树脂所含水分的百分数，即

$$含水率＝溶胀水重/干树脂重＋溶胀水重×100\%$$

树脂的含水率主要取决于树脂的交联度，交换基团的类型和数量等。树脂的交联度低，则树脂的孔隙率大，其含水率就高；当交联度为1％～2％时，含水率达80％以上；

而一般树脂的交联度为7%时，含水率只有50%左右。

4. 溶胀率 干树脂浸入水中体积变大的现象称为树脂的溶胀性

这是由于活性基团在水中发生电离过程和电离出来的离子发生水合作用，使树脂骨架重的碳链结构松弛而造成的。树脂的溶胀程度常用溶胀率表示。

树脂溶胀率的大小与下列因素有关：

（1）交联度

交联度越小，溶胀率越大。

（2）活性基团

活性基团越易电离，溶胀率越大，如强酸性阳树脂的溶胀率大于弱酸性阳树脂的溶胀率。

（3）溶液浓度

溶液中电解质浓度越大，由于渗透压加大，双电层被压缩，树脂溶胀率就越小。

（4）交换容量

交换容量高的树脂，其溶胀率大。交换容量高，即水合水多，其溶胀率就大。

（5）可交换离子的水合度

可交换离子的水合度或相应得水合离子半径越大，树脂溶胀率就越大。对于强酸性和强碱性离子交换树脂，溶胀率大小的次序为

$$H^+ > Na^+ > NH^{4+} > K^+ > Ag^+ > OH^+ > HCO^{3-} \approx CO_3^{2-} > SO4^{2-} > Cl^-$$

一般，强酸性阳离子交换树脂由 Na 型变成 H 型，强碱性阴离子交换树脂由 Cl 型变成 OH 型，其体积均可增加 5%。

由于离子交换树脂具有这样的性能，因而在其交换和再生的过程中会发生浓缩现象，多次的胀缩就容易促使颗粒碎裂。

5. 机械强度

树脂颗粒在运行过程中，因受到冲击、碰撞、摩擦等机械作用和胀缩的影响，会产生碎裂现象。因此，树脂颗粒应具有一定的机械强度，以保证每年树脂的耗损量不超过3%～7%。

树脂颗粒的机械强度主要取决于交联度，交联度大，机械强度就高。一般的大孔型树脂的机械强度不如凝胶型的，但其使用寿命比凝胶型的还长，其主要原因是大孔型树脂在交换和再生过程中体积变化不大所致。

6. 耐热性

耐热性是指树脂在热的水溶液中的稳定性。各种树脂所能承受的温度都有一定的最高限度，耐热温度过高或过低，对树脂的强度及交换容量都有很大的影响。一般，阳离子交换树脂 Na 型在 120℃以下、H 型在 100℃以下，阴离子交换树脂强碱性的在 60℃以下，弱碱性的在 80℃以下使用都是安全的。

通常，阳离子交换树脂的耐热性比阴离子交换树脂好，盐型的又比 H（或 OH）型的好，而盐型中又以 Na 型为最好。

7. 溶解性

离子交换树脂基本上是一种不溶于水的高分子化合物，但在产品中经常带有少量相对分子质量较小，聚合度较低的低聚物存在，所以在使用初期，这些物质会逐渐溶解。

离子交换树脂在使用中，有时会转变成胶体，渐渐溶入水中，即所谓胶溶。树脂的交联度越小，胶溶现象也就越容易发生。离子交换器刚投入运行时，有时发生出水带色现象，这就是胶溶的缘故。

8. 导电性

干燥的离子交换树脂不导电，但堆集在一起的湿树脂导电，所以它的导电是属于离子型的。

9.3.2 离子交换树脂的化学性质

1. 酸、碱性

离子交换树脂是一种具有不溶性固体的多价酸或碱。它具有一般酸或碱的反应性能，在水中可以离解出 H^+ 或 OH^-。离子交换树脂酸碱性的强弱，主要取决于树脂所带交换基团的性质，其中，阳离子交换树脂酸性强弱的顺序是：

$$-SO_3H > -PO_3H_2 > -COOH > -OH$$

碳酸基　　磷酸基　　羧酸基　　酚基

强酸或强碱性树脂的活性基团电离能力强，在水中离解度大，其交换容量基本上不受 pH 值的影响；而弱酸或弱碱性树脂在水中离解度小，交换反应受 pH 值的影响大，在水的 pH 值高时不电离或仅部分电离，只是在酸性溶液中才会有较高的交换能力。各种树脂有效 pH 值范围见表 9-4。

各种类型树脂有效 pH 值范围　　　　表 9-4

树脂类型	强酸性阴离子交换树脂	弱酸性阳离子交换树脂	强碱性阴离子交换树脂	弱酸性阴离子交换树脂
有效 pH 值范围	1～14	5～14	1～12	0～7

离子交换树脂的中和与水解的性能和通常的电解质一样，当水解产物有弱酸或弱碱时，水解度就较大，其反应为

$$RCOONa + H_2O \longrightarrow RCOOH + NaOH$$
$$RNH_3Cl + H_2O \longrightarrow RNH_3OH + HCl$$

所以，具有弱酸性基团或弱碱性基团的离子交换树脂，易于水解。

2. 可逆性

离子交换反应是可逆的，如果有硬度的水通过 H 型离子交换树脂时，交换反应为

$$2HR + Ca^{2+} \longrightarrow CaR_2 + 2H^+$$

这两种反应，实质上就是下式可逆反应化学平衡的移动，当水中 Ca^{2+} 和 H 型离子交换树脂多时，反应正向进行，反之，则逆向进行，即

$$2HR + Ca^{2+} \rightleftharpoons CaR_2 + 2H^+$$

因为离子交换反应具有可逆性，所以离子交换树脂才能反复使用。

3. 选择性

离子交换树脂的选择性是表示离子交换树脂对各种离子的吸着能力的大小。有些离子易被树脂吸着，但吸着后再把它置换下来比较困难；而另一些离子很难被吸着，但被置换下来比较容易，这种性能称为离子交换树脂的选择性。离子交换树脂对水中不同离子的选择性与树脂的交联度、交换基团、可交换离子的性质、水中离子的浓度和水的温度等因素

有关。一般优先交换价数高的离子，在同价离子中有线交换原子序数大的离子，树脂尺寸大的离子（如络离子、有机离子）选择性较高。树脂在常温、低浓度水溶液中对常见离子的选择性次序如下：

强酸性阳离子交换树脂

$$Fe^{3+} > Al^{3+} > Ca^{2+} > Mg^{2+} > K^+ > Na^+ > H^+ > Li^+$$

弱酸性阳离子交换树脂

$$H^+ > Fe^{3+} > Al^{3+} > Ca^{2+} > Mg^{2+} > K^+ > Na^+ > Li^+$$

强碱性阴离子交换树脂

$$SO_4^{2-} > NO_3^- > Cl^- > OH^- > F^- > HCO_3^- > HSiO_3^-$$

弱碱性阴离子交换树脂

$$OH^- > SO_4^{2-} > NO_3^- > Cl^- > HCO_3^-$$

树脂的选择性会影响到它的交换和再生过程，故在实际应用中是一个很重要的问题。

4. 稳定性

离子交换树脂有较强的化学稳定性，但在有些情况下树脂结构也有被破坏的可能。例如，在碱性溶液中遇有铁离子时，阳离子交换树脂很容易发生"中毒"现象，树脂交换能力显著降低，颜色变深、变暗，甚至破碎。水中的氯气也能使树脂"中毒"，因此采用自来水作为水源时要更加注意。中毒后的树脂先是颜色变浅、发亮，出水量减少，以后树脂很快破碎。阴离子交换树脂的抗氧化能力较差，常容易被有机物污染或"中毒"。

5. 交联度

在离子交换树脂合成时，苯乙烯本身只会形成链状结构，只有在加入二乙烯苯产生"架桥"交联作用后，高分子产物才成立体网状结构，故称二乙烯苯为交联剂，交联剂加入的质量百分数，称为交联度。

6. 交换容量

离子交换树脂的交换容量是表示其可交换离子量的多少，也就是它的交换能力。它是离子交换树脂的一个重要技术指标，常用的有全交换容量和工作交换容量两种。

（1）全交换容量（E）

全交换容量又称总交换容量，是指树脂全部交换基团都起作用至完全失效时的交换能力，其数值由树脂制造厂经测定给出。商品树脂上所标的交换容量就是全交换容量。

（2）工作交换容量（Eg）

工作交换容量是指树脂在工作状态下达到一定失效程度时所表现的交换能力。其数值随树脂工作条件的不同而变化，一般只有全交换容量的 $60\% \sim 70\%$。影响树脂工作交换容量的因素较多，如树脂的类型、离子交换方式、进水中离子的种类和浓度、交换终点的控制指标、树脂层的高度、交换速度、再生条件和程度等。

9.3.3 离子交换树脂的保管、适用和污染后的处理

树脂虽然有较强的化学稳定性，但如保管使用不当，仍会中毒或破损，导致其强度下降，工作交换容量显著降低。因此，保管和使用树脂时应采取妥善措施。

1. 树脂的保管

（1）树脂用湿法保存

如保管中树脂已脱水，不要立即放入水中浸泡，应先放入浓食盐液中浸泡，并逐步加

水稀释，使树脂缓慢膨胀。浸泡树脂的水则要经常更换，以免细菌繁殖，污染树脂。

（2）树脂的保管温度

树脂的保管温度以5℃～40℃为佳，温度过低（0℃以下），树脂中的水分结冰，树脂会因体积膨胀而碎裂；温度过高（40℃），细菌易繁殖，使树脂污染，另外，也容易使树脂结块，影响交换容量和使用寿命。在0℃以下保管树脂，应将树脂浸泡在食盐溶液中，浓度可视环境温度，参照表9-5选定。

NaCl 溶液浓度和冰点的关系

表 9-5

W（NaCl）（%）	10	15	20	23.5
密度	1.0742	1.1127	1.1525	1.1797
冰冻点（℃）	-7.0	-10.8	-10.3	-21.2

（3）树脂保管要防破损和污染

树脂保管要避免重物挤压和接触铁、油污、强氧化剂、有机物等，以免树脂破损和污染。

（4）用过的树脂

对已用过的树脂，若长期不用，应将其转为出厂时的盐基型，并用水清洗后封存。

2. 树脂的使用

（1）新树脂要先进行预处理

新树脂在使用之前要进行预处理，以洗去树脂表面一些杂质等，并使之转型成需要的形式。

（2）防止树脂性能的降低

避免可能给树脂带来的机械的、物理的或化学的侵蚀，因树脂吸附和解析酸碱和有机物，致树脂的强度降低和破损。

（3）减少污染

要尽量避免或减少对树脂的污染。总之，要采取必要的措施来保持树脂的稳定性和强度，延长树脂的使用时间。

3. 树脂污染后的处理

（1）树脂层的灭菌

树脂表面由于胶体杂质的吸附所导致的微生物（细菌）污染，可采用灭菌剂或氯化法处理等灭菌方法。一般用质量分数为1%的甲醛溶液浸泡2～4h，然后用水冲洗至无甲醛臭味为止。

（2）有机物的消除

树脂被有机物污染后，可采用压缩空气冲刷，使树脂颗粒相互"擦洗"再用水反洗，即可除掉有机物。被有机物污染的阳树脂还可用质量分数为7%～10%的热盐液（约40℃）在设备中循环12h，然后再用水冲洗；也可用质量分数为10%的NaCl和质量分数为6%的NaOH混合液进行处理。

（3）铁、铝以及其氧化物的去除

水中的铁、铝离子与树脂结合的较牢固，易使树脂的再生不良，且再生洗下来的铁、铝又易水解成氢氧化物而沉积在树脂颗粒表面，从而使树脂交换容量下降，甚至使树脂中毒。可用质量分数为 10％～15％HCl 溶液进行处理去除它们，再用相应的再生剂使之转型为需要的形式。

（4）沉淀物的去处

当阳离子交换树脂用硫酸或硫酸盐再生时，或食盐溶液中硫酸根含量较多时，往往在树脂中会结生硫酸钙白色沉淀物。可用质量分数为 5％的 HCl 溶液去处理树脂，除去此沉淀物。

9.3.4　阳离子交换软化法

1. 基本原理

原水流经阳离子交换剂时，水中的 Ca^{2+}、Mg^{2+} 等阳离子被交换剂所吸附，而交换剂中的可交换离子（Na^+、H^+ 或 NH^{4+}）则转入水中，从而去除了水中钙、镁离子，使水得到了软化。

阳离子交换剂可看成是由不溶于水的交换剂母体和可离解分出的可交换离子两部分组成。如果把以阳离子交换剂母体为主的复杂阴离子团用 R^- 表示，可交换离子用相应的离子符号（Na^+、H^+ 或 NH^{4+}）表示，则上述阳离子交换软化过程可用下式表示

$$Ca^{2+} + 2NaR \Longrightarrow CaR_2 + 2Na^+$$

$$Mg^{2+} + 2NaR \Longrightarrow MgR_2 + 2Na^+$$

在交换软化反应中，交换剂和水的可交换离子（Na^+ 和 Ca^{2+}、Mg^{2+}）之间进行了等当量而可逆的反应。

2. 钠离子交换软化法

钠离子交换剂用 NaR 表示。钠离子交换软化反应为

$$Ca(HCO_3)_2 + 2NaR \Longrightarrow CaR_2 + 2NaHCO_3$$

$$Mg(HCO_3)_2 + 2NaR \Longrightarrow MgR_2 + 2NaHCO_3$$

$$CaSO_4 + 2NaR \Longrightarrow CaR_2 + Na_2SO_4$$

$$MgSO_4 + 2NaR \Longrightarrow MgR_2 + Na_2SO_4$$

$$CaCl_2 + 2NaR \Longrightarrow CaR_2 + 2NaCl$$

$$MgCl_2 + 2NaR \Longrightarrow MgR_2 + 2NaCl$$

由上述反应可见，钠离子交换软化即可除暂硬，又可除永硬，处理后水的残余硬度可降到 0.01～0.03mmol/L，甚至更低。但它不能除碱，因为构成天然水碱度主要部分（或全部）的 $Ca(HCO_3)_2$ 和 $Mg(HCO_3)_2$ 等当量地变为 $NaHCO_3$，后者仍构成碱度。另外，处理后水的含盐量增加，因为钙、镁盐等当量地转变成钠盐，而钠的当量值（23）比钙和镁的当量值（20.04 和 12.16）高，所以用毫克每升表示的水的含盐量将有所提高。

随着交换软化过程的进行，交换机中的 Na^+ 逐渐被 Ca^{2+}、Mg^{2+} 所代替，软水的残余硬度将逐渐增大。当残余硬度达到某一值后，水质已不符合锅炉给水标准要求，则认为交换剂失效，应立即停止软化，对交换剂进行再生（还原），以恢复其软化能力。常用的再生剂时食盐 NaCl。由于 Ca^{2+}、Mg^{2+} 比 Na^+ 所带的电荷多，处于选择性置换顺序的前边，所以必须使用浓度较高的食盐溶液。再生反应为

$$CaR_2 + 2NaCL \Longrightarrow 2NaR + CaCl_2$$

$$MgR_2 + 2NaCl \Longrightarrow 2NaR + MgCl_2$$

再生生成物 $CaCl_2$ 和 $MgCl_2$ 溶于水，可随再生废液一起排掉。再生后，交换剂重新

吸附 Na^+，变成 NaR，又恢复离子交换的能力，可继续用来对水进行软化。

恢复交换剂 1mol 的交换能力所消耗的再生剂克数叫做再生剂的耗量，如用食盐再生，则叫做盐耗。因离子交换的量时按一定的比例进行的，所以理论上每除掉 1mol 硬度需消耗 1mol 食盐，即 58.5g 食盐（理论比盐耗）。在实际应用中，再生剂的用量总要超过理论值。

钠离子交换软化法的主要缺点时他不能除碱。对于使用暂硬度的碱性水的锅炉，采用此法往往会造成炉水碱度过度，增加锅炉排污水量和热量损失。

3. 部分钠离子交换软化法

部分钠离子交换软化，既让原水只有一部分流经钠离子交换器进行软化，而另一部分原水则不经软化直接流入水箱（通有蒸汽加热）。经钠离子软化的这部分软水，其中的暂硬转变为 $NaHCO_3$，后者在水箱中受热分解，形成 $NaCO_3$ 和 NaOH；再利用 Na_2CO_3 和 NaOH 去与未经软化的原水中硬度反应，生成 $CaCO_3$ 沉淀，定期从水箱底部排掉，同时消失一部分碱度，其反应为

$$2NaHCO_3 == Na_2CO_3 + CO_2 + H_2O$$
$$CaCl_2 + Na_2CO_3 == CaCO_3 \downarrow + 2NaCl$$
$$CaSO_4 + Na_2CO_3 == CaCO_3 \downarrow + Na_2AO_4$$
$$Na_2CO_3 + H_2O \longrightarrow 2NaOH + CO_2 \uparrow$$
$$Ca(HCO_3)_2 + 2NaOH == CaCO_3 \downarrow + Na_2CO_3 + 2H_2O$$

采用这种方法必须控制好须经软化的原水的比例，保证混合后的水具有适当的残余碱度和硬度。

部分钠离子交换如花具有以下特点：可以除碱；可用较小的钠离子交换器；软化不彻底，混合后水的残硬较高；水箱中有碳酸钙沉积，需清理。因此，它只适用于低压工业锅炉，原水总硬度不太高时的软化，除碱。

4. 氢离子交换氢

阳离子交换剂不用 NaCl 食盐，而是用酸（HCl 或 H_2SO_4）去还原，则可得到氢离子交换剂 HR，反应为

$$CaR_2 + 2HCl == 2HR + CaCl_2$$
$$MgR_2 + 2HCl == 2HR + MgCl_2$$

原水流经氢离子交换剂层时，同样可以得到软化，其交换软化反应为

$$Ca(HCO_3)_2 + 2HR == CaR_2 + 2H_2O + 2CO_2 \uparrow$$
$$Mg(HCO_3)_2 + 2HR == MgR_2 + 2H_2O + 2CO_2 \uparrow$$
$$CaCO_3 + 2HR == CaR_2 + H_2O + CO_2 \uparrow$$
$$CaSO_4 + 2HR == CaR_2 + H_2SO_4$$
$$MgSO_4 + 2HR == MgR_2 + H_2SO_4$$
$$CaCl_2 + 2HR == CaR_2 + 2HCl$$
$$MgCl_2 + 2HR == MgR_2 + 2HCl$$

氢离子交换处理后的水有如下特点

$$NaHCO_3 + HR == NaR + H_2O + H_2O + CO_2 \uparrow$$

$$Na_2SO_4 + 2HR \Longrightarrow 2NaR + H_2SO_4$$
$$NaCl + HR \Longrightarrow NaR + HCl$$
$$Na_2SiO_3 \Longrightarrow 2NaR + H_2SiO_3$$

经氢离子交换处理后的水有如下特点：

（1）去除了暂硬和永硬，而且可以除碱和降盐。这是因为重碳酸盐和碳酸盐在交换过程中形成了水和游离二氧化碳，后者可通过脱气塔而从水中排出，从而消除了碱度，并可起到部分除盐的作用。

（2）出水呈酸性。再去除非碳酸盐（永硬和 Na_2SO_4 等）时生成了一定量的酸（硫酸、盐酸和硅酸），故出水呈酸性，产生的酸量决定于原水中相应的阴离子（Cl^-、SO_4^{2-} 等）含量。

氢离子交换时的终点控制分两种情况：一是以钠离子出现作为终点，相当于置换了水中的全部阳离子；二是以硬度的出现为终点，这时只置换了水中的钙、镁离子，而原已吸附了钠离子的交换剂（NaR）又去置换水中的钙、镁离子，并从水中排除钠盐。但是，无论以哪种情况作为氢离子交换的终点，其出水残余硬度都可降低到 $0.01 \sim 0.03mmol/L$，甚至完全消除。

因经氢离子交换后的水呈酸性和再生时用酸作为再生剂，故氢离子交换器及其管道必须采取防腐措施，且处理后的水不能直接到送入锅炉。通常，它必须与其他离子交换法联合使用。

5. 氢—钠离子交换软化法

氢—钠离子交换软件法时将氢离子交换后的酸性水与钠离子交换后的碱性水相混合，使之发生中和反应

$$H_2SO_4 + 2NaHCO_3 \Longrightarrow Na_2SO_4 + 2H_2O + 2CO_2 \uparrow$$
$$HCl + NaHCO_3 \Longrightarrow NaCl + H_2O + CO_2 \uparrow$$

反应后所产生的 CO_2 在除 CO_2 器中除掉，这样既降低了碱度，又消除了硬度，且使水的含盐量有所降低。氢—钠离子交换软件分为并联、串联、综合三种方法。而按再生时用酸量的多少，又可分为足量酸再生和不足量酸再生。

（1）并联法

并联法的系统如索引 09.03.001 所示。原水一部分（xNa）流经钠离子交换器，其余部分（$1-x$）Na 则流经氢离子交换器，然后两部分原水汇合后进入除 CO_2 器，排出 CO_2 器的软水存入水箱，并由水泵送出。

并联法的氢离子交换器时采用足量酸生的，因此经氢离子交换后的软水是酸性的。为避免混合后的水出现酸性，并未持有一定的残余碱度（一般为 $0.35mmol/L$），运行中必须根据原水水质适当调整流经两种交换器的水量比例。

（2）串联法

串联法的系统如网盘资源 21 所示。原水中的一部分（$1-x$）Na 流经氢离子交换器，另一部分原水则不经软化而与氢离子交换器的出水（酸性水）相混合。此时，经氢离子交换产生的酸和原水中的碱相互中和，中和后产生的 CO_2 在除 CO_2 器中除去，之后剩下的水经水箱由水泵打入钠离子交换器。

除 CO_2 器必须设在钠离子交换器之前，否则 CO_2 形成碳酸后再流经钠离子交换器会

产生 $NaHCO_3$，软水碱度重新增加，其反应为

$$H_2CO_3 + NaR \longrightarrow HR + NaHCO_3$$

串联氢—钠离子交换的再生方式有两种：足量酸再生和不足量酸再生（贫再生）。索引 09.03.002 是足量酸再生系统，而不足量酸再生系统与其不同之处是：原水不再分成两路，而是全部流经氢离子交换器；氢离子交换器失效后，不像通常那样用过量的酸再生，而是用理论量的酸进行再生。

综上所述，贫再生氢离子交换器的工作特点是：

①只去除了原水中的暂硬，而永硬基本未变，故软化不彻底，必须与钠离子交换器串联使用。

②保留了氢离子交换的除碱作用，但出水无酸，呈碱性，因而防腐问题较易解决。

③再生用酸量少，运行费用较低。

贫再生串联氢—钠离子交换软化适用于永硬水或有负硬的水。由于它有一系列优点，所以一些较大的工业锅炉房已经采用。但是，此法所用的氢离子交换器尺寸大（因全部原水都流经它），初投资较多。故小型锅炉房少用。

（3）综合法

综合法离子交换示意图如索引 09.03.003 所示。它只用一台离子交换器。此交换器中的交换剂上面为氢型，用的是弱酸阳树脂，下面为钠型，用强酸阳树脂，靠二者的密度差（弱酸阳树脂的密度小）实现分层。交换剂先用硫酸溶液再生，然后进行中间正洗（即用清水冲掉还原产物），接着再用食盐溶液再生。食盐溶液流至上层交换剂时，H^+ 并不会被 Na^+ 所置换，因为上层为弱酸阳树脂，其选择性置换顺序为 $H^+ > \cdots > Na^+$。弱酸性阳离子交换树脂的交换基团是羧基—COOH，它不能吸附中性盐 $CaCl_2$、$CaSO_4$ 等，但能与 $Ca(HCO_3)_2$、$Mg(HCO_3)_2$ 充分作用，其反应为

$$Ca(HCO_3)_2 + 2H^+ —RCOO^- = Ca^{2+}(—RCOO^-)_2 + 2H_2O + 2CO_2 \uparrow$$

$$Mg(HCO_3)_2 + 2H^+ —RCOO^- = Mg(—RCOO^-)_2 + 2H_2O + 2CO_2 \uparrow$$

因此，经弱酸阳树脂处理后的水中不会产生强酸。

综合法氢—钠离子交换软化时，原水流经上层弱酸阳树脂时除去了永硬。经综合氢—钠离子交换处理后的软水，其残余碱度可控制在 $0.5 \sim 1 mmol/L$。

上述三种方法的比较见表 9-6。

氢—钠离子交换方法比较 表 9-6

方　法	并　联	串　联	综　合
设备系统		最复杂	最简单
耐酸设备	需要最多		需要最少
残余碱度（mmol·L^{-1}）	≤0.35	0.35～0.7	0.5～1
运行操作	要控制好水流分配比，否则可能出酸性水	不会出酸性水，运行可靠	要进行树脂分层操作和控制好上、下层高度比，不会出酸性水

9.3.5　离子交换除碱和除盐

1. 阴离子交换

阴离子交换的原理与阳离子交换相同，都是交换剂与被处理水中的相应离子间所进行

的等量的可逆交换反应，且在交换过程中交换剂本身的结构并无实质性的变化。阴离子交换剂的交换基团，视再生剂是盐（NaCl）还是碱（NaOH），可以是氯型的或羧基（氢氧）型的。相应的阴离子交换剂则用RCl（羧基型或氢氧型）表示，这里R代表以交换剂母体为主的复杂的阳离子基团。由于沸石和磺化煤等交换剂不耐碱，所以必须用树脂作为阴离子交换剂。

一般阴离子交换并不单独使用，而是与阳离子交换并用，如氯—钠离子交换（软化和除碱）、氢—氢氧离子交换（化学除盐）等。

2. 氯—钠离子交换

前面所介绍的氢—钠阳离子交换，不仅能软化，而且能除碱，并有局部除盐作用，但由于设备系统复杂，初投资大、操作较复杂，或由于担心氨对蒸汽的物探或对铜制件的腐蚀等原因，一般中小型锅炉房很少采用。氯型强碱性阳离子交换树脂的除碱反应为

$$2RCl + HCO_3^- \rightleftharpoons 2RHCO_3 + 2Cl^-$$

由上式可见，氯离子交换除碱过程中不产生 CO_2，无需除气，其除碱效果较好，可使水的残余碱度降到 0.5mmol/L 以下。常用串联氯—钠离子交换法；原水先流经氯离子交换器，将水中各种酸根阴离子置换成 Cl^-，其反应为

$$2RCl + CaCO_3 = R_2HCO_3 + CaCl_2$$
$$2RCl + MgSO_4 = R_2SO_4 + MgCl_2$$
$$2RCl + Ca(HCO_3)_2 = 2RHCO_3 + CaCl_2$$
$$2RCl + Mg(HCO_3)_2 = 2RHCO_3 + MgCl_2$$

此水再流经钠离子交换器时，其中的 $CaCl_2$、$MgCl_2$，又都被置换成 NaCl，并得到软化。

当钠离子交换器的出水残余硬度超出允许值时，两交换器同时失败，并均用食盐溶液进行再生。氯离子交换剂的再生反应为

$$RHCO_3 + NaCl = RCl + NaHCO_3$$
$$R_2SO_4 + 2NaCl = 2RCl + Na_2SO_4$$

氯离子交换剂也可利用还原钠离子交换剂的废盐液进行再生，但在氯离子交换剂层中容易出现 $CaSO_4$、$CaCO_3$ 的沉淀，而降低其工作交换容量。

也有令原水先流经钠离子交换器，后流经氯离子交换器的。这种氯—钠离子交换系统可避免有 $CaCO_3$ 或 $Mg(OH)_2$ 沉积于氯离子交换剂中。该系统使用软水配制的食盐溶液作为再生剂，因此它具有更高的工作交换容量。氯—钠离子交换也可在同一个交换器中进行。交换器上都为强碱性氯型阴树脂，下部为强酸性钠型阳树脂，称为不混合的两层。分层处装有中间排液管，再生废液的一部分从此管排出，其余部分从交换器底部排出。这就是综合氯—钠离子交换。

氯—钠离子交换使用于碱度高而 Cl^- 含量较低的水的软化和除碱。其特点是：只能软化除碱，不能除盐；出水的 Cl^- 含量增多；再生不用酸，也无需除气，故系统简单，操作方便，阴树脂的交换容量较低，价格也较贵。

3. 阴、阳离子交换除盐（化学除盐）

用离子交换时水中的阴、阳离子较少到一定程度的方法，叫做离子交换除盐或化学除盐。它是用游离酸、碱型（H型和OH型）的阳、阴离子交换剂，而不能用盐型（如Na

型和 Cl 型等）交换剂。

含盐水先流经氢离子交换器，H 型树脂吸附水中各种阳离子并生成无机酸（反应式碱氢离子交换），然后再流经装有 OH 型树脂的阴离子交换器，其反应为

$$ROH + HCl \Longrightarrow RCl + H_2O$$

$$ROH + HNO_3 \Longrightarrow RNO_3 + H_2O$$

$$2ROH + H_2CO_3 \Longrightarrow R_2CO_3 + 2H_2O$$

含盐水经此阳、阴离子交换处理后，水中各种离子几乎除尽，从而得到近乎中性的纯水。

阳、阴树脂失效后，要进行再生。阳离子树脂一般用 HCl（或 H_2SO_4）再生（反应见前）。阴离子树脂则用 NaOH 再生，其反应为

$$R_2SO_4 + 2NaOH \Longrightarrow 2ROH + Na_2SO_4$$

$$RCl + NaOH \Longrightarrow ROH + NaCl$$

$$RNO_3 + NaOH \Longrightarrow ROH + NaNO_3$$

$$R_2CO_3 + 2NaOH \Longrightarrow 2ROH + Na_2CO_3$$

这种将阳、阴离子交换器串联使用的系统称为复床系统，它又分为一级（单级）和二级两种。二级系统可以深度除盐。随着锅炉参数的提高和直流锅炉的出现，二级复床系统有时也不能满足对给水品质的要求，为此可采用混床除盐系统。

将阳、阴离子交换剂按比例混合装在一个交换器中使用时成为混床，它相当于无数级的化学除盐系统。混床中阴、阳树脂的体积比通常为 2:1，借两种树脂的湿真密度差，使其在反洗时自然分成两层（阴树脂在上层），但阴、阳两树脂是不能完全分开的。而"三层式"混床可以做到这一点，它在阴、阳两树脂层中间增加一高度为 150~200mm 的惰性树脂层，后者的粒度和密度是精心选配的，反洗后，其树脂层规则地分成了三层：上层为阴树脂，中层为惰性树脂，下层为阳树脂，从而将阴、阳离子分开。将复床和混床串联使用时称为复混系统，其出水质量高且稳定，应用广泛。几种典型的除盐系统见表9-7。

几种典型的除盐系统 表 9-7

系统流程	出水水质			使用条件		特点
	P（溶解固形物）（mg·L^{-1}）	P（SO_2）（mg·L^{-1}）	电导率（$\mu S·cm^{-1}$）	进水水质	用途	
强酸→强碱	2~3	0.02~0.1	10~15	碱度较小，含盐量和含硅量不高	高、中、低压锅炉	系统简单
强酸→除 CO_2 →强碱	2~3	0.02~0.1	10~15	监督不太大，含盐量和含硅不高	高、中、低压锅炉	系统简单
强酸→弱碱→除 CO_2 →强碱	2~3	0.02~0.1	10~15	SO_4^{2-}，Cl^- 含量高碱度和含硅量不高	高、中、低压锅炉	强碱阴离子交换器用于除硅，出水水质好，经济性好

系统流程	出水水质			使用条件		特点
	P（溶解固形物）（mg·L^{-1}）	P（SO_2）（mg·L^{-1}）	电导率（μS·cm^{-1}）	进水水质	用途	
弱酸→弱碱→除 CO_2→弱碱→强碱		<0.1	<5	SO_4^{2-}、Cl^-含量和碱度均高，含硅量不高	高、中、低压锅炉	运行经济性好，但设备投资费用多，占地面积大
阳双层床→除 CO_2→阴双层床		<0.1	<5	SO_4^{2-}、Cl^-含量和碱度均高，含硅量不高	高、中、低压锅炉	运行经济性好，但设备投资费用少，占地面积小
强酸→除 CO_2→强碱→混床		<0.02	<5	碱度不太大，含盐量低，含硅量大	高压或直流锅炉	系统简单，出水水质好
弱酸→除 CO_2→混床		<0.1	1～5	碱度高，含盐量低，含硅量高	高压或直流锅炉	经济性好
阴双层床→除 CO_2→阳双层床→混床		<0.02	<0.5	碱度、含盐量和含硅量均较高	高压或直流锅炉	经济性好，出水水质稳定，设备费用少，系统简单

注：弱酸、强酸树脂同装于一交换器中成为阳双层床，弱碱、强碱树脂同装于一交换器中称为阴双层床。

9.4 锅外水处理

9.4.1 固定床离子交换水处理设备

固定床离子交换水处理设备是指运行中离子交换剂是基本上固定不动的水处理设备。交换式原水自上而下流过交换剂层，再生时，停止供水，进行反洗，还原和正洗。因此，在固定床离子交换设备中，离子交换实在同一设备内间断的重复进行着，而离子交换剂本身则是基本固定不动。

通常的固定床离子交换设备，其再生液的流动方向是和原水的流向一致的，叫做顺流再生固定床。

顺流再生固定床虽然设备类型古老，而且存在有交换剂用量多、利用率低，尺寸大、占地面积多、出水质量不稳定和盐、水耗量大等缺点，但它的结构简单，建造、运行、维修方便，对各种水质适应性强。因此在中小型锅炉房，仍然采用。

目前，双层床和混床、逆流再生（再生液和原水的流向相反）和浮动床等新工艺的采用，以及设备自动化水平的提高，都大大地提高了固定床中交换剂的利用率和设备的出力，改善了出水质量，降低了运行费用。

1. 离子交换器的设备结构

顺流再生固定床离子交换器水处理设备如索引 09.04.001 所示。其本体通常是压力式圆柱形容器。装有进水装置、进再生液装置、底部排水装置和排气装置等。为运行操作方便，交换器结构要合理、紧凑，并应尽量使所有的控制阀门、取样装置、计量和测试仪表等都集中在交换器前并合理安装。

逆流再生的离子交换器除了有上述部件外，还设有中间排液装置，供逆流再生时排再生废液用，且为防止再生时交换剂乱层，在中排装置上放置有 $150\sim200mm$ 的压实层（可用交换剂本身，也可采用 $5\sim30$ 目的聚苯乙烯白球）。逆流再生的离子交换器结构如索引 09.04.002 所示。

2. 主要部件结构

（1）交换器本体

交换器本体通常为一立式密闭筒形容器，可承受一定的压力。本体材料多是铜的，小型离子交换器的本体也可用塑料（聚氯乙烯）或有机玻璃制造。对于在酸性介质条件下工作的氢离子交换器和交换剂为树脂的离子交换器，其内壁还必须涂以防腐涂料，如涂刷环氧树脂层，衬胶、衬玻璃钢等。

（2）进水装置

交换器的进水装置（同时作反洗排水用）要保证水流分布均匀，并使水流不直接冲刷交换剂层。为使反洗时交换剂层有膨胀余地和防止细颗粒流失，在交换剂表面至进水装置之间，要留有一定空间，称"水垫层"。通常，水垫层的高度即为交换剂的反洗膨胀高度，约为交换剂层高的 $40\%\sim60\%$（混床可达 $80\%\sim100\%$）。如果水垫层或设备高度不够，可能造成交换剂颗粒流失，可考虑减小进水装置的缝隙宽度或小孔孔径，也可在进水装置管外包涤纶网。

最简单的进水装置为漏斗式，多用在小型离子交换器上。漏斗的上截面（最大截面）面积通常取为交换器截面面积的 $2\%\sim4\%$，漏斗角度一般为 60℃或 90℃，漏斗顶至交换器封头顶的距离为 $100\sim200mm$。另一种结构简单的进水装置的外面还包有涤纶网，用以防止交换剂流失。缝隙或小孔流速一般取 $1\sim1.5m/s$，进水管流速取 $1.5m/s$。

对于直径较大的离子交换器，为使其进水分配均匀，可采用辐射支管式进水装置。其小孔流速和进水管流速都与前面相同。布水更均匀的进水装置是鱼刺式进水装置，如索引 09.04.003 所示。它的结构较复杂，且中间母管不开孔，故中都不进水面积较大。鱼刺式进水装置多用在直径较大的离子交换器上。

进水装置的设计除应考虑布水均匀和避免水流直接冲刷交换剂层表面，且留有适当高度的水垫层外，还应使进水装置的出口总截面面积满足最大进水流量的需要。

（3）进再生液装置

再生液装置应能确保再生溶液均匀地分布在交换剂层中。有的小型水处理设备，为使结构简化不设专门的进再生液装置，而将它与进水装置合用。

顺流再生交换器有时也可不设专门的进再生液装置，而把它与进水装置合并。但从再生液的分布效果看，还是分别设置好。逆流再生交换器的进再生液装置一般都与排水装置合并。

（4）底部排水装置

底部排水装置既能顺利排出水流（或再生液），又不造成交换剂的流失，同时保证交换器截面上出水均匀，所以它要多点泄水，而不使水流汇集成一股，避免在交换剂中形成偏流和水流死区。底部排水装置常用的由鱼刺式、支管式、多孔板式和石英砂点层式等。

（5）中间排液装置

逆流再生离子交换器有事装有中间排液装置，其作用有二：一是排除再生时的废液；二是交换剂失效后先由此装置进入反洗水，冲洗中排装置上的滤网、清洗压实层。

3. 再生方式

树脂的再生是离子交换水处理中极为重要的环节。树脂再生的情况对其工作交换容量和交换器的出水质量有直接影响，而且再生剂的消耗还在很大程度上决定着离子交换系统运行的经济性。影响再生效果的因素很多，如再生方式，再生剂的种类、用量，再生液的流速、温度等。这里主要讨论影响固定床再生效果的一般因素，至于某些床型的特殊情况，将在介绍离子交换装置结构时再做说明。

在离子交换水处理系统中，交换器的再生方式可分为顺流、对流、分流和串联四种。这四种再生方式中被处理水和再生液的流动方向，如索引 09.04.004 所示。

（1）顺流再生

顺流再生是指制水时水流的方向和再生液流动的方向是一致的，通常都是由上向下流动。这种方法的设备和运行都较简单，在低压锅炉水处理中应用较多。在原水硬度不高时，用于软化，或原水含盐量不高时（如低于 150mg/L），用于除盐，顺流再生方式均可以得到较满意的技术经济效果。顺流再生的缺点是再生效果不理想，即出水端树脂层再生程度低，影响出水水质。如要提高这部分树脂的再生度，就要多耗用再生剂。在用弱型（弱酸性或弱碱性）树脂与强型（强酸性或强碱性）树脂串联的氢离子交换或氢氧离子交换系统中，顺流再生也是适用的。

（2）对流再生

对流再生时指制水时水流方向和再生时再生液流动方向时相反进行的。习惯上将制水时水流向下流动，再生时再生液向上流动的水处理工艺称为固定床逆流再生工艺；将制水时水流向上流动（此时床层呈密实浮动状态），再生时再生液向下流动的水处理工艺称为浮动床工艺。对流再生可使出水端树脂层再生度最高，交换器出水水质好，它可扩大进水硬度或含盐量的适用范围，并可以节省再生剂。

对于逆流再生固定床，为了防止再生时树脂乱层，在中间排液装置以上设有 150～200mm 厚的压实层（也称压制层）。

除了逆流再生固定床、浮动床以外，双层床、双室双层浮动床也都属于对流再生的床型，都具有对流再生的技术经济效果。

（3）分流再生

分流再生时在床层表面下约 400～600mm 处安装排液装置，使再生液从上、下同时进入，废液从中间排液装置中排出，制水时原水自上而下通过床层。因此在这种交换器中，下部床层为对流再生，上部床层为顺流再生。如索引 09.04.004 所示。若原水钙离子含量较高，有是以硫酸作为再生剂时，则上下两股再生液以不同的再生液浓度、流速进行再生，可防止硫酸钙在树脂层中沉淀。

（4）串联再生

串联再生适用于两个阳床或两个阴床串联运行的场合，对于每个交换器可用顺流再生或对流再生方式，如索引 09.04.004 所示为顺流串联再生方式。

弱型树脂与强型树脂联合运行的氢离子交换或氢氧离子交换系统中串联再生的技术经济效果，比两个强型树脂交换器串联再生的技术经济效果好，而两个强型树脂交换器串联再生所需的再生剂量比分别再生时少。

4. 常见故障及其消除

表 9-8 中列出了固定床离子交换器使用中经常出现的某些故障及消除方法。

离子交换器经常见故障原因及消除方法 表 9-8

故障情况	可能产生的原因	消除方法
交换剂的工作交换能力低	1. 再生用食盐质量低； 2. 再生用盐量太少； 3. 食盐溶解浓度太少； 4. 盐液流速太快，与失效的离子交换剂接触时间不够； 5. 阳离子交换剂被悬浮物污染； 6. 原水中 Al^{3+}、Fe^{3+} 等阳离子量多，离子交换剂"中毒"； 7. 反洗程度不够或反洗不完全； 8. 正洗时间过长，水量过大； 9. 排水系统遭到破坏或水流不均匀	1. 用化学分析来检查食盐质量，必要时用苏打将盐溶液软化； 2. 增加食盐用量； 3. 增加食盐溶液浓度； 4. 减慢盐液流速； 5. 原水过滤、澄清，清洗离子交换剂； 6. 用 1%～2% 的酸经常冲洗离子交换剂； 7. 调整反洗水压力和流量； 8. 减少正洗水量； 9. 检修排水系统或重新反洗离子交换剂层
离子交换器流量不够	1. 交换剂层高度太低； 2. 进水管道和排水系统的水头阻力过大	1. 增加交换剂层高度； 2. 改变进水管道和排水系统，以降低其水头阻力
交换剂极具焦化	1. 水温过高或 pH 值太大。超出交换剂稳定范围； 2. 再生时盐溶液浓度太大； 3. 预先用石灰软化时，进入离子交换器的水碱度太高	1. 降低水温及 pH 值； 2. 适当降低盐溶液浓度； 3. 适当降低离子交换器进水碱度
反洗过程中有交换剂流失	1. 排水罩破裂； 2. 反洗强度太大； 3. 交换器截面上流速分布不均匀； 4. 磺化煤质量不好，耐磨性差	1. 更换排水罩； 2. 降低反洗强度； 3. 检修进水分配装置； 4. 改用质量良好的磺化煤
再生用食盐耗量大	1. 盐液流速过快； 2. 盐液中杂质多而堵塞喷嘴，使盐水分配不均； 3. 盐水中杂质多带入交换剂层，同时反洗强度不够，杂质粘附在交换剂表面	1. 调整盐液流速； 2. 改善盐水沉淀及过滤设备； 3. 增强反洗程度
正洗需要时间很长才能将氯化物及构成硬度的盐类除去	1. 交换器中自排水帽至水泥层表面的呆滞空间太大； 2. 交换器截面上流速分布不均匀	1. 提高水泥层表面以减少呆滞空间； 2. 检修和改善原水分配装置
软水中有交换剂的颗粒	部分排水帽破坏	卸出树脂，更换排水帽

210

故障情况	可能产生的原因	消除方法
整个软化过程软化硬度总是达不到要求	1. 生水钠盐浓度太大（一般发生在含盐质量浓度大于1000mg/L）； 2. 阳离子交换剂表面被污染； 3. 铵—钠离子交换用硫酸铵再生时，硫酸铵溶液质量分数超过3%，形成硫酸钙，粘于交换剂表面； 4. 盐水阀门漏水； 5. 并联系统中，正在还原的离子交换器的出水阀门开启或关闭不严； 6. 交换剂层不够高或运行速度太快； 7. 水温过低（低于10℃）	1. 改成二级软化； 2. 改善盐水沉淀的过滤或增大反洗强度； 3. 若用压力式盐溶解器，则另加盐液箱或改用溶盐箱，使硫酸铵的质量分数为2%～3%； 4. 修理盐水阀门，于盐水管道上装两个阀门；若不能检修，则提高交换器出口压力至0.15MPa（表压）； 5. 关闭或修理出水阀门； 6. 增加交换剂层高度或降低运行速度； 7. 将原水温度提高10℃以上
交换器失效曲线倾斜	配水系统或排水系统不完善，以致交换器截面水流不均匀	改善布水及排水装置，还可改装管道系统，使交换器可以串联运行，进行二级软化，充分利用残料交换能力
软水氯根增高	1. 操作有误，软化时开启盐水阀门或盐水阀门未关闭，或再生时开启出水阀门； 2. 盐水阀门关不严而泄露，或正在还原的离子交换器的出水阀门关不严而漏泄	1. 严格执行操作规程； 2. 修理盐水阀门，于盐水管道上装两个阀门，若不能检修，则提高交换器出口压力至0.15MPa（表压），并修理出水阀门
铵—钠离子交换器的软水碱度不符合要求	再生用铵盐的比例不合适	重新计算铵—钠离子交换器的出水比例
铵—钠离子交换时，软水硬度尚未超过0.1mmol/L，但碱度过高	原水中钠离子含量过多	按碱度要求来确定失效时间，并最好改成二级软化，以充分利用残余交换能力

9.4.2 移动床连续式离子交换装置

在固定床离子交换器中，交换剂是固定不动（或基本固定不动）的，交换过程则是断续进行的，因此，固定床离子交换器有设备体积大、利用率低、交换后期出水稳定性差等缺点。

连续式离子交换装置可分为两类：基本连续式—移动床和完全连续式——流动床两类，它们又有单塔式、双塔式和三塔式三种。单塔式是将交换、再生、清洗三个塔叠置成一个塔，它流程简单，管道少，但是高度较高也给运行和检修带来不便。双塔式时将交换塔单独设置，而再生和清洗两个塔合成了一个塔，叫做再生—清洗塔。三塔式即交换、再生、清洗三个塔各自设置，用管道和互联接成一套连续式离子交换设备。

1. 原理

固定床离子交换有两个缺点：第一，固定床离子交换器的体积较大，树脂用量多。这是由于在离子交换剂层需要再生以前，上层交换剂早已呈失效状态，所以交换器的大部分容积，实际上经常是充当贮存失效交换剂的仓库；第二，固定床离子交换器不能连续供水，这是由于它的运行成周期性，每一周期中有一段时间（再生和冲洗）不能供水。为克服上述不足，后来又发展了移动床离子交换技术。

移动床指交换器中的交换层在运行中时呈周期性运动的，即定期地排出一部分已失效的树脂和补进等量再生好的新鲜树脂。被排出再生树脂的再生过程，是在另一专用设备中进行的。所以在移动床系统中，交换和再生过程是分别在专用设备中同时进行的，供水基本上是连续的。

在移动床系统中交换剂的用量比固定床的用量要少得多，在同一出力下，它约为后者的 $1/3 \sim 1/2$。这是因为交换剂在移动床中经常在周转，再生的次数多，利用率高。固定床再生是有一定周期的，如再生次数太多，非生产的时间就占得长，对生产不利。而移动床总是使交换剂每天要在各设备中周转多次，所以，即使移动床系统的交换、再生和清洗设备中都有交换剂在运行，但其总量仍比固定床中所用的量要少。

在涉及移动床系统时，为了能将交换器中部分失效的离子交换剂排放出来，均采用进水快速上流的运行方式。当水流由离子交换剂层流出，此时，交换剂层是稳定的，流速稍快，交换剂层就发生扰动，以致形成如同反冲洗的情况，交换剂层膨胀，当流速再加快时，会发生类似浮动床中的情况，即整个交换剂层全部被水流托起，顶着交换剂层上移，这样，和进水首先接触的是交换剂层的下部，故易将失效部分的树脂排放到再生塔中。

移动床交换系统的形式较多，按其设置的设备可分为：三塔、双塔和单塔式的；按其运行方式可分为：多周期和单周期的。

2. 工艺过程

三塔式移动床时移动床系统中的典型，它是由交换塔、再生塔和清洗塔组成的，其系统如索引 09.04.005 所示。交换塔是这个系统的主体，离子交换过程就是在这里进行的。交换塔的上部设有贮存斗，该贮存斗中存有从清洗塔送来的新鲜树脂；贮存斗下部装有浮球阀，浮球阀下面是交换塔本体，或称为交换罐。在交换塔中的水流是采用快速上流法，水由下向上通过托起的树脂层进行离子交换。当运行了一段时间，如果要从交换剂层下部排出一部分失效树脂和从上部补充经再生和清洗后的树脂，只要停止进水，进行排水即可。因为当排水时，塔中压力下降，产生泄压现象，水向下流动，整个树脂层下落，称为落床。

与此同时，设于交换塔上部的漏斗和交换塔间的浮球阀，也会因水流向下而自动下落（即被打开），于是，贮存在上部漏斗中的树脂就落入交换塔中交换剂层的上面。所以，失效树脂的排放和新鲜树脂的添加，是在落床过程中同时进行的。此落床过程所需的时间很短，约 $2 \sim 3min$。两次落床间交换塔运行的时间，称为此移动床的一个大周期，一般约 1h。随后继续进水，靠上升水流的作用，又将进水装置以上的树脂层托起（称起床），并自动关闭浮球阀，交换塔即开始运行供水。与此同时，落在进水装置下部的失效树脂依靠进水的压力被一小股水流渐渐送到再生塔上部的漏斗中。

再生塔中，用以处理失效树脂的再生液也是采用从下向上通过树脂层的方法，即同时快速的从下部送进再生液和水，把树脂层托起顶在上部进行再生。这里排出的废再生液经过连通管送入上部漏斗，使贮存在其中的失效树脂先进行初步再生，然后将废液排掉。当再生操作进行了一段时间后，停止进水和进再生液，并进行排水泄压，使再生塔中树脂层下落。与此同时，上部漏斗中的失效树脂经自动打开的浮球阀落入再生塔中，使再生塔中最下部的已经再生好树脂，落入再生塔下部的输送部分，然后依靠部分进水水流不断地将其输送到清洗塔中。而两次排放再生好树脂的间隔时间，称为一个小周期。这种将交换塔一个大周期中排放过来的失效树脂，分成几次再生的方式称为多周期。通常 3~4 个小周期处理的树脂总量等于交换塔一个大周期所排出的树脂量。

采用多周期再生方式时，失效树脂由上向下逐段下移，再生液由下向上不断地流动，在这里树脂和再生剂的流向成对流状态。此种再生方式可使再生剂充分利用，从而降低其比耗，但设备复杂、输送管道长、管径小、树脂易受磨损，同时清洗水的耗量也较大。

3. 特点

（1）树脂利用率高，损耗率大

在相同处理的情况下，移动床所需树脂比固定床的少。因为移动床中的树脂是处于不断流动的状态，因此磨损较大，而且因再生次数频繁，使树脂膨胀和收缩也易造成损坏。

（2）流速高

对进水水质和水量变化的适应性较差。移动床中交换剂层低，水通过时阻力小，所以运行流速高。因为移动床的运行周期通常是按时间控制的，所以对进水水质和水量变化的适应性较差。由于移动床所用树脂少，设备小，所以投资与出力相同的固定床相比可节省约 30%。但它对自动化程度要求高，而且再生剂比耗普遍偏高，出水水质也不如逆流再生固定床和浮动床好。

9.4.3 流动床

移动床离子交换工艺过程中有起床、落床的动作，因此它的生产过程并不是完全连续的，而且由于要进行这些操作，自动控制的程序比较复杂。

流动床使离子交换过程完全是连续式的，这样，即可保证连续供水，又可简化自动控制的设备。流动床分无压力式和压力式两类，后者应用极少，现仅介绍前者。

1. 工艺过程

无压力式流动床系统主要由交换塔和再生塔组成，如索引 09.04.006 所示。在这两个塔中都是水（或再生液）向上流，树脂向下流，成对流状态。此系统的运行情况时：原水由交换塔底部进入向上流动，通过树脂层后，由上部溢流出。所以，水的流速不能太快，否则会带出树脂。树脂由交换塔上部渐渐下落，待落至底部时，被喷射器送到再生塔的上部。树脂在再生塔内下落的过程中，先被由中下部通入的再生液再生，当落到再生塔的下部（清洗段）时，受到向上流动水的清洗，即成新鲜树脂。此后，随同一部分清洗水，依靠交换塔和再生塔之间的水位差，被送回交换塔上部，再进行工作。

在再生塔的上部可设置溢流管，使部分输送树脂的水流回交换塔，以减少水流损失。

2. 特点

无压力式流动床虽然可以连续运行，但其弱点是上升水速不能太快，否则就会将树脂颗粒带出。运行实践表明，这种装置对树脂磨损较大，再生剂比耗高，出水水质比较差。

移动床和流动床较适用于水的软化处理。当供水量较大，对水质要求不高时，用移动床是可行的。

9.4.4 再生系统系统

离子交换用的再生剂主要有固态的食盐和液态的酸、碱。食盐系统主要用于水的软化，酸碱系统则用于化学除盐或氢离子交换。

1. 食盐系统

固态的食盐必须加水溶解、过滤。溶解、过滤和输送食盐的系统分为压力式和重力式两种。重力式系统是在散开式溶盐池中进行的，一般工业锅炉房中应用较多。

（1）压力式食盐溶解器

压力式食盐溶解器起溶解食盐水和盐水过滤两种作用，如索引 09.04.007 所示。食盐由加盐口加入，进水使食盐溶解，并在水压下使盐水通过石英砂滤层过滤，洁净的盐水则经盐水出口送出。每次用完后应进行反洗，水由石英砂层下部进入，冲洗滤层后由上部经排水口排出。

一般压力式食盐溶解器的工作压力 $p \leqslant 0.6MPa$，过滤速度通常多在 5m/h 左右。其常用规格为 $\phi300$、$\phi500$、$\phi750$、$\phi1000mm$，每次可溶食盐液量相应为 30、75、150、400kg 左右，食盐溶解器的容量常以可溶食盐量表示，配用时也按需溶食盐量选择。

用压力式食盐溶解器配制盐水，虽然设备简单，但盐水浓度开始时很浓，以后逐渐变稀，不易控制，而且设备易受腐蚀。

（2）用溶盐箱（池）以盐泵输送盐水

在钢制溶盐箱（内衬塑料板）或混凝土溶盐池中把食盐加水溶解。箱（池）中有一隔板把溶盐箱（池）按 2/5 及 3/5 的容积比分成两部分。盐和水加入 3/5 容积的一边，盐水经隔板（墙）上错列的许多孔（$\phi10$）流到 2/5 容积的一边，再由此用耐腐蚀的盐泵将其打至机械过滤器，洁净的盐水再流入离子交换器。这种系统比压力式食盐溶解器稍复杂，但盐水浓度容易控制，故新建锅炉房采用较多。

（3）用喷射器输送盐水

溶盐池与上述基本相同，但在第一个池的中部偏下位置上设有木质栅格，上放滤料（卵石、石英砂、活性炭、棕榈等）。盐在此池中溶解，溶解后的盐水流经滤层过滤后，从隔墙底部的孔或底部连通管流入第二个池——饱和食盐溶解池。使用时用水—水喷射器将盐水从第二个池中抽出，并稀释至需要的浓度，然后直接送往离子交换器。这种系统设备简单，不需要盐泵和机械过滤器，操作方便。但是，水—水喷射器前必须有足够多的水压（$p \geqslant 0.2MPa$ 表压），第一池中的滤料也不能在池中反复冲洗。因此，它只适用于小型锅炉房。

2. 酸、碱系统

因酸、碱易对设备和人有腐蚀，故酸、碱系统应考虑防腐。中小型锅炉房的工业酸（碱）常用罐缸等容器靠人工（手推车）来输送或槽车装运。酸、碱用量大时，可用以下方法输送。

（1）真空法

将接受酸、碱的容器抽成真空（靠真空泵或喷射器抽吸），使酸、碱液在大气压力下自动流入。此法的输送高度有限。

（2）压力法

向密闭的酸、碱贮存罐（多位于地下）中通入压缩空气，靠空气压力把酸、碱液输送出去。此法有溢出酸碱的危险。

（3）泵、喷射器输送法

用泵输送，方法简便，但泵必须耐酸或碱。用水力喷射器抽取酸碱液的输送方法多是直接用于再生时，且酸碱液同时又被稀释。

较常用的方式是槽车运来的酸碱，靠重力流入地下酸碱贮存槽，使用时用耐酸、碱泵（玻璃钢泵、塑料泵等）将酸碱运至高位贮存罐，再靠重力流入计量箱，然后再用水力喷射。

9.4.5　固定床交换器的运行

固定床交换器的运行一般分为四个步骤（从交换器失效算起）：反洗、再生、正洗和交换（即运行）；这四步组成一个运行循环，通常称为一个周期，现分述如下。

1. 反洗

当交换器出水硬度超过规定水质标准，即为失效。失效后停止软化，先用一定压力的水自下而上对树脂层进行短时间强烈反洗。反洗的目的是：

（1）松动交换剂层，为再生打下良好基础

在交换过程中，由于水自上而下地通过交换剂层，使交换剂层被压实，再生时就会造成交换剂与再生液接触不充分。所以再生前要反洗，使交换剂层得到充分松动，为再生打下良好基础。

（2）冲掉交换剂表层中截留的悬浮物、碎粒和汽泡

在交换过程中，交换剂表层也起着过滤作用，水中的悬浮物被截留在表层上，致使压力增大，还会使交换剂污染结块，从而使交换容量下降；另外，交换剂碎粒也影响水流通过。反洗时可以冲掉这些悬浮物和碎粒，还可以排出交换剂层中的汽泡。

最佳反洗强度，通过试验求得。一般反洗流速控制在 $11\sim18m/h$。反洗须至出水澄清为止。反洗时间约为 $10\sim15min$。在正常情况下，每立方米交换剂反洗水量约 $2.5\sim3m^3$。

2. 再生

再生的目的是使失效的交换剂重新恢复交换能力。它是交换器运行操作中很重要的一环。再生时采用动态再生，而不用静态再生。即再生时不要放掉交换器内的水，然后在开始进再生液（盐液浓度以 $6\%\sim10\%$ 为宜）的同时打开排水阀门，边进再生液边排水。应严格控制排水阀门开度，使再生液流速控制在 $3\sim5m/h$，并确保全部交换剂层都浸泡在再生液面里。再生时间应不少于 $40min$。

3. 正洗

正洗的目的就是清除交换器中残留的再生剂和再生产物（$CaCl_2$、$MgCl_2$）。正洗初期实际上是再生的继续，流速不要太大，可掌握在 $3\sim5m/h$；当正洗出水基本不咸时，可将流速加大到 $10\sim15m/h$；正洗后期应经常取样化验出水硬度，当出水硬度达到标准时，且氯化物不超过原水氯根 $50\sim100mg/L$ 时，即可投入交换运行。

4. 交换运行

正洗结束后，钠离子交换器即可投入运行。交换剂在交换器中的工作情况具有层状的特性。当水进入交换器时，首先发生的交换过程是在交换剂的上层，此时交换剂的下层实际上没有什么变化的，因为水通过上面时各反应物质已达到平衡。但当开始运行后，最上

层很快就失效了，因此以后交换作用在此失效层以下的交换剂中进行。

在钠离子交换软化过程中交换剂层分为三层。第一层为失效层，第二层为工作层，又称保护层。在交换软化中，第一层渐渐加大，第二层渐渐向下移动，而第三层逐渐缩小，直等到第二层的下边缘移到和交换剂层的下边缘重合时，若再继续交换，出水的硬度就开始增大了，也就是说交换器已开始失效。

9.4.6 膜法除盐系统

超滤技术作为反渗透的预处理，它具有出水水质稳定，SDI值低，提高了反渗透膜的透水通量，延长了反渗透膜的使用寿命；反渗透技术作为补给水处理的预脱盐装置，大大减少了离子交换系统再生废酸、废碱的排放量，有利于环境保护，同时除去了水中的微粒、有机物和胶体物质，对减轻离子交换树脂的污染、延长离子交换树脂的使用寿命都有着良好的作用。其流程见索引09.04.008。

1. 超滤

超滤膜的孔径在 $0.002\sim0.1\mu m$ 之间，可以截留大部分的胶体和大分子有机物。利用超滤膜为过滤介质，以压力差为驱动力的一种膜分离过程。在一定的压力下，溶剂水和小溶质粒子透过膜而到达低压侧，大粒子组分被膜阻挡。超滤能够有效地去除水中的悬浮物、胶体、有机大分子、细菌、微生物等杂质。

（1）超滤膜及组件

1）中空纤维式是国内应用最为广泛的一种，其典型特点为没有膜的支撑物，是靠纤维管的本身强度来承受工作压力的。

2）中空纤维式根据膜的致密层是在中空纤维的内表面或者外表面，分为内压式和外压式。

3）外压式净止透过方式是从膜外向膜内，适合于进水量进水悬浮物含量较高或者不稳定的情况，在一定的运行参数下，外压式膜的进水浊度可在1000NTU左右而连续稳定运行。

（2）中空膜结构

中空纤维膜是超滤膜过滤的最主要型式之一，呈毛细管状。其内表面或外表面为致密层，或称活性层，内部为多孔支承体。致密层上密布微孔，溶液就是以其组分能否通过这些微孔来达到分离的目的。

（3）超滤进出水控制标准

超滤进出水控制标准　　表 9-9

	NTU	SDI	PH	回收率（%）	硅体胶去除率（%）	过滤周期（min）	反洗历时（s）	产水量（m³/h）
进水	≤10		≤6					
产水	≤0.15	≤2	2～11	≥92	≥99	30～40	60	110

2. 反渗透

在相同的压力下，当溶液与纯溶剂为半透膜隔开时，纯溶剂会通过半透膜使溶液变稀的现象称为渗透。当半透膜隔开溶液与纯溶剂时，加在原溶液上使其恰好能阻止纯溶剂进入溶液的额外压力称为渗透压，通常溶液愈浓，溶液的渗透压愈大。如果加在溶液上的压力超过了渗透压，则反而使溶液中的溶剂向纯溶剂方向流动，这个过程叫做反渗透。反渗透又称逆渗透，一种以压力差为推动力，从溶液中分离出溶剂的膜分离操作。从而在膜的低压侧得到透过的溶剂，即渗透液；高压侧得到浓缩的溶液，即浓缩液。

（1）反渗透处理技术特点

1）在常温不发生相变化的条件下，可以对溶质和水进行分离，适用于对热敏感物质的分离、浓缩，并且与有相变化的分离方法相比，能耗较低。

2）杂质去除范围广，不仅可以去除溶解的无机盐类，而且还可以去除各类有机物杂质。

3）较高的除盐率和水的回用率，可截留粒径几纳米以上的溶质。

4）由于只是利用压力作为膜分离的推动力，因此分离装置简单，容易操作、自控和维修。

5）由于反渗透装置要在高压下运转，因此必须配备高压泵和耐高压的管路。

6）反渗透装置要求进水要达到一定的指标才能正常运行，因此原水在进入反渗透装置之前要采用一定的预处理措施。为了延长膜的使用寿命，还要定期对膜进行清洗，以清除污垢。

（2）反渗透系统流程

见索引 09.04.009。

（3）反渗透进出水水质

超滤进出水控制标准　　　表 9-10

	PH	SDI	DD (μs/cm)	ORP (mV)	余氯 (ppm)	回收率 (%)	脱盐率 (%)	产水量 (m³/h)
进水		≤3		≤200	0.1			
产水	6～9		≤40			75	96～98.5	2×75

（4）反渗透清洗流程

见索引 09.04.010。

9.4.7　锅内水处理

锅外水处理是一种出水质量高，运行操作简便、应用范围广的水处理方法，特别对于大型锅炉以及对水质要求特别严格的场合，锅外水处理是唯一能够满足要求的水处理方法。

但锅外水处理也有其自身的缺点，如设备一次性投资大，运行成本高，维修工作量大等。因此，对于对水质要求不高的场合，如低压小型采暖热水锅炉，为了降低运行费用，常采用更简单的水处理方法，即锅内加药处理。

1. 锅内水处理特点

锅内水处理是通过向锅炉内投入一定数量的软水剂，使锅炉给水中的结垢物质转变成泥垢，然后通过排污将泥垢从锅内排出，从而达到减缓或防止水垢结生的目的。这种水处理主要是在锅炉内部进行的，故称为锅炉内水处理。锅内水处理有以下特点：

（1）锅内水处理不需要复杂的设备。故投资小、成本低，操作方便。

（2）锅内加药处理法是最基本的水处理方法，又是锅外化学水处理的继续和补充。经过锅外水处理以后还可能有残余硬度，为了防止锅炉结垢与腐蚀，仍加一定的水处理药剂。

（3）锅内水处理还不能完全防止锅炉结生水垢，特别是生成的泥垢，在排污不及时很容易结生二次水垢。

（4）锅内加药处理法对环境没有污染，它不像离子交换等水处理法，处理掉天然水多少杂质，再生后还排出多少杂质，而且还排出大量剩余的再生剂和再生后产物。而锅内加药处理方法是将水中的主要杂质变成不溶性的泥垢，对自然不会造成污染。

（5）锅内加药处理法使用的配方需与给水水质匹配，给水硬度过高时，将形成大量水渣，加快传热面结垢速度。因而一般不适用于高硬度水质。

2. 锅内加药适用范围

根据锅内水处理特点，只要符合下列条件，就可以采用锅内加药水处理法：

（1）锅炉没有水冷壁管；

（2）在运行中能保证可靠地排除锅炉内所形成的水渣；

（3）通过加药而形成的泥垢不会影响锅炉安全运行；

（4）使用单位对蒸汽品质要求不高。

3. 锅内水处理常用药剂配方

（1）纯碱法

此法主要向锅内投用纯碱（Na_2CO_3），Na_2CO_3 在一定压力下，虽然能分解成部分 $NaOH$，但对于成分复杂的给水，此法处理效果并不能令人满意。

（2）纯碱—栲胶法

由于纯碱和栲胶的协同效率，要比单用纯碱效果好。

（3）纯碱—腐殖酸钠法

此法又要比纯碱—栲胶法效果好，主要是腐殖酸钠的水处理效果要比栲胶优越的缘故

（4）"三钠一胶"法

"三钠一胶"法指的是碳酸钠、氢氧化钠、磷酸三钠和栲胶。此种方法在我国铁路系统有一套完整的理论和使用方法，管理得好，防垢率可达80％以上。

（5）"四钠"法

"四钠"法指的是碳酸钠、氢氧化钠、磷酸三钠和腐殖酸钠，此法处理效果优于"三钠一胶"法，对各种水质都有良好的适应性。

（6）有机聚磷酸盐、有机聚羧酸盐、和纯碱法

此法是近几年才发展起来的新的阻垢配方，效果比较理想。

4. 锅内水处理常用药剂用量的计算

水处理药剂的用量一般需要根据原水的硬度、碱度和锅水维持的碱度或药剂浓度及锅炉排污率大小等来确定。通常无机药剂可按化学反应物质的量进行计算；而有机药剂（如栲胶、腐殖酸钠、有机聚磷酸盐或有机聚羧酸盐等水质稳定剂）则大多按试验数据或经验用量进行加药。

有机类防垢剂一般每吨水的经验用量如下：

① 栲胶：5～10g/t；

② 腐殖酸钠：每 1mmol/L 的给水硬度投加了 3～5g；

③ 有机聚磷酸盐或有机聚羧酸盐：根据不同的水质，一般在 1～5g/t。

上述各式的加药量仅为理论计算值，实际运行时，由于各种因素（如锅炉负荷、实际排污率的大小等）的影响，加药后的锅水的实际硬度有时与控制的硬度会有一定差别，这时应根据实际情况，适当调解加药量和锅炉排污量，使锅水指标达到国家标准。

5. 加药方式与操作

将药剂放在耐腐蚀的容器内，用 50℃～60℃ 的温水溶解成糊状，在加水稀释至一定浓度后过滤弃去杂质，然后按照锅炉给水量和规定的加药量均匀地加入锅内。

（1）利用注水器加药

用注水器向锅炉注水时，同时将药剂注入锅炉。

（2）水箱加药

利用存水箱，将药液投放在给水中的装置。

（3）压力式加药

上述两种系统均为间接加药，给水量与进药量的比例难以控制。为提高炉内水处理效果，最好采用压力式加药装置进行连续加药。压力式加药装置的安装位置应尽量靠近锅炉，利用管道系统造成的压差，将药液和给水按照一定比例连续加入锅炉。

6. 加药注意事项

（1）为了使药性充分发挥作用，向锅内加药要均匀，每班可分为两三次进行，避免一次性加药，更不要在锅炉排污前加药。加药装置最好设在给水设备之前，以免承受给水设备出口的压力，但加药装置必须符合受压部件的有关要求。

（2）加药后，要保持锅水碱度在 10～20mmol/L，pH 值在 10～12 范围内。

（3）凡是通过给水往锅内加药时，只能在无省煤器或者省煤器出口给水的温度不超过 70℃～80℃ 时采用。对省煤器出口温度超过 70℃～80℃ 的锅炉，药剂应直接加入锅筒或省煤器出口的给水管道中，以防止水在省煤器中受热后结垢。

（4）在初次加药后，锅炉升压时，如果发现泡沫较多，可以通过少量排污来减少，待正常供汽后，泡沫就会逐渐消失。

（5）锅炉不要经常处于高水位运行，防止蒸汽带水时夹带药液。

（6）严格执行排污制度，坚持每个班都排污，防止大量水渣沉积，生成二次水垢。排污量的控制要掌握既经济又合理的原则，即在保证除掉锅筒底部泥渣的前提下，尽量减少排污量，以免损失过多热量。

（7）对有旧水垢的锅炉，最好在第一次加药前将旧水垢彻底清除，或者在加药后每月开炉检查一次，把脱落的旧水垢掏净，以免堵塞管道。以后再根据旧水垢脱落和锅炉运行情况，逐渐延长检查间隔时间。

9.5　给　水　除　氧

9.5.1　给水除氧概述

1. 除氧必要性

（1）给水中溶氧是造成热力设备及其管道腐蚀主要原因之一；

（2）换热设备中不凝结气体使传热恶化，降低机组热经济性；

（3）水中溶氧会造成腐蚀穿孔引起泄漏爆管；

（4）高参数蒸汽溶解物质能力强，通过汽轮机通流部分，会在叶片上沉积，不仅降低汽轮机的出力，还影响安全性。

2. 水中气体来源

（1）补充水带入空气；

（2）凝汽器、部分低压加热器及其管道附件处于真空状态下工作，空气从不严密处漏入主凝结水中。

3. 除氧技术分类

除氧方法可分为化学除氧和物理除氧两种。

（1）化学除氧

化学除氧是利用易和氧发生化学反应的药剂，如亚硫酸钠 Na_2SO_3（用于中参数电厂）或联氨 N_2H_4，使之和水中溶解的氧产生化学变化，达到除氧的目的。

化学除氧能彻底除去水中的氧，但不能除去其他气体，所生成的氧化物还会增加给水中可溶性盐类的含量，且药剂价格昂贵，中小型电厂不采用；在要求彻底除氧的亚临界和超临界参数电厂，在热力除氧后一般再用联氨补充除氧。

典型化学除氧 表 9-11

序号	名称	特　点	适用范围
1	钢屑除氧	水经过钢屑过滤器，钢屑被氧化，而水中的溶解氧被除去。有独立式和附设式两种。此法水温要求大于 70%，以 80℃～90℃温度效果最好。温度 20℃～30℃除氧效果最差。使用钢屑要求压紧，越紧越好，水中含氧量越大，要求流速降低	一般用在对给水品质要求不高的小型锅炉房，或者作为热力网补给水，以及高压锅炉热力除氧后的补充除氧，一般仅作辅助措施
2	亚硫酸钠除氧	这是一种炉内加药除氧法。因为在给水系统中氧是锅炉的主要腐蚀性物质，所以要求迅速将氧从给水中去除，一般使用亚硫酸钠作为除氧剂，$2Na_2SO_3+O_2\rightarrow 2Na_2SO_4$，通常要求加药量比理论值大。温度越高，反应时间越短，除氧效果越好。当炉水 pH=6 时，效果最好，若 pH 增加则除氧效果下降。加入铜、钴、锰、锡等作催化剂，可提高除氧效果。 该方法由于亚硫酸钠价廉故而投资低，安全，操作也较为简单。但此法加药量不易控制，除氧效果不可靠，无法保证达标。另外还会增加锅炉水含盐量，导致排污量增大、热量浪费，是不经济的	因此该方法一般用在小型锅炉房和一些对水质要求较高的热力系统中作为辅助除氧方式
3	联氨除氧	目前此法多用作热力除氧后的辅助措施，以达到彻底清除水中的残留氧，而不增加炉水的含盐量。当压力大于 6.3MPa 时，亚硫酸钠主要分解成腐蚀性很强的二氧化硫和硫化氢，因此对高压锅炉，多采用联氨，联氨与氧反应生成氮和水，有利于阻碍腐蚀的进一步发展	因联氨有毒，容易挥发，不能用于饮用水锅炉和生活用水锅炉除氧。许多锅炉厂正限制或不再使用

（2）物理除氧法

物理除氧法既能除氧又能除去给水中的其他气体，使给水中不存在任何残留物质，故发电厂均采用热力除氧法，在亚临界和超临界参数电厂中，热力除氧法亦是主要的除氧方法，化学除氧只作为辅助除氧和提高给水 pH 值的手段。

典型物理除氧　　　　　　　　　　　　　　　　　表 9-12

序号	名称	特　　点	适用范围
1	解析除氧	解析除氧时近年来兴起的一种比较先进的技术，其工作原理是将不含氧的气体与要除氧的给水强烈混合接触，使溶解在水中的氧解析至气体中去，如此循环而使给水达到脱氧的目的。 解析除氧有以下特点：1. 待除氧水不需要预热处理，因此不增加锅炉房自耗汽；2. 解析除氧设备占地少，金属耗量小，从而减少基建投资；3. 除氧效果好。在正常情况下，除氧后的残余含氧量可降到 0.05mg/L；4. 解析除氧的缺点是装置调整复杂，管道系统及除氧水箱应密封	在热水锅炉和单层布置的工业锅炉内已广泛应用
2	真空除氧	这是一种中温除氧技术，一般在 30℃～60℃温度下进行。可实现水面低温状态下除氧（在 60℃或常温），对热力锅炉和负荷波动大而热力除氧效果不佳的蒸汽锅炉，均可用真空除氧而获得满意除氧效果。相对于热力除氧技术来说，它的加热条件有所改善，锅炉房自耗汽量减少，但热力除氧的大部分缺点仍存在，并且真空除氧的高位布置，对运行管理喷射泵、加压泵等关键设备的要求比热力除氧更高。低位布置也需要一定的高度差，而且对喷射泵、加压泵等关键设备的运行管理要求也很高。另外还增加了换热设备和循环水箱	工业锅炉房用此法除氧日渐增多
3	热力除氧	将锅炉给水加热至沸点，使气的溶解度减小，水中氧不断逸出，再将水面上产生的氧气连同水蒸汽一道除掉，还能除掉水中各种气体（包括游离态 CO_2、N_2），如用铵钠离子交换法处理过的水，加热后也能除去。除氧后的水不会增加含盐量，也不会增加其他气体溶解量，操作控制相对容易，而且运行稳定、可靠，是目前应用最多的一种除氧方法	对于小型快装锅炉和要求低温除氧的场合，热力除氧有一定的局限性，对于纯热水锅炉房也不能采用

9.5.2　热力除氧

1. 热力除氧的原理

当水被定压加热时，水蒸发的蒸汽量不断增加，使液面上水蒸汽的分压力升高，其他气体的分压力不断降低，从水中逸出后及时排出。当水加热至除氧器压力下的饱和温度时，水蒸汽的压力就会接近水面上的全压力，此时水面上其他气体的分压力将趋近于零，于是溶解在水中的气体将会从水中逸出而被除去。

2. 保证热力除氧效果的基本条件

（1）水必须加热到除氧器工作压力下的饱和温度；

（2）必须把水中逸出的气体及时排走，以保证液面上氧气及其他气体的分压力减至零或最小；

（3）被除氧的水与加热蒸汽应有足够的接触面积，蒸汽与水应逆向流动。

3. 热力除氧阶段

热力除氧分为初期除氧阶段和深度除氧阶段

初期除氧阶段：此时水中气体较多，不平衡压差较大。气体可以小汽泡的形式克服水的黏滞力和表面张力离析出来，此阶段可以除去水中 $80\% \sim 90\%$ 的气体，相应给水中含氧量可以减少到 $0.05 \sim 0.1mg/L$。

深度除氧阶段：给水中还残留少量气体，此时不平衡压差相应很小，溶于水中的气体无能力克服水的黏滞力和表面张力逸出，只有靠气体单个分子的扩散作用慢慢离析出来，此时可以加大汽、水接触面，将水形成水膜或水滴，造成水的紊流来加强扩散作用以达到深度除氧。

因此对给水除氧有严格要求的亚临界及以上参数具有直流锅炉的电厂，在热力除氧后还要辅以化学除氧。

4. 热力除氧分类

热力除氧分类

表 9-13

分类方法	名　　称
按工作压力分	1. 真空式除氧器，$p_d < 0.0588MPa$； 2. 大气压力式除氧器，$p_d = 0.1177MPa$； 3. 高压除氧器，$p_d > 0.343MPa$
按除氧头结构分	1. 淋水盘式； 2. 喷雾式； 3. 填料式； 4. 喷雾填料式； 5. 膜式； 6. 无除氧头式
按除氧头布置形式分	1. 立式除氧器； 2. 卧式除氧器
按运行方式分	1. 定压除氧器； 2. 滑压除氧器

5. 除氧器结构

（1）喷雾填料式除氧器

如索引 09.05.001 所示，该除氧器通过喷嘴喷成雾状的给水与上汽管进入的加热蒸汽混合加热，达到水的加热和初步除氧目的。经过初步除氧的水在向下流动时，被填料分割成很薄的水膜，水膜与从填料下部引入的蒸汽继续加热，并完成再次除氧过程。由于被割的水膜具有较大的比表面，因而有利于水的被加热和溶解气体的逸出。经填料加热除氧后的水，其溶解氧一般可小于 $0.005mg/L$。即使进水水温较低（在室温时）的情况下仍能维持除氧后水中的溶解氧含量符合水汽标准。因此比较适用于补水量较大的工业锅炉的给水除氧。

如索引 09.05.001 喷雾填料式除氧器的主要优点是：传热面积大，在负荷变动时如低压加热器故障停用或进水温度降低，除氧效果无明显变化，负荷适应性强，能够深度除氧，除氧后水的含氧量可小于 $7\mu g/L$。这种除氧器的除氧性能与给水雾化好坏关系很大，这种除氧器为我国和西方各国电厂广泛采用。

（2）淋水盘式除氧器

如索引 09.05.002 所示，淋水盘式除氧器是一种老式结构的除氧器，外形尺寸大，制造工作量大，检修困难，在正常工况下除氧效果良好。但对进水温度和负荷要求苛刻，适应能力差，当进水温度低于 70℃ 及超负荷运行时，淋水盘形成溢流，除氧效果恶化。另外淋水盘的小孔易被水垢和铁锈堵塞影响除氧器的出力，其除氧指标达不到高参数电厂的要求，故在老中压电厂中应用，同时在水箱内设置再沸腾管或在低层加装蒸汽鼓泡装置，使上述缺点得到一定程度克服。

喷雾淋水盘式除氧器有立式和卧式两种。其工作是在喷雾层初步除氧，可除去水中大部分气体，再在喷雾层下面串联淋水盘（代替填料层）深度除氧，除去水中残余气体。

除氧水由进水管 5 进入进水室 4，在进水室下沿纵向布置的恒速喷嘴将水雾化，二次加热蒸汽从左边管进入与雾化水接触混合初期除氧，蒸汽凝结水和给水同时落到中部配水槽 7 中，配水槽将水变为均匀的细流落到数十组淋水箱中，二次加热蒸汽从淋水盘箱下部进入与给水逆向流动深度除氧，除氧后的给水从下水管落至给水箱。

（3）除氧器给水箱

如索引 09.05.003 所示，给水箱是凝结水泵与给水泵之间的缓冲容器。

作用：在机组启动、负荷大幅度变化、凝结水系统故障或除氧器进水中断等异常情况下，保证给水泵在一定时间内不间断地向锅炉送水，防止锅炉缺水干烧发生爆管事故。

贮水量：指水箱底部出水管顶部水位至给水箱正常水位之间的贮水量，一般为给水箱全部几何容积的 80%～85%。按照火力发电厂设计技术规程规定：给水箱贮水量在保证安全运行的前提下，200MW 及以下机组为 10～15min 的锅炉最大连续蒸发量时的给水消耗量，200MW 以上机组为 5～10min 的锅炉最大连续蒸发量时的给水消耗量。

6. 除氧器连接管道

（1）加热蒸汽管道

抽汽；辅助蒸汽；汽轮机高、中压阀杆漏汽、高压轴封漏汽；小汽轮机高压阀杆漏汽；锅炉连排扩容器来汽；高加连续排汽。

（2）需除氧的水管道

主凝结水；高加疏水；暖风器疏水；

（3）与除氧器相连的管道

与除氧器相连的管道（见索引 09.05.004）：去汽动、电动给水泵的给水；给水泵再循环管；去再沸腾管；除氧器溢水、放水管；下水管；汽平衡管。

7. 除氧器在热力系统中的连接

见索引 09.05.005。

8. 除氧器运行

（1）除氧器启动

壳体预热。辅助蒸汽预热壳体 20min。

除氧器送水。除氧器压力达到 0.1196～0.149MPa，投再沸腾、循环加热泵。

切换到抽汽管。抽汽压力超过 0.149MPa 后，停止辅助蒸汽。

（2）除氧器的压力调节和保护

当压力升高至额定工作压力的 1.2 倍时，应自动关闭抽汽管道电动隔离阀。当压力升高至额定工作压力的 1.25～1.3 倍时，安全阀应动作。

（3）除氧器的水位调节和保护

水位过低。给水泵入口富裕静压头减少，影响给水泵安全工作。

水位过高。汽轮机水击、给水箱满水、除氧器振动、排气带水等。

（4）排汽的调整和利用

开度过小。排汽量减少且排汽不畅，除氧效果恶化。

开度过大。增加工质及热损失，且会造成除氧器内蒸汽流速太大，导致排气带水和除氧器振动。

（5）除氧器停运后的保护

除氧器停运一周以内应采用蒸汽保养，停运一周以上则应采用充氮保养。

9. 除氧器的自生沸腾

（1）自生沸腾现象

除氧器的自生沸腾是指有过量的热疏水进入除氧器时，因其压力降低水汽化产生的蒸汽量已能满足或大于除氧器的抽汽量，即除氧器内给水加热不需要本级回热抽汽量，从而产生自生沸腾现象。此时除氧器的抽汽量为零或为负值。

（2）自生沸腾的后果

运行时除氧器加热蒸汽抽汽管上的逆止阀关闭，除氧器内的压力会不受控制地升高，除氧器的排汽量随压力升高而加大，造成较大的热损失和工质损失；同时原设计的除氧器内汽、水逆向流动受到破坏，在除氧器的底部形成一个不动的蒸汽层，妨碍逸出的气体及时排走，因而引起除氧效果恶化。

（3）自生沸腾的防止：

1）大型机组除氧器宜采用滑压运行，因除氧器滑压运行后给水在除氧器的焓升大大提高，给水焓升提高后给水在除氧器中加热量增大，其抽汽量也就增大；

2）对进入除氧器的高压加热器的疏水设置疏水冷却器，既可避免除氧器的自生沸腾，又减少了对低压抽汽的排挤，但要增加外置式疏水冷却器，增加投资，同时增加了疏水的阻力，可能引起低负荷时高压加热器疏水不畅；

3）将轴封汽、锅炉连续排污扩容蒸汽等高温汽引向别处；

4）将低温的化学补充水引入除氧器以增加吸热量，但会降低回热系统的热经济性。

若以上措施仍不能消除除氧器自生沸腾，最后只有改变回热系统，提高除氧器工作压力，相应减少高压加热器的数量来降低进入除氧器的疏水量及其热量。

10. 除氧器的常见故障

（1）排气带水

1）原因

一是进水量太大，在淋水盘或配水槽中引起激溅所致；

二是排气量过大，造成排气速度过高而携带水滴。

2）措施

一般通过调整排气门开度，便可使排气带水现象减少或基本消除。

（2）除氧器的振动

1）危害

除氧器内发生水、汽冲击时，就会引起振动。如果振动较大时，会使除氧器外部的保温层脱落，汽水管道法兰连接处松动，焊缝开裂，引起汽水漏泄，严重时甚至把淋水盘等部件振掉，使除氧器不能运行。

2）原因

进水温度低及进水量波动大，使除氧器内蒸汽骤然凝结，引起汽压波动。

在淋水盘式除氧器中，如果淋水盘中淋水孔锈蚀堵塞，则盘内水位将超过围缘高度而发生溢水现象。溢流会使汽流偏斜，使局部区域的汽流速度升高，因而汽流携带的水珠增多。

喷嘴脱落，使进水呈水柱冲向排气管等。

3）措施

除氧器在运行中如发生振动，可适当降低除氧器的负荷或提高进水的温度，振动即能有所改善或基本消除。

教学单元 10 锅炉的燃料供应及除灰渣系统

10.1 锅炉房运煤出渣系统

上煤和除灰渣是燃煤锅炉房的重要组成部分。可靠的运煤和除灰渣是工业锅炉房安全运行的必要条件。其设置是否合理，直接关系到锅炉能否正常运行，还将影响锅炉房位置选择和基建投资，以及工人的劳动强度和环境卫生状况等。因此，应根据锅炉燃料设备的特点、锅炉房的耗煤量和产生的灰渣量、场地条件和技术经济的合理性等，选用适宜的运煤和除灰渣系统。

10.1.1 运煤系统

工业锅炉房的运煤系统是指煤从锅炉房的贮煤场到锅炉炉前贮煤斗之间的燃煤输送，其中包括煤的破碎、筛选、计量和转运输送等过程。工业锅炉房运煤系统见索引 10.01.001。

1. 贮煤场

为了保证锅炉的正常运行及缓和由外运进煤量与锅炉房燃煤量之间的不平衡，在锅炉房附近必须有一定面积的场地，作为锅炉的贮煤场。这样，即使来煤短期中断，仍能保证锅炉的正常运行。

贮煤场通常都是露天煤场，在雨季较长或雨量较大的地区，则采用覆盖煤场。覆盖煤场应靠近锅炉房，不影响露天煤场的运煤。

（1）贮煤量的确定

煤场的贮煤量不能单纯依据锅炉房每台锅炉燃煤量的大小，更重要的还需根据锅炉房所在地区的气候、离煤源的远近、交通运输方式等因素来确定。当收集的资料不够完整时，也可参照设计规范要求，即火车和船舶运煤时，取用 10～25 天的锅炉房最大计算耗煤量，汽车运煤时，取用 5～10 天的锅炉房最大计算耗煤量。

对于一些特殊的情况，则应根据实际情况灵活掌握。例如因气候条件在一定时期内对运输造成困难时，可考虑适当增大煤场贮煤量。

覆盖煤场的贮煤量为 3～5 天的锅炉房最大计算耗煤量。

（2）贮煤场面积

当煤场贮煤量确定后，贮煤场的面积主要取决于煤堆的高度。煤堆过高会影响煤中热量的散发，容易引起自燃。除易自燃的煤对煤堆高度有特殊要求外，一般采用以下参数：移动式皮带输送机堆煤时不大于 5m，堆煤机堆煤时不大于 7m，铲斗车堆煤时 2～3m，人工堆煤时不大于 2m。煤场面积可按下式估算：

$$F = \frac{B_{\max} TMN}{H\rho\varphi}$$

（10-1）

式中　F——煤场面积，m^2；

　　B_{max}——锅炉最大耗煤量，t/h；

　　M——煤的储备天数，d；

　　T——锅炉每昼夜运行小时数，h/d；

　　N——考虑煤堆过道占用面积的系数，一般取 1.5～1.6；

　　H——煤的堆积高度，m；

　　ρ——煤密度，t/m^3；

　　φ——煤的堆积角系数，一般取 0.6～0.8。

2. 煤的制备

由于燃煤锅炉不同的燃烧设备对原煤的粒度要求不同，当原煤的粒度不能满足燃烧设备的要求时，煤块必须先经过破碎。此时，运煤系统中应设置碎煤装置。层燃炉常采用双辊齿牙式破碎机按要求将煤破碎成颗粒状的煤块；煤粉炉常用的破碎机为锤击式破碎机将煤破碎成细小的小颗粒。在破碎之前，煤应先进行筛选，以减轻碎煤装置不必要的负荷。常用的筛选装置有振动筛、滚筒筛和固定筛。固定筛结构简单，造价低廉，用来分离较大的煤块。振动筛和滚筒筛可用于筛分较小的煤块。

当采用机械碎煤时，应进行煤的磁选，以防止煤中夹带的碎铁进入碎煤机，发生火花和卡住等事故，引起设备的损坏。常用的磁选设备有悬挂式电磁分离器和电磁带轮两种。悬挂式电磁分离器是悬挂在输送机的上方可吸除输送机上、中层煤中的含铁杂物，定期用人工加以清理。电磁带轮是一种旋转去铁器，它通常作为胶带输送机的主动轮，借直流电磁铁产生的磁场自动分离输送带下层煤中的含铁杂物。

为了使给煤连续均匀地供给运煤设备，常在运煤系统中设置给煤机。常用的给煤设备为电磁振动给煤机和往复给煤机。

生产中为了加强经济管理，在运煤系统中一般应设置煤的计量装置。采用汽车、手推车进煤时，可选用地磅；带式输送机上煤时，可采用电子带称；当锅炉为链条炉排时，还可以采用煤耗计量表。

3. 运煤设备

工业锅炉用煤，通过运煤系统将贮煤场的煤运到锅炉炉前贮煤斗，并且连续不断地向锅炉提供燃煤，以保证锅炉的正常运行。如索引 10.01.002 工业锅炉常用的运煤设备有电动葫芦吊煤罐、单斗提升机、埋刮板输送机、带式输送机。带式输送机是一种连续运煤设备，运输能力高，运行可靠，可以水平运输，也可倾斜向上运输，但倾斜运输占地面积较大。

带式输送机主要由头部驱动装置、输送带、尾部装置及机架等组成。固定式带式输送机的宽度有 500、650、800mm 三种，带速一般为 0.8～1.25m/s，适用于耗煤量 4t/h 以上的锅炉房。移动式带式输送机装有滚轮，可随意移动，带宽有 400、500mm 两种，在锅炉房煤场卸煤、转运煤时使用。

10.1.2　出渣系统

煤在燃烧设备中燃烧所产生的残余物称为灰渣。一般把灰渣从锅炉灰渣斗以及把烟灰从除尘器的集灰斗收集起来，并运往锅炉房外灰渣场的灰渣输送系统，称为锅炉房的除灰渣系统。

合理设置除灰渣系统，是保证锅炉正常运行的条件之一。同时，要注意锅炉间内有良好的通风，尽量减少灰尘、蒸汽和有害气体对锅炉房环境的污染。工业锅炉房常用的除灰渣方式有机械除灰渣、水力除灰渣两种。

1. 机械除灰渣

前面介绍的一些机械化运煤设备，也可用来输送灰渣，但炽热的灰渣必须用水冷却，大块灰渣还得适当破碎后进入除渣设备，避免设备卡住或损坏。主要出渣设备有螺旋出渣机、马丁出渣机、圆盘出渣机、刮板输送机除渣装置。其中刮板输送机除渣装置是应用最广的出渣设备（见索引 10.01.003）。

（1）组成

由链（环链或框链）、刮板、灰槽、驱动装置及尾部拉紧装置组成。可水平运输又可倾斜输送。

（2）工作原理

在链上每隔一定的距离固定一块刮板，灰渣靠刮板的推动，沿着灰槽被输送。

（3）设计参数

运行速度 2～3m/min，倾斜角不大于 30°。

2. 水力除灰渣

水力除灰渣是用带有压力的水将锅炉排出的灰渣以及湿式除尘器收集的烟灰，送至渣池的除渣系统。水力除灰渣分为低压、高压和混合水力除灰渣三种。

工业锅炉房一般采用低压水力除灰渣系统，其水压为 0.4～0.6MPa。

从锅炉排出的灰渣和湿式除尘器排出的细灰，落入渣沟和灰沟内，分别由设在渣沟和灰沟内的激流喷嘴喷出的水流冲往沉淀池，由抓斗起重机将灰渣从沉淀池倒至沥干台，定期将沥过的湿灰渣再倒入汽车运出厂外，沉淀池中的水经过滤后进入清水池循环使用。

低压水力除灰具有运行安全可靠、劳动强度小、卫生条件好及操作管理方便等优点。缺点是需要建造较庞大的沉淀池，水量大，湿灰渣的运输也不大方便。在严寒地区，沉淀池应采取防冻措施。低压水力除灰系统一般适用于大、中型容量的供热锅炉房。冲灰、渣水均为酸性水，应将其他碱性废水排入沉淀池，以进行中和处理，如酸性仍高，则应加碱处理，使其略带碱性，方能循环使用。需要排除时，必须经过处理使其达到污水排放标准，才能向城市下水道、江、河等水体系排放。

10.2 燃油锅炉房系统

10.2.1 燃油供应系统

燃油供应系统是燃油锅炉房的组成部分。其主要流程是：燃油经铁路或公路运来后，自流或用泵卸入油库的储油罐，如果是重油应先用蒸汽将铁路油罐车或汽车油罐中的燃油加热，以降低其黏度，重油在油罐贮存期间，加热保持一定温度，沉淀水分并分离机械杂质，沉淀后的水排出罐外，油经过泵前过滤器进入输油泵，经输油泵送至锅炉房日用油箱。

燃油供应系统主要有运输设施、卸油设施、贮油罐、油泵及管路等组成，在油灌区还有污油处理设施。

燃油的运输有铁路油罐车运输、汽车油罐车运输、油船运输和管道输送 4 种方式。采取哪种运输方式应根据耗油量的大小、运输距离的远近及用户所在地的具体情况确定。

卸油方式根据卸油口的位置可划分为：上卸系统和下卸系统。

上卸系统适用于下部的卸油口失灵或没有下部卸油口的罐车。上卸系统可采用泵卸或虹吸自流卸。

下卸系统根据卸油动力的不同可分为：泵卸油系统和自流卸油系统。

当油罐车的最低油面高于贮油罐的最高油面时可采用自流卸油系统：卸油口流出的油可流入卸油槽，通过卸油槽、集油沟、导油沟流入油罐，这种系统称之为敞开式下卸系统；油罐车的出油口也可以通过活动接头与油管联接，通过管道流入油罐，这种系统称之为封闭式下卸系统。

当不能利用位差时，可采用泵卸油系统：油罐车的出油口通过活动接头与油泵的进油口

联接，通过泵将油罐中的油送入贮油罐。

10.2.2 锅炉房油管路系统

锅炉房油管路系统的主要任务是将满足锅炉要求的燃油送至锅炉燃烧器，保证燃油经济安全的燃烧。其主要流程是：先将油通过输油泵从油罐送至日用油箱，在日用油箱加热（如果是重油）到一定温度后通过供油泵送至炉前加热器或锅炉燃烧器，燃油通过燃烧器一部分进入炉膛燃烧，另一部分返回油箱。

1. 油管路系统设计的基本原则

(1) 供油管道宜采用单母管；常年不间断供热时，宜采用双母管。回油管应采用单母管。采用双母管时，每一母管的流量宜按锅炉房最大计算耗油量的 75% 计算。

(2) 重油供油系统宜采用经过燃烧器的单管循环系统。

(3) 通过油加热器及其后管道的流速，不应小于 0.7m/s。

(4) 燃用重油的锅炉房，当冷炉起动点火缺少蒸汽加热重油时，应采用重油电加热器或设置轻油、燃气的辅助燃料系统。当采用重油电加热器时应仅限起动时使用，不应作为经常加热燃油的设备。

(5) 采用单机组配套的全自动燃油锅炉，应保持其燃烧自动控制的独立性，并按其要求配置燃油管道系统。

(6) 每台锅炉的供油干管上，应装设关闭阀和快速切断阀，每个燃烧器前的燃油支管上，应装设关闭阀。当设置 2 台或 2 台以上锅炉时，尚应在每台锅炉的回油干管上装设止回阀。

(7) 不带安全阀的容积式油泵，在其出口的阀门前靠近油泵处的管段上，必须装设安全阀。

(8) 在供油泵进口母管上，应设置油过滤器 2 台，其中 1 台备用。

(9) 采用机械雾化燃烧器（不包括转杯式）时，在油加热器和燃烧器之间的管路上应设置油过滤器。

(10) 当日用油箱设置在锅炉房内时，油箱上应有直接通向室外的通气管，通气管上设置阻火器及防雨装置。室内日用油箱应采用闭式油箱，油箱上不应采用玻璃管液位计。在锅炉房外还应设地下事故油罐，日用油箱上的溢油管和放油管应接至事故油罐或地下贮

油罐。

（11）炉前重油加热器可在供油总管上集中布置，亦可在每台锅炉的供油支管上分散布置。分散布置时，一般每台锅炉设置一个加热器，除特殊情况外，一般不设备用。当采取集中布置时，对于常年不间断运行的锅炉房，则应设置备用加热器；同时，加热器应设旁通管；加热器组宜能进行调节。

2. 几种典型的燃油供应系统

（1）燃烧轻柴油的锅炉房燃油系统

如索引 10.02.001 所示，由汽车运来的轻油，靠自流下卸到卧式地下储油罐中，储油罐中的燃油通过 2 台（1 台备用）供油泵送入日用油箱，日用油箱中的燃油经燃烧器内部的油泵加压后一部分通过喷嘴进入炉膛燃烧，另一部分返回油箱。该系统中没有设事故箱，当发生事故时，日用油箱中的油可放入储油罐。

（2）燃烧重油的锅炉房燃油系统

如索引 10.02.002 所示，由汽车运来的重油，靠卸油泵卸到地上储油罐中，储油罐中的燃油由输油泵送入日用油箱，在日用油箱中的燃油经加热后经燃烧器内部的油泵加压后一部分通过喷嘴进入炉膛燃烧，另一部分返回油箱。该系统中，在日用油箱中设置了蒸汽加热装置和电加热装置，在锅炉冷炉点火启动时，由于缺乏汽源，此时靠电加热装置进行加热日用油箱中的燃油，等锅炉点火成功并产生蒸汽后，改为蒸汽加热。为保证油箱中的油温恒定，在蒸汽进口管上安装了自动调节阀，可根据油温调节蒸汽量。在日用油箱上安装了直接通向室外的通气管，通气管上装有阻火器。

该系统设有炉前重油二次加热装置，适用于黏度不太高的重油。

10.2.3 燃油系统辅助设施选择

1. 贮油罐

锅炉房贮油罐的总容量应根据油的运输方式和供油周期等因素确定，对于火车和船舶运输一般不小于 20～30 天的锅炉房最大消耗量，对于汽车运输一般不小于 5～10 天的锅炉房最大消耗量，对于油管输送不小于 3～5 天的锅炉房最大消耗量。

如工厂设有总油库时，锅炉房燃用的重油或柴油应由总油库统一安排。

重油贮油罐不应少于 2 个，为便于输送，对于黏度较大的重油可在重油罐内加热，加热温度不应超过 90℃。

2. 卸油罐

卸油罐也称零位油罐，其容积与输油泵的排量有关。卸油罐是卸油的过渡容器，太大不经济，太小操作稍有不慎就会造成油品溢出事故。在实际工作中，应根据油罐车的总容积及建设地段的地质水文条件，同时结合输油泵的选择来确定。

3. 日用油箱

当贮油罐距离锅炉房较远或直接通过贮油罐向锅炉供油不合适时，可在锅炉房设置日用油箱和供油泵房。贮油罐和日用油箱之间采用管道输送。燃油自油库贮油罐输入日用油箱，从日用油箱直接供给锅炉燃烧。

日用油箱的总容量一般应不大于锅炉房一昼夜的需用量。

当日用油箱设置在锅炉房内时，其容量对于重油不超过 5m³，对于柴油不超过 1m³。同时油箱上还应有直接通向室外的通气管，通气管上设置阻火器及防雨装置。室内日用油箱应采用闭式油箱，油箱上不应采用玻璃管液位计。在锅炉房外还应设地下事故油罐（也可用地下贮油罐替代），日用油箱事故放油阀应设置在便于操作的地点。

由于日用油箱的贮存周期很短，来不及进行沉淀脱水作业，因此，重油应在油库的贮油
罐内沉淀脱水，然后输入日用油箱。日用油箱一般不考虑脱水设施。

除脱水设施外，日用油箱的其他附件与贮油罐相同。

4. 炉前重油加热器

重油在油罐中加热的最高温度不超过 90℃，为了满足锅炉喷油嘴雾化的要求，重油在进入喷油嘴之前需进一步降低黏度，为此，必须经过二次加热。

炉前重油加热器的选择步骤是：首先根据通过燃油加热器的流量和温升计算所需传热量，根据传热量、传热温差计算出所需加热器的面积，根据计算出的传热面积选择合适的加热器。

5. 燃油过滤器

由于燃油杂质较多，一般在供输油泵前母管上和燃烧器进口管路上安装油过滤器。油过滤器选用的是否合理直接关系到锅炉的正常运行。过滤器的选择原则如下：

（1）过滤精度应满足所选油泵、油喷嘴的要求。

（2）过滤能力应比实际容量大，泵前过滤器其过滤能力应为泵容量的 2 倍以上。

（3）滤芯应有足够的强度，不会因油的压力而破坏。

（4）在一定的工作温度下，有足够的耐久性。

（5）结构简单，易清洗和更换滤芯。

（6）在供油泵进口母管上的油过滤器应设置 2 台，其中 1 台备用。

（7）采用机械雾化燃烧器（不包括转杯式）时，在油加热器和燃烧器之间的管路上应设置细过滤器。

一般情况下，泵前常采用网状过滤器，燃烧器前宜采用片状过滤器，视油中杂质和燃烧器的使用效果也可选用细燃油过滤器。油过滤器滤网规格选用见表 10-1。

油过滤器滤网规格选用表   表 10-1

使用条件		滤网规格（目/cm）	滤网流通面积与进口管截面积的比值（倍）
泵前	螺旋泵、齿轮泵	16～22	8～10
	离心泵、蒸汽往复泵	8～12	8～10
炉前	机械雾化喷嘴	≥20	2

6. 卸油泵

当不能利用位差卸油时，需要设置卸油泵，将油罐车的燃油送入贮油罐。

卸油泵的总排油量按式（10-2）计算：

$$Q = \frac{nV}{t} \tag{10-2}$$

式中　　Q——卸油泵的总排油量，m^3/h；

　　　　V——单个油罐车的容积，m^3；

　　　　n——卸车车位数，个；

t ——纯泵卸时间，h。

纯泵卸时间 t 与罐车进厂停留时间有关，一般停留时间为 $4\sim8h$，即在 $4\sim8h$ 内应卸完全部卸车车位上的油罐车。在整个卸车时间内，辅助作业时间一般为 $0.5\sim1h$，加热时间一般为 $1.5\sim3h$，纯泵卸时间 $t=2\sim4h$。

7. 输油泵

为把燃油从卸油罐输送到贮油罐或从贮油罐输送到日用油箱，需设输油泵，输油泵通常采用螺杆泵和齿轮泵，也可以选用蒸汽往复泵、离心泵。油泵不宜少于 2 台，其中 1 台备用，油泵的布置应考虑到泵的吸程。

用于从贮油罐往日用油箱输送燃油的输油泵，容量不应小于锅炉房小时最大计算耗油量的 110%。

用于从卸油罐向贮油罐输送燃油的输油泵，其容量应根据油罐车的容积和卸车时间确定。

在输油泵进口母管上应设置油过滤器 2 台，其中 1 台备用，油过滤器的滤网网孔宜为 $8\sim12$ 目/cm，滤网流通面积宜为其进口截面的 $8\sim10$ 倍。

8. 输油设备（油泵）

在燃油锅炉房供油系统中，按泵的用途可分：卸油泵、输油泵和供油泵。卸油泵的功能是将燃油打入储油罐，再由输油泵把油料从储油罐送入日用油箱，而直接或间接供应锅炉燃烧器燃油的泵通称供油泵。按泵的工作原理可分：动力式泵和容积式泵。离心泵属于动力式，而往复式泵、齿轮泵和螺杆泵则归为容积式。这几种泵均可用于压送油料，泵型式的选择主要取决于油品的性质和供油参数。当输送的油品黏度小，压头较低且流量较大时，一般采用离心泵；当油品黏度大，压头较高且流量较小时，常采用往复泵；如流量均匀且不含固体颗粒时，可采用齿轮泵和螺杆泵。

9. 供油泵

供油泵用于往锅炉中直接供应一定压力的燃料油。一般要求流量小、压力高，并且油压稳定。供油泵的特点是工作时间长。在中小型锅炉房中通常选用齿轮泵或螺杆泵作为供油泵。供油泵的流量与锅炉房的额定出力、锅炉台数、锅炉房热负荷的变化幅度及喷油嘴的型式等有关。

供油泵的流量应不小于锅炉房最大计算耗油量与回油量之和。锅炉房最大计算耗油量为已知数，故求供油泵的流量就在于合理确定回油量。回油量不宜过大或过小，回油量大固然对油量、油压的调节有利，但过大，不仅会加速罐内重油的温升，而且还会增加动力消耗，造成油泵经常性的不经济运行。回油量过小又会影响调节阀的灵敏度和重油在回油管中的流速，流速过低，重油中的沥青胶质和碳化物容易析出并沉积于管壁，使管道的流通截面积逐渐缩小，甚至堵塞管道。因此，在确定回油量时，应力求使供油泵的动力消耗最省和保证重油系统的安全运行，并要做到：在锅炉热负荷变化时回油量应处于主调节阀的节流范围以内，同时应使重油在回油管中的流速不要过低，结合选取适当的回油管直径尽量控制重油的流速在 1m/s 以上，最低不宜低于 0.7m/s。为保证在锅炉热负荷变化时油泵和回油管路的安全运行和节省动力消耗，除利用回油调节阀调节供油量和回油量外，还可选用小流量多台泵并联工作，以适应锅炉房热负荷变化时流量调节的需要。特别是在锅炉房额定出力较大，热负荷变化幅度也大的情况下，选用小流量泵并联工作尤有必要。

对于带回油的喷油嘴的回油，可根据喷油嘴的额定回油量确定，并合理地选用调节阀和回油管直径。喷油嘴的额定回油量，由锅炉制造厂提出，一般为喷油嘴额定出力的15%～50%。

10. 油罐附件

为了保证油罐的安全运行和正常操作，在油罐上需要设置通气管、人孔、透光孔、液位计、加热器等附件。现就主要部件作简要介绍。

(1) 通气管及阻火器

为了避免油罐在充注和卸出时造成过高或过低的油面上部气体压力，必须设置通气管与外界大气相通。同时，为了防止意外情况下火焰经过通气管进入油罐点燃油蒸汽而造成火灾事故，一般要在通气管上安装阻火器。阻火器内装有多层金属片组成的阻火芯，它可以吸收热量，使火焰熄灭。

(2) 呼吸阀

在轻油罐上要装呼吸阀，当油罐内负压超过允许值时吸入空气，正压超值时排放出多余气体。正常情况下，使油罐内部空间与外部隔绝，以减少油品损失。

(3) 液位计

液位计是用来测定罐内油面高度的指示器或传感器。常用的液位计有机械式、浮子式和电子式等几种。机械式液位计结构比较简单，但使用不够理想。浮子式液位计可粗略地指示油面高度，结构简单，使用较为普遍。电子式液位计可以远传液位指示，其运行效果好，但价格较高。

(4) 空汽泡沫发生器

在立式油罐的上层板圈上安装空汽泡沫发生器。空汽泡沫液在压力作用下，冲开泡沫发生器中的玻璃片，沿着泡沫管经喷射装置喷到油罐，覆盖着火液面以隔绝空气，达到熄灭火焰的目的。正常状态下，玻璃片是用于防止油蒸汽泄漏的。

10.3 燃 气 系 统

10.3.1 供气管道系统设计的基本要求

1. 供气管道进口装置设计要求

(1) 由调压站至锅炉房的燃气管道（锅炉房引入管），除生产上有特殊要求时需考虑采用双管供气外，一般均采用单管供气。当采用双管供气时，每条管道的通过能力按锅炉房总耗气量的70%计算。

(2) 当调压装置进气压力在0.3MPa以上，而调压比又较大时，可能产生很大的噪声，为避免噪声沿管道传送到锅炉房，调压装置后宜有10～15m的一段管道采取埋地敷设。

(3) 由锅炉房外部引入的燃气总管，在进口处应装设总关闭阀，按燃气流动方向，阀前应装放散管，并在放散管上装设取样口，阀后应装吹扫管接头。

(4) 引入管与锅炉间供气干管的连接，可采用端部连接。当锅炉房内锅炉台数为4台以上时，为使各锅炉供气压力相近，最好采用在干管中间接入的方式。

2. 锅炉房内燃气配管系统设计要求

（1）为保证锅炉安全可靠的运行，要求供气管路和管路上安装的附件连接要严密可靠，能承受最高使用压力。在设计配管系统时应考虑便于管路的检修和维护。

（2）管道及附件不得装设在高温或有危险的地方。

（3）配管系统使用的阀门应选用明杆阀或阀杆带有刻度的阀门，以便使操作人员能识别阀门的开关状态。

（4）当锅炉房安装的锅炉台数较多时，供气干管可按需要用阀门分隔成数段、每段供应2～3台锅炉。

（5）在通向每台锅炉的支管上，应装有关闭阀和快速切断阀（可根据情况采用电磁阀或手动阀）、流量调节阀和压力表。

（6）在支管至燃烧器前的配管上应装关闭阀，阀后串联2只切断阀（手动阀或电磁阀），并应在两阀之间设置放散管（放散阀可采用手动阀或电磁阀）。靠近燃烧器的1只安全切断电磁阀的安装位置，至燃烧器的间距尽量缩短，以减少管段内燃气渗入炉膛的数量，见索引10.03.001。

3. 吹扫放散管道系统设计

燃气管道在停止运行进行检修时，为检修工作安全，需要把管道内的燃气吹扫干净；系统在较长时间停止工作后再投入运行前，为防止燃气空气混合物进入炉膛引起爆炸，亦需进行吹扫，将可燃气混合气体排入大气。因此，在锅炉房供气系统设计中，应设置吹扫和放散管道。

设计吹扫放散系统应注意下列要求：

（1）吹扫方案应根据用户的实际情况确定，可以考虑设置专用的惰性气体吹扫管道，用氮气、二氧化碳或蒸汽进行吹扫；也可不设专用吹扫管道而在燃气管道上设置吹扫点，在系统投入运行前用燃气进行吹扫，停运检修时用压缩空气进行吹扫。吹扫点（或吹扫管接点）应设置在下列部位：

1）锅炉房进气管总关闭阀后面（顺气流方向）；

2）在燃气管道系统以阀门隔开的管段上需要考虑分段吹扫的适当地点。

（2）燃气系统在下列部位应设置放散管道：

1）锅炉房进气管总切断阀的前面（顺气流方向）；

2）燃气干管的末端，管道、设备的最高点；

3）燃烧器前两切断阀之间的管段；

4）系统中其他需要考虑放散的适当地点。

放散管可根据具体布置情况分别引至室外或集中引至室外。放散管出口应安装在适当的位置，使放散出去的气体不致被吸入室内或通风装置内。放散管出口应高出屋脊2m以上。

（3）放散管的管径根据吹扫管段的容积和吹扫时间确定，一般按吹扫时间为15～30min，排气量为吹扫段容积的10～20倍作为放散管管径的计算依据。表10-2和表10-3列举了锅炉房内燃气管道系统和厂区燃气管道系统的放散管管径参考数据。

锅炉房燃气系统放散管直径选用表 表10-2

燃气管道直径（mm）	25～50	65～80	100	125～150	200～250	300～350
放散管直径（mm）	25	32	40	50	65	80

距离 (m)	燃气管道直径				距离 (m)	燃气管道直径			
	50～100	125～250	300～350	400～500		50～100	125～250	300～350	400～500
20	40	50	80	100	300	65	150	250	250
50	40	65	100	100	400	65	200	300	300
100	40	80	150	150	500	80	200	300	300
200	50	125	200	200	1000	100	200	300	300

10.3.2　锅炉常用燃气供应系统

1. 一般手动控制燃气系统

以前使用的一些小型燃气锅炉房，锅炉都由人工控制，燃烧系统比较简单，一般是燃气管道由外网或调压站进入锅炉房后，在管道入口处装一个总切断阀，顺气流方向在总切断阀前设放散管，阀后设吹扫点。由干管至每台锅炉引出支管上，安装一个关闭阀，阀后串联安装切断阀和调节阀，切断阀和调节阀之间设有放散管。在切断阀前引出一点火管路供点火使用。调节阀后安装压力表。阀门选用截止阀或球阀，手动控制。系统一般都不设吹扫管路。放散管根据布置情况单独引出或集中引出屋面。

2. 强制鼓风供气系统

随着燃气锅炉技术的发展，供气系统的设计也在不断改进，近几年出现的一些燃气锅炉，自动控制和自动保护程度较高，实行程序控制，要求供气系统配备相应的自控装置和报警设施。因此，供气系统的设计也在向自控方向发展，在我国新设计的一些燃气锅炉房中，供气系统已在不同程度上采用了一些自动切断、自动调节和自动报警装置。

强制鼓风供气系统能在较低压力下工作，由于装有机械鼓风设备，调节方便，可在较大范围内改变负荷而燃烧相当稳定。因此，这种系统在大中型采暖和生产的燃气锅炉房中经常被采用。

3. 燃气锅炉供气系统

如索引 10.03.002 所示，燃气锅炉供气系统，该锅炉采用涡流式燃烧器，要求燃气进气压力为 10～15kPa，炉前燃气管道及其附属设备，由锅炉厂配套供应。每台锅炉配有一台自力式调压器，由外网或锅炉房供气干管来的燃气，先经过调压器调压，再通过 2 只串联的电磁阀（又称主气阀）和 1 只流量调节阀，然后进入燃烧器。在 2 只串联的电磁阀之间设有放散管和放散电磁阀，当主电磁阀关闭时，放散电磁阀自动开启，避免漏气进入炉膛。主电磁阀和锅炉高低水位保护装置、蒸汽超压装置、火焰监测装置以及鼓风机等联锁，当锅炉在运行中发生事故时，主电磁阀自动关闭切断供气。运行时燃气流量可根据锅炉负荷变化情况由调节阀进行调节，燃气调节阀和空气调节阀通过压力比例调节器的作用实现燃气—空气比例调节。

此外，在二电磁阀之前的燃气管上，引出点火管道，点火管道上有关闭阀和 2 只串联安装的电磁阀。点火电磁阀由点火或熄火讯号控制。本燃气系统的起动和停止为自动控制和程序控制，当开始点火时，首先打开风机预吹扫一段时间（一般几十秒），然后，打开点火电磁阀，点火后再打开主电磁阀，同时火焰监测装置投入，锅炉投入正常运行；当停炉或事故停炉时，先关闭主气阀，然后吹扫一段时间。

在供气系统中，为了保证燃烧器所需的压力，应设置燃气高低压报警及必要的联锁。

10.3.3 锅炉常用燃气供应系统

1. 城市燃气管道压力分类

城市燃气管道按其所输送的燃气压力不同，分为以下 5 类：

低压管道：（$p<0.005MPa$）；

次中压管道 A：（$0.005MPa<p<0.2MPa$）；

中压管道 B：（$0.2MPa<p<0.4MPa$）；

次高压管道 A：（$0.4MPa<p<0.8MPa$）；

高压管道 B：（$0.8MPa<p<1.6MPa$）。

在燃气锅炉房供气系统中，从安全角度考虑，宜采用次中压、低压供气系统；不宜采用高压供气系统。

2. 供气压力的确定

燃气锅炉房供气压力主要是根据锅炉类型及其燃烧器对燃气压力的要求来确定。当锅炉类型及燃烧器的型式已确定时，供气压力可按下式确定：

$$p = p_r + \Delta p \tag{10-3}$$

式中　p——锅炉房燃气进口压力，Pa；

　　　p_r——燃烧器前所需要的燃气压力（各种锅炉所需要的燃气压力，见锅炉厂家资料），Pa；

　　　Δp——管道阻力损失，Pa。

教学单元 11 汽 水 系 统

11.1 工业锅炉房汽水系统

11.1.1 给水系统与给水管道

1. 给水系统

锅炉房的给水系统常与热网回水方式、水处理或除氧的方式有关。如凝结水采用压力回水方案时，锅炉房可只设一个给水箱，回水和软水（补给水）都流到给水箱，然后由软水加压泵送至除氧器，除氧水再经给水泵送入锅炉，这种系统通常称为一级给水系统，如图 11-1 所示。

如凝结水采用自流回水方案时，锅炉房的凝结水箱一般是设置在地下室内，当回水温度较高时，由于不能保证水泵吸入端要求的正水头，而使水泵内的水发生汽化，甚至吸不上来。因此，对于中型以上的锅炉房，为了保证给水泵的正常运行，减小地下室的建筑面积，常采用将凝结水箱仍设于地下室内，凝结水泵将凝结水从地下室的凝结水箱送至地面以上的给水箱，再由软水加压泵送至除氧器，除氧水经给水泵送往锅炉，这种系统称为二级给水系统，如图 11-2 所示。

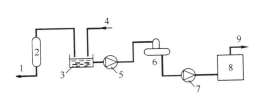

图 11-1 压力回水的给水示意

1—上水管道；2—软水器；3—给水箱；4—回水管；
5—软化水泵；6—除氧器；7—给水泵；8—锅炉；
9—主蒸汽管

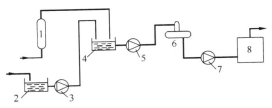

图 11-2 自流回水的给水示意

1—软水器；2—凝结水箱；3—凝结水泵；4—给水箱；
5—软化水泵；6—除氧器；7—给水泵；8—锅炉

当锅炉房有不同压力的回水时，可在高压回水管道上设扩容器，使回水压力降低产生二次蒸汽，然后再进入凝结水箱。

2. 给水管道

从给水箱或除氧水箱到锅炉给水泵的一段管道称为给水泵进水管，由给水泵到锅炉的一段管道称为锅炉给水管。这两段管道组成锅炉给水管道。

蒸汽锅炉房的锅炉给水母管应采用单母管。对常年不间断供汽的锅炉房和给水泵不能并联运行的锅炉房，锅炉给水母管宜采用双母管或采用单元制锅炉给水系统，使给水管道及其附件随时都可以检修。给水泵进水母管由于水压较低，一般应采用单母管；对常年不间断供汽，且除氧水箱等于或大于 2 台时，则宜采用分段的单母管。当其中一段管道出现事故时，另一段仍可保证正常供水。

热水锅炉房内，与热水锅炉、水加热装置和循环水泵相连接的供水和回水母管应采用单母管；对必须保证连续供热的热水锅炉房宜采用双母管。

在锅炉的每一个进水口上，都应装置截止阀及止回阀。止回阀和截止阀串联，并装于截止阀的前方（水先流经止回阀）。省煤器进口应设安全阀，出口处需设放气阀。非沸腾式省煤器应设给水不经省煤器直通锅筒的旁路管道。

每台锅炉给水管上应装设自动和手动给水调节装置。额定蒸发量小于或等于 4t/h 的锅炉可装设位式给水自动调节装置；等于或大于 6t/h 的锅炉宜装设连续给水自动调节装置。手动给水调节装置宜设置在便于司炉操作的地点。

离心式给水泵出口必须设止回阀，以便于水泵的启动。由于离心式给水泵在低负荷下运行时会导致泵内水汽化而断水。为防止这类情况出现，可在给水泵出口和止回阀之间再接出一根再循环管，使有足够的水量通过水泵，不进锅炉的多余水量通过再循环管上的节流孔板降压后再返回到给水箱或除氧水箱中。

为了便于给水管道的泄水和排气，安装时给水管道应有不小于 0.003 的坡度，坡度方向和水流方向相反。在管道的最高点应安装排气阀，在管道的最低点应安装放水阀。

11.1.2 给水系统的设备

为了保证锅炉安全、可靠、连续运行，必须保证不断地向锅炉供水，因此，必须选择合适的给水设备。给水系统的设备包括给水设备、凝结水回收设备和水处理设备。有关水处理设备的内容见教学单元 9。

1. 给水泵

常用的锅炉给水泵有电动（离心式）给水泵、汽动（往复式）给水泵和蒸汽注水器等。

电动给水泵容量较大，能连续均匀给水，广泛应用于工业锅炉房给水系统。根据离心泵的特性曲线，在增加水泵流量时，会使水泵扬程减小，此时给水管道的阻力增大。因此在选用电动离心泵时应以最大流量和对应于这个最大流量的扬程为准。在正常负荷下工作时，多余的压力可借阀门的节流来消除。水泵的进水温度应符合水泵技术条件所规定的给水温度。

一些小容量锅炉常选用旋涡泵。这种泵流量小、扬程高，但比离心泵效率低。

汽动给水泵只能往复间歇地工作，出水量不均匀，需要耗用蒸汽，可作为停电时的备用泵。

给水泵台数的选择应适应锅炉房全年热负荷变化的要求，以利于经济运行。给水泵应有备用，以便在检修时启动备用给水泵保证锅炉房正常运行。当最大一台给水泵停止运行时，其余给水泵的总流量应能满足所有运行锅炉在额定蒸发量时所需给水量的 110%。给水量包括锅炉蒸发量和排污量。

当给水泵的特性允许并联运行时，可采用同一给水母管，否则应采用不同的给水母管。

以电动给水泵为常用水泵时，宜采用汽动给水泵为事故备用泵。该汽动给水泵的流量应满足所有运行锅炉在额定蒸发量时所需给水量的 20%～40%。

具有一级电力负荷的锅炉房，或停电后锅炉停止运行，且不会造成锅炉缺水事故的锅炉房，可不设置事故备用汽动给水泵。

采用汽动给水泵作为电动给水泵的工作备用泵时，应设置单独的给水母管。汽动给水泵的流量不应小于最大一台电动给水泵流量。当汽动给水泵流量为所有运行锅炉的额定蒸发量所需给水量的 20%～40%时，不用再设置事故备用泵。

给水泵的扬程应根据锅炉锅筒在设计的使用压力下安全阀的开启压力、省煤器和给水系统的压力损失、给水系统的水位差和计入适当的富裕量来确定。

2. 凝结水泵、软化水泵和中间水泵

回收厂区未被污染的凝结水不仅可以回收热能，节约燃料，而且可以减少锅炉给水系统的水处理量，降低设备的初投资和运行费用。因此，应尽可能回收凝结水。

通常把从软水箱吸出软化水，送入除氧器或锅炉中的水泵称为软化水泵或给水泵。把从凝结水箱吸水加压送入软化水箱或除氧器的水泵称为凝结水泵。

凝结水泵、软化水泵和中间水泵一般设置 2 台，其中 1 台备用。当任何一台水泵停止运行时，其余水泵的总流量应满足系统水量要求。有条件时，凝结水泵和软化水泵可合用一台备用泵。中间水泵输送有腐蚀性的水时，应选用耐腐蚀水泵。

3. 给水箱、凝结水箱、软化水箱和中间水箱

锅炉房给水箱是贮存锅炉给水的设备。锅炉给水是由凝结水和经过处理后的补给水组成。如给水除氧，则作为给水箱的除氧水箱应有良好的密封性；如给水不除氧，给水箱也可以采用开口水箱。给水箱或除氧水箱一般设置 1 个，对于常年不间断供热的锅炉房或容量大的锅炉房应设置 2 个。给水箱的总有效容量宜为所有运行锅炉在额定蒸发量时所需 20～60min 的给水量。小容量锅炉房以软化水箱作为给水箱时要适当放大有效容量。

给水箱有圆形和矩形两种，容量在 20m³ 以上的大型水箱宜采用圆形水箱，以节省钢材，当水箱布置不方便时，才可采用矩形水箱。给水箱或除氧水箱的布置高度应满足在设计最大流量和水箱处于最低水位的情况下保证给水泵不发生汽蚀，即必需的正水头和吸水高度。

凝结水箱是贮存凝结水的设备。凝结水箱宜选择 1 个，锅炉房常年不间断供热时，宜选用 2 个，或 1 个中间带隔板分为两格的水箱，以备检修时切换使用。它的总有效容量宜为 20～40min 的凝结水回收量。小型锅炉房可将凝结水箱和给水箱合为 1 个，这样可以减少凝结水的二次蒸汽热损失，并能将补给水加温，此时，水箱容积按给水箱考虑。

软化水箱的总有效容量，应根据水处理的设计出力和运行方式确定。当设有再生备用软化设备时，软化水箱的总有效容量宜为 30～60min 的软化水消耗量。

中间水箱总有效容量宜为水处理设备设计出力的 15～30min 贮水量。

锅炉房水箱应注意防腐，水温大于 50℃时，水箱要保温。

11.1.3 蒸汽系统

1. 蒸汽系统组成

每台蒸汽锅炉一般都设有主蒸汽管和副蒸汽管。从锅炉向用户供汽的这段蒸汽管称为主蒸汽管；用于锅炉本身吹灰、汽动给水泵供汽的蒸汽管称为副蒸汽管。主蒸汽管、副蒸汽管及设在其上的设备、阀门、附件等组成蒸汽系统。

图 11-3 是分汽缸集中蒸汽系统示意，该系统由锅炉引出蒸汽管接至分汽缸，外供蒸

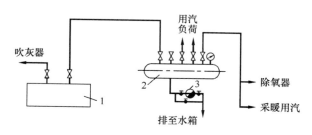

图 11-3　分汽缸集中蒸汽系统示意
1—蒸汽锅炉；2—分汽缸；3—疏水器

汽管道与锅炉房自用蒸汽管道均由分汽缸接出，这样可避免主蒸汽管道上开孔太多，又便于集中管理。

2. 蒸汽管道的布置

为了安全，在锅炉主蒸汽管上均应安装两个阀门，其中一个应紧靠锅炉汽包或过热器出口，另一个应装在靠近蒸汽母管处或分汽缸上。这是考虑到锅炉停运检修时，其中一个阀门失灵另一个还可关闭，避免母管或分汽缸中的蒸汽倒流。

锅炉房内连接相同参数锅炉的蒸汽管，宜采用单母管。对常年不间断供热的锅炉房，宜采用双母管，以便某一母管出现事故或检修时，另一母管仍可保证供汽。当锅炉房内设有分汽缸时，每台锅炉的主蒸汽管可分别接至分汽缸。

在蒸汽管道的最高点处需装放空气阀，以便在水压试验时排除锅炉设备和管道系统中的空气。蒸汽管道应有 0.002 的坡度，其方向与蒸汽流动方向相同，在蒸汽管道的最低点应装疏水器或放水阀，以排除沿途形成的凝结水。

锅炉本体、除氧器上的放汽管和安全阀排汽管应独立接至室外，避免排汽时污染室内环境，影响运行操作。两独立安全阀排汽管不应相连，可避免串汽和易于识别超压排汽点。

3. 分汽缸

自锅炉房通往各热用户的蒸汽管，都应由分汽缸接出，这样做既有利于集中管理，又可避免在蒸汽母管上开孔过多。

分汽缸的设置应按用汽需要和管理方便的原则进行。对民用锅炉房及采用多管供汽的工业锅炉房或区域锅炉房，宜设置分汽缸。对于采用单管向外供热的锅炉房，则不宜设置分汽缸。

分汽缸可根据蒸汽压力、流量、连接管的直径及数量等要求进行设计。分汽缸直径一般可按蒸汽通过分汽缸的流速不超过 $20\sim25m/s$ 计算。蒸汽从蒸汽管进入分汽缸后，由于流速突然降低，使蒸汽中的水滴分离出来。因此，分汽缸下面的疏水管应设 0.001 的坡度，在最低点应装疏水器，以排除分离和凝结的水。

分汽缸上接出的蒸汽管道均应设置阀门。分汽缸上可以不设置安全阀，但应设置压力表，过热蒸汽管上还应设置温度计。

分汽缸宜布置在操作层的固定端，以免影响今后锅炉房扩建。当靠墙布置时，离墙距离应考虑接出阀门及检修的方便，一般分汽缸保温层外壁到墙壁应有 500mm 左右的距离。分汽缸前面应留有足够的操作位置，一般自阀门手柄外端算起，要有 $1.0\sim1.5m$ 的操作空间。

11.1.4　排污系统

锅炉排污水具有较高的温度，在排入城市排水管网前应采取降温措施，使温度降至 40℃ 以下。一般于室外设排污降温池，用冷水混合冷却。图 11-4 为虹吸式降温池。当降温池设于室内时，降温池应密闭，并设有人孔和通向室外的排气管。

图 11-5 是连续排污系统示意图。从锅炉上锅筒连续排污管接至连续排污扩容器的排污管道必须采用无缝钢管，扩容器进口处应设一个截止阀，排污扩容器的水位可用液位调节阀控制。2～4 台锅炉宜合用一台连续排污扩容器。每台锅炉的连续排污管道应单独接至连续排污扩容器进口。连续排污扩容器应设安全阀。在锅炉接出的连续排污管上，应装设节流阀。

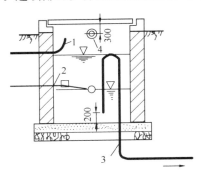

图 11-4　虹吸式降温池示意
1—锅炉排污器；2—冷却水；3—排水；4—透气管

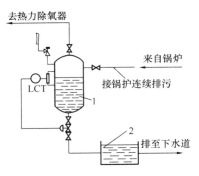

图 11-5　连续排污系统示意
1—连续排污扩容器；2—排污降温池

一般每台锅炉必须单独装置定期排污管，排污水经室外降温池冷却后排入下水道。当几台锅炉合用排污总管时，在每台锅炉接至排污总管的支管上必须装设切断阀，在该阀前宜装设止回阀，排污总管上不得装有任何阀门。各排污管不得同时进行排污。

为了保证工作安全，排污管不应采用铸铁管件，锅炉的排污阀及其管道不应采用螺纹连接，排污管道应减少弯头，保证排污通畅。

锅炉在运行中，进行必要的排污是至关重要的。排污的主要作用在于保持受热面水侧的清洁、排除锅内存积物以及避免锅水发生泡沫而影响蒸汽品质。排污分连续排污和定期排污两种。连续排污又称表面排污，是根据锅炉水质化验部门提供的水质情况来进行调整。定期排污是根据操作规程，由运行人员定期进行，同时根据化验部门提供的水质情况调整排污量的大小。

1. 定期排污

定期排污的间隔时间和数量，主要取决于锅水的质量。一般排污量不超过给水量的 5%。正常情况下，常控制在 2%～3%，每班排两次为宜。在一台锅炉上，同时有几个排污系统时，必须对所有排污系统轮流进行排污，避免部分受热面堆积水垢或引起水循环破坏而发生事故。在两台锅炉以上，同时使用一根总排污管，而且每台锅炉的排污管又无逆止阀时，禁止两台锅炉同时排污。

（1）排污操作

排污前应将锅筒水位保持在高于正常水位，并应注意到本锅炉排污不会影响其他锅炉的运行和检修。具体操作如索引 11.01.001。

（2）操作时注意的问题

1）排污时，应将水位保持在高于正常水位，且在低负荷时进行；

2）排污时，应有人监护，以免排污阀开后忘关；

3）上述两种排污操作方法，应采取其中一种方法进行操作，以免两个排污阀都磨损，操作时先开启的阀门应全开，且关闭时后关，后开启的阀门，应先稍开进行暖管后再慢慢全开，而关闭时应先关；

4）开启阀门应用手轮或专用扳手，不可用其他加长手柄的方法开启阀门，以免损坏排污阀而出现不应有的事故；

5）水位不正常或发生事故时（满水除外），应立即停止排污；

6）排污阀应严密不漏。排污完毕，排污阀应关严，管内不能有水的流动声。巡回检查时，应用手触摸一下排污阀出口的引出管道，是否有异常情况。

2. 连续排污（又称表面排污）

连续排污又称表面排污，是连续不断地将上锅筒水面附近的锅水排出。主要是防止锅水中含盐量或碱度过高，同时也能排除悬浮在水中的细微水渣。锅炉运行时，上锅筒蒸发面的水面附近，锅水的含盐浓度最大，连续排污由此表面附近取水，故又称表面排污。

为了减少因排污而损失的水量和热量，一般将连续排污水引到专用的扩容器，排污水压力突然降低而产生二次蒸发，该蒸汽可以作为热力除氧器的热源。余下的排污水可以通过表面式热交换器，加热锅炉补水，最后排入地沟。

11.2 火力电厂汽水系统

11.2.1 火力电厂生产过程概述

1. 生产过程

火力发电一般是指利用石油、煤炭和天然气等燃料燃烧时产生的热能来加热水，使水变成高温、高压水蒸汽，然后再由水蒸汽推动发电机来发电的方式的总称。以煤、石油或天然气作为燃料的发电厂统称为火电厂。火电厂生产工艺流程见索引 11.02.001。典型凝汽式发电系统见索引 11.02.002。

火力发电系统主要由燃烧系统（以锅炉为核心）、汽水系统（主要由各类泵、给水加热器、凝汽器、管道、水冷壁等组成）、电气系统（以汽轮发电机、主变压器等为主）、控制系统等组成。前两者产生高温高压蒸汽；电气系统实现由热能、机械能到电能的转变；控制系统保证各系统安全、合理、经济运行。

2. 汽水系统

火力发电厂的汽水系统是由锅炉、汽轮机、凝汽器、高低压加热器、凝结水泵和给水泵等组成，包括汽水循环、化学水处理和冷却系统等。水在锅炉中被加热成蒸汽，经过热器进一步加热后变成过热的蒸汽，再通过主蒸汽管道进入汽轮机。由于蒸汽不断膨胀，高速流动的蒸汽推动汽轮机的叶片转动从而带动发电机。

为了进一步提高其热效率，一般都从汽轮机的某些中间级后抽出作过功的部分蒸汽，用以加热给水。在现代大型汽轮机组中都采用这种给水回热循环。此外，在超高压机组中还采用再热循环，既把做过一段功的蒸汽从汽轮机的高压缸的出口将做过功的蒸汽全部抽出，送到锅炉的再热汽中加热后再引入汽轮机的中压缸继续膨胀做功，从中压缸送出的蒸汽，再送入低压缸继续做功。在蒸汽不断做功的过程中，蒸汽压力和温度不断降低，最后排入凝汽器并被冷却水冷却，凝结成水。凝结水集中在凝汽器下部由凝结水泵打至低压加热再经过除氧器除氧，给水泵将预加热除氧后的水送至高压加热器，经过加热后的热水打入锅炉，再将过热器中把水已经加热到过热的蒸汽，送至汽轮机做功，这样周而复始不断地做功。在汽水系统中的蒸汽和凝结水，由于疏通管道很多并且还要经过许多的阀门设备，这样就难免产生跑、冒、滴、漏等现象，这些现象都会或多或少地造成水的损失，因此我们必须不断的向系统中补充经过化学处理过的软化水，这些补给水一般都补入除氧器中。

11.2.2 热电厂生产方式

火力发电厂的生产工程中，汽轮机排汽的热量在冷源中损失过大，为了尽量减少冷源损失，在火力发电厂中除了供应电能以外，还可以利用做过功的蒸汽来供应热用户。这样既供电又供热的火力发电厂称为热电厂或热电联产工程。

在热电联产工程中，建设原则主要有两种，既通常所讲的以热定电和以电带热，其中以电带热的原则只适用于对区域电负荷要求高的情况，目前，为了更合理地节能，对热电联产项目国家要求必须执行以热定电的原则。

热电联产工程主要工艺方式有两种见索引 11.02.003，以汽轮发电机组选用的不同方式来划分，分别是背压式汽轮机组和抽汽凝汽式汽轮机组。除此之外，还有高参数背压式汽轮机叠置设备改造电厂、改造中小型凝汽式机组为供热机组、利用企业工业锅炉的裕压发电等形式。

1. 背压式汽轮机组

背压式汽轮机组是相对于凝汽式汽轮机组而言的，其差别在于，凝汽式汽轮机组中汽轮机的排汽被冷凝成水再送回到锅炉系统，而背压式汽轮机组中汽轮机的排汽是直接供给了热用户。在两者的系统中，凝汽式机组的排汽参数要求在保证汽轮机安全运行的条件下尽可能的低，而背压式汽轮机组的排汽参数则取决于热用户的要求。

背压式汽轮机组汽机排汽全部供热用户，没有冷源损失，是火力发电机组中能源使用最为经济合理的一种方式。但是，对于背压式机组，如果热负荷不稳定（包括冬夏差异较大的情况），势必造成发电机组在低负荷时，设备利用率低、运行工况不经济，甚至机组无法启动。因此背压式汽轮机组更适合于供热负荷稳定，尤其是以稳定工业负荷为主的情况。

2. 抽汽凝汽式机组

在热用户存在多种并有较大差别的参数要求情况时，也可采用抽汽背压式汽轮机组。

凝汽式汽轮机组在适当的级后开孔抽取已经部分做功发电后的合适参数蒸汽供热，就成为抽汽凝汽式机组。其抽汽有可调整抽汽和非调整抽汽两类，可调整抽汽提供给热用户，非调整抽汽为系统自用。

根据实际供热需要，也可以采取两段可调整抽汽的方案，也就是双抽机。采用双抽机的条件是低参数供热负荷具有相当的比重，增加的发电效益综合评价超出投资增大的不利经济因素。

抽凝机组相对背压式机组，其运行机制就相当灵活。可调整抽汽在其最大抽汽能力范围内可以 0～100% 自由调整，对热负荷波动适应性好，设备利用率高。适合于热负荷存在较大波动、冬夏差异大的情况。对于供采暖负荷占有相当大比例的热电联产工程，一般选择抽凝机组。

11.2.3 给水管道系统

1. 低压给水系统

由除氧水箱经下降管至给水泵进口的给水管道、阀门和附件。

（1）单母管制给水系统

除氧器给水箱的下水管接在低压母管上、给水再由母管分配到给水泵中去。母管上设有分段阀，便于事故或检修时分段运行。还兼作除氧器水侧平衡管。

特点：由于母管压力低，发生事故的可能性小，系统简单，布置方便，阀门少，压力损失小，因此在给水泵容量与锅炉容量不配合时多采用这种系统。

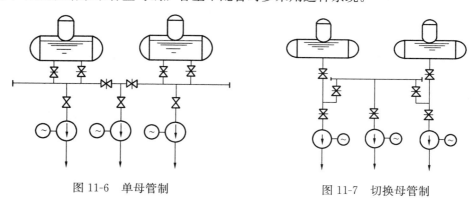

图 11-6　单母管制　　　　　　　　　图 11-7　切换母管制

（2）切换母管制给水系统

从给水泵出口经高加、给水操作台至省煤器的给水管道、阀门和附件

特点：这种系统调度灵活，除氧器与给水泵单元运行时阻力较小。但管道比单母管分段制较长，布置较复杂，管道投资较大。宜在给水泵出力与机炉容量相配合时采用。

2. 高压给水系统

高压给水系统（见索引11.02.004）：单母管制给水系统、切换母管制给水系统、单元制给水系统、扩大单元制给水系统。

（1）单母管制给水系统

这种系统可靠性较高，但系统复杂，耗费管材、阀门较多，一般中参数发电厂中采用较多。

"冷"供水管：锅炉与给水母管之间，作为高压加热器故障停用及电厂启动时向锅炉上水。

逆止阀：作用是当给水泵停止运行时，防止母管压力水流入给水泵，使给水泵倒转并冲击低压给水管道及除氧器。

截止阀：作用是当给水泵停运时切断与高压侧的联系。

再循环管：为了防止给水泵在低负荷时发生汽化，设在给水泵出口的特制逆止阀上，与除氧器水箱相连。

（2）切换母管制给水系统

正常情况下，汽轮机、给水泵和锅炉组成系统运行，事故或检修情况下也可以切换运行。备用给水泵接在切换母管上，两根切换母管之间设有冷供水管。

这种系统运行灵活，比较可靠。

（3）单元制给水系统

当机组的主蒸汽管道采用单元制系统时，给水管道系统也采用单元制。

这种系统可靠性较高，可以减少备用水泵的台数，节省投资，运行灵活，在变负荷时有利于节省厂用电。国产再热式机组发电厂多采用这种系统。

（4）扩大单元制给水系统

给水系统由两个相邻单元组成，低压母管为单母管，压力母管为切换母管。相邻两单元的给水泵连接在压力母管上。我国高参数凝汽式发电厂多采用这种系统。

11.2.4 电厂水泵

1. 给水泵

发电厂中给水泵的任务是：将除氧器储水箱内具有一定温度的给水，通过给水泵产生足够的压力输送给锅炉，作为锅炉给水。

（1）给水泵的特殊要求：

1）为了适应锅炉负荷变化的需要，要求在调节改变给水量以后，给水泵出口的压力变化较小，即给水泵的特性曲线是比较平坦的、稳定的、无驼峰的。

2）由于锅炉给水泵输送的是一定压力下的饱和水，为了防止给水的汽化，泵的进口应有一定高度的倒灌水头，使给水泵进口的静压力高于进口水温相应的饱和压力，但泵进口的必需汽蚀余量要小。

3）给水泵是在进口水温高、出口压力高的条件下运行的。

（2）给水泵的定速与调速

给水泵容量根据锅炉所需给水量分为：100％、50％、33.3％等几种。

1）定速

此类给水泵最佳工况设计在额定工况下。然而在火电厂设计时，配置给水泵的容量，已考虑到了一定的裕量，而且在给水泵后均设有给水调节阀，按设计规定，该调节阀有一定的压差。目前我国火电厂所配置的定速给水泵均在偏离最佳效率点工况下运行，这就使给水泵运行效率低，经济性差。当机组变工况时，所配用的定速给水泵也应变流量，这时，是靠设在定速给水泵后的调节阀的开度来实现流量调节的。由于阀门调节有节流损失，且随负荷的降低，节流损失愈大，这就更降低了给水泵的经济性。

2）调速

电动调速给水泵和汽动调速给水泵。调速泵的经济性和主机的运行负荷、运行方式有很大的关系。机组经常在低负荷、滑参数方式下运行，则调速泵比定速泵有较高的经济性。对于调速给水泵，其运行工况的改变是靠变动转速、平移泵的扬程-流量特性曲线来实现的。它不需要改变管道阻力特性，也就可不用给水调节阀节流来改变给水量。这种方法降低了给水管道和高压加热器所承受的最高压力，从而提高的给水系统的可靠性。

（3）给水泵的运行

1）同容量水泵的并联运行，如果两台给水泵的形式相同、特性曲线也一样，并联运行时，其总出水量并不简单的等于每台水泵单独运行时出水量的相加，而由压力管路的阻力特性曲线决定。如果管路的直径大，阻力小，管路特性曲线上升的很平缓，则并联运行较单台运行会增加很多的流量，反之，则相反。

2）不同容量的水泵并联运行，如果两台给水泵的形式不同，特性曲线也不一样，并联运行后，各台泵出水量会不同，主要取决于给水泵系统的管路阻力特性曲线。当容量相差大的水泵并联运行时，小容量水泵必须有足够的富裕压头。

给水泵的运行与维护：

给水泵在启动前应开启暖泵阀，使其温度缓慢上升，直至运转温度。另外，高压给水泵不允许长时间在水不流动的情况下运行。因为无水流过水泵的运行方式，会引起水泵内水温的迅速升高，造成泵内发生汽化和水泵运行中水的中断。因此泵组启动后，要迅速满载运行。泵在出口阀关闭的情况下运行时，必须通过再循环管，输出泵的空载荷最小流量。出口管上必须装有自动止逆阀。

（4）汽轮机驱动给水泵具有如下优点

1）汽动给水泵转速高、轴短、刚度大、安全性好。当系统故障或全厂停电时，仍可保证锅炉用水。

2）采用大型电动机驱动给水泵时启动电流大，启动困难，而汽动给水泵不但便于启动，而且可配合主机的滑压运行进行滑压调节。

3）大型机组若采用电动给水泵，其耗电约为全厂厂用电的 50％，采用汽动给水泵则可降低厂用电，增加供电量 3％～4％。

4）可以变速运行来调节给水泵的流量，因而可省去电动给水泵的变速器及液压联轴器。

但是，因汽轮机的启动时间长，汽水管路复杂，还需要设置备用汽源等，因此汽轮机驱动给水泵也有其缺点。

给水泵的驱动汽轮机也称驱动汽轮机或小汽轮机。

2. 前置泵

电动给水泵的前置泵一般与主泵由同一低速（1485r/min）电动机轴的两端处轴分别驱动。保证了主泵达到额定转速前，前置泵也已经启动完毕。事实上为保证电动机能快速启动，往往通过调节液力耦合器使主给水泵在低速下短时间运行，电动机启动完毕后，再逐步升速至额定运行工况。

汽动给水泵的前置泵，有的由单独电动机直接驱动，也有的由驱动给水泵的小汽轮机经齿轮降速后驱动的，并在变速下运行，电动机驱动的应有保证前置泵先于主泵运转的联锁装置。

前置泵与给水泵的连接方式：

（1）前置泵与给水泵公用同一台电动机，经液力耦合器和变速装置驱动；

（2）前置泵和给水泵分别由电动机或小汽轮机来带动。

3. 凝结水泵

凝结水泵是将凝汽器底部热井中的凝结水吸出，升压后流经低压加热器等设备输送到除氧器。凝结水泵抽吸的是出于高度真空状态下的饱和凝结水，吸入侧是在真空状态下工作，很容易产生汽蚀和吸入空气，凝结水泵的运行条件要求泵的抗汽蚀性能和轴密封装置的性能良好。凝结水泵输送的是饱和水，热井凝结水面上的压力就是相应凝结水温度的饱和压力。有效汽蚀余量即为热井水面与凝结水泵轴线垂直高度差减去吸入管道的流动阻力，要求凝结水泵的必需汽蚀余量要小，抗汽蚀性能要好。

凝结水泵的密封：当凝结水泵运转或停运在备机状态时，都应保证密封水的供给，以防止空气漏入凝结水系统，影响凝汽器真空度。

凝结水升压泵，为了提高凝结水的纯度，在凝结水管道系统中设置凝结水除盐装置。分为低压凝结水除盐装置和高压凝结水除盐装置。如果是低压凝结水除盐装置，必须在除盐装置后设置凝结水升压泵，才能使凝结水进入除氧器。其结构为凝结水泵＋除盐装置＋凝结水升压泵。如果为高压除盐装置，就无需设置凝结水升压泵。

11.2.5 蒸汽管道系统

1. 概述

（1）范围

狭义：来自锅炉过热器出口的蒸汽经过主蒸汽管道、主汽阀、调节汽阀和汽轮机的蒸汽室，至进入高压缸汽缸的设备和管道，称主蒸汽系统。

广义：主蒸汽系统包括从锅炉过热器出口联箱至汽轮机进口主汽阀的主蒸汽管道、阀门、疏水装置及通往进汽设备的蒸汽支管所组成的系统。对于装有中间再热式机组的发电厂，还包括从汽轮机高压缸排汽至锅炉再热器出口联箱的再热冷段管道、阀门及从再热器出口联箱到汽轮机中压缸进口阀门的再热热段管道、阀门。

（2）特点

输送工质流量大，参数高，用的金属材料质量大，对发电厂运行的安全性、可靠性、经济性影响大。

（3）基本要求

系统简单，工作安全可靠；运行调度灵活，能进行各种切换，便于维修、安装和扩建；投资费用少，运行费用低。

2. 集中母管制主蒸汽管道系统

发电厂所有锅炉生产的蒸汽都送到集中母管中，再由集中母管把蒸汽引到各汽轮机和辅助用汽设备去的蒸汽管道系统，称为集中母管制主蒸汽管道系统（见索引 11.02.005、索引 11.02.006）。

分段阀的作用：单母管上装有分段阀，一般分为两个以上区段。分段阀采用两个串联的关断阀，其作用是当系统局部发生故障或局部检修时，用分段阀隔开，同时也便于分段阀本身检修，其他部分仍可正常运行。正常运行时分段阀是打开的，单母管处于运行状态。

特点：系统比较简单，布置方便。但是与切换母管制相比，其运行调度不灵活，缺乏机动性。当母管分段检修或与母管相连的任意一阀门发生事故时，与该段母管相连的锅炉和汽轮机都要停止运行。

使用范围：这种系统只有在锅炉和汽轮机的单位容量和台数不配合或装有备用锅炉已建成的热电厂中采用，以后建电厂不再采用。

3. 切换母管制主蒸汽管道系统

每台锅炉与它对应的汽轮机组成一个单元，正常时机炉组成单元运行，各单元间还装有切换母管，每个单元与母管连接处，另装一段联络管和三个切换阀，当需要时切换运行，这样的主蒸汽管道系统称为切换母管制系统（见索引 11.02.005、索引 11.02.006）。

在切换母管制系统中，减温减压设备等都与母管相连。母管通流量一般按照通过一台锅炉的供汽量进行设计。为便于母管本身的检修，电厂将来扩建不至于影响原有机组、设备的正常运行，机炉台数较多时，也可用两个串联的关断阀将母管分段。切换母管正常运行时处于热备用状态。

优点：可切换运行，电厂机炉台数较多时可充分利用锅炉的富裕容量，具有较高的运行灵活性，有足够的运行可靠性，各锅炉间的负荷可进行最佳负荷分配。

缺点：阀门多、管道长、系统复杂，管道本身事故可能性大。

使用范围：根据《火力发电厂设计技术规程》DL 5000—2000 中规定，对装有高压供热式机组的发电厂和中、小型发电厂，因参数不高、阀门管道投资相对较少，采用切换母管制系统。

4. 单元制主蒸汽管道系统

单元制主蒸汽管道系统是指一台锅炉配一台汽轮机的管道系统（包括再热蒸汽管道），组成独立单元，各单元间无横向联系，用汽设备的蒸汽支管由各单元主蒸汽管引出（见索引 11.02.005、索引 11.02.006）。

优点：该系统具有简单，管道短，阀门及附件少，相应的管内工质压力损失小，运行操作少，检修工作量少，投资省，散热损失小，便于实现集中控制，再加上采用优质合金钢材，系统本身的事故可能性小，安全可靠性相对较高，如果发生事故只限于一个单元范围内等优点。

缺点：不具备调度灵活条件，负荷变动时对锅炉燃烧调整要求高，单元系统内任何一个主要设备或附件发生事故，都会导致整个单元系统停止运行，机炉必须同时进行检修等。

使用范围：根据《火力发电厂设计技术规程》DL 5000—2000 中规定，对装有高压凝汽式机组的发电厂，可采用单元制系统。对装有中间再热凝汽式机组或中间再热供热式机组的发电厂，也应采用单元制系统。

5. 扩大单元制系统

将各单元制蒸汽管道之间用一根直径较主蒸汽管道小的（一般为 $\phi133mm$）母管横向连接起来。

与单元制相比运行灵活，可在一定负荷下机炉交叉运行；与切换母管制相比可节省 2～3 个高压阀门。我国一些高压凝汽式发电厂有采用这种系统的。

11.2.6 回热系统

回热抽汽系统是原则性热力系统中主要组成部分，即采用做过一部分功的蒸汽来加热进入锅炉的给水，采用抽汽加热锅炉给水的目的在于减少冷源损失，一定抽汽量的蒸汽做了部分功后不再至凝汽器中向冷却水放热，既避免了蒸汽的热量被循环冷却水带走，使蒸汽热量得到充分利用，热耗率下降。同时由于利用了在汽轮机做过部分功的蒸汽来加热给水，提高了给水温度，减少了锅炉受热面的传热温差，从而减少了给水加热过程的不可逆损失，在锅炉中的吸热量也相应减少。综合以上原因说明回热抽汽系统提高了机组循环热效率，因此回热抽汽系统的正常投运对提高机组的热经济性具有决定性的影响。从理论上讲，采用回热抽汽的级数越多，循环热效率就越高。但在实际中，由于投资费用和场地的限制，抽汽的级数受到限制。合理的给水温度、抽汽级数和参数应该根据汽轮机参数、加热器的形式、性能、疏水方式等情况综合加以优化。总的原则是：尽量采用低焓、高熵的蒸汽，少采用高焓、低熵的蒸汽。

在整个回热系统中，按给水压力分，一般将除氧器之后经给水泵升压后的回热加热器称为高压加热器，这些加热器要承受很高的给水压力；而将除氧器之前仅受凝结水泵较低压力的回热加热气称为低压加热器；此外还有回收主汽门、调速汽门门杆溢汽及轴封漏汽来加热凝结水的加热器，称为轴封加热器。

1. 低压加热器的结构及特点

卧式 U 形管加热器的受热面一般由黄铜管或钢管组成。目前，大型机组多采用不锈钢管。加热器的管子胀接在管板上，管系固定在半圆形导向隔板的骨架和加强筋上，圆筒形外壳由钢板焊接而成。以东方锅炉厂生产的 DR-600-4 卧式 U 形管低压加热器为例。它由进水口、出水口、进气口、水室、壳体、管板、管系、导向隔板、疏水入口、疏水出口、抽气口、水侧放气口、水侧放水口、电接点信号管接口、就地水位计接口、备用口等组成。汽室的筒体部分由钢板卷制焊接而成，球形封头部分由钢板冲压而成。管系胀接在钢制管板上，胀管长度一般为管板厚度的 80%，U 形管系固定在半圆形导向隔板的骨架及十字形加强筋上。隔板的作用是引导蒸汽沿流程做 S 形流动，以提高传热效果并防止管系振动，水室内也有挡板，将其分成 3 个腔，使主凝结水在管子中经过双流程。采用 U 形管结构，能自补偿热膨胀，便于布置、检修及堵漏。

汽轮机抽汽从进汽管进入壳体内，在蒸汽进口正对管系处装有挡汽板，以分散气流流速，减小冲击力，使蒸汽入口处的管系不致受到严重的冲刷和侵蚀。在有内置式蒸汽冷却器的加热器中，蒸汽先经过过热段，再进入凝结段，并沿导向隔板形成的流向，横向掠过管系，把热量传给凝结水，蒸汽则被冷却而凝结成疏水，汇集在壳体下部，从疏水排出口排出去。在有内置式疏水冷却器的加热器中，专门设有疏水冷却段，对疏水进行冷却后再排出去。

随蒸汽一起进入壳体内的还有少量不凝结的气体，这些气体聚集起来形成空气层就会恶化传热效果，所以在壳体上设有抽空气管。

自后一级加热器来的疏水引入口的位置，不高于正常的疏水水位。为了使疏水平稳地引入，防止翻腾，减少热量损失，在其引入加热器内的一段管子上开有许多小孔，小孔的直径为引入管道直径的 1/10～1/5。

2. 高压加热器的结构及特点

以 UPG 系列高压加热器结构为例。该加热器是表面卧式双流程加热器。U 形管形成受热面，布置成双管束，用管板固定，做成两个换热区。一个是蒸汽疏水来加热给水，而在第二个加热器中，给水被即将冷凝的蒸汽加热。加热器的外壳采用整体焊接，不可拆卸，为了检查水侧内部，尤其是检查管子的严密性，水室上备有人孔。

加热器包括下列部件：管道系统、蒸汽室外壳和装在蒸汽室外壳中的蒸汽凝结水冷却器、水室。

管道系统包括管板、U 形管束、管束的支撑结构，制成件由轴向（或纵向）部件组成。蒸汽室外壳由圆筒形外壳构成，用椭圆形的底封闭，焊接在管板上，外壳备用连接短管、支座、制成管束的内部部件和导入上一级加热器来的疏水管路。在管束支撑结构的下部装入了一台卧式凝结水（疏水）冷却器，它包括外壳及支撑板，外管来的水经 U 形管的下半部从其中通过，导流板迫使水平的蒸汽凝结水流经管子外侧，其流向与管子中水的流向相反，水室包括一个焊在管板上的半球形盖，还有连接水管的管接头，人孔短管，带有人孔的内水室装在水室的进水口处。

加热器设计中没有考虑水流量的调整和限制，U形管中 $1\sim3m/s$ 的水速由协同工作系统的调整来实现。加热器内外两管束减税量的分配由这两管束中 U 形管的相互联系所确定；加热蒸汽流量由当时存在于加热器中的热交换状态所决定。蒸汽凝结水量在疏水口得到控制，在任何运行方式下都保证凝结水位在冷却区之上。

启动时，气体主要是空气和在加热器运行期间的参与蒸汽被吸收到为数不多的开孔管子中，这些管子位于管束中间，吸气管接到一个装置上，此装置内的压力借助于孔板或除氧器的作用，低于加热器内部压力。

11.2.7 疏水系统

在火力发电厂各系统中，疏水系统是最复杂、最凌乱的系统。该系统的重要性虽不及主蒸汽等大系统，但该系统正常运行与否不仅关系到整个电厂的经济性，而且对整个电厂的安全性也会产生重大的影响。要使疏水系统正常运行，除了保证疏水系统设计合理外，选择合适的疏水装置也至关重要。

1. 蒸汽疏水的产生机制及危害

蒸汽在传输中不可避免地要损失热量，当趋于饱和温度时就会析出凝结水即疏水，特别是在蒸汽完全停止流动的区域，尽管蒸汽有过热度，但仍然会产生疏水。蒸汽管道中形成的疏水对机组的安全性和经济性都会产生影响。一方面管道中的疏水是形成水冲击和水锤的根源，是设备的安全隐患，疏水在蒸汽管线中输送杂质，易使换热设备结垢；另一方面，根据道尔顿分压定律，如果蒸汽中混有疏水，就会使蒸汽额定压力降低，导致蒸汽做功能力下降，使系统的效率下降。因此，及时将蒸汽系统中的疏水排走，不仅是蒸汽管线及设备的安全要求，也是蒸汽系统节能增效的需要。

2. 火力发电厂疏水系统特点

火力发电厂疏水可分为启动性疏水和经常性疏水两部分，按疏水所在系统又可分为厂内管道的疏水、热力设备的疏水、锅炉附属设备的疏水、汽机本体范围内的疏水以及防止汽轮机进水的疏水系统等。众所周知，火力发电厂的疏水系统是非常复杂的，要保证疏水系统的正常运行，除了必须根据各个疏水部分的特点合理设计系统和布置管线外，选择合适的疏水装置也是至关重要的。

蒸汽管道的疏水按管道所处的状态不同可分为如下几点：

（1）自由疏水（又称放水）

是指停用时管道内的凝结水在启动暖管之前先放出，这时管内没有蒸汽，是在大气压力下经漏斗排出来的，其目的是为了监视方便。

（2）启动疏水（又称暂时疏水）

是指启动过程中排出暖管时的凝结水，这时管内有一定的蒸汽压力，疏水量大。

（3）经常疏水

是在蒸汽管道正常工作压力下进行，为防止蒸汽外漏，疏水经疏水器排出。为保证疏水器故障时疏水能正常进行，设有旁路。

3. 疏水阀

目前，火电厂疏水装置较多采用自动疏水器，该装置能及时、自动排出蒸汽系统中的疏水及不凝结气体。疏水器按作用原理的不同大致可分为热动力型、热静力型、机械型以及混合型。这 4 种类型的疏水器都有其各自的优、缺点及适用范围，选型时需根据实际疏水部分疏水温度、压力以及疏水量来综合选定。

启动性疏水是在机组点火启动阶段的疏水，因为暖管凝水量较大，同时汽—水两相流的冲刷也很严重，因此，目前国内机组的疏水装置一般采用口径大且耐冲刷的 Y 形截止阀。

亚临界及以上参数机组的主蒸汽管道、再热蒸汽管道、轴封蒸汽管道、抽汽管道上等防止汽轮机进水疏水系统中使用的疏水阀门，均属于高端阀门。目前，我国有 773 家产值 500 万元以上的阀门制造厂，其产值约占全国阀门总产值的 70%，由于受技术、设计制造、金属材料等因素的制约，国内阀门生产企业在节能、环保、安全、可持续发展战略上与国际先进企业相比尚有差距，不能生产满足要求的疏水阀。所以，在较苛刻的工况下，进口阀门仍占据阀门市场的主导地位。

4. 疏放水系统

发电厂的疏放水系统由疏水器、疏水膨胀箱、疏水箱、疏水泵、低位水箱、低位水泵及连接它们的管道阀门和附件等组成。疏放水系统图见索引 11.01.001。

11.3 热水锅炉热力系统

对于热水锅炉，热力系统有由供热水管道、回水管道及其设备组成的热水系统，以及补给水系统组成。如索引 11.03.001。

11.3.1 热水系统的附件设置

（1）每台锅炉的进水管上应装有截止阀和止回阀。当几台并联运行的锅炉共用进出水干管时，在每台锅炉的进水管上应装水流调节阀，在回水干管上应设除污器。

（2）每台锅炉的热水出水管上应装截止阀（或闸阀）。

（3）锅炉的下列部位应装排气放水装置：在热水出水管的最高部位装设集气装置、排气阀和排气管，在省煤器的上联箱应装排气管和排气阀，在强制循环锅炉的锅筒最高处或其出水管上应装设内径不小于 25mm 的放水管和排水阀（此时，锅筒或出水管上可不再装排气阀）。

（4）安全阀的设置要求：额定热功率大于或等于 1.4MW 的热水锅炉，至少应装两个安全阀；额定热功率小于 1.4MW 的锅炉，至少应装一个安全阀。额定出口热水温度小于 100℃ 的热水锅炉，当其额定热功率小于或等于 1.4MW 时，安全阀直径不应小于 20mm；当额定热功率大于 1.4MW 时，安全阀直径不应小于 32mm。

（5）每台锅炉进水阀的出口和出水阀的入口处都应装压力表和温度计。

11.3.2 循环水泵的选择

（1）循环水泵的流量应按锅炉进出水的设计温差、各用户的耗热量和管网损失等因素确定。在锅炉出口管段与循环水泵进口管段之间装设旁通管时，还应计入流经旁通管的循环水量。

（2）循环水泵的扬程不应小于下列各项之和：

1）热水锅炉或热交换站中设备及其管道和压力降。如估算时可参考下列数值：

热交换站系统：50～130kPa；

锅筒式水管锅炉系统：70～150kPa；

直流热水锅炉系统：150～250kPa。

2）室外热网供、回水干管的压力降。估算时取单位管长压力降（比摩阻）0.6～0.8kPa/m。

3）最不利的用户内部系统的压力降。估算时可参考下列数值：

一般直接连接时取 50～120kPa；

无混水器的暖风机采暖系统：20～50kPa；

无混水器的散热器采暖：10～20kPa；

有混水器时：80～120kPa；

水平串联单管散热器采暖系统：50～60kPa；

间接连接时可估取 30～50kPa。

（3）循环水泵不应少于两台，当其中一台停止运行时，其余水泵的总流量应满足最大循环水量的需要。

（4）并联运行的循环水泵，应选择特性曲线比较平缓的泵型，而且宜相同或近似，这样即使由于系统水力工况变化而使循环水泵的流量有较大范围波动时，水压的压头变化小，运行效率高。

（5）采取分阶段改变流量调节时，应选用流量、扬程不同的循环水泵。这种运行方式把整个采暖期按室外温度高低分为若干阶段，当室外温度较高时开启小流量的泵，室外温度较低时开启大流量的泵，可大量节约循环水泵耗电量。选用的循环水泵台数不宜少于 3 台，可不设备用泵。

11.3.3　补给水泵的选择

（1）补给水泵的流量，应等于热水系统正常补给水量和事故补给水量之和，并宜为正常补给水量的 4～5 倍。一般按热水系统（包括锅炉、管道和用热设备）实际总水容量的 4%～5% 计算。

（2）补给水泵的扬程，不应小于补水点压力（一般按水压图确定），另加 30～50kPa 的富裕量。

（3）补给水泵不宜少于 2 台，其中 1 台备用。

11.3.4　恒压装置

为了使热水供暖系统正常运行，必须设恒压装置，通常设在锅炉房内。恒压装置和加压方式应根据系统规模、水温和使用条件等具体情况确定。一般低温热水供暖系统可采用高位膨胀水箱或补给水泵加压。高温热水系统宜采用氮气或蒸汽作为加压介质，不宜采用空气作为与高温水直接接触的加压介质，以免对供热系统的管道、设备产生严重的氧腐蚀。

（1）采用氮气、蒸汽加压膨胀水箱作恒压装置时，恒压点无论接在循环水泵进口端或出口端，循环水泵运行时，应使系统不汽化；恒压点设在循环水泵进口端，循环水泵停止运行时，宜使系统不汽化。

（2）供热系统的恒压点设在循环水泵进口母管上时，其补水点位置也宜设在循环水泵进口母管上。它的优点是：压力波动较小，当循环水泵停止运行时，整个供热系统将处于较低压力之下；如用电动水泵定压时，扬程较小，电能消耗较经济；如用气体压力箱定压时，则水箱所承受的压力较低。

（3）采用补给水泵作恒压装置时，当引入锅炉房的给水压力高于热水系统静压线，在循环水泵停止运行时，宜用给水保持系统静压。间歇补水时，补给水泵启动时的补水点压力必须保证系统不发生汽化。由于系统不具备吸收水容积膨胀的能力，系统中应设泄压装置。

（4）采用高位膨胀水箱作恒压装置时，为了降低水箱的安装高度，恒压点宜设在循环水泵进口母管上。为防止热水系统停运时产生倒空，致使系统吸入空气，水箱的最低水位应高于热水系统最高点 1m 以上，并应使循环水泵停止运行时系统不汽化。膨胀管上不应装设阀门。设置在露天的高位膨胀水箱及其管道应有防冻措施。

（5）运行时用补给水箱作恒压装置的热水系统，补给水箱安装高度的最低极限，应以保证系统运行时不汽化为原则。补给水箱与系统连接管道上应装设止回阀，以防止系统停运时补给水箱冒水和系统倒空。同时必须在系统中装设泄压装置。在系统停运时，可采用补给水泵或压力较高的自来水建立静压，以防止系统倒空或汽化。

（6）当热水系统采用锅炉自生蒸汽定压时，在上锅筒引出饱和水的干管上应设置混水器。进混水器的降温水在运行中不应中断。

11.3.5　其他规定

（1）除了用锅炉自生蒸汽定压的热水系统外，在其他定压方式的热水系统中，热水锅炉在运行时的出口压力不应小于最高供水温度加 20℃ 相应的饱和压力，以防止锅炉有汽化危险。

（2）热水锅炉应有防止或减轻因热水系统的循环水泵突然停运后造成锅炉水汽化和水击的措施。

因停电使循环水泵停运后，为了防止热水锅炉汽化，可采用向锅内加自来水，并在锅炉出水管的放汽管上缓慢排出汽和水，直到消除炉膛余热为止。可采用备用电源，自备发电机组带动循环水泵，或启动内燃机带动的备用循环水泵。

当循环水泵突然停运后，由于出水管中流体流动突然受阻，使水泵进水管中水压骤然增高，产生水击。为此，应在循环水泵进出水管的干管之间装设带有止回阀的旁通管作为泄压管。回水管中压力升高时，止回阀开启，网路循环水从旁路通过，从而减少了水击的力量。此外，在进水干管上应装设安全阀。

（3）热水系统的小时泄漏量，由系统规模、供水温度等条件确定，宜为系统水容量的 1%。

教学单元 12　层 燃 炉 运 行

12.1　锅 炉 水 压 试 验

12.1.1　水压试验种类及其目的

1. 水压试验种类

锅炉水压试验分为两种：一种是在制造厂进行的水压试验，一种是在用户处进行的水压试验。水压试验时产生的薄膜应力不得超过受压元件材料在试验温度下屈服点的 90%，且应尽量减少超压水压试验的次数，以免引起金属材料的损伤。

对于在用户处进行的水压试验，除安装验收和定期检验外，当锅炉具有下列情况之一时，也需进行水压试验：

(1) 锅炉新装、迁移或改造后；

(2) 停运一年以上，需要恢复运行前；

(3) 锅炉受压元件经重大修理或更换后：

(4) 过热器管或省煤器管全部拆换时；

(5) 水冷壁管或主炉管拆换一半以上时；

(6) 汽包（或锅壳）或联箱经挖补修理后；

(7) 除受热面管子外，锅炉受压部件经过焊接或较大面积堆焊后；

(8) 更换汽包、联箱后；

(9) 锅炉严重超压达 1.25 倍工作压力及以上时；

(10) 锅炉严重缺水后，受热面大面积变形时；

(11) 一般每六年进行一次超压试验，特殊情况下经上级同意，可适当延长或缩短间隔时间，并结合大修进行；

(12) 根据锅炉设备的运行情况，对受压部件有怀疑时，也可进行水压试验。

水压试验前应对锅炉进行内部检查，必要时还应进行强度核算。

这里着重介绍一下新安装锅炉的超水压试验。当锅炉受热面系统安装好后，进行安装验收时，要进行一次整体的水压试验。

2. 水压试验目的

由于锅炉是在制造厂内制成零部件，然后在现场组对安装成总体的，即使是整装锅炉经过长距离的搬运、装卸、起吊安装，也难以避免碰撞和损伤，因此在安装完毕后有必要进行一次水压试验。实践证明，通过水压试验能够发现一些锅炉的缺陷，及时采取相应措施后能保证锅炉运行的安全。因此水压试验是保证锅炉安全运行的一个重要步骤和手段。

我们说水压试验是锅炉检验的重要手段之一。其目的在于鉴别锅炉受压元件的严密性和耐压强度。

严密性：主要是试验锅炉受压元件的焊缝、法兰接头及管胀口处等是否严密而无渗漏。焊缝在水压试验时，如果发现渗漏，说明焊缝有穿透性的缺陷。因此，必须把焊缝缺陷处铲除干净后再重焊，不允许仅在其表面上进行堆焊修补。胀口处在水压试验时发现渗漏，应分析原因，找出正确的处理方法。如果一个胀口经过一、两次补胀后，仍有漏水现象，就应将管子取下，检查管端是否有裂纹、轴向刻痕或其他情况，然后换管重胀。

耐压强度：只要锅炉结构合理，使用元件钢材符合技术要求，额定工作压力是根据规定进行核算确定的，试验压力是根据规定进行的，一般在水压试验时，不会出现强度上的问题。因为水压试验压力下的应力比钢材的屈服强度低得多。因此，水压试验后，用肉眼观察，受压元件不应有残余变形，即所谓耐压强度。

特别应该指出的是，有些单位由于不了解水压试验的目的，而用水压试验来确定锅炉的工作压力，错误地认为锅炉只要进行了水压试验，就可以按试验压力打个折扣确定最高工作压力这种做法是非常错误也十分危险。因为锅炉的水压试验是在常温下进行的，而锅炉运行是在高温条件下，由于温差的变化，受压元件的强度将出现很大差异，极易导致受压元件的损坏或破裂，甚至酿成人身伤亡事故。这种事例是很多的。据大量的锅炉爆炸事故调查发现，许多单位自制的结构不合理的锅炉，在使用前大都进行了水压试验，而且绝大部分没有发现损坏，但在运行后很多发生了爆炸事故。所以绝对不允许以水压试验来确定锅炉的最高工作压力。

锅炉水压试验的压力按《锅炉安全技术监察规程》TSG G0001—2012 所规定的试验压力进行。热水锅炉本体的水压试验压力与蒸汽锅炉本体的试验压力相同。

12.1.2 水压试验前的检查与准备

水压试验应在锅炉本体及管路系统全部组装完毕，一切受压元件的焊接和热处理工作全部结束，无损探伤及有关检查项目合格，并且受压元件上点焊各种部件（勾钉、耳板等）都完成后进行。主要内容如下：

（1）承压部件的安装工作应全部完成。试验范围内受热面及锅炉本体管路的管道支吊架安装牢固，临时上水、升压、放水、放气管路应安装完毕，放水管应从锅炉存水最低处下集箱排污口接出，过热器如有疏水装置也应装好排水管路，放气管应从锅炉最高点接出并列向排水点。

（2）管道及锅筒上全部阀门应按规定装齐，垫好垫片，拧紧螺栓。除排气阀外，各阀门处于关闭状态。安全阀不能与锅炉一起进行水压试验，以防止失灵损坏，在试验前应在暂时隔开措施，对于弹簧安全阀不允许用压紧弹簧的方法来压死安全阀。同时要注意在隔载安全同时不得将阀杆压歪。对于暂时不装仪表的法兰口及与其他系统的连接出口也要临时隔开封闭。

（3）组合及安装水冷壁及锅筒的一切临时加固支撑、支架全部割除并清理干净，保证试压时锅筒与和受热面及管道的自由伸缩。

（4）锅炉内部锈污应彻底清理干净。检查锅筒、集箱内有无安装时用的工具和其他杂物，检查通完球的管子是否有堵塞，待将锅筒、集箱、管子清理干净后，再将人孔、手孔关严。清理现场和平台，将与水压试验无关的所有物品搬离。集箱内焊渣及锈污也要从手孔中清扫出来，确认锅炉内部干净后按要求封闭人孔及手孔。

（5）清除焊缝、胀口附近一切污物及铁锈。受热面管子及本休管道的焊口在试压合格前不准刷防锈漆。在胀口及焊口岸处搭设脚手架以便试压时进行检查，所有合金钢部件的光谱复查工作要全部完成。

（6）准备好水源及试压泵。试压至少装两支压力表，一支装在上锅筒上，一支装在试压泵的出口处，以便相互对照升压。试验压力以汽包或过热器出口联箱处的压力表读数为准。锅炉水压试验的水温应高于周围空气的露点温度，以防止锅筒、集箱表面结露，影响对渗漏的检查。一般水温为 20℃～70℃，不宜过高。试验最好用除过氧的水。

（7）凡是与其他系统连接的管道，一时无法接通的，应加堵板作为临时封闭措施。同时，关闭所有的排污阀和放水阀，打开锅筒上的放气阀和过热器上安全阀，以便排出锅内空气。

（8）准备好照明设备。一般采用手电筒或行灯为照明用具。行灯电压应为 12～24V，以保证操作安全。

（9）锅炉水压试验一般应在周围环境气温高于＋5℃时进行。气温低于＋5℃时应有防冻措施。可用安装临时暖气或生火炉方法进行采暖。否则在试验完毕后，应及时排除积水，以免冻坏锅炉、阀门及管道。

（10）配备好试压人员，每个人要熟悉试压的方法及规程，明确分工检查范围，准备好必需的检修工具和试压记录表格。

（11）整理并准备好前一阶段锅炉安装的施工记录、焊接、热处理、光谱复查等记录，便于安全监察部门进行监督检查及验收。

12.1.3 水压试验方法及合格标准

1. 水压试验的标准

锅炉水压试验压力见表 12-1。试压过程中，必须严格按照表中标准。

锅炉水压试验压力（MPa） 表 12-1

名　　称	锅筒工作压力	试验压力
锅炉本体及过热器	<0.59	1.5P，且不小于 0.20
	0.59～1.18	$P+0.29$
	>1.18	1.25P
可分式省煤器	1.25P+0.49	

2. 水压试验的程序

（1）开启所有空气门、压力表连通门，关闭放水门及本体管路及管路范围内的阀门。

（2）开启锅炉进水阀门向锅炉进水。上水时，要将锅筒排气阀和过热器安全阀打开。进水可以通过主给水管进水，也可以通过临时管道和临时水泵注水。要经常检查空气门是否冒气，放水门是否未关严，进水管路是否有漏水地方，查明原因及时消除。进水速度应视水温和室温的情况而定。如水温与室温相差较小，进水可快些，温差大，特别是水温较高时进水应慢些。

当锅炉最高点的空气门向外冒水时，说明水已经注满。等残存空气排尽后，关闭进水和排气门。在满水的情况下对锅炉进行全面检查。看有无异常和泄露现象。

（3）锅炉满水后无渗漏和结露现象时开始进行升压，升压速度每分钟不得超过0.15MPa。当压力升到0.3～0.4MPa时，便停止升压，检查各部分严密性，并可适当均匀地紧固一下法兰螺栓，人孔门及手孔盖螺栓。同时一定要注意安全，防止零件脱出。

继续升压至工作压力时，应暂停升压进行全面检查，检查有无漏水或异常现象，然后再升压至试验压力，试验压力按表12-1中规定进行，在试验压力下停泵检查并不得对密封面进行紧固，锅炉保持压力5min，然后降至工作压力，在此压力下再作一次全面检查。进行详细检查和记录，并在渗漏处作出标记。试压结束后应缓慢降压，降压速度每分钟0.20～0.30MPa，回降至工作压力，关闭进水间，停止水压试验泵，待压力接近零时应打开所有放气阀以便于放水，水应全部放尽以防锅炉内部锈蚀和结冰冻坏。过热器如无泄水门，其中积水可用压缩空气吹出。锅炉放水时排污阀应开至最大，以便冲除污物对锅炉进行清洗。

3. 水压试验的合格标准

水压试验符合下列所有要求时，即认为水压试验合格。

（1）升至试验压力水泵停止后，5min内压力下降应超过0.05MPa。

（2）受压元件金属壁和焊缝上没有水珠和水雾。

（3）胀口处不滴水珠。

（4）焊缝、法兰接盘处、阀门、人孔、手孔等处均匀渗漏。

（5）水压试验后用肉眼观察没有发现残余变形。

水压试验合格后及时填写记录表格，办理各方检验人员的签证。

12.1.4 水压试验发现缺陷的处理

在水压试验时发现焊缝、锅炉受压元件、人孔、手孔、法兰、阀门等的渗漏及胀口的渗漏超过上述合格标准的应进行处理，直至合格。

对于渗漏的焊缝必须将有缺陷的部位铲除，按焊接工艺评定试验要求编制返修方案进行重焊。不允许在表面堆焊修补。

锅炉受压元件的泄漏大都发生在管子上，对于存在裂纹等线状缺陷的管子应重新更换。对于渗漏胀口要查阅胀管记录，如果胀管率不超过2.1％可以进行补胀。同一根管补胀次数不得超过2次，补胀后的管内径要认真测量做好记录，并计算出补胀后的胀管率。对于补胀后超胀严重仍然漏水的管必须予以割换，割换时不得损伤锅筒管孔，其材质必须与原管材质一致，而且接头焊缝距锅筒外壁和管子弯曲点均匀必须与原管材质一致，而且接头焊缝距锅筒外壁和管弯曲点均匀，不得小于50mm。

12.1.5 水压试验应注意的事项

（1）水压试验时注意监视不同位置压力表是否同步上升，避免由于只读一块表而该表失灵造成试验压力超过标准发生事故。在水压试验进水时，管理空气门和给水门的人员，应坚守岗位。升压过程中，应停止锅炉内外一切安装工作，非试验人员一律离开现场，严格执行操作命令监护制和设备状态挂牌制。

（2）对于试验压力不同的受热面（如可分式省煤器等）的水压试验，应在锅炉本体升到试验压力，将两个不同压力受热面隔开后，单独升至各自相应压力进行试验。

（3）试验过程中，发现部件有渗漏，如压力在继续上升，检查人员必须远离渗漏地点，并悬挂危险标记；在停止升压进行检查前，应先了解渗漏是否发展，在确信没有发展时，方可进行检查。

（4）在水压试验过程中应注意安全。当进行超压试验，保持试验压力时，不允许进行任何检查。应在试验压力降至工作压力时再认真检查。

（5）在进入炉膛内检查时，要有良好的照明条件，临时脚手架要牢固完好，要使用12V安全行灯或手电筒。

（6）在冬季进行水压试验时，必须采取措施提高室温，使试验期间室温保持在5℃以上。试验结束后，应及时将炉内的水放干净。严防过热器等立式布置的蛇形管内积水结冰，造成管子破裂事故。

（7）锅炉水压试验合格并经办理检查验收签证后，可进行锅炉锅筒内部装置的安装。

12.2　烘炉与煮炉

锅炉本体安装、维修结束，进入烘煮炉阶段亦即锅炉已基本进入了最后的调试阶段。为确保锅炉调试顺利进行，并确保锅炉将来的运行质量，特制定此规程。

12.2.1　烘炉

1. 目的

由于新安装、维修的锅炉，在炉墙材料中及砌筑过程中吸收了大量的水分，如与高温烟气接触，则炉墙中含有的水分因为温差过大，急剧蒸发，产生大量的蒸汽，进而由于蒸汽的急剧膨胀，使炉墙变形、开裂。所以，新安装、维修的锅炉在正式投产前，必须对炉墙进行缓慢烘炉，使炉墙中的水分缓慢逸出，确保炉墙热态运行的质量。

2. 烘炉应具备的条件

（1）锅炉管路已全部安装完毕，水压试验合格。

（2）炉墙砌筑及保温工作已全部结束，并已验收合格。

（3）烟风道都已安装完毕，保温结束，送、引风机均已安装调试合格，能投入运行。

（4）烘炉所需的热工电气仪表均已安装，并校验合格。

（5）烘炉用的木柴、煤炭及各种工具（包括检查、现场照明等）都已准备完毕。

（6）烘炉用的设施全部安装好，并将与烘炉无关的其他临时设施全部拆除，场地清理干净。

（7）烘炉人员都已经过培训合格，并排列值班表，按要求准时到岗。

3. 烘炉工艺

（1）火焰烘炉方法

1）在炉排底部铺上一层煤渣（避免烧坏炉排），然后在燃烧室中部堆架木柴，点燃后使火焰保持在中央，利用自然通风保小火，燃烧维持2~3天，火势由弱逐步加大。

2）第一天炉膛出口排烟温度应低于50℃，以后每天温升不超过20℃，末期最高温度<220℃，保温2~3天。

3）所有烟温均以省煤器后的烟温为准，保持炉膛燃烧室负压要求。

4）操作人员每隔2h记录一次烟温，严格按要求控制烟温确保烘炉质量。

5）维修后的烘炉时间以维修情况而定，按照此规程相应操作。

（2）烘炉的具体操作

1）关闭锅炉两侧人孔门。

2）用软水经供水系统向锅炉内进水，并轮流打开各排污阀门疏水、排污、冲洗锅炉受热面及汽水系统和各阀门。

3）在炉水取样装置，取炉水样分析，确认水质达标后，停止冲洗关闭各疏水、排污阀门。

4）向锅炉内缓慢送水，水位控制标准水位±20mm。

5）烘炉前，应适当打开各灰门和各炉门，以便及时排除炉内的潮气。

6）在燃烧室中央堆好木材，在木材上浇上柴油点火，用木材要求烘炉2～3d，烘炉时，可适当开启送风机，增大进风量，以维持一定的炉温，保证烟温，确保将炉墙烘干。

7）木材烘炉结束，可按要求进行煤烘炉，此时，应增加鼓风机开度，微开引风机，关闭炉门、灰门，进一步提高烟温，烘干炉墙。

8）定期检查各水位计、压力表，确保锅炉运行正常，如有异常发现，应及时汇报，妥善处理。

9）定期定时检查，记录烟温，确保烘炉质量。

10）由灰浆放样处取样，进行含水率分析，当灰浆含水率≤7%时（如果不能检测，就观察到锅炉墙体没有冒水雾且没有水滴出现），表明烘炉已达要求，后期可转入加药煮炉阶段。

（3）烘炉注意事项

1）烘炉时，不得用烈火烘烤，温度的升速应缓慢均匀，要求最大升温速度小于20℃/d。

2）烘炉过程中要定期检查锅炉水位，使之经常保持在正常范围。

3）烘炉中炉膛内的燃烧火焰要均匀，不能集中于一处。

4）烘炉过程中可用适当打开排污阀门，保持锅炉水位。

5）烘炉过程中要定时记录烟气温度，以控制温升速度和最高温度，不超过规定要求。

12.2.2 煮炉

在烘炉合格，当炉墙红砖灰浆含水率降到10%时，或当烘炉合格标准测温法中的测点温度达到要求时，即可开始进行煮炉。

1. 煮炉的目的及意义

煮炉主要是去除锅炉受压元件及其循环水系统内部所积存的污物、铁锈及安装过程中残留的油脂等，以确保锅炉内部清洁，保证锅炉安全运行，获得优良品质的蒸汽，并提高锅炉的热效率。另外，通过正确的煮炉，还可在金属内壁形成一层保护膜，以减缓锅炉金属的腐蚀。

2. 煮炉的准备工作

（1）根据锅炉图纸计算水容量；

（2）根据锅炉受压元部件内部锈蚀情况，按表12-2选择加药量；

（3）药品称量准确后，应先溶化成溶液，即在容器中盛热水，将药品投入溶化，浓度一般控制在20%左右；

药 品 名 称	加药量（kg/m³）	
	锈蚀较轻	锈蚀较重
氢氧化钠（NaOH）	2～3	3～4
磷酸三钠（Na₃PO₄·12H₂O）	2～3	3～4

注：① 药品按 100％纯度计算；

　　　无磷酸三钠时可用碳酸钠代替，数量为磷酸三钠的 1.5 倍。

　　　也可单独使用磷酸三钠煮炉，用量为 6kg/m³。

（4）准备好必要的取水样及化验仪器。

3. 煮炉工艺

（1）将药液从锅筒上部人孔或阀门法兰孔中缓慢投入，然后将孔封闭。

（2）煮炉升压前应将锅筒上的空气阀开启，待有蒸汽冒出时即可关闭。

（3）煮炉期间应定期从锅筒和水冷壁下集箱取水样分析，一般每小时取样一次，排污前后各取样一次。当锅水碱度低于 45mol/L 时，应补充加药。

（4）当锅炉内产生压力时，应冲洗水位计和压力表管。

（5）当锅炉压力升至 0.2～0.3MPa 时应对手孔、人孔及锅炉范围内的法兰进行一次全面紧固，并检查所有接口有无渗漏。此时，也可试验高低水位报警。

（6）煮炉后期应使蒸汽压力保持在工作压力的 75％左右。

（7）煮炉时间一般为 2～3d，时间长短与炉型、水容量和锈蚀程度有关。

（8）煮炉完毕，应让锅炉自然冷却，然后放水，清除锅筒、集箱内的沉积物，并冲洗锅炉内部和与药水接触过的阀门、水位表等。

4. 煮炉合格的标准

（1）锅筒和集箱内壁无油垢；

（2）擦去附着物后金属壁表面应无锈斑；

（3）管路与阀门应清洁无堵塞。

12.3　锅 炉 点 火 启 动

12.3.1　锅炉投入运行的必要条件

锅炉设备应符合《锅炉安全技术监察规程》TSG G0001—2012 的有关规定，锅炉必须取得锅炉使用登记证和有效期内的锅炉定期检验报告。锅炉房应符合《锅炉房设计规范》GB 50041—2008 的规定。

锅炉房必须有专人负责锅炉的管理工作。司炉工人必须符合国家颁发的《锅炉司炉工人安全技术考核管理办法》的有关规定，水质化验人员也应持有上岗证

1. 锅炉使用单位应具有法规与文件

（1）《锅炉压力容器安全监察暂行条例》及实施细则；

（2）《锅炉安全技术监察规程》TSG G0001—2012；

（3）《锅炉房安全管理规则》；

（4）《锅炉使用登记办法》；

（5）《锅炉压力容器压力管道特种设备事故处理规定》；

（6）主管部门和当地锅炉压力容器安全监察机构制定的制度和下发的其他文件。

2. 锅炉房技术资料

锅炉房技术资料　　　　　　　　表 12-3

序号	资料名称	序号	资料名称	序号	资料名称
1	锅炉房平面布置图	6	水处理方法及水质指标	11	安装使用说明书
2	水、汽、风、烟、燃料各系统流程图	7	总图及受压部件图	12	锅炉登记表
3	热力管网系统流程图	8	受压元件强度计算书或结果汇总表	13	锅炉定期检验报告
4	逻辑控制图	9	受压元件强度计算书或结果汇总表	14	锅炉其他图纸资料
5	锅炉及附属设备操作规程	10	锅炉质量证明书	15	辅机总图及易损件图

3. 锅炉房记录

锅炉房应有记录　　　　　　　　表 12-4

序号	分类	具体记录项目
1	运行记录	锅炉及附属设备的运行记录
		水处理设备运行记录及水质化验记录
		交接班记录
2	检查记录	单位主管领导和锅炉房管理人员的检查记录
		设备缺陷记录
		巡回检查记录
3	检修记录	设备累计运行时间记录
		维护保养记录
		修理及改造记录
4	定期检验记录	
5	事故记录	

锅炉房应有记录，并保存记录一年以上。

4. 锅炉房制度

锅炉房制度　　　　　　　　表 12-5

序号	分类	具体记录项目
1	岗位责任制度	锅炉房管理人员的职责
		司炉人员的职责
		水处理及化验分析人员的职责
2	交接班制度	司炉人员交接班制度
		水处理人员交接班制度
3	巡回检查制度	—

序号	分类	具体记录项目
4	安全操作制度	—
5	设备日常维护保养制度	—
6	设备定期检修制度	—
7	水质管理制度	—
8	安全保卫制度	—
9	清洁卫生制度	—

12.3.2 锅炉运行操作必须注意的事项

1. 安全运行管理

（1）锅炉在运行中，应保证汽压、水位、温度正常，做好运行检查和记录。

（2）锅炉必须定期进行安全检验，安全附件必须定期进行校验。

（3）锅炉在使用中必须定期进行设备状态及技术性能检查，并根据检查情况进行维护。

（4）锅炉在使用中，其自控和连锁保护装置必须完好，不允许在非保护状态下运行。

（5）燃油、燃气锅炉其油、气管路必须具有完好的密封性。

（6）锅炉用水应符合《工业锅炉水质》GB/T 1576—2008 中的规定。

（7）较长时间停炉时，必须采取必要的防腐、防寒措施。

2. 经济运行的管理

（1）锅炉安装应符合设计要求，并符合《锅炉安装工程施工及验收规范》GB 50273—2009 的要求。

（2）锅炉及其附属设备和热力管道的保温应符合《设备及管道绝热技术通则》GB/T 4272—2008 的要求。

（3）锅炉运行时，应经常检查管道、仪表、阀门及保温状况，确保其完好、严密，及时清除跑、冒、滴、漏等情况。

（4）锅炉运行时，应经常检查锅炉本体及风、烟设备的密封性，发现泄漏要及时修理，锅炉受热面应定期清灰，保持清洁。

（5）在用锅炉应配备能反映锅炉经济运行状态的仪器和仪表，并定期检查、校验。

（6）在用锅炉的经济技术指标应符合《工业锅炉经济运行》GB/T 17954—2007 的规定。

3. 环保运行的管理

（1）锅炉大气污染物排放应符合《锅炉大气污染物排放标准》GB 13271—2014 中的规定。

（2）燃煤锅炉应推广使用洁净煤燃烧技术。

（3）出力大于等于 20t/h 的锅炉应推广使用大气污染物在线监测装置。

（4）锅炉、湿式除尘及脱硫设备排放废水为中性。

12.3.3 点火前的检查工作

1. 点火前的准备

锅炉在点火之前应进行全面的检查，并验收合格。检查的项目主要有以下几个方面：

（1）对锅炉进行内外部检查，了解本锅炉的安装、大修、改装情况（包括图纸、检验、烘炉、煮炉、水压试验、安装修理质量、改装的型式和验收等情况）并查看《锅炉技术登录簿》和有关技术资料。

检查锅筒或锅壳、集箱是否有遗留的工具、工作服或其他杂物和炉管内是否有焊瘤、焊条头或杂物堵塞；

主汽管、给水管、排污管等管道上装设的盲板、堵头是否全部拆除。人孔、手孔等盖板螺栓是否拧紧；

炉墙、拱旋是否有裂纹、凸出。炉墙、烟道的膨胀缝是否完好，炉墙与锅筒的接触部位是否有足够的间隙和石棉填料，烟道、风道挡板是否良好；

炉门、灰门、防爆门能否关闭严密，吹灰器及吹灰孔是否良好。

有下列情况之一的锅炉，在点火前还应做超压水压试验检查：

1）新装、改装和移装后；

2）停止运行一年以上需要投入运行时；

3）受压元件经过重大修理或改造后；

4）运行期超过六年未做过超压水压试验的锅炉。

（2）对主要安全附件，如水位表、高低水位警报器、压力表、安全阀等要按《锅炉安全技术监察规程》TSG G0001—2012 的有关安全技术要求进行彻底检查。凡不符合规程要求的，应经修复或更新后才能点火。

（3）检查过热器、省煤器、空气预热器、通风和排烟除尘系统，上煤、给煤及燃烧系统，以及热工和测量仪表等是否完好。所有电动机转向是否正确，在运转前应校验电动机绝缘状况。

（4）检查给水设备、汽水系统管道和各种阀门，并将阀门按表 12-6 调整到点火要求的位置。

阀门在点火前的正确位置 表 12-6

阀门名称	开关位置	阀门名称	开关位置
压力表旋塞	开	给水阀	关
空气阀或代替空气阀用的安全阀	开	尾部烟道挡板	开
水位表的放水旋塞	关	铸铁省煤器旁通烟道挡板	开
水位表的汽、水旋塞	开	铸铁省煤器正路烟道挡板	关
主汽阀	关	锅炉主蒸汽管上的疏水阀	开
排污阀	关	过热器出口集箱上的疏水阀	开

（5）锅炉上水之前应注视储水罐内的水源是否充足，上水温度一般宜在 40℃～50℃，最高不宜超过 70℃，避免因水温过高，致使受压元件内外壁温差过大，引起的热应力使连接处（胀接、铆接）松弛。开始上水时宜采用较小流量，上水速度不宜太快，一般对水管锅炉的上水时间，夏季不少于 1h，冬季不少于 2h。上水时要检查人孔盖、手孔盖、阀门等处是否有渗漏，如发现有渗漏，可适当拧紧螺栓，如仍有渗漏，则应停止上水，并将锅水放至适当的位置后，更换垫料进行修理，消除渗漏后继续上水，当水上到水位表的最低安全水位线时，应停止上水，此时，低地水位计、远传水位计、高低水位警报器均可开

启，并检查一下是否漏水。还要试验其可靠性。

2. 热水锅炉点火前的准备

对于热水锅炉供热系统，为防止泥渣、铁锈和其他杂物存在于系统网路中堵塞管路和设备，必须冲洗系统网路。冲洗分粗洗和精洗。

（1）粗洗　将 0.3～0.4MPa 压力的清水压入系统网路进行循环冲洗，保持较高流速，保证冲洗效果。当排出的水由混浊变为清洁时，粗洗工作结束。

（2）精洗　为了清除较大的杂物，要采用流速 1～1.5m/s 以上的循环水流速，使水通过除污器，使杂物沉淀下来，当循环水变得清洁时，精洗工作结束。

（3）对系统进行充水，给水最好是软化水，不宜使用碳酸盐硬度较大的水。

系统充水的顺序是：锅炉—系统—热用户。

1）热水锅炉的充水一般从下锅筒或下集箱开始，当锅炉顶部集气罐上的放气阀冒水时，关闭放气阀，锅炉充水结束。

2）系统充水一般从回水管开始，充水前应关闭所有排水阀，开启所有网路的放气阀及开启网路末端的连接供水和回水管的旁通阀，当网路中各放气阀冒出水时关闭放气阀，直到网路最高点的放气阀冒出水时再关闭此阀。

3）热用户充水也是到各系统顶部集气罐上的放气阀冒出水时，就可关闭放气阀。待静置 1～2h 后，还应再放气一次，把残存的空气从系统中放出。

（4）由于热用户的管路较细，充水速度不宜太高，这样才有利于空气自系统中放出，整个系统充满水后，锅炉房压力表指示读数不应低于管网中最高用户的静压。

3. 点火前的检查

（1）锅炉设备在点火前的检查工作完毕，确认内部无人员工作后，将人孔、手孔、出灰门、检查门全部封闭。风管、烟道挡板均放置在正确的位置。

（2）启动软化水泵向除氧器或储水箱上水，至正常水位。

（3）向给水泵内充水，开启给水泵入口阀和再循环阀门，稍微开启给水泵空气门和出口阀，待给水泵内空气排净后关闭。

（4）启动给水泵向锅内上水，给水温度一般不应超过锅筒筒壁温度 40℃。给水应缓慢，以免进水太快使锅筒壁引起不均匀膨胀而产生热应力。进水时，可用手放在空气阀上面，应有空气排出感觉。当锅筒水位表到可见水位 25～30mm（或锅炉最低水位）可停止进水。

备用锅炉中如存有锅水，只需稍进一些水，可将水位提高 10 ～12mm，目的是测试一下给水设备是否正常，省煤器中是否充满冷水。但进水不宜太多，否则水在加热阶段受热膨胀，往往会使水位表可见水位线超过玻璃管（板）顶端，要开启排污阀放水。

（5）锅筒进水完毕后应全面检查各受压部分及水位表、压力表、排污阀等，不得有漏水情况。此时低地位水位表、远传水位表、高低水位警报器等均可开启，有关阀门也应准备投入运行，同时要检查是否漏水，还要试验是否起作用。但不必校正误差，因为锅筒内尚未达到工作压力，指示可能还不正确。

（6）锅炉采用可分式省煤器，有旁通烟道，省煤器旁路烟道挡板应开启，让烟气旁通。如果没有旁路烟道，关闭阀门10、12、16，其他阀门均打开，使省煤器的水受热后回流到水箱，采用不可分省煤器应开启省煤器再循环阀。使水在锅炉与省煤器之间循环，以免省煤器管过热而损坏。

（7）过热器的进口集箱疏水阀应稍开一些，出口集箱疏水阀应开足。

（8）自然通风的锅炉，在冷炉点火之前，可先在烟囱下面用木柴点火燃烧，烘热烟囱使烟囱中产生引力，有利于冷炉时的通风。

（9）炉底排渣挡板应关闭，排渣水封应投入。

（10）点火之前，应将炉膛和烟道彻底通风，排除炉膛及烟道内所积的可燃气体，以免点火时发生气体爆炸。装有送风机和引风机的锅炉，可利用两种风机通风，亦可仅开引风机，但必须打开炉膛孔门，让新鲜空气进入。

用风机通风吹扫时间应不少于 5min，自然通风应不少于 15min。

（11）进行送风机、引风机连锁试验。装有送风机和引风机的锅炉，应先开引风机后开送风机。停机时，应先停送风机后停引风机，以免炉膛内产生正压，损坏炉膛。

（12）准备好点火工具和引火物品，煤斗上满原煤。

锅炉点火前的准备工作完毕后，按规定的操作规程进行点火和升压。

12.3.4 层燃锅炉的点火操作

1. 链条炉排锅炉点火操作

（1）将煤闸门提到最高位置，在炉排前部铺 20～30mm 厚的煤，在煤上铺木柴、油棉纱等引火物，在炉排中后部铺较薄炉灰，防止冷空气大量进入；

（2）引燃引火物，缓慢转动炉排，将火送到炉膛前部约 1～1.5m 后停止炉排转动；

（3）当前拱温度逐渐升到能点燃新煤时，调整煤闸门，保持煤层厚度为 70～l00mm，缓慢转动炉排，并调节引风机，使炉膛负压接近零，以加快燃烧。

（4）当燃煤移动到第二风门处，适当开启第二段风门，在继续移动到第三、四风门处，依次开启第三、四段风门，移动到最后风门处，因煤基本燃尽，最后的风门视煤燃烧情况确定少开或不开。

（5）当底火铺满炉排后，适当增加煤层厚度并且相应加大风量，提炉排速度，维持炉膛负压在 20～30Pa，尽量使煤层完全燃烧。

2. 往复炉排锅炉点火操作

往复炉的点火和燃烧调节与链条炉基本相同，所不同的是：

（1）往复炉适用煤种多为中质烟煤。煤层厚度为 120～160mm，炉膛温度为 1200℃～1300℃，炉膛负压为 0～10.6Pa。如锅炉有 4 个风室，则第一风室风压要小，风门可开 1/3 或更小；第二风室的风压要大，风门应全开；第三风室的风压介于第一、第二风室之间，风门可开 1/2 或 2/3，应尽量避免在炉膛前部或中部拨火；第四室风门微开或不开，但必须保证燃料的燃尽。

（2）往复炉的炉排的行程一般为 35～50mm；每次推煤时间不宜超过 30s。如果炉排行程过长，推煤时间过快，容易断火；反之，则容易造成炉排后部无火。实际运行时，要针对不同的煤种进行调整。对于发热量较低的煤，煤层要厚，缓慢推动，风室风压要小；对于灰分多和易结渣的煤，煤层薄一些，增加推煤次数；对于灰分少的煤，煤层可厚些，以免炉排后部煤层中断，造成大量漏风。

（3）对于高挥发分的烟煤，为了延长着火准备时间，在进入煤斗前应均匀掺水，煤中含水量以 10%～12% 为宜，防止在煤闸门下面着火和在煤斗内"搭桥"。

点火后，当发现蒸汽从空气阀（或提开安全阀）内冒出时，即关闭空气阀（或将安全阀恢复原状）。同时，应密切注意锅炉的压力表，并适当开大烟道挡板，加强通风和火力，准备升压。

12.3.5 火床锅炉升压操作

为确保锅炉不致产生过大的温度应力，锅炉从冷备状态点火到升至工作压力应有一定的时间，具体时间，应按锅炉制造厂提供的使用说明书的规定进行。

随着锅炉水温逐渐上升，汽压逐渐升高，此时要做好以下工作：

1. 空气排出

锅炉产生蒸汽后，待空气从放气阀完全排尽后，应把放气阀关闭。过热器的入口集箱、中间集箱的放气阀、疏水阀、出口集箱的放气阀，在蒸汽流出把空气排尽后进行关闭。但出口集箱疏水阀保持开启，直到并汽或通汽时为止，使蒸汽在过热器中保持流通，以免烧坏过热器。

2. 检查泄漏和紧固

检查水位表、排污阀及其他附件有无泄漏，对泄漏处进行轻度紧固等处理，人孔、手孔等要适当紧固。如紧固后仍不能止漏，锅炉必须停用。

3. 在锅炉压力上升中进行操作见表12-7。

锅炉升压操作 表12-7

序号	状态和升压区间	操 作
1	待从空气阀排出的完全是蒸汽时	关闭空气阀，过热器的入口集箱及中间集箱的空气阀、疏水阀也应关闭，但出口集箱的空气阀、出口集箱的疏水阀保持开启，直到并汽为止
2	0.05～0.1MPa	冲洗水位计
3	0.1～0.15MPa	冲洗压力表管
4	约0.3MPa	检查各连接处有无泄漏现象，对人孔、手孔检修时拆卸过的法兰螺栓进行再拧紧。此时，应保持汽压稳定。汽压升高后，不可再次拧紧螺栓
5	0.4～0.6MPa	应稍开主汽阀进行暖管，暖管时注意避免水击，暖管时间视主分汽缸的距离而定，暖管结束时主汽阀处于全开状态
6	压力升至工作压力时	应再次冲洗水位计和压力表管

4. 在锅炉压力上升中注意事项

（1）升压过程中要注意控制燃烧，使其逐渐加强，并注意保持稳定。

（2）升压过程中要注意保持水位，水位过高时用下部放水方法使其降低；水位过低则补水。

（3）对于非沸腾式省煤器，有旁路烟道的投入运行，使省煤器出口水温至少低于饱和温度30℃。无旁路烟道的可用再循环管路通水保持省煤器出口水温。

（4）蒸汽管路上的阀门开启后，为防止受热膨胀后卡住，应在全开后再回关半圈。

12.4 层燃炉运行调整

工业锅炉运行是企业生产系统中的一个十分重要的环节，它包括对锅炉设备进行监督、操作、调整、巡回检查和维护保养等日常工作。其基本要求是保证锅炉在额定的参数范围内安全、经济运行。

锅炉运行工况是不稳定的,其不稳定的因素比较复杂,在实际情况下只能维持相对稳定。例如:当外界负荷变动时必须对锅炉操作进行一系列的调整;对供给锅炉的燃料量、通风量、给水量做相应的改变,使锅炉的运行工况和外界负荷相适应。同样在外界负荷稳定的情况下,燃料的燃烧、传热、锅内过程发生变化也必须及时调整和改进操作。因此,在运行中要随时发现这些变化,就必须进行认真的监督和巡回检查:不少企业提出的"四勤"操作法即:勤监督、勤检查、勤调整、勤联系,这就是要求锅炉运行人员以"勤"来保持参数的稳定和保证锅炉安全、经济。

12.4.1 蒸汽锅炉的运行和调节

锅炉正常运行时,必须控制水位、汽压、汽温在一定的范围内,以适应锅炉设备的自身安全及企业生产系统中的工艺要求。根据锅炉工作状态,如:负荷、燃烧、传热、锅水情况应及时地进行调节。

1. 水位的调节

水位的高低对锅炉的安全运行和生产工艺要求影响很大,在运行中应随时注视和调节锅炉的水位。水位的变化会引起汽压、汽温的波动。水位太高时会使蒸汽大量带水,降低蒸汽品质,影响产品质量,并会在蒸汽管道内发生水冲击,甚至会发生满水事故。有蒸汽过热器时,则会使蒸汽中的盐碱物质附着在过热器中,甚至烧坏过热器。水位过低则容易发生缺水事故,甚至严重缺水事故,造成被迫停炉。为此,必须加强对水位的监视和控制。锅炉在运行过程中,水位应保持在最低安全水位线和最高安全水位线之间,一般控制在水位表的一半左右。根据《锅炉安全技术监察规程》TSG G0001—2012 规定:蒸发量≥2t/h 的锅炉必须装设高低水位警报器,警报信号能区分高低水位。水位的变化实际上反映的是给水量和蒸发量之间的矛盾,当给水量小于蒸发量时,水位就下降,当给水量大于蒸发量时,水位就上升,给水量与蒸发量相等时,水位保持不变(这时没有考虑排污、漏水、漏气等情况)。

2. 汽压的调节

锅炉运行时,应保持汽压稳定,锅炉的汽压不能低于规定的工作压力。否则,不能保证生产工艺要求的需要,同时也不能超过规定的最高许可工作压力,不然将造成安全阀开启排气而浪费能源,当安全阀发生意外故障时导致超压事故。

锅炉汽压的变化,实际上反映的是蒸发量与蒸汽负荷之间的矛盾。锅炉在运行时,蒸汽不断进入锅筒的蒸汽空间,另一方面蒸汽又不断离开锅筒,送向外界用户。当蒸发受热面流入锅筒的蒸汽量多于外界需求时,锅炉的汽压就会上升,反之,锅炉的汽压就下降。因此,控制锅炉的汽压实质上是对蒸发量的调节,而蒸发量的大小,决定于运行人员对燃烧的操作调整。

外界负荷、燃烧工况和锅内工作情况的变化,都会导致汽压的变化,保持锅炉汽压稳定、总的原则是:

当负荷增加时汽压下降,如果水位高时,应先减少给水量或暂停给水,再增加给煤量和送风量,加强燃烧,提高蒸发量,满足负荷需要,使汽压和水位稳定在额定范围内。然后再按正常情况调节燃烧和给水量。如果水位低时,应先增加给煤量和送风量,在强化燃烧的同时,逐渐增加给水量,保持汽压和水位正常。

当负荷减少时汽压升高,如果水位高时,应先减少给煤量和送风量,减弱燃烧,再适当减少给水量或暂停给水，使汽压和水位稳定在额定范围内。然后再按正常情况调整燃烧和给水量。如果水位低时，应先加大给水量，待水位正常后，再根据汽压和负荷情况，适当调整燃烧和给水量。

3. 汽温的调节

蒸汽温度在运行中应该控制在一定的范围内。对于无过热器的锅炉其蒸汽温度的变化，主要反应在锅炉蒸汽压力值的变化及饱和蒸汽的湿度上。对于有过热器的锅炉，过热蒸汽温度的变化，主要决定于过热器烟气侧的放热情况和蒸汽侧的吸热情况。

蒸汽温度偏低，会影响用户加热、干燥、蒸煮等工艺的经济性能。在蒸汽大量带水的情况下，还容易在过热器管内结存盐垢，烧坏过热器。同样，温度偏高，会导致管壁温度升高，在超过钢材允许最高温度以后，把过热器烧坏。一般带有过热器的工业锅炉，其汽温波动一般应为额定汽温±10℃。

4. 燃烧调节

燃烧调整主要指煤层厚度、炉排速度和炉膛通风三方面，根据锅炉负荷变化情况及时进行调整。

（1）煤层厚度

煤层厚度主要取决于积煤，对灰分多、水分大的无烟煤和贫煤，因其着火困难，煤层可稍厚，一般为100～160mm。对不粘结的烟煤厚度约为80～140mm，对粘结性强的烟煤厚度约为60～120mm。煤层厚度适当时，应在距煤挡板后200～300mm处开始燃烧，在距离老鹰铁前400～500mm处燃尽。

当负荷变化时，给煤量应相应变化，但在一定的范围内，不宜采用调节煤层厚度的办法。因为煤层厚度的变化，对调整负荷不能立即见效，只有当新厚度的煤层移动到炉排的中部时，才开始对负荷有影响，因此对于少量负荷的调节，一般仅通过加快炉排速度来增加给煤量。如果负荷变化较大，而且锅炉将在新负荷下长期稳定运行时，则应考虑改变煤层厚度，使供煤量与蒸发量相适应。

（2）炉排速度

炉排速度应根据试验确定，正常的炉排速度应保持整个炉排面上都有燃烧的火床，而在老鹰铁附近的炉排面上没有红煤。当负荷增加时，炉排速度应适当加快，以增加供煤量。当锅炉负荷减少时，炉排速度应适当降低，以减少供煤量。一般情况下，煤在炉排上停留时间应控制不低于30～40min。

（3）炉膛通风量

在正常运行时，炉排各风室风门的开度，应根据燃烧情况及时调整，例如，在炉排前后两端没有火焰处，风门可以关闭，在火焰小处可稍开，在炉排中部燃烧旺盛区要开大。但调整的幅度不宜太大，并要维持火床的长度占炉排有效长度的3/4以上。对于在满负荷时，分四段送风的锅炉，一般第一段的风压为100～200Pa，第二、三段风压为600～800Pa，第四段风压为200～300Pa。如燃用挥发分较高的煤，虽易着火，但着火后必须供给大量的空气，因此风量应集中在炉排中间偏前处，一般第二段风压为900～1000Pa。如燃用挥发分较低的无烟煤，虽着火较慢，但焦炭燃烧需要大量的空气，这时分段送风门的开度，应由中间往后部逐渐加大，甚至到后拱处才能全开。

煤层厚薄、炉排速度和炉膛通风量三者不能单一调整，否则会使燃烧工况失调。例如，当炉排速度和通风量不变时，若煤层加厚，未燃尽的煤就多，煤层减薄，炉排上的火床就缩短；当煤层厚度和通风量不变时，若炉排速度加快，未燃尽的煤就增多，炉排速度减慢，炉排上的火床就缩短；当煤层厚度和炉排速度不变时，若通风减小，未燃尽的煤就增多，通风增加，炉排上的火床就缩短。因此，煤层厚度、炉排速度、炉膛通风量三者的调整必须密切配合，才能保持燃烧正常。

（4）燃烧调节的注意事项

1）燃料量与空气量要相配合适，并且要充分混合接触；

2）炉膛应尽量保持高温，以利于燃烧；

3）应不使锅炉本体和砖墙受强烈火焰直接冲刷；

4）不能突然增大燃烧负荷，要增加燃烧负荷，应先增加通风量；减小燃烧负荷时，应先减少燃料量；

5）要防止冷空气进入锅炉，以保持炉内高温，减少热损失；

6）要保持炉排运转平稳、平整，防止出现不均匀燃烧，避免"火口"或结焦；

7）保持炉膛负压燃烧，防止燃烧气体外漏，以免烧坏绝热、保温材料以及门等；

8）监视排烟温度、CO_2 和 O_2 的含量，经常调整燃烧工况。

5. 炉膛负压调节

锅炉正常运行时，一般应保持 $20\sim30Pa$ 的炉膛负压。负压过小火焰可能喷出，损坏设备或烧伤人员；负压太大，会漏入过多的空气，降低炉膛温度，增加热损失。

炉膛负压的大小取决于送、引风量的大小匹配。风量是否适当，可以通过火焰颜色来判断。风量适当时，火焰呈黄色，烟气呈灰白色；风量过大时，火焰白亮刺眼，烟气呈白色；风量过小时，火焰呈暗黄色或暗红色，烟气呈淡黑色。

6. 吹灰

锅炉受热面的火侧容易积存灰垢，特别是在对流烟道里的对流受热面上。受热面上的沉积灰垢增加热阻，从而降低了锅炉热效率。据测定，灰垢厚度达 1mm 时，要浪费燃料 10% 左右，严重时积灰堵塞烟道，使锅炉无法运行下去，而被迫停炉停产。受热面积灰后，还会加速管壁的腐蚀。总之，锅炉积灰将使锅炉的出力和热效率降低，受热面腐蚀加速。因此在运行中，加强对锅炉受热面的吹灰是极为必要的。吹灰的间隔时间根据炉型和煤质来确定，但在锅炉运行时，应一开始即正常投入吹灰装置，否则，如果受热面上已粘结成灰垢就不易清除。一般，火管锅炉最好每班不少于一次，水管锅炉每班不少于两次。

12.4.2 热水锅炉的运行

1. 系统运行调整

系统的运行调整由集中调节和局部调节两部分组成。集中调节是为满足供热负荷的需要，对锅炉出口水温和流量进行调节；局部调节是对各类用热单位局部，通过支管网上的阀门改变热水流量，以调节其供热量。这是因为各用热单位耗热量受室外环境、太阳辐射、风向、风速等因素影响不同，单靠集中调节不能满足各房间及单位的要求。反之，如果没有集中调节，也没法满足各单位用热与锅炉房供热的及时平衡。

2. 运行参数控制

（1）保持压力

热水锅炉运行中应密切监视锅炉进出口和循环水泵入口处的压力表，如果发现压力波动较大，应及时查明原因，加以处理。当系统压力偏低时，应及时向系统补水，同时根据供热量和水温的要求调整燃烧。当网路系统中发生局部故障需要切断处理时，更应对循环水压力加强监视，如压力变化较大，应通过阀门作相应调整，确保总的运行网路压力不变。

（2）温度控制

司炉人员要经常注意室外气温的变化情况，根据规定的水温与气温关系的曲线进行调节燃烧量。锅炉房集中调节的方法要根据具体情况选择，一般要求网路供水温度与水温曲线所规定的温度数值相差不大于±2℃。如果采用质调节方法时，网路供水温度改变要逐步进行，每小时水温升高或降低不宜大于20℃，以免管道产生不正常的温度应力。热水锅炉运行中，要随时注意锅炉及其管道上的压力表、温度计的数值变化。对各外循环回路中加调节阀的热水锅炉，运行中要经常比较各循环回路的回水温度，要注意调整使其温度偏差不超过10℃。

3. 经常排气

运行中随着水温的不断升高，会有气体连续析出。如果系统上的集气罐安装不合理或者在系统充水时放气不彻底，都会使管道内积聚空气，甚至形成空气塞，进而影响水的正常循环和供热效果。因此，司炉人员或有关管理人员要经常开起放气阀进行排气操作。

具体做法如下：

（1）在网路的最高点和各用户系统的最高点设置集气罐，锅炉出水管也都设在锅炉最高处，在主汽阀前应设有集气罐。

（2）锅炉上各回路集气罐的最高位置应装设不小于 Dg20 的放气阀，且定期由此进行排气操作。

（3）在系统回水管上应设置除污器，且除污器上安装有排气管或者在排气管上加装阀门，以定期进行排气。

4. 合理分配水量

经常通过阀门开度来合理分配通往各循环网路的水量，在监视各系统网路回水温度的同时，由于管道在弯头、三通、变径管及阀门等处容易被污物堵塞而影响流量分配，因此对这些地方应勤加检查。最简单的检查方法是用手触摸，如果感觉温度差别很大，则应拆开处理。由于热水系统的热惰性大，调整阀门开度后，需要经过较长时间，或者经过多次调整后才能使散热器温度和系统回水温度达到新的平衡。

5. 防止汽化

热水锅炉在运行中一旦发生汽化现象，轻则会引起水击，重则使锅炉压力迅速升高，以致发生爆破等重大事故。为了避免汽化，应使炉膛放出的热量及时被循环水带走。在正常运行中，除了必须严密监视锅炉出口水温，使水温与沸点之间有足够的温度裕度，并保持锅炉内的压力恒定外，还应使锅炉各部位的循环水流量均匀，也就是既要求循环水保持一定的流速，又要均匀流经各受热面。这就要求司炉人员密切注视锅炉和各循环回路的温度与压力变化。一旦发现异常，要及时查找原因，例如受热面外部是否结焦、积灰，内部是否结水垢，或者燃烧不均匀等，及时予以消除。必要时，应通过锅炉各受热面循环回路上的调节阀来调整水流量，以使各并联回路的温度相接近。例如，有的蒸汽锅炉改为热水锅炉时，共有两条并联的循环回路，一条是经省煤器到过热器的回路，另一条是锅炉本体回路。运行中若发现前一回路温度上升快，则应将此回路上的调节阀门适当开大，以使其出口水温与锅炉本体的出口水温尽量接近。

6. 停电保护

自然循环的热水锅炉突然停电时，仍能保持炉水继续循环，对安全运行威胁不大。但是，强制循环的热水锅炉在突然停电，并迫使水泵和风机停止运转时，炉水循环立即停止，很容易因汽化而发生严重事故。此时必须迅速打开炉门及省煤器旁路烟通，撤出炉膛煤火，使炉温迅速降低，同时应将锅炉与系统之间用阀门切断。如果给水（自来水）压力高于锅炉静压时（如此条件不能满足，也可用有高层供热用户的回水），向锅炉进水，并开起锅炉的泄放阀和放气阀，使炉水一面流动，一面降温，直至消除炉膛余热为止。有些较大的锅炉房内设有备用电源或柴油发动机，在电网停电时，应迅速起动，确保系统内水循环不致中断。

为了使锅炉的燃烧系统与水循环系统协调运行，防止事故发生和扩大，最好将锅炉给煤、通风等设备与水泵联锁运行，做到水循环一旦停止，炉膛也随即熄火。

7. 定期排污

热水锅炉在运行中也要通过排污阀定期排污，排放次数视水质状况而定。排污时炉水温度应低于100℃，防止锅炉因排污而降压，使炉水汽化和发生水击。网路系统水通过除污器后，一般每周排污一次，如系统新投入运行或者水质情况较差时，可适当增加排污次数。每次排水量不宜过多，将积存在除污器内的污水排除即可。

8. 减少补水量

对于热水采暖系统，应最大限度地减少系统补水量。系统补水量应控制在系统循环水流量1%以下。补水量的增加不仅会提高运行费用，还会造成热水锅炉和网路的腐蚀和结垢。司炉人员应经常检查网路系统，发现漏水应及时修理，同时要加强对放气、排水装置的管理，禁止随意放水。

12.5 锅炉停炉与保养

12.5.1 锅炉停炉

锅炉停炉分为：压火停炉（热备用停炉）、正常停炉（冷备用停炉）和紧急停炉（事故停炉）三种。前两种是按企业的生产调度在中断燃烧之前缓慢地降低负荷，直至使锅炉的负荷降到零为止。后一种是锅炉在工作条件下突然发生事故，紧急中断燃烧，使锅炉的负荷降到零。

锅炉的压火停炉应采取措施保留储存在锅内的热量，不使锅炉迅速冷却。长期停炉时，锅炉要进行冷却，但应缓慢进行，防止锅炉冷却过快。紧急停炉往往使受热面损坏，为了防止事故的扩大应使锅炉迅速降温、降压。

锅炉停炉时的冷却时间与锅炉的大小、结构及砖墙的型式有关。一般中小型工业锅炉为24h左右，大型锅炉为36～48h。

1. 压火停炉

企业生产活动中，常会遇到短时间内不需要热负荷（一般不超过12h）。为了避免时间和经济上的损失，保证在短时间里能很快带上负荷，停炉时必须维持炉中的红火和锅内的一定压力。这种热备用停炉称为压火停炉。

压火停炉的次数应尽量减少，否则将会缩短锅炉的使用寿命。

压火前，首先应减少风量和给煤量，逐渐降低负荷，同时向锅炉给水和排污，使水位高于正常水位线。在锅炉停止供气后按时将给水由自动改为手动操作，并应停止风机，关闭主汽门，开启过热器疏水阀和省煤器的旁路烟道，关闭省煤器的正路烟道，同时，进行压火操作。

压火分压满炉与压半炉两种。压满炉时，用湿煤将炉排上的燃煤完全压严，然后关闭风道挡板和灰门，并打开炉门，如能保证在压火期间不复燃，也可以关闭炉门。压半炉时，是将煤扒到炉排前部或后部，使其聚集在此，然后用湿煤压严，关闭风道挡板和灰门，并打开炉门，如能保证在压火期间不能复燃，也可关闭炉门。

压火期间司炉不得离开操作岗位，应经常检查锅炉内汽压、水位的变动情况，检查风道挡板、灰门是否关闭严密，防止压火的煤灭火或复燃。

当需要锅炉供气扬火时，应先进行排污和进水，同时要冲洗水位表，把炉排上的煤扒平，逐渐加上新煤，恢复正常燃烧。待汽压上升后，再及时进行暖管、并炉和供气工作.

2. 正常停炉

正常停炉就是有计划的停炉，经常是由于检修需要。正常停炉有以下几个步骤：停炉前的准备工作、锅炉灭火、降负荷、解列、冷却、放水和隔绝工作。

（1）停炉前的准备工作

停炉前应对锅炉设备的技术状况有所了解，根据锅炉的型式，参照日常的运行记录和观察，拟定检修项目（有些项目需待停炉检验后才能确定）。同时，要做好煤斗存煤的处理工作，一般检修时间在一星期以上的，必须将原煤斗中的存煤用完，以免煤在煤斗中自燃。

（2）锅炉灭火

抛煤机锅炉抛完煤后，即可停止抛煤机运转。链条锅炉应关闭煤斗下部的弧形挡板，待余煤全部进入煤闸板后，放低煤闸板，并使其与炉排之间应留有 50mm 左右缝隙，保证空气流通来冷却煤闸板，以避免烧坏。

当煤全部离开闸板后 300~500mm 时，停止炉排转动，减少鼓风和引风；保持炉膛内适当负压，以冷却炉排。如能用灰渣铺在前部炉排至煤闸板之间隔热，则效果更好。

当炉排上没有火焰时，先停鼓风机，打开各级风门，再关闭引风机，稍开炉前的炉门，以自然通风的方式使炉排上的余煤燃尽。当煤燃尽后，重新转动炉排，将灰渣放尽，并继续空转炉排，直至炉排冷却为止。

锅炉灭火后，应注意锅内水位，应使水位稍高于正常水位。

（3）解列

从锅炉减弱燃烧开始，蒸汽负荷就逐渐降低，锅炉灭火时负荷进一步会降低并逐渐至零。此时，应关闭主汽阀，开启主蒸汽管道、过热器的疏水阀和省煤器的旁路烟道。

（4）冷却、放水

锅炉解列以后应缓慢降温，不能马上以送冷风和换水的方式来进行冷却。只有停炉 6h 以后，才可开启烟道挡板进行通风和换水。以后，可根据情况每隔 2h 换一次水，使锅炉各部分温度均匀。锅水温度下降到 70℃ 以下时，可把全部锅水放净。

（5）隔绝工作

锅炉冷却放水以后，应在蒸汽、给水、排污等管路中装置盲板，与其他运行锅炉的联系系统隔离，盲板应有一定的强度，使其不被其他运行锅炉的压力顶开，保障检修人员的人身安全。

3. 紧急停炉

紧急停炉：一般是锅炉发生了事故或有事故（险肇）时，为了避免事故的扩大而采取的紧急措施。紧急停炉时炉温、压力变化很大，所以必须采取一定的技术措施。

（1）紧急停炉的有关规定

1）锅炉水位降低到锅炉运行规程所规定的水位下极限以下时；

2）不断加大向锅炉给水及采取其他措施，但水位仍然下降；

3）锅炉水位已升到运行规程所规定的水位上极限以上时；

4）给水机械全部失效；

5）水位表或安全阀全部失效；

6）锅炉元件损坏，危及运行人员安全；

7）燃烧设备损坏，炉墙倒塌或锅炉构架被烧红等，严重威胁锅炉运行安全；

8）可分式省煤器没有旁路烟道，当给水不能通过省煤器时；

9）其他异常运行情况，且超过安全运行允许范围。

（2）紧急停炉的处理

由于锅炉所发生事故的性质不同，紧急停炉的方式也有差异，有的需要很快地熄火，如缺水、满水事故；有的需要很快地冷却，如：超压、过热器管爆破等事故。一般紧急停炉的方法如下：

1）首先停止给煤和送风，链条炉应关上弧形挡板，抛煤机炉停止抛煤机，并减弱引风，关闭烟道挡板。

2）根据事故的性质，有的要放出炉膛内燃煤，有的并不要放掉燃煤。放出燃煤的方法是：对于手摇活络炉排，应将燃煤直接摇入灰斗。对于链条炉，炉排应走最高速度将燃煤送入落灰斗。燃煤入灰斗后，可用水浇灭或用砂土、湿炉灰压在燃煤上使火熄灭，但在任何情况下不得往炉膛里浇水来冷却锅炉。

3）锅炉熄火后，应关闭主汽阀使主蒸汽管与蒸汽母管隔离，同时关闭引风机。视事故的性质，必要时可开启空气阀、安全阀和过热器疏水阀、迅速排放蒸汽，降低压力。

4）开启省煤器旁路烟道，关闭正路烟道，并开大烟道挡板、灰门和炉门，促进空气流通，提高冷却速度。

5）在紧急停炉时，如无缺水和满水现象，可以采用给水、排污的方式来加速冷却和降低锅炉压力。当水温降到70℃以下时，方可把锅水放净。

6）如因锅炉缺水事故而紧急停炉时，严禁向锅炉给水，也不能开启空气阀或提升安全阀等有关加强排气的调整工作，以防止锅炉受到突然的温度或压力变化而将事故扩大。

7）判明锅炉确系发生满水事故时，应立即停止给水，关小通风及烟道挡板，减弱燃烧，并开启排污阀放水，使水位适当降低；同时，开启主蒸汽管道、过热器、蒸汽母管和分气缸上的疏水门、防止蒸汽大量带水和管道内发生水冲击。

8）锅炉在出现下列情况时，应马上报告领导和有关人员，然后再视损坏的部位和程度决定停炉时间。

12.5.2　锅炉设备的维护保养

锅炉设备的维护保养是锅炉安全、经济运行的重要环节。锅炉维护保养不当或措施跟不上去，势必造成锅炉运行时，达不到出力和供汽的要求，而且容易造成事故或缩短锅炉的寿命。锅炉设备的安全经济运行主要取决于司炉人员的高度责任性、严格的规章制度及锅炉设备的技术状态，后者在很大程度上依赖于维护保养。

锅炉停炉放出锅水后，锅内湿度很大，通风又不良，锅炉金属表面长期处于潮湿状态，这样在氧和二氧化碳作用下，锅炉金属被腐蚀生锈，这样的锅炉投入运行后，锈蚀处在高温锅水中继续发生强烈的电化学腐蚀，致使腐蚀加深和面积的扩大，锅炉金属壁减薄，必然使锅炉受压元件强度降低，从而将威胁锅炉的安全运行和缩短锅炉的使用寿命。因此要保证锅炉的安全经济运行，就必须做好锅炉停炉后的防腐保养工作。

常用的防腐保养方法有：热力保养、湿法保养、干法保养和充气保养等几种。热法保养适用于热备用，湿法保养适用于短期（一般不超过一个月）停用，干法和充气保养适用于长期停用锅炉，当前以湿法和干法保养应用最广。

1. 锅炉停炉保养的方法

（1）热力保养

保持锅炉中有一定的压力，约 $0.05 \sim 0.1 MPa$（$0.5 \sim 1.0 kgf/cm^2$），使锅水温度高于 $100℃$ 而没有含氧的条件，且锅内有压力可以阻止外界空气进入锅筒。为保持锅水的温度，可利用其他锅炉的蒸汽来加热锅水，当单台锅炉在保养期间没有蒸汽来源时，可定时在炉膛内生火维持。

此法一般适用于热备用锅炉或停炉时间不超过一周的锅炉。

（2）湿法保养

湿法保养是向锅水中添加氢氧化钠（NaOH）或磷酸三钠（$Na_3PO_4 \cdot 12H_2O$），使锅炉中充满 pH 值在 10 以上的水，以抑制水中的溶解氧对锅炉的腐蚀。

锅炉停炉后，将锅水放尽，清除锅内的水垢和泥渣，关闭所有的阀门和门孔，与其他运行的锅炉完全隔离。然后将软化水注入锅炉至最低水位，再用专用泵将配制好的碱性防腐液注入锅炉后，将软化水注满锅炉（包括过热器和省煤器），直至锅水从空气阀中冒出，此时关闭空气阀和给水阀，再开启专用泵进行水循环，以使锅炉内各处的碱性防腐液的浓度混合均匀。在保养期间，应检查所有门孔是否有泄漏，如有泄漏应及时予以清除。还要定期取液化验，如若碱度降低，应予以补充。

当锅炉准备点火运行前，应将所有防腐液排尽，并用清水冲洗干净。

碱性防腐液的配制方法很多，国内工业锅炉通常是在每吨软水中加入氢氧化钠（NaOH）$5 \sim 6 kg$，或磷酸三钠（$Na_3PO_4 \cdot 12H_2O$）$10 \sim 12 kg$，或氢氧化钠（NaOH）$4 \sim 8 kg$ 加磷酸三钠（$Na_3PO_4 . 12H_2O$）$1 \sim 2 kg$。

此法适用于较长时间停用的小容量工业锅炉。在北方地区，冬季采用此法时应注意保持室温，以免冻裂设备。

（3）干法保养

锅炉停用后将锅水放尽、清除锅内的水垢和泥渣，并使受热面干燥（最好采用热风法干燥），然后在锅筒和集箱内放置干燥剂，并严密关闭锅炉气、水系统上的所有阀门、人孔和手孔，使之与外界大气完全隔绝。干燥剂可盛于敞口容器（如搪瓷盘、木槽等）中，沿锅筒长度方向均匀排列。

锅内置放干燥剂约 10d 后，应打开锅筒、集箱，检查干燥剂是否失效，如已失效，则应换入有效的干燥剂，以后可每隔 1～2 个月检查一次。

放入的干燥剂数量，可按锅内容积计算，一般用生石灰（CaO 块状）时，按 2～3kg/m³ 计算，用工业无水氯化钙（$CaCl_2$，粒径 10～15mm）时，按 1～2kg/m³ 计算，用硅胶（放置前应先在 120℃～140℃烘箱中干燥）时，按 1～2kg/m³ 计算。

失效的氯化钙和硅胶取出后，可重新加热烘干后再生。

干法保养防腐效果好，适用于工业锅炉长期停炉保养。

（4）充气保养

锅炉清除水垢和泥渣后，应使受热面干燥（最好采用热风法干燥），然后使用钢瓶内的氮气或氨气，从锅炉高处充入汽、水系统，迫使重量较大的空气从系统最低处排出，并保持汽、水系统的压力为 0.05MPa（0.5kgf/cm²）以上即可。由于氮气很稳定，又无腐蚀性，故可防止锅炉在停炉期间发生腐蚀。若充入氨气，既可驱除汽、水系统内的空气，又因其呈碱性反应，更有利于防止氧腐蚀。

当汽压下降时，应补充充气。

由于气体的渗透性强（尤其是氨气，泄漏时有臭味），故采用充气保养时，应在总气阀、给水阀和排污阀处采用盲板加橡胶垫，人孔和手孔处也应换成橡胶垫圈，并拧紧螺栓封闭严密。

此法适用于工业锅炉的长期停炉保养。

2. 选择停炉保养方法的原则及注意事项

（1）按停炉时间的长短

停炉时间较短且处于随时即可投入运行的锅炉，宜采用热力保养法，停炉时间在 1～3 个月的，可采用湿法保养或干法保养，停炉时间较长的（如季节性使用的锅炉），宜采用干法保养或充气保养方法。

（2）按环境温度的高低

选择锅炉停炉保养方法时，应考虑到气候季节和环境温度，一般讲冬季不宜选用湿法保养，如采用湿法保养，必须保持锅炉房的环境温度在 5℃以上。

（3）注意汽、水系统外部的防腐保养

采用湿法、干法、充气保养的锅炉，应注意汽、水系统外部的防腐保养工作：

1）在清洗水垢和泥渣的同时，应清除汽、水系统外部及烟道内的烟灰、清除炉排上的灰渣。

2）对于停炉时间较长的锅炉，汽、水系统外部（包括锅壳式锅炉的炉胆、燃烧室）应采用干法保养，并应定期检查干燥剂是否失效，如已失效，必须及时更换。

3）停炉期间应保持锅炉房干燥和做好防雨工作，对于地势较低的锅炉房，应采取措施防止地下水的侵入。

4）锅炉附属设备和各种阀门经过检修后，应刷防腐漆或涂抹润滑油脂。

3. 锅炉的一般检验

锅炉的一般检验分外部检验、内外部检验和水压试验三种。

（1）外部检验

是锅炉在运行状态下进行检验，这种检验由锅炉检验员进行，锅炉安全监察机构监察人员以及企业主管部门的有关人员随时进行抽验。锅炉使用单位的管理人员和锅炉工结合日常管理和操作，随时进行检查并做好记录，发现危及锅炉安全运行的情况，立即采取措施，以避免事故的发生。

外部检验的主要内容见表12-8。

外部检验项目一览表 表 12-8

序号	检验内容
1	检查安全附件是否齐全、灵敏、可靠，是否符合技术要求，并对安全阀重新进行定压
2	检查门孔、法兰及阀门是否漏水、漏汽、漏风等
3	检查炉墙、钢架是否良好，燃烧工况是否正常，受压元件的可见部分是否正常
4	检查辅助设备、燃烧设备、上煤及出渣设备运行状态是否正常
5	检查水处理设备的运行是否正常，水质是否符合标准规定
6	检查热工仪表是否正常
7	检查操作规程、岗位责任制、交接班等规章制度的执行情况和司炉工有无安全操作证
8	检查锅炉房及其周围的卫生环境和锅炉房内有无杂物堆放等

（2）内外部检验

也称定期停炉内外部检验。这项工作由当地锅炉压力容器安全技术检验所担任。通过内外部检验，写出"检验报告书"，报告书要对锅炉的现状作出评价，对存在的缺陷要分析原因并提出处理意见，最后要作出结论意见。如锅炉的受压元件需进行修理的，应提出修理的原则方案，在修理后需进行复检，提出能否继续使用的结论意见。

内外部检验的重点部位见表12-9。

内外部检验的重点部位 表 12-9

序号	检验内容
1	上次检验有缺陷部位的复验
2	锅炉受压元件的内、外表面，特别在门孔、焊缝、扳边等处应检查有无裂纹和腐蚀
3	管壁有无磨损和腐蚀，特别处于烟气流速较高及吹灰器吹扫区域的管壁
4	锅炉的拉杆以及被拉元件的结合处有无裂纹和腐蚀
5	胀口是否严密，管端有无环形裂纹
6	受压元件有无凹陷、弯曲、鼓包和过热
7	锅筒和砖衬接触处有无腐蚀
8	受压元件或锅炉构架有无因砖墙或隔火墙损坏而发生过热
9	受压元件的水侧有无水垢、泥渣
10	进水管和排污管与锅筒的接口处有无腐蚀、裂纹，排污阀和排污管连接部分是否牢靠
11	水位表、安全阀、压力表等安全附件与锅炉本体连接的通道有无堵塞

12.5.3 锅炉的报废

属于国家能源政策规定，热效率过低的旧型号锅炉，国家技术监督局有明文规定限期报废，在这里不再叙述。

在锅炉的检验中遇到蒸汽锅炉报废的含义是：凡是蒸汽锅炉由于安全上的原因，不能承受使用单位生产所需的最低工作压力的；工作压力降低到小于 0.10MPa 或者根本不能承受蒸汽压力的都可作为报废处理。

报废锅炉时有两种情况。一种情况是由使用单位和其上级主管部门主动向锅炉安全监察机构提出蒸汽锅炉报废的申请报告，后由锅炉安全监察机构会同其主管部门和使用单位，对锅炉作复验鉴定，作出是否报废的结论。另一种情况是锅炉安全监察机构或锅炉压力容器技术检验所，在检查中发现锅炉存在严重缺陷，必须作报废处理的，由锅炉安全监察机构直接通知使用单位。

蒸汽锅炉报废鉴定是一项比较复杂的技术工作，国家尚无具体的报废标准。因此，必须根据锅炉的具体情况作出正确的判断。

一般锅炉符合下列五个条件之一者，可作报废处理。

（1）锅炉受压元、部件的金属材料不符合锅炉用钢的规定。

（2）锅筒的壁厚小于 6 mm。

（3）锅炉结构普遍不合理，且无法改变的。

（4）损坏严重，修理费用过高，无修理价值的。

（5）锅炉陈旧，使用年限过长，且损坏严重、热效率过低的。

上述五条在处理上也不能机械地照搬，还应结合实际情况考虑其经济性和现实性。如一台锅炉材质没有变质，但损坏严重，在企业缺乏更新资金，生产又急需，且专业修理单位可以承担修理的情况下，那么进行大修也未尝不可。又如过去炼钢技术差，有的锅炉不是用锅炉钢板制作，经化学分析确定为 Q235A 钢板，但使用单位的水处理工作、运行维护保养工作做得很好，腐蚀也不严重，经辅助检验材质基本变化不大，那么也可以不必马上作报废处理，而可在监护下继续使用一段时间。但对于结构存在严重问题，强度不足，满足不了锅炉安全运行的锅炉则应当果断地作报废处理。

使用单位对报废的锅炉，应统一由物资、回收部门收购，交炼钢厂冶炼，使用单位不能再作承压设备或转卖给其他单位。

12.5.4 锅炉管理

使用锅炉的单位及其主管部门，应当重视锅炉安全工作。指定专人负责锅炉设备的技术管理，按照《锅炉安全技术监察规程》TSG G0001—2012 的要求搞好锅炉的运行管理，建立完整的技术档案，在锅炉的运行期间所发生的问题，提出的处理情况应整理、填写存档，直至报废为止。

锅炉设备的管理工作主要包括下列几个方面：

1. 锅炉使用前的登记

锅炉使用前，使用单位应向当地锅炉压力容器安全监察机构办理登记手续，在领取《锅炉使用登记证》后，才能投入使用。

（1）锅炉使用登记的目的

促进使用锅炉的单位，建立锅炉的技术档案，为安全使用、检验、修理和改造提供重要依据。

达到使用单位和检验单位掌握运行锅炉安全方面的基本情况，不断提高锅炉安全专业管理水平。

阻止无安全保障的锅炉投入使用，杜绝安全隐患。

通过锅炉登记工作，使锅炉压力容器安全监察机构能掌握本地区各系统在用锅炉安全技术方面的基本情况，指导使用锅炉的单位搞好锅炉安全管理工作。

（2）登记时应交验的资料

在办理锅炉登记手续时，应填写一份《锅炉登记表》和《锅炉登记卡》，并向登记机关交验下列资料：

1）新锅炉

①《锅炉安全技术监察规程》TSG G0001—2012 规定的与安全有关的出厂技术资料；

② 安装质量检验报告；

③ 锅炉房平面图；

④ 水处理方法及应符合《工业锅炉水质》GB/T 1576—2008 的水质指标；

⑤ 锅炉安全管理的各项规章制度；

⑥ 持证司炉工人数。

2）在用锅炉

在用锅炉或移装的旧锅炉办理登记时，如使用单位提不出上述①、②两项资料时，允许以下列资料代替：

① 锅炉结构图（或示意图）及需核算强度的受压部件图；

② 锅炉受压元件强度及安全阀排放量的计算资料；

③ 锅炉检验报告书。

额定蒸汽压力小于 0.1MPa（1kgf/cm²）的蒸汽锅炉和额定供热量小于 0.06MW（5×10⁴kcal/h）的热水锅炉在登记时，只需交验制造厂质量证明书或检验报告。

锅炉经重大修理或改造后、使用单位须携带《锅炉登记证》和修理或改造部分的图纸及施工质量检验报告等资料，到原登记发证机构办理备案或变更手续。

锅炉拆迁过户或报废时，原使用单位应向原登记发证机构交回《锅炉使用登记证》、办理注销手续。拆迁过户时，锅炉的全部安全技术资料应随锅炉转至接收单位，接收单位应重新办理锅炉登记手续；因不能保证安全运行而报废的锅炉，严禁再作承压锅炉使用。

2. 司炉工人的培训、考核

司炉工人安全技术培训考核工作，是确保锅炉安全运行的重要措施，应按照劳动人事部 1986 年 2 月 7 日公布的《锅炉司炉工人安全技术考核管理办法》严格执行。

（1）司炉工人应具备的条件

1）年满 18 周岁，身体健康，视力、听觉正常。一遵守纪律、热爱本职工作。应具有初中以上文化程度。

2）具有蒸汽、压力、温度、水质、燃料燃烧、通风、传热等方面的基本知识，并对所操作的锅炉，应知、应会下列技能：

① 所操作锅炉的构造和性能，并能在运行中保持规定的压力、水位、温度、蒸发量

和燃料消耗。

② 锅炉房内的管道系统，阀门的分布位置和在运行时阀门的开启、关闭状况，并能正确操作。

③ 锅炉生火、升压、运行、调整、压火和停炉的操作和检查。

④ 水垢、烟灰、结焦等对锅炉的危害及防治方法。

⑤ 安全阀的作用、构造、简单的工作原理，及日常试验和检查。

⑥ 水位表、压力表的作用、构造、简单工作原理及检查、校对和冲洗。

⑦ 排污阀、给水设备、通风设备、水位警报器和自动控制仪表的作用、构造和简单工作原理，及操作和排除故障。

⑧ 锅炉给水、锅水标准及水处理方法。

⑨ 锅炉的维护保养基本知识。

⑩ 锅炉常见事故的类别、发生原因、预防和处理方法。

（2）司炉工人培训、考试

1）使用锅炉的单位必须对操作人员进行技术培训和考试工作。司炉工必须经过考试合格，取得当地锅炉压力容器安全监察机构颁发的"司炉操作证"后，才准独立操作。

2）司炉工的考试分为理论考试和实际考试两部分。应由当地锅炉压力容器安全监察机构统一组织。有条件的使用单位或其主管部门，经当地锅炉压力容器安全监察机构批准后，可自行组织考试，但试题、合格标准和考试成绩须报当地锅炉压力容器安全监察机构审核。

3）司炉工人考试前的理论和实际操作培训，应由本单位、主管单位或委托其他单位进行。培训时间、拟领取1、2、3类操作证者应不少于六个月，拟领取4类操作证者不少于三个月。锅炉操作人员分为Ⅰ、Ⅱ、Ⅲ级，其工作范围如下：

① Ⅰ级，额定工作压力小于或者等于0.4MPa且额定蒸发量小于或者等于0.5t/h的蒸汽锅炉，以及额定功率小于或者等于0.7MW的热水锅炉、有机热载体锅炉等；

② Ⅱ级，额定工作压力小于3.8MPa的蒸汽锅炉，以及热水锅炉、有机热载体锅炉；

③ Ⅲ级，额定工作压力大于或者等于3.8MPa的蒸汽锅炉。

注1：Ⅲ级锅炉操作人员可以从事Ⅱ、Ⅰ级锅炉操作人员的工作，Ⅱ级锅炉操作人员可以从事Ⅰ级锅炉操作人员的工作。

注2：对于申请单一炉型（如有机热载体锅炉、立式手烧炉、余热锅炉、油田注气炉等）的锅炉操作人员，其考核内容可以有所侧重，并且在其《特种设备作业人员证》上限定操作的炉型范围。

注3：对特种设备作业人员，可以在特种设备作业人员证书中的资格项目中注明其级别，表述为Ⅲ级（高级）、Ⅱ级（中级）、Ⅰ级（初级）。

4）对取得操作证的司炉工人，只允许操作不高于标准类别的锅炉。低类别司炉工人如需操作高类别锅炉时，应经过重新培训和考试，取得高类别的司炉操作证才允许操作。

5）对取得操作证的司炉工人，一般每四年由发证机关或其指定的单位组织进行一次复审，复审结果由负责复审的单位记入司炉操作证复审栏内。连续从事司炉工作而无事故的司炉工人经原发证机关同意后可以免于复审。

6）使用锅炉的单位应加强对司炉工人的思想教育和文化技术教育，改善司炉工人的劳动条件，保持司炉工人队伍的相对稳定，不要随意调动司炉工人的工作。

（3）司炉工的职责

1）切实执行《锅炉安全技术监察规程》TSG G0001—2012和本单位的岗位责任制为中心的各项规章制度，精心操作，确保锅炉安全、经济运行。

2）锅炉运行中，若发现锅炉有异常现象危及安全时，应采取紧急停炉措施并及时报告单位负责人。

3）对任何有害锅炉安全运行的违章指挥，应拒绝执行。

4）司炉工人应努力学习业务知识，不断提高操作水平。

3. 水质技术管理

为了延长锅炉使用寿命，节约燃料，保证蒸汽品质，防止由于水垢、水渣、腐蚀而引起锅炉部件损坏或发生事故，使用锅炉的单位必须做好水质技术管理。

锅炉管理人员应按照《工业锅炉水质》GB/T 1576—2008，坚持因地、因炉、因水制宜的原则，采取正确的锅内和锅外水处理。

使用锅炉的单位应根据锅炉的数量和水质管理的要求，配备专职或兼职的水质化验人员。并坚持每班化验水质，做好记录、做好水处理设备的维护保养，以确保水质符合国家标准。

化验人员应与司炉工加强联系，司炉工人也应随时掌握水质，并根据锅水变化情况，做好排污工作。

4. 锅炉房的有关管理制度

锅炉房均需有一整套的适用于本单位的规章制度。缺乏科学管理，无章可循或有章不循，必然会导致锅炉事故的发生。

锅炉房各项规章制度，应由锅炉房负责人、技术人员和有实践经验的司炉工人共同制定。规章制度要切实、易记、并应根据实际情况逐步修改，尽量完善。各项规章制度一经制订要坚决贯彻到实际中去。主管部门应经常督促、检查各项规章制度的落实情况，对执行得好的司炉工应予表扬，违反的应批评教育，以维护规章制度的严肃性，确保锅炉安全经济运行。

规章制度一般有下列几种，供参考。

（1）岗位责任制

1）在岗操作人员，应认真执行岗位责任制，严格劳动纪律不得擅自离开岗位，不得做与岗位无关的事。

2）按时对设备进行检查，发现异常情况及时处理，发现重大隐患及时向上级报告，并作好本班的运行记录。

3）遵守操作规程，根据锅炉、用户的负荷变化随时调整负荷，保证用户热能的需要和设备的安全。

4）保持设备和场地的清洁，保管好锅炉房内的工具。

5）配合进行设备事故的调查分析和设备修理后的验收工作。

（2）交接班制

1）接班者必须提前到岗接班。

2）接班者必须对交班者的运行记录进行查阅，并对锅炉设备进行全面的检查。

3）在交班前发生事故，应先处理好事故后再进行交班，接班者应主动了解事故情况，积极协助交班者处理事故。

4）交班者在交班前应对设备进行全面检查。

5）交班者在交班前应做好场地、设备、工具的清洁整理工作。

6）交班者在交班时，必须保证锅炉水位、汽压正常。

7）交接者要将当班设备运行情况详细填写运行日志，并要向接班者仔细交代清楚。

8）交班者未完成的工作，在交接班时要向接班者交代清楚。

9）交接班完成后，双方班长应在运行日志上签字。

（3）安全操作制

1）严格遵守锅炉安全操作规程，密切监视水位、压力和燃烧情况，正确调整各种参数。

2）按规定做好锅炉运行的日常工作，定期冲洗水位表、压力表、排污和试验安全阀等。

3）进行巡回检查，检查锅炉人孔、手孔、受压部件以及省煤器、过热器等是否有泄漏、变形等异常现象，检查汽水管道、烟道、风道、给水泵、送风机和引风机等工作状态是否正常。

4）对锅炉发生的一切事故应及时处理并保护现场，积极参加事故分析，吸取事故教训。

5）闲人免进锅炉房，如需进入锅炉房必须履行登记手续，并由单位主管部门领入。

（4）设备维护保养制

1）操作人员应对锅炉，安全附件和辅助设备进行经常的或定期的维护保养，及时检修。

2）每班应对规定的设备油位定期加油一次，防止遗留。

3）对仪表设备应每天进行维护保养，并定期校验，保证其灵敏、可靠。

4）锅炉未经采取措施，不得超负荷运行，锅炉必须按规定进行检修。

5）每班司炉工应对锅炉、辅助设备和场地进行一次清洁工作，做到文明生产。

（5）设备定期检修制度

锅炉设备的定期检修分大、中、小修三类。小修应按需要随时安排。中修每年一次，应包括清除受热面内部的水垢、炉膛、烟道及受热面外侧的烟垢、焦渣，校核安全附件，修理附属设备及电气设备，仪表的检查修理及校验，大修期限应根据检验的情况而定，有许多单位，锅炉运行了几十年，没有发生任何故障，并保持原有设备的性能，这除了运行人员严格执行操作规程和有关维护保养制度外，认真执行锅炉的周期检修，保持高标准的修理质量，是非常重要的一个因素。

锅炉的检修应执行下列工作：

1）锅炉检修前应对锅炉进行一次内外部检查，根据周期检修计划和内外部检查的情况，确定本次锅炉检修计划；

2）根据检修计划，指定专人负责，并组织力量，制定检修分工负责制，以保证检修质量；

3）检修前，要准备好检修工具，材料和配件，对检修人员进行安全教育，学习国家或有关规定要求，研究保证检修质量标准的有效措施。

4）做好检修记录，应把每一次检修的情况（损坏情况和修理方法），记录在蒸汽锅炉技术档案内，以利于日后考查对锅炉设备积累历史情况。

5）锅炉设备检修完毕后，应做好验收工作。

12.6　层燃炉常见事故与处理

12.6.1　锅炉事故分类

1. 锅炉事故定义

（1）锅炉在运行、试运行或试压时，锅炉本体、燃烧室、主烟道或钢架、炉墙等发生损坏，称为锅炉事故。

（2）锅炉在运行中，由于附属设备，如燃烧设备、给水设备、水处理设备、通风设备以及除尘、除渣设备发生故障或损坏，锅炉被迫停止运行的，称为锅炉故障。

（3）锅炉停止运行后，在检修过程中，发现锅炉受压部件有裂纹、变形、渗漏、炉墙塌裂、烟道损坏、钢架变形等损坏时，不作锅炉事故处理。但使用单位应该分析原因，做好改进工作，避免再次发生类似问题。

2. 锅炉事故分类

锅炉事故可分为三类。

（1）锅炉爆炸

锅炉在运行或测试时发生破裂，使锅内压力瞬时降至等于外界大气压力的事故，称为爆炸事故。

锅炉发生爆炸事故时，能够将锅炉或部件抛离原地，所产生的气浪冲击波将摧毁周围建筑物，造成人员伤亡。

（2）锅炉重大事故

锅炉在运行或试运行中，受压元件发生变形、爆管、鼓包、裂纹、渗漏等严重损坏、安全附件损坏、炉膛爆炸、炉墙倒塌、钢架严重变形等，造成被迫停炉修理的事故，称为重大事故。

锅炉发生重大事故后，锅炉被迫停炉大修，给用汽部门往往造成很大的损失。

（3）锅炉一般事故

锅炉在运行中，设备损坏不严重，如安全附件损坏、单侧水位表渗漏、压力表失灵、阀门渗漏、炉排卡住、炉墙裂纹、钢架变形等，称为一般事故。此类事故不必停炉大修，只降压处理后即可恢复正常运行，也可以坚持监视运行。

12.6.2　蒸汽锅炉常见事故与处理

蒸汽锅炉常见事故与处理

表 12-10

事故名称	事故现象	事故原因	处理办法
锅炉超压事故（锅炉在运行中，锅内压力超过最高许可工作压力而危及锅炉安全运行的现象，称为锅炉超压。是锅炉爆炸事故的直接原因。）	1. 汽压急剧上升，超过许可工作压力，压力表指针超过"红线"，安全阀动作后压力仍在上升。 2. 发出超压警报信号，超压连锁保护装置动作使锅炉停止给煤、引风机和送煤。 3. 蒸汽温度升高而高蒸汽流量减少。	1. 用汽单位突然停止用汽，使汽压急剧升高。 2. 锅炉工没有监视压力表，当负荷骤减时没有相应减弱燃烧。 3. 安全阀失灵，阀芯与阀座粘连，不能开启，或安全阀不能排汽减压。 4. 压力表管堵塞或损坏，指针指示不正确，不能反映真实压力。 5. 超压报警失灵，超压保护装置失效。 6. 降压使用的锅炉，如果安全阀口径没有应变化，则排汽能力不足，汽压得不到控制。	1. 迅速减弱燃烧，手动开启安全阀或放空气。 2. 加大给水，加强排污，降低锅水温度，降低锅内压力。 3. 如果安全阀失灵或全部压力表损坏，应紧急停炉，待处理好后再升压运行。 4. 锅炉发生超压时，应采取适当的降压措施，严禁降压速度过快。 5. 锅炉严重超压后，要停炉对锅炉进行内、外部检验，要消除因超压造成的变形、渗漏等，并检修不合格的安全附件。
锅炉缺水事故（锅炉缺水是指锅炉在运行时，锅内水位低于最低安全水位而危及锅炉安全运行的事故。）	1. 水位低于最低安全水位线，或者看不见水位。 2. 虽有水位，但水位不波动，实际是假水位。 3. 高低水位报警器发出低水位报警信号。 4. 过热蒸汽温度急剧上升。 5. 蒸汽流量大于给水流量，但若因锅炉省煤器破裂造成缺水时，则出现相反现象。 6. 严重时可嗅到焦味	1. 锅炉操作工粗心大意，忽视对水位的监视；不能识别假水位，造成判断错误；违反劳动纪律，擅离岗位或打瞌睡。 2. 水位表安装位置不合理或运行中失灵，水连通管堵塞；或冲洗水位表后，汽连通管堵塞未打到正常位置，形成假水位。 3. 用水量增加而给水未加强给水。 4. 给水设备发生故障，给水自动调节器失灵。 5. 给水管路设计不合理，并列运行的锅炉或水源突然中断停止给水，未能及时调整给水。 6. 给水管道被污垢所堵塞或破裂，给水系统相互联系不够，给水管堵漏或忘记关闭的阀门损坏。 7. 排污阀泄漏或忘记关闭，炉管或省煤器管破裂	1. 先校对各水位表所指示的水位，正确判断是否缺水。在无法确定缺水还是满水时，开启水位表放水旋塞，若无锅水流出，表明是缺水事故，否则便是满水事故。 2. 锅炉轻微缺水时，应减少燃料和送风，减弱燃烧，并目缓慢地向锅炉进水，同时要迅速查明缺水的原因；锅炉严重缺水，以及一时无法区分缺水与满水事故时，必须紧急停炉，而绝对不允许向锅炉进水

事故名称	事故现象	事故原因	处理办法
锅炉满水（锅内水位高于最高安全水位而发生危及锅炉安全运行的现象。）	1. 水位高于最高安全水位，或者看不见水位。 2. 高低水位报警器发出高水位警报信号。 3. 过热蒸汽温度明显下降。 4. 给水流量大于蒸汽流量。 5. 严重时蒸汽大量带水，蒸汽管道内发出水击，法兰连接处向外冒汽、满水。	1. 锅炉操作工疏忽大意，水位表安装位置不合理或运行中失灵，汽、水连通管堵塞，形成假水位。 2. 水位表的放水旋塞漏水，水位指示不正确，造成判断和操作错误。 3. 给水自动调节器失灵。 4. 给水阀泄漏或忘记关闭。	1. 先校对各水位表所示的水位，正确判断是否满水。 2. 分清况进行处理。
爆管事故	1. 管子爆破时可听到明显爆破声或喷汽声。 2. 炉膛由负压燃烧变为正压燃烧，并目有烟气和蒸汽从看火门、炉门等处喷出。 3. 给水量不正常地大于蒸汽流量。 4. 尽管加大给水量，但水位仍难于维持且有压降。 5. 排烟温度降低，烟囱冒烟。 6. 炉膛温度降低，甚至灭火。 7. 引风机负荷加大，电流增加。 8. 锅炉底部有水流出，灰渣斗内有湿灰。	1. 锅炉缺水。 2. 水循环不良。 3. 水质不良。 4. 材质不良。 5. 磨损。 6. 热疲劳裂纹穿透性爆管。 7. 异物堵塞	1. 管子破裂泄漏不严重且能保持水位，事故不致扩大时，可以短时间降低负荷维持运行，待备用炉启动后再修理处理。 2. 严重爆管且水位无法维持，必须采取紧急停炉，但引风机不应停止，还应继续给锅炉上水，使事故不致再扩大。 3. 如因锅炉缺水、管壁过热而爆管，应紧急停炉，严禁向锅炉上水。如尽快撤出炉内余火、降低炉膛温度、减少对锅炉过热程度。 4. 如有几台锅炉并列供汽，应将故障锅炉的主烟管与蒸汽母管隔断。
锅炉汽水共腾事故	1. 水位表内水位剧烈波动，甚至看不清水位。 2. 过热蒸汽温度急速下降。 3. 蒸汽管道内发生水冲击，法兰连接处漏汽、漏水。 4. 蒸汽的湿度和含盐量迅速增加	1. 锅水质量不合格，有油污或含盐浓度大。 2. 并炉暖管时开启主汽阀过快，或者开火锅炉的汽压高于蒸汽母管内的汽压，使锅筒内蒸汽大量涌出。 3. 严重超负荷运行。 4. 表面排污装置损坏，定期排污间隔时间过长，排污量过少	1. 减弱燃烧，减少锅炉蒸发量，并关小主汽阀，降低负荷。 2. 完全开启上锅的事故放水和表面排污阀，并按规定要求进行炉下部的定期排污，同时加强给水，保持正常水位。 3. 开启过热器、蒸汽管路和分汽缸门上的疏水阀门。 4. 增加对锅水的分析次数，及时指导排污，降低锅水含盐量。 5. 锅炉不要超负荷运行

12.6.3 热水锅炉常见事故与处理

热水锅炉常见事故与处理　　　　　　　　　　　　　　　　　　　　　表 12-11

事故名称	事故现象	事故原因	处理办法
热水锅炉锅水汽化事故	1. 锅炉出口水温急剧上升，超温报警器发生报警信号。 2. 锅炉和管路发出有节奏的撞击声，管道产生振动。 3. 锅炉压力表指针摆动，压力升高。 4. 安全阀起跳冒汽，膨胀水箱冒汽。	1. 突然停电造成停泵，使循环中断。 2. 司炉人员未经培训，不会操作热水锅炉。 3. 循环回路因误关闭出口阀门、回路阀门等而中断。管路冻结。 4. 热水锅炉或循环回路发生泄漏、恒压装置失效，造成水量不足，压力下降。 5. 热水锅炉的出口温度计和压力表都失灵，司炉人员未及时发现。 6. 锅炉结构设计不合理，局部受热面因水流停滞而汽化。 7. 水管内严重积垢或存有杂物，使水循环遭到破坏。	1. 迅速减弱燃烧，降低炉膛温度。 2. 停电时，启动备用使循环水泵运转。 3. 迅速解列系统，开启泄放阀，向锅炉上自来水使炎面冷却。 4. 若锅炉上的安全附件损坏，应及时进行更换。 5. 当锅水温度急剧上升、出现严重汽化时，应紧急停炉。
热水锅炉采暖系统水击事故	1. 在管道内发生撞击声，同时伴随管道的强烈振动，严重时可听到散热器的爆破声。 2. 压力表指针急剧升高，锅炉压力升高。 3. 热水锅炉循环水泵停止运转，电动机电流为零。	1. 管路里存有气体。 2. 系统循环泵突然停运	1. 减弱燃烧，降低炉膛温度。 2. 打开集气罐及管道上的放气阀。 3. 打开锅炉出口处的泄放管阀门。 4. 在循环水泵的压力管路和吸水管路之间连接一根带有止回阀的旁通管作为泄压管。 5. 如水击严重时，应紧急停炉。
锅炉"跑水"事故	1. 锅炉水位计中的水位逐渐升高。 2. 锅炉顶部开孔处有热水溢出。 3. 系统中上部暖气不热，并伴有哗哗的流水声。	1. 循环水突然停止运行。 2. 回水系统的阻力调节不当	1. 若因停泵造成"跑水"，则应立即关闭回水阀门。 2. 及时调整回水调节阀开启高度。 3. 采用合理的控制系统及理想的采暖系统

285

教学单元 13　循环流化床锅炉运行调试维护

13.1　循环流化床锅炉点火启动与停炉操作

13.1.1　循环流化床锅炉的冷态试验

1. 冷态试验内容

循环流化床锅炉冷态试验是指锅炉设备在安装完毕点火启动前，以及在大、小修或布风板、风帽、送风机等换型或检修后点火启动前，在常温下对燃烧系统，包括送风系统、布风装置、料层和物料循环装置等进行的性能测试，其目的是保证锅炉顺利点火和为热态运行确定合理的运行参数。

循环流化床锅炉冷态试验的内容主要有：

（1）考查各送风机性能，主要是考查风量、风压是否满足锅炉设计运行要求。

（2）检查引、送风机系统（风机、风门、管道等）的严密性。

（3）测定布风板布风均匀性和布风板阻力、料层阻力，检查床内各处流化质量。

（4）测定布风板阻力、料层阻力随风量变化的阻力特性曲线，确定冷态临界风量，用以估算热态运行时的最小风量。

（5）检查物料循环系统的性能和可靠性。

（6）为锅炉正常运行所需的其他试验（如给煤量的测定、煤和物料的筛分试验等）。

为保证冷态试验的顺利进行，在试验前必须做好充分的准备，具备试验所必须的条件。这些条件主要包括：

1）各种测试表计，如风量表、差压计、风室静压表等齐全并完好。

2）足够试验用的炉床底料。底料一般用燃料的冷灰渣料，最好是循环流化床锅炉排出的冷渣，粒度要求比正常运行时燃料的粒度要求要细一些。如果将试验底料作为今后点火启动的床料（譬如床上点火），还应掺加一定量的易燃烟煤粉和脱硫剂石灰石，掺入的燃煤一般不超过床熟料总量的 10%。

3）燃烧室布风板上的风帽安装牢固、高低一致，风帽小孔无堵塞；绝热和保温材料的性能达到设计要求。

4）风室内无杂物，排渣管和放灰管畅通、开闭灵活；等等。总之，要求循环流化床锅炉燃烧设备处于能正常运行的状态。

2. 布风系统冷态特性试验

（1）布风板阻力特性试验

布风板阻力是指无料层时燃烧空气通过布风板的压力损失。要使空气按设计要求通过布风板形成稳定的流化床层，要求布风板具有一定的阻力。但布风板阻力过大，会增加送风机功耗。

试验时，首先关闭所有炉门，并将所有排渣管、放灰管封闭严密；启动引风机、送风机后，逐渐开大风门，平滑地改变送风量，同时调整引风，使炉膛负压表示数为零压。此时，对应于每个送风量，从风室静压计上读出的风室压力即为布风板阻力。每次读数时，记录当时的风量和风室静压值。一般送风量每次增加额定值的 5%～7.5% 记录一次，一直做到最大风量，即上行试验。然后从最大风量逐渐减少，并记录相应的风量和风室静压数值，直到风门全部关闭为止，即下行试验。通过整理上行和下行的两次试验数据，可以得到布风板阻力特性。

（2）布风均匀性试验

布风板的布风均匀性对料层阻力特性以及运行中的流化质量有直接影响。布风均匀是流化床锅炉顺利点火、低负荷时稳定燃烧、防止颗粒分层和床层结焦的必要条件。因此，在布风板阻力特性测定后，测试料层阻力之前，应进行布风均匀性试验。

试验时先在布风板上平整地铺上颗粒粒径为 3mm 以下的灰渣层，铺料厚度约 300～500mm，以能正常流化为准。布风均匀性试验方法有两种：一种是开启引风机、一次送风机，缓慢调节送风门，逐渐加大送风量，直到整个料层处于流化状态，然后突然停止送风，观察料层的平整性。料层平整，说明布风均匀。如果料层表面高低不平，高处表明风量小，低处表明风量大，此时应该停止试验，查明原因及时予以消除；另一种方法是当料层流化起来后，用较长的火耙在床内不断来回耙动。如手感阻力较小且均匀，说明料层流化良好；反之，则布风不均匀或风帽有堵塞，阻力大的地方可能存在"死区"。

（3）料层阻力特性试验

料层阻力是指燃烧空气通过布风板上的料层时的压力损失。对于颗粒堆积密度一定、厚度一定的料层，其床层阻力是一定的。正如所知，当料层厚度固定后，料层温度对料层阻力影响不大，因而可以利用流化床层的这些特性来判断料层的厚度和所要配备的风机压头大小。

在布风均匀性试验后，一般要对三个及以上不同料层厚度 H_0（通常选取 200、300、400、500、600mm 五个厚度）做料层阻力试验。试验从高料层做到低料层，也可以反方向进行。试验用的床料必须干燥，否则会带来很大的试验误差。床料铺好后，将表面平整并量出基准厚度，关好炉门，开始试验。料层阻力特性试验的步骤与方法与布风板阻力特性一样，将风门逐渐加大至全开，又反行至全关。每改变一次风量就测取一组数据，最后将上行和下行数据整理，求出料层阻力。

3. 临界流化风量测定

正如前面所述，床层从固定床状态转变为流态化状态时的空气流速称为临界流化速度（或临界流化风速）u_{mf}，也即所谓的最小流化速度。对应于临界流化速度按布风板通风面积计算的空气流量称为临界流化风量 Q_{mf}。临界流化速度和临界流化风量是循环流化床锅炉运行中的重要参数。通过确定临界流化风量，可以据此估算热态运行时的最低风量，即循环流化床锅炉低负荷运行时的风量下限，因为低于该风量就可能引起结焦。临界流化速度或临界流化风量一般与床料的颗粒度、密度及料层堆积空隙率等有关，至今尚未从理论上找到可靠的计算方法，虽然可以借助于经验公式作近似计算，但更为直观可靠的方法是通过试验来确定。事实上，对于型号不同或型号相同而物料物理性质不同的工业燃煤流化床锅炉，其临界流化速度和临界流化风量也是有差别的。

由于循环流化床锅炉一般使用宽筛分燃料，床层从固定床转变到流化床没有明显的"解锁"现象即压力回落过程，可以利用料层阻力特性的试验结果来确定临界流化风量。应当指出，当床截面和物料颗粒特性一定时，临界流化速度与料层厚度无关，即不同料层厚度下测出的临界流化速度 u_{mf} 应基本相同，试验中如有明显偏差，则需找出原因并解决，以保证测定的准确性。正如前述，燃煤工业流化床锅炉正常运行的流化速度均是大于 u_{mf} 的。一般来说，循环流化床锅炉的冷态空截面气流速度不能低于 0.7m/s。

4. 物料循环系统性能试验

循环流化床锅炉的物料循环系统已在教学单元 4 中述及。该系统主要由循环灰分离器、立管（料腿）、送灰器和下灰管组成，其性能对循环流化床锅炉的效率、负荷调节性能及正常运行有着十分重要的影响。因此，必须通过试验检查物料循环系统的效果和可靠性。

试验方法是，先在燃烧室布风板上铺上厚度为 300～500mm 的床料，床料粒径为 0～3mm，其中粒径为 500μm～1mm 的要占 50% 以上，若粒径过大，床料颗粒在冷态下不易被吹起，会影响试验效果；启动引风机，并将送风机的风量开到最大，运行 10～20min 后停止送风，此时绝大部分物料将扬析，飞出炉膛的物料经分离器分离后，立管中存有一定高度的物料；然后启动送灰器，调节送灰器布风管送风量，通过观察口观察送灰器出料是否畅通。挨个依次开通检查左右送灰器后，再调节送灰器布风管的风压和风量，如发现回料不畅或有堵塞情况，则应查明原因，消除故障；然后，再次启动送灰器继续观察回料情况，直到整个物料循环系统物料回送畅通/可靠为止。

对于不同容量和结构的循环流化床锅炉，回料形式可能有所不同。采用自平衡返料方式时，冷态试验只要观察物料通过送灰器能自行通畅地返回到燃烧室即可；对采用自平衡阀返料的，要注意自平衡阀送风的地点和风量，有必要在自平衡阀送风管上安装转子流量计，通过冷态试验确定最佳送风量，并就地监测送风量。必要时可在锅炉试运行阶段对送风位置再做适当调整，以后在运行初始即开启送灰器，保持确定风量一般不再变动，这样热态运行时可尽量减少烟气回窜，防止在送灰器内结焦。

5. 给煤量的测定

循环流化床锅炉要求给煤机的最小出力应能满足点火启动的需要。另外，给煤口配有播煤风，一方面可使煤迅速地分布到床层上，另一方面还可防止在该区域形成过度还原性气氛。因此，给煤机单台运行时的最小出力应接近于最低流化条件下床温稳定时所需燃煤量。为测定给煤量，需要对给煤机进行标定，即通过试验测定给煤机电机转速与给煤量的关系曲线。

对于目前应用较多的螺旋给煤机，由于配有无级调速电机，控制性较好，可利用称重的方法来进行标定。具体做法是：将煤斗内装满煤以后，启动螺旋给煤机，用一定容积的容器收集煤量，最后称重，同时记下对应于该重量的给煤机电机转速（r/min）。一般从 200r/min 至 1200r/min，每增加 200r/min 测定一次。据此，通过换算可以作出给煤机电机转速（r/min）—给煤量（t/h）关系曲线。使用称重法测定给煤量时，应考虑煤的密度、水分变化带来的误差并进行修正。

13.1.2 循环流化床锅炉的点火启动

1. 点火启动

循环流化床锅炉的点火，是指通过外部热源使最初加入床层上的物料温度提高到并保持在投煤运行所需的最低水平以上，从而实现投煤后的正常稳定运行。点火是锅炉运行的一个重要环节。

流化床锅炉的点火方式一般分为四种：

第一种是由固定床到移动床再到流化床的手动点火方式，多为小型流化床锅炉所采用。这种方法为手动操作，较为简单，无需其他的辅助措施。同时，引燃物较广，木柴、木炭、油或其他可燃的物质，均可用作点火引燃物，这些物品来源广，已获得。同时，手动点火方式较直观，易于实现控制，引燃物消耗较少，点火成本低。为此，有的容量稍大的循环流化床锅炉，如 35、75t/h 循环流化床锅炉都由燃油点火改为手动固定床点火。

第二种是由固定床到流化床的手动点火方式，这种点火方式是采用床料翻滚技术进行加热，当底料达到 500℃ 以上时，直接加风使床料流化。这种方式的优点是操作更简便，操作人员少，不易产生局部高温结焦现象。但是，由于在底料翻滚加热过程中，需要快速地频繁启停一次风机，极易造成风机电动机和电器设施损坏。所以一般不宜采用，但在司炉人员不足的特殊情况下，可偶尔使用，一般正常点火升炉采用的单位不多。该方法适用底料颗粒较粗的点火操作。

第三种是采用流态化燃油自动点火方式。这种方式，是在床上、床下或床上床下均设置有油喷燃器，使床内底料在流化状态下，利用燃油来加热。当底料温度达到新煤着火温度以后，再投入燃煤，逐步退出燃油装置。这种点火方式一般在大型流化床锅炉中设计采用，因为锅炉容量大，床层截面大，投煤和捅火很难达到整个床面，不适宜采用手动点火方式。这种点火方式的优点是：在整个点火加热过程中，床料一直处于流化状态，不易形成局部高温结焦现象。但是，由于在床料加热过程中，床层有大量的空气流过，会带走大量的热量，使燃油消耗量较大，点火成本较高。

第四种是分床点火方法。分床点火适用于大型流化床锅炉床面，设计成点火分床和工作分床点火操作。其工作过程是利用床料的翻滚加热技术将点火分床底料加热到 800℃ 以上，再利用床料转移技术，将点火床的高温底料，通过设置在点火分床与工作分床之间隔墙上的窗口（或阀），逐步转移到工作分床，最终达到建立起整个燃烧室热态流化床。其中第三种采用流态化燃油自动点火方式是循环流化床锅炉经常采用的一种点火方式。

2. 底料流态化燃烧加热点火操作

此种点火操作方法，是在底料处于流化状态下，启动燃油喷燃装置对底料加热的一种升炉方法，一般在大型流化床锅炉上采用。根据喷燃装置的设置位置，又分为床上加热，床下加热，或床上、床下混合加热等方式。但其点火升炉的原理及操作基本相同。

（1）点火前的准备：

1）启动引、送风机，对炉内进行通风和置换。通风时间不少于 5min，其目的是通过通风将炉膛及烟道内的废气，尤其是 CO 可燃气体排出炉外，置换成新鲜空气，以免在投入喷燃器时发生可燃气体爆炸。同时，又检查和调试了送、引风机及风门装置。

2）启动油泵，检查油箱油位及油压。

3）试验喷燃器点火装置，检查其是否能自动点火，或油枪点火。检查喷燃器或油枪能否顺利投入和退出。

4）向炉内投入升炉底料。

（2）启动引、送风机，调整风门开度，使底料在冷态临界流化风量下成流化状态，维持炉内微负压。

（3）投入喷燃器，调节火炬，尽量能均匀覆盖整个床面，利用燃油温度来加热底料。注意监视喷燃器的燃烧及油压。如果喷燃器点火失败，不能立即重复点火，以免发生燃油爆燃事故。这时，应在引、送风机运行的状态下，间隔至少 5min，才允许重新点火。对于采用床下点火的，应控制燃烧的温度不超过 900℃，以免烧坏风帽。

（4）当底料温度升至 600℃ 以上时，才能投入给煤。燃用无烟煤时，炉温应达到 800℃ 以上，才宜投入给煤。

（5）当新煤着火以后，随着炉温的升高，逐步退出喷燃器，完全由给煤来维持燃烧温度。如果退出喷燃器后，炉温下降应重新投入喷燃器，提升床温，并注意减小给煤量。同时，应注意检查底料的流化风量是否正常。如果底料颗粒过粗，密度较大，流化风量过低，靠近风帽处的粗颗粒流化质量欠佳，给煤后，粗颗粒沉于床层底部，沸不起来，未能正常燃烧，只有一部分细颗粒沸在床层上部燃烧，这样，虽然给煤量较大，但实际参加燃烧的燃料量不大，燃烧放出的热量不多，当退出喷燃器后，床温将逐步下降。这时，应注意适当增加一次风量，改善流化质量，使粗颗粒燃料也能沸起，参加正常燃烧。当燃烧温度已经能控制在 900℃ 左右，喷燃器已全部退出时，即可投入循环燃烧系统和二次风。

（6）由于锅炉刚点火升炉，炉墙温度不高，在升炉过程中，对炉墙的加热，需要吸收大量的热量。这时，底料亦不厚，升炉时一般只有 300mm 左右，床层蓄热量较小，在投入循环灰时，大量的冷灰涌入床内，会吸收大量的热量，使炉温会降低。这时，应根据炉温降低情况，来调整返料量，当炉温较低时，低于 800℃ 时，应停止返料，可向炉外排放，待炉温回升时，再投入。如果炉温低于 700℃ 时，可重新投入喷燃器，提升床温。

（7）投入二次风时，同样应注意炉温的变化，如果炉温下降较快时，应及时停止二次风待炉温回升以后再重新投入。

（8）在投入脱硫剂时，也应注意床温的变化。因为脱硫剂在炉内只存在化学反应，控制 SO_2 的生成，本身并不燃烧放热，相反还要吸收大量的热量，在投入时，应逐步增加，以免引起床温大幅度波动。

（9）当炉内燃烧已经正常，循环灰、二次风、脱硫剂都已投入，床温已经稳定在 900℃ 左右，且排渣、排灰畅通时，即可将燃烧的调节控制由手动转为自动控制，点火阶段告以结束，升炉进入升压阶段。

13.2　循环流化床锅炉运行调整

13.2.1　锅炉运行负荷调节与控制

1. 床温的调节与控制

流化床锅炉的燃烧比层烧炉和煤粉炉要复杂，影响的因素也较多，尤其是循环流化床锅炉，除了燃烧室的流态化燃烧过程外，还有细灰的循环燃烧过程，因此，流化床锅炉的燃烧，较其他炉型难于控制。一般循环流化床锅炉的燃烧是通过对流化床密相区温度的控制来实现的。

（1）床温的控制

正常运行时，流化床温度一般控制在850℃～950℃之间，最高不超过1000℃，最低不低于800℃。流化床锅炉一般设置有沸下、沸中、沸上、炉膛出口及返料器等多个炉温测点，主要监控温度是沸下，即流化床密相区的燃烧温度。

一般煤中灰分的变形温度在1200℃左右，为了防止燃烧超温结焦，床温一般不超过1000℃，根据有关实验数据，燃烧脱硫的最佳温度在900℃左右，同时，该炉温下燃烧产生的NO_x化物气体也最少，因此，床温一般控制在850℃～950℃之间。为了防止高温分离器金属材料的变形损坏，炉膛出口温度也不宜超过900℃。

（2）影响床温的因素

影响燃烧的因素主要有给煤量、一次风量、二次风量、料层厚度、循环灰浓度、脱硫剂的给料量，给水流量及蒸汽流量等。锅炉正常运行时，供汽量稳定，如果风量不变，给煤量减少，炉温降低。给煤量不变，风量增加，炉温亦下降。当给煤及风量稳定，冷料增多，料层增厚时，炉温下降，循环灰浓度增大，返料量增大，从流化床带出的热量增多，炉温下降。供给的脱硫剂量增大，吸热量增大，炉温下降。蒸发量增大，给水量加大，传热量大，炉温下降。

（3）风煤比的调节

对流化床温度的控制，主要是通过调节风煤比来实现。当风与煤的配比适当时，可获得较稳定的燃烧温度。当风量不变、炉温下降，说明给煤量偏小，或是煤质变差，可燃物含量减少，这时应加大给煤量，直至炉温回升和稳定在控制范围。如果供汽负荷增加，蒸汽流量增大，吸热量增多时，应达到稳定的热平衡关系，增大放热量，加强燃烧，这时在加大给煤量时，应同时加大送风量，使风和煤的配比，达到新的平衡。相反，当供汽负荷减小时，吸热量少，放热量大于吸热量，床层有多余的热量，炉温会升高，这时应适当减小给煤量，同时减小送风量，减弱燃烧，降低炉温。

（4）床温的调节方法

1）前期调节法

在炉温可能下降，如蒸汽流量、给水流量增加，但炉温尚未显示下降时，提前加大给煤量和送风量，使风和煤达到新的配比关系，加强燃烧，建立新的热平衡关系，使炉温相对稳定。这种调节方法需要打提前量。如生产车间增加用汽量，蒸汽流量最先反映出锅炉运行工况的变化，司炉可根据蒸汽流量的变化，预见燃烧工况的必然变化，进行提前调节。又如燃烧的变化，当给煤量较少，参加燃烧的可燃物相应减少，而可燃物中，挥发物的燃烧，比固定碳的燃烧反应要快得多。而挥发物主要集中于流化床上部燃烧反应。那么布置在流化床上部的温度测点应最早反映出床内燃烧工况的变化。一般使用烟煤的流化床锅炉，沸上温度应比沸下较早反映出炉温的变化。这样，在正常运行时的炉温调节控制中，选择一个较灵敏、最早反映炉温变化的温度监控仪表来作为调节的参照表，提前调节风和煤的配比，使燃烧相对稳定，炉温的波动幅度较小。

2）短期大量追加给煤调节法

该方法多使用于锅炉发生断煤故障，以及在升炉点火过程对给煤量不掌握的情况下。当锅炉正常运行中突然发生断煤故障时，为了避免发生床温大幅度的下降，在不掌握断煤量的情况下，在短期内将给煤量从断煤前的给煤量加大到1倍甚至几倍，然后又恢复到断煤前的给煤量。时间一次为几秒钟，可反复几次追加，直到床温回升时为止。如果床温回升到原来的正常温度，仍继续上升，说明追煤过量，这时可采取相反的方法，短期内大幅减少给煤量。使床温逐渐趋于稳定。

该方法，在对给煤量心中没有底时，可防止因给煤过多，一旦恢复正常燃烧时控制不住炉温，而导致超温结焦。

3）择中调节法

此方法适用于床温不稳时，尽快找到最佳给煤量，以稳定床温。当床温下降时，假定将给煤机转速从床温下降前的 100r/min，加大到 140r/min；此时，因加煤量过大，床温会逐渐回升，当床温回升超过下降时的温度值时，可将转速从 140r/min 减小到 120r/min；当床温回升减煤后又再次下降时，说明给煤量仍过小，此时可再将转速从 120r/min 增至 130r/min。如温度再次回升时，又可将给煤量减至 125r/min。如此取 140 与 100，120 与 130 的平均值，即中间值选择调整，使给煤量逐步与最佳风煤配比值重合，使床温趋于稳定，燃烧稳定。

（5）床温的自动控制

对于小型工业流化床锅炉，大部分对床温的控制均采用手动，容量稍大的电站流化床锅炉才设计有床温与给煤的串级调节系统。即给煤调节器根据热电偶测定的床温变化信号来调节给煤量，从而达到对床温的自动控制。对于大容量的电站循环流化床锅炉，床温的控制除了与给煤量串级外，还与一次风、二次风、播煤风、床底灰冷却器流化风组成互为函数关系的自动控制系统。

2. 风量的调节与控制

流化床锅炉在正常运行时，运行风量的控制，一般为每吨蒸汽 1000m³/h，如果供热负荷稳定的话，风量一般较稳定，很少调节，一般都是通过对给煤量、床料厚度和循环灰浓度的调节来控制床温和燃烧。对风量的调节，一般多用于点火升炉，变负荷运行及异常情况下。如点火时，需要调节风量建立正常的流化工况；当增加供汽负荷时，需要加强燃烧，建立新的风煤配比关系，需要增加风量；当床温在断煤大幅度降低时，为了减少一次风从床内带出的热量，稳定床温，需要大幅度减少风量等。风量是流化床锅炉正常运行的一个关键参数，运行中应严密监控和调整，以确保锅炉安全稳定运行。

（1）一次风的调节与控制

流化床锅炉的一次风的作用，主要是建立密相区的正常流化质量和供给较大颗粒燃料的燃烧空气量。同时一次风的调节使用，还影响着密相区、稀相区的燃烧份额比率，以及循环灰浓度等。

锅炉正常运行时，风量应稳定在正常的流化风量，对于不同厚度的床料，流化风量值也不一样，一般在升炉前的冷态试验确定，锅炉运行时以冷态试验时的数值对照调整。由于冷态时的床料密度大，需要的流化风量也较大，热态时可以适当进行修正。修正办法是在冷态试验时的临界风量和最大运行风量之间选择最佳值。在负荷不变的情况下，稳定床料厚度，调小一次风量，如果给煤量不变，床温升高，说明原来的一次风量过大，在减小的一次风量下运行，要稳定床温不变，则可以减少给煤量，取得较经济的运行效果。如床料厚度不变，增大一次风量，床温相应升高，而给煤量不增加，则说明原来运行风量过低，密相区呈贫氧运行。这时，虽然不增加给煤量，仍可提高床温，增加传热，提高蒸发量，多带负荷，提高锅炉的热效率。

运行中，一次风量不能过大。如运行风量过大，虽然能保证一定的床料流化质量，但过量的空气会增加锅炉排烟热损失，降低锅炉热效率。同时，流化风量过大，风量过高，会增大流化床密相区细颗粒的带出率，改变循环流化床锅炉密相区和稀相区之间的燃烧份额比率。对于沸腾炉，过大的流化风速，会增大飞灰量和飞灰含碳量，对运行极为不利。

一次风量在锅炉异常情况下，也不能低于冷态临界风量，如点火初期的低风量、薄料层运行阶段。尤其是对于燃料粒度较粗的锅炉，由于风量太低，很容易形成给煤口粗颗粒堆积，导致局部流化质量不良而结焦停炉事故。对于燃用无烟煤的锅炉，由于升炉初期运行风量过低，颗粒又较粗，流化质量较差，新煤着火温度又较低，很容易形成大量追煤后局部堆积超温结焦。在故障情况下，一次风量的调节，也应注意流化风量不宜低于临界风量。锅炉正常运行时，静止床料较厚，其临界流化风量亦较高，在发生断煤床温大幅度降低的故障处理时，流化风量一定要高于对应床料厚度的临界风量，不能按升炉时底料厚度的临界风量来作依据操作。在减风提升床温时，应注意最低运行风量应高于事故时床料厚度的临界风量。尤其是在低温压火闷炉后的再启动，由于闷炉时间过短，床料平均温度尚很低。再启动时，一次风量因温度上升慢，加风也较慢，底部床料长时间处在未流化状态下闷烧，很容易形成底部结有一层高温焦。遇有这种情况时，闷炉后，应打开炉门检查底料温度，床温不回升或回升不够，不要随意再启动。如床料过厚，应适当放薄后再启动，这样，启动时，由于床料减薄，流化风量较低，有利于低温、低流化风量再启动，使锅炉尽快恢复正常运行。

（2）二次风的调节与控制

沸腾炉设计有飞灰燃尽装置，如细灰回燃、副床燃烧室等，一般也采用二次风。但由于沸腾炉的细灰量相应较少，只是整个燃料份额的 15% 左右，所以沸腾炉的二次风量也较少，只是总风量的 10%～15%。循环流化床锅炉二次风量的比率则较大，一般为 40%～60%。而且，对二次风的调节，影响到锅炉的燃烧效率和设计出力。

循环流化床锅炉的二次风是从流化床密相区的出口处送入的，主要满足燃料的完全燃烧所需要的空气量。循环流化床锅炉一般设计为流化床密相区的贫氧燃烧，即 CO 含量较大。而在稀相区为富氧燃烧区，炉膛出口烟道烟气中氧含量的高低，表明二次风的调节是否合理。一般烟气中的氧含量为 6%～10% 较为合适，二次风量较低，氧含量较低；二次风量高，氧含量较高。同时，二次风又是床上部细颗粒燃料燃烧的空气量。如果一次风量不足，床层上部的燃烧温度较低；二次风量适当，床上细颗粒燃烧较正常，温度也较高。这样，炉膛出口及分离器的温度都较高，床层上部燃烧增强，传热加强，蒸发也加快，对汽温、汽压也相应有较大影响。因此，没有设置烟气分析仪的小型循环流化床锅炉，可以通过观察床层上部炉温的变化、返料温度的变化以及过热汽温、汽压的变化来调节二次风量，判断二次风量调节的合理程度。

在变负荷运行中，当增加供汽量、增加一次风加大给煤强化燃烧时，应按比例增加二次风量，以建立新的一次风和二次风的燃烧比率关系。当降负荷时，减小一次风量，同样应注意按比例减小二次风量。在故障情况下，可以完全停止二次风的供给。如床温大幅度下降，在减小一次风量时，应相应减小二次风量，当一次风量减到最低运行风量时，床温低于 800℃时，二次风量可以完全关闭，减少空气从床内带走大量热量，以利床温的回升。当床温回升时，一般床温达到 800℃以上时，方可启动二次风机，恢复二次风的输送。

（3）播煤风、返料流化风、冷渣器流化风的调节

锅炉正常运行时，播煤风、返料风、流化风等约是燃烧总风量的5％左右。虽然对燃烧的影响不是很大，但如果调节控制得当，对燃烧有利，同时，也有利于运行故障的处理。

播煤风是在投入燃料、石灰石脱硫剂时，起风力播散作用的。燃料、石灰石脱硫剂投入时，播煤风也相应投入。大型循环流化床锅炉的播煤风，一般都设计有单独的控制回路。正常运行时，一般不调节，在异常时，如床温降低、断煤等，应注意停止播煤风。恢复正常时，再重新投入播煤风。

返料风是循环灰的输送动力。小型工业循环流化床锅炉，其返料风由一次风分出。大型锅炉，一般都设计有单独的风机和控制回路。在锅炉点火时，当流化床建立了正常的流化燃烧工况时，即可投入返料风向床层返料。一般返料风的压力，不能大于分离器立管料腿的压力，否则，易在分离器形成返料风向分离器返窜，影响分离效果。在投入返料风时应注意查看返料情况，不宜开得过大。正常运行时，一般不作调节。但在异常情况下，如床温大幅降低时，应及时关闭返料风，停止返料，以提升床温。因为，不少锅炉运行时，一般返料温度比床温较低，同时，循环灰的温度、也随着床温的降低而降低。当床温大幅度降低时，如不及时停止返料，循环灰进入流化床密相区将吸收热量，使床温更低。所以，一般当床温降低到800℃以下时，应及时关闭返料风，停止返料。当床温回升时，一般在900℃左右，再投入返料风进行返料。

大容量的循环流化床锅炉一般都设计使用冷渣器，冷渣器的流化风及其携带的细灰颗粒，回收到燃烧室密相区的上部。在投入冷渣器运行时，同时投入了流化风。在锅炉异常运行时，同样应注意及时停止冷渣器流化风的输送。

（4）风量的自动控制

一般小型流化床锅炉风量的调整多根据风量表、风压表以及风机电流表手动控制。大型循环流化床锅炉，一般多设计为床温—风量自动控制系统，根据床温的变化来调节风量及一、二次风的比例。

3. 床料厚度、循环灰浓度的调节与控制

锅炉正常运行时，床料的厚度及灰浓度，对燃烧及传热产生较大影响，是一个应当严格控制，且调整较多的参数。床料变厚，传热量增大，传热增强，蒸发量加大。但同时因床料增厚，冷渣量变大，冷渣吸热量也相应增大，会影响床温和燃烧。床料在运行中，随着燃烧反应的不断进行，以及供热负荷的变化，应作相应的调节。循环灰浓度大，稀相区燃烧增强传热量增大，锅炉出力也相应增大。但随着灰浓度的增大，说明掺入循环的冷灰（即不可燃的细灰）量增大，其要吸收的热量也增大。过量的循环灰，会影响床温，影响燃烧。随着循环燃烧过程的进行和锅炉供热负荷的变化，对循环灰浓度也应进行相应的调整。

（1）料层厚度的调节与控制

沸腾炉由于床面较大，流化风速较低，所以，其料层厚度控制也较低。一般沸腾炉正常运行时，床料厚度按风室静压控制在4000～6000Pa之间。床料过厚，阻力增大，流化风量降低，沸腾质量将会变得恶劣。同时，冷渣量大，吸热量增多，床温降低。这时要想

恢复正常燃烧，必须加大一次风量，改善流化质量，同时应加大给煤量，满足冷渣吸热的需要。这将增加燃料消耗，降低了锅炉热效率。并且还会增加风机电耗，提高运行费用，最好是采取排放冷渣，减小通风阻力，使风量自行恢复，达到改善流化质量的目的。同时减少了冷灰量、减少吸热量，床温在不增加给煤的情况下得以恢复提升，从而获得较经济的调节效果。但床料不宜过薄，床料薄，蓄热量小，埋管浸泡面积小，传热量少，蒸发量小，使锅炉出力降低，带不起负荷。同时，床料薄，蓄热量小，经受不起异常情况的冲击。如煤质变化，给煤量过大等，很容易使床料超温结焦。再则，床料薄，床层密度小，当流化风量过大时，也易形成局部穿孔，破坏流化质量的事故。所以，一般沸腾炉在正常运行时，当供热负荷稳定时，一般稳定流化风量和给煤量，通过定期或连续排放冷渣和溢流渣的办法，来调整燃烧和传热。

循环流化床锅炉由于床层面积小，流化风速高，其床料厚度视锅炉容量大小及一次风压头的高低，一般可控制在 $6000\sim14000\text{Pa}$。床料的形成，一是依靠点火升炉时预先在炉内投入一定厚度的底料；二是在正常运行时，由燃料和脱硫剂的灰分共同组成床料。

运行中，床料的变化主要决定于燃料的特性。煤质好，发热量高，灰分小，燃烧后形成的灰渣也就少；煤质差，发热量低，灰多，燃烧后形成的灰渣也就多。如果煤的颗粒度小，成粉状，再加上灰的碎裂性好，煤在燃烧的过程中不断热碎形成细灰，增加了分离器的工作难度，易随烟气带走，床料也很难形成。一般燃用较好的无烟煤灰渣少，燃用含有大量煤矸石的劣质烟煤灰渣特别多。流化床锅炉一般 $2\sim3\text{h}$ 排放一次冷渣较为正常。如果燃用颗粒较细的燃料时，床料很难形成，不但长时间不需要排渣，甚至床料还会减薄，使流化床密相区的颗粒变粗，使流化质量变劣，如不及时补充床料，将会导致分层、穿孔和局部高温结焦事故。

床料厚度的调节，主要依据燃烧工况的变化，即床温的变化和蒸汽负荷的变化来调节。当负荷不变时，床料增厚，床温下降，可适当放渣，减少冷渣的吸热量来提升床温。当蒸汽负荷增大时，吸热量增大，床温下降，这时应加大给煤量，同时应加大送风量，建立新的风煤配比关系。由于燃料量的增加，灰量增加，床料量增加，一、二次风量增加，流化风也加大，床料厚度增大。这时，由于埋管浸泡面积增大，传热量加大，满足了增负荷的要求。当负荷减小时，可减小流化风量，减小给煤量，降低床料厚度，减弱传热来适应减负荷的变化。

沸腾炉一般通过排放流化床底部冷渣和沸腾界面的溢流渣来调整料层厚度。由于排放溢流渣的方式，不但要带走大量的物理热，同时对溢流渣的可燃物含量很难控制，而且还要增加大量的漏风，所以有的沸腾炉设计中已完全取消了溢流口。对于溢流渣量的调整，可以在溢流口下沿摆放砖块来改变溢流口的高度来控制溢流渣的排放量。冷渣的排放，一般都采用断续全开冷渣门的排放法。这样可以达到流化床底部粗颗粒的最佳排放要求。因为突然全开渣门，渣管口处压力突然减小，会产生一定的虹吸力，将底部的粗颗粒往渣管口吸，从而达到尽量排放粗渣的效果。但排放时排渣量大，带走的热量也多，同时容易将沉积在底部来不及完全燃烧的粗颗粒燃料随冷渣排出炉外。小型流化床锅炉最好采用机械或人工自动连续排渣方法。如水冲渣，通过调节冲渣水量来实现对冷渣量的排放调节。这种排渣方式较为简单易行，排渣时，渣门全开，渣管靠冷渣来自密封，即渣管内充满了冷渣，靠冲渣水的冲动力来实现渣管内的冷渣逐步缓慢往外流动。这样，带走的热量少，炉内的流化燃烧工况也较稳定。但应防止冲渣水量的变化而发生冲渣事故，使床料放薄而死炉。

大型循环流化床锅炉的排渣，一般都使用选择性冷渣器，对冷渣的排放实施自动控制，排渣的信号指令，来自床温和床高。冷渣器内布置有受热面，充分利用了灰渣物理热。同时，对排出的细灰、可燃物及脱硫剂，用流化风返回流化床循环使用。

（2）循环灰浓度的调节与控制

循环灰浓度，是指循环流化床锅炉稀相区的物料量，灰浓度高，说明循环物料量大，循环倍率高。灰浓度低，则循环物料量少，循环倍率低。循环流化床锅炉运行时灰浓度的高低，一般用炉膛出口的烟气压差值来表示。灰浓度大，烟气的阻力大，测定的压差值则越小。正常运行时，循环流化床锅炉炉膛出口压差值一般在200～400Pa。

灰浓度高，说明流化风速大，稀相区的燃烧份额多，放热量大，同时，物料多，从密相区带出的热量多，放热量大；流化风速大，冲刷速度快，细颗粒密度大，碰撞剧烈，传热快。所以，灰浓度高，能起到强化稀相区传热的效果。灰浓度的大小，具有较强的蒸发负荷调节功能，这也是循环流化床锅炉优于粉煤炉的地方。循环流化床锅炉变负荷运行的能力较强，它可以在高负荷时，采取高床料、高循环灰浓度的运行方式，在低负荷时，可采取低床料、低灰浓度的运行方式。

循环灰浓度的调整，一般采取从返料器放灰管排放细灰的方法。灰浓度高，有利于传热，但同时，大量的循环灰要吸收一定的热量来加热自身，为此，高灰浓度还会降低床温，影响正常的燃烧。当供热负荷一定时，灰浓度增大，床温下降，可排放一定的循环灰来提升床温，恢复正常燃烧。对于使用外置式换热器的，还可以通过调节外置式换热器的灰量，来平衡总的循环灰量。

循环灰量的变化，除了与流化风速和密、稀两相的燃烧份额有关外，还和燃料的性质和脱硫剂的多少有关，燃料的粒度越小，灰的热碎性越强，循环灰量越大，煤质越差，灰分越高，灰量越大。运行中，对灰量的控制应适当，灰量大，阻力大，当流化床阻力大于送风机的压头时，会形成床料塌死、沸不起的现象。如果煤质太好，灰量少，又会形成养不厚床料的现象，这时，可采取补充循环灰，或增加石灰石的办法，维持一定的灰浓度。对于建立有炉外细灰循环系统的大型电站锅炉，可将细灰储备仓的灰补充到炉内。

4. 燃料、粒度燃烧水分及脱硫剂的调整控制

（1）燃料量

燃料量的变化，主要受床温和供热负荷的影响变化。供热负荷增大，蒸发大，吸热量大，床温降低，增大给煤量。供热负荷降低，蒸发量减少，吸热量少，床温上升，则减小给煤量。前面已经讲过，燃料燃烧，需要空气量，增大燃料量，必然应加大风量。如果风量不能再增加时，应控制燃料量的调整，以免产生化学不完全燃烧损失，严重时，还会发生可燃气体爆炸事故。燃烧还受到床温的限制，燃料燃烧需要一定的着火温度，当床温下降到一定温度（视燃料的性质定），烟煤600℃～700℃，无烟煤700℃～800℃时，燃料将难于着火燃烧，这时应停止给煤，大型循环流化床锅炉一般设计有主燃料跳闸控制系统。当床温低于设定温度时，给煤机自动跳闸停机。当床温低到一定程度时，采用手动给煤的锅炉，应注意减小给煤量或停止给煤量，尤其是煤的水分较重时，更应如此。这时，床温过低，再大量追煤，不但不能提升床温，相反还因新煤加热，吸热而降低床温，如追

煤量过大，一旦床温回升，燃料开始着火，床温又很难控制。这样往往易发生先低温、后高温结焦的事故。

（2）燃料的粒度

燃料的粒度，应能适应锅炉燃用。一般沸腾炉控制在 0～8mm 以内；循环流化床锅炉为。0～13mm 以内，并且为宽筛分。粒径过粗，易造成流化质量变差，粗细分层，局部超温结焦死炉。颗粒过粗的原因，一般是煤筛断条，或破碎机锤头磨损，应及时检查消除。一旦炉内进入大量粗颗粒时，会造成放渣困难的现象，这时，千万不能减小风量运行，应采用高流化风速，较薄的床料厚度运行。排放冷渣时，应尽量采取断续全开渣门的手动排渣方式，尽量将粗渣逐步排出炉外。但应注意：床料不宜过薄，过薄易穿孔；排渣时，一次排渣量不宜过多，时间不宜过长；采取一次排渣量应少，勤排渣的运行方式。

（3）燃料的水分

燃料的水分应适中，对于采用皮带负压给煤方式的锅炉，水分可以偏大，可控制在 8%～10%；采用螺旋绞笼给煤的，水分应控制在 5% 以内。水分过量，不但加热吸热量大，而且还会造成绞笼堵料，影响给煤。对于沸腾炉，在采用负压给煤时，适当的水分有利于细粒相互粘结，可减少悬浮段的飞灰量，有助于完全燃烧。根据一些单位的运行经验，床温可以控制在 950℃～1050℃，燃料中的水分在 1000℃ 以上的高温下会分解为氢和氧。氢和氧都是活性气体，有助于燃烧。燃料虽含有一定的水分，只要控制调整得当，对燃烧反而有利。有的电厂还专门在输煤皮带上装有水分调节喷嘴，对水分的调节交接班相当严格。由于燃料水分调得过重，应注意监视给煤卡斗断煤和下煤口堵塞，以防发生断煤熄火事故。

（4）脱硫剂的调整

对于脱硫剂的调整，主要根据给煤量的变化来调整。增加给煤量时，同时增加石灰石量，维持一定的煤和石灰石比例。为了提高脱硫效果，减少脱硫剂的耗量，一般石灰石颗粒应破碎得较小，低于 1mm 以下。颗粒小，面积大，反应时接触面积大，效果好。一般钙、硫比控制在 3∶1 左右。

一般脱硫时有一个最佳燃烧温度范围，其值为 850℃～950℃。对有脱硫要求的锅炉，应控制较好的脱硫燃烧温度。

5. 炉膛负压的调整与控制

流化床锅炉一般都采用平衡通风，其正负压零点多设计在燃烧室流化床密相区的出口处，也有设计在炉膛出口和分离器出口的。零压点布置在炉膛内，有利于给煤、给料装置的布置，否则，炉膛正压值过大，密封困难，锅炉运行时漏灰漏烟严重。

炉膛负压值一般控制在 −10～20Pa，尽量微负压运行。负压值越大。漏风量越大，烟气量相应增大，排烟热损失也越大。漏风量过大，还会降低炉温，影响燃烧。一般不应正压运行，正压运行，炉墙密封性能差时，会有大量烟、灰漏出炉外，既不安全也不卫生，而且还易损坏炉墙。正压运行，还容易形成空气量不足，燃烧不完全，产生过多的一氧化碳气体。当可燃气体浓度达到爆炸极限时，在一定的温度下会发生爆炸事故，造成燃烧设备的损坏，甚至人员的伤亡。一般大型电站循环流化床锅炉都设计有床压保护。

为了控制好炉内适当的负压，除了监视好炉膛负压表外，在调风时，应做到加风时先调引风，后加送风；减风时，先减送风，后减引风。在排灰、放渣时，由于床料减薄，阻力减小，一次风会自行增加，这时，应注意适当调整引风或减小一次风量，维持炉内微负压。除在熄火事故处理、床温过低时，短时间微正压养火以外，其他时间，锅炉严禁正压运行。

13.2.2　锅炉运行负荷调节与控制

为保证循环流化床锅炉正常运行，除风量、风压、床温等多种因素外，更为重要的是要建立稳定可靠的物料循环过程。正如所知，在燃烧过程中，大量循环灰的传质和传热作用，不仅提高了炉膛上部的燃烧份额，而且还将大量热量带到整个炉膛，从而使炉膛上下温度梯度减少，负荷调节范围增大。循环物料主要由燃料中的灰、脱硫剂（石灰石）及外加物料（如炉渣、砂子）等组成。

1. 运行的一般要求

对中、高含硫量的煤，石灰石既作为脱硫剂同时也起着循环物料的作用。锅炉正常运行时，一般要求石灰石颗粒粒径在 $0\sim1mm$ 的范围，粒径太大，脱硫反应不充分，颗粒扬析率也低，不能起到循环物料的作用；颗粒太小，则在床内停留时间太短，脱硫效果也不好。对发热量很高且含硫量很低的烟煤，由于不需加石灰石脱硫，煤中含灰量又很低，仅靠煤自身的灰不足以满足循环物料的需要，则应外加物料作为循环物料损失的补充。为此，循环流化床锅炉应有良好的煤制备系统和循环灰系统。煤制备系统应满足入炉燃煤颗粒粒径为 $0\sim8mm$，其中 $0\sim1mm$ 的应达到 $40\%\sim50\%$ 的要求。这样，燃料中的灰大都成为可参与循环的物料。

对循环灰系统而言，要求在入炉前的适当位置设有一定容积的灰仓，储存一定量合适粒径的物料（一般物料的粒径在 $0\sim3mm$ 的范围，其中粒径为 $500\mu m\sim1mm$ 的要占 50% 以上）。如果燃料发生改变，原煤中含灰量很低时，补充的物料可通过灰仓随原煤一起入炉参与循环燃烧；如果锅炉负荷发生变化，可根据负荷变化情况，通过调整外加灰量随时调整物料循环量以满足正常燃烧的要求。由于点火用所需的灰料可通过灰仓直接向床内给料，大大减轻了人工铺设底料的劳动强度，锅炉容量越大，效果越显著。

循环灰分离器的效率与负荷有关。当负荷降低时，炉膛温度下降，分离器效率会有所降低，飞灰中含碳量会升高。将这部分飞灰通过送灰器再返回炉膛燃烧，可降低飞灰含碳量，提高燃烧效率。

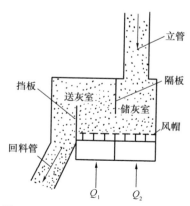

图 13-1　流化密封送灰器（U 型阀）结构示意

2. 飞灰回送装置的运行

目前，在国内外循环流化床锅炉循环灰系统的飞灰回送装置中，广泛采用具有自调节性能的流化密封送灰器（U 型阀），其结构示意如图 13-1 所示。送灰器本体由一块不锈钢板将其分为储灰室和送灰室，其工作用风（也称返料风）的布风系统由风帽、布风板和两个独立的风室组成。风从一次风管引入，由阀门控制。送灰室风量 Q_1 和储灰室风量 Q_2 以及不锈钢板的高度可根据回送灰量的需要分别进行调节。采用这种送灰器时，应先在冷态试验和热态低负荷试运行中调整送风位置和送风量。由于煤的筛分特性和燃料燃烧特性不同，进行这些试验是必要的。循环灰系统投入运行以后，要适当调整送灰器的送灰量。一般在送灰器的立管上安装有一个观察孔，通过该孔上的视镜可清楚地看到橘红色的灰流。调整两个送风阀门就可以方便地控制循环灰量的大小。

如采用具有自平衡性能的 J 型阀，则无须监控料位，缺点是如果立管中灰位高度很高时，再启动比较困难，需较高压头的空气。因此，在热态运行初始就要开启，实行定风量运行，以免立管（料腿）中结焦。

3. 循环灰系统的工作特性

循环灰系统正常投入运行后，送灰器与循环灰分离器相连的立管中应有一定的料柱高度，其作用是：一方面阻止床内的高温烟气反窜进入分离器，破坏正常循环；另一方面由于料柱高度形成的压力差可维持系统的压力平衡。当炉内工况发生变化时，送灰器的输送特性能自行调整：如锅炉负荷增加时，飞灰夹带量增大，分离器的捕灰量增加。此时，若送灰器仍维持原输送量，则料柱高度会上升，压差增大，因而物料输送量自动增加，使之达到平衡；反之，如果锅炉负荷下降，料柱高度随之减小，送灰器的输送量亦自动减小，循环灰系统达到新的平衡。因此，在循环流化床锅炉正常运行中，一般无须调整送灰器的风门开度，但要经常监视送灰器及分离器内的温度状况。同时，还要不定期地从送灰器下灰管排放一部分灰，以减轻尾部受热面的磨损和减少后部除尘器的负担。

也可排放沉积在送灰器底部的粗灰粒以及因磨损而使分离器脱落下来的耐火材料，以避免对送灰器的正常运行造成危害。

13.3　循环流化床锅炉常见事故处理与预防

13.3.1　超温结焦的处理及预防

当流化床锅炉的燃烧温度达到灰的熔点温度时，流化床、返料器、换热器及冷渣器等处就会产生灰渣结焦现象，致使锅炉停止运行。

1. 超温结焦的现象

（1）床温直线上升，高达 1100℃ 以上。

（2）火色发白发亮。

（3）流化风量自行升高，风室压力、床压下降。

（4）返料器、流化床、冷渣器排灰排渣不正常。

（5）循环灰浓度降低，炉膛压差下降，蒸汽压力、流量下降。

2. 超温结焦的原因

（1）风煤比调整不当，给煤量过大。

（2）排灰、排渣操作不当，灰渣短时间内排放过多，床料吸热量减少，床温上升控制不住。

（3）燃料颗粒过粗，流化质量破坏，燃料堆积，形成局部超温。

（4）风帽损坏，灰、渣管破裂，造成风室积灰、积渣、流化风量不足，流化质量恶劣，灰、渣堆积燃烧结焦。

3. 超温结焦的处理

当流化床温度上升较快，有超温的趋势时，应立即停止给煤，大幅度增加一次风量以降低床温。如果给煤自动控制时，应将自动改为手动，床温正常以后再恢复自动。如果负压给煤时，可从下煤口往炉内投入素炉灰以吸热降温；如在风室或风道装有蒸汽降温装置时，可向风室喷射蒸汽，随一次风进入炉内吸热降温；对于设计有独立的脱硫、飞灰再循环系统的大型流化床锅炉，可通过适当增加脱硫剂和投入飞灰再循环来降低床温。当床温稳定以后，应及时停止蒸汽喷射，减小脱硫剂量，停止飞灰再循环，减少一次风量，逐步增大给煤量，恢复正常燃烧。同时应密切注意风室压力、床层压力及炉膛出口差压值的变化，如压力值下降或存在较强烈的波动现象，应考虑床料是否有局部结焦现象，当床温稳定后，压炉检查流化床及返料器，确认无焦，或清除焦块后，再重新投入运行。如床温、床压均正常，应注意适当排灰、排渣，以检查灰渣排放是否正常，如排灰、排渣不正常，也应采取压炉措施检查，是否结焦，并查明排渣排灰不正常的原因。在压炉检查时，应注意检查分离器及返料器返料斜管是否存在结焦和堵塞。切不可在已发现有异常情况时，强行运行，以防扩大事故，增加处理的难度。

4. 超温结焦的预防

（1）锅炉正常运行时，应注意监视仪表参数的变化，调整好燃烧。

（2）对于采用手动排灰、排渣的小型流化床锅炉，应做好联系工作，排灰排渣采取少量勤放的办法，以免造成床温不稳，大幅度变化。排灰、排渣时，表盘操作司炉应注意监视床温及床压、风量的变化，及时调整，稳定燃烧。

（3）运行中，应注意检查和观察燃料及颗粒的变化，采取相应的运行方式和防止颗粒过粗对燃烧的影响。

（4）加强技术培训，提高操作技能和熟练程度；加强司炉工作责任感，精心操作，稳定运行；加强设备管理，及时发现和消除设备缺陷。

13.3.2 低温熄火的处理及预防

当流化床燃烧风煤比不当，给煤量不足，或给煤设备发生故障断煤，床温下降，低于燃烧的正常温度时，会导致熄火事故。

1. 低温熄火的现象

（1）床温降低，火色变灰变暗。

（2）发出断煤报警信号，给煤机停转，给煤电流为零。

（3）汽压、汽温、流量下降。

2. 低温熄火的原因

（1）锅炉供汽量加大，蒸发量加大，吸热量加大，而给煤量没有相应加大，燃烧放热量小于吸热量，炉内热平衡遭到破坏，床温降低。

（2）入炉燃料质量变劣，给煤量没有加大，使燃烧放热量小于吸热量，床温下降。

（3）床料过厚，灰浓度过高，冷渣、冷灰吸热量过大，破坏了炉内热平衡，床温下降。

（4）燃料水分过重，煤斗不下煤，给煤机因煤湿致使绞笼卡死，给煤机停转断煤。

（5）脱硫剂、飞灰再循环给料量过大，吸热过多，致使床温下降。

（6）司炉调整不及时，给煤量过小，或一次风量过大，使床温降低。

3. 低温熄火的处理

当床温下降较快且幅度较大时，应立即检查是否断煤、卡斗，并及时调整给煤量，减小一次风量，直至最小运行风量，但不宜小于相应床料厚度的冷态临界风量。调整炉膛微负压运行。必要时，可关闭返料流化风，停止返料，关闭二次风门，停止输送二次风，停止脱硫剂及飞灰再循环给料。待炉温稳定和回升时，再逐步恢复返料量、二次风及脱硫剂、飞灰再循环。如床温低于800℃以下再继续下降较快时，或观察炉内火色变暗时应停止给煤，停止一次风，压炉闷火，利用炉墙温度加热床料。闷炉时间一般为15min左右。必要时，可打开炉门，查看床料火色，呈红色，可关闭炉门，直接启动，恢复锅炉正常运行。检查时，注意查看下部底料温度，如果床料较厚时，可排放部分底料，也可从炉门处往外扒出床料表面温度较低的一层炉料，再启动锅炉。启动时，注意一次风不宜提升过快，一般启动风机投入给煤时，给煤量不宜过大，注意炉温是否回升，如回升，可逐步增加风量到临界流化风量稳定一段时间，待床温快速回升时，再继续逐步提升一次风，并调整给煤量。在重新启动时，流化风量较低，锅炉又没有带负荷，给煤量只用于提升床温，所以，给煤量应远小于正常运行煤量，以免给煤量过大，一旦床温正常，燃烧正常，床内过量的可燃物大量燃烧放热，床温无法控制，反过来又出现超温现象，这种操作，无经验的司炉工最易发生。但床温恢复到800℃以上，一次风量恢复到正常运行风量时，可控制好床温，逐步投入二次风和返料器。待系统已经正常循环燃烧时，可恢复脱硫剂、飞灰再循环给料，使锅炉完全正常运行。通过压火闷炉以后，如果检查底料温度过低，床料火色不转红，可投入引火烟煤，或投入木炭、木柴重新加热底料，或投入一次风使底料流化，投入喷燃装置加热底料，如同冷态升炉一样重新点火升炉。对于大型流化床锅炉，在床温下降低于600℃时，可采用最低流化风量，投入床喷枪，燃油加热，提升炉温，待床温回升至800℃以上时，再投入给煤，燃烧正常后再退出床喷枪，恢复锅炉正常燃烧。

在处理熄火事故时，应注意床温变化，控制好给煤量，不能追煤过多，不要勉强拖延，果断压炉闷火，床料过厚时，适当排放冷渣冷灰，重新投入返料器时，将冷灰排完后再投入，注意调整炉膛负压。

4. 低温熄火的预防

（1）运行中，应注意检查燃料水分情况，当给煤水分过重时，应注意监视炉前煤斗，防止卡斗，注意下料口，防止堵煤。

（2）小型流化床锅炉应完善给煤断煤信号装置。

（3）司炉工应注意精心操作，监视床温变化，及时调整给煤，维持床温稳定。

13.3.3 返料器结焦、不返料的处理和预防

循环流化床锅炉运行中，返料器结焦不返料，会造成锅炉无法正常运行。

1. 返料器结焦，不返料的现象

（1）返料器温度升高到1000℃以上，或返料器温度低于正常运行温度，并逐步下降。

（2）循环灰浓度降低，即炉膛出口压差值降低。锅炉供汽压力降低，蒸汽流量下降。

（3）返料器放灰不正常，大量流化风带有少量细灰呈喷射状。

（4）风室压力或床压下降，床温升高。

2. 返料器结焦，不返料的原因

（1）主床燃烧不正常，床温过高，引起循环系统温度超高。

（2）排灰、排渣量过大，破坏了炉内循环系统的平衡，致使床温及循环物料温度过高超温。

（3）返料器测温装置损坏，不能准确反映被测物料的温度，出现假象。

（4）返料器流化室内掉有耐火材料，返料器不流化，工作异常。

（5）返料器排灰管破裂漏风、漏灰，造成风室积灰，流化风量不足，不能正常返料，返料器排灰管破裂漏风量大；风室失压，或大量漏风集中从放灰口上窜，破坏了流化质量，不能正常返料。

（6）返料器流化风送风设备、管道、阀门出现故障，不能正常供风，流化而返料不正常。

3. 返料器结焦，不返料的处理

当返料器出现超温、不返料的异常现象时，应调整好主床燃烧，与用汽部门及邻炉取得联系，及时停炉压火，打开返料器检查门进行检查。如结焦，应及时清除，并检查分离器、返料斜管是否结焦并进行清除，同时，分析结焦的原因，防止重复发生。如果主床正常，没有超温，也没有大量排灰，排渣现象，返料器内也无其他杂物，如耐火砖、混凝土块等，应注意检查返料器流化风室及放灰管、返料风的送风系统。如放灰管破裂，应修复；排灰口漏风严重，应用耐火混凝土密实，消除一切影响流化的因素。如返料器内既不结焦，也无其他异常情况，应考虑返料器温度计是否损坏，更换损坏的热电偶或导线。同时应注意检查返料器是否漏风，是否流化风量调整过大，使返料风返窜至分离器，造成分离器分离效果降低，使循环灰浓度下降。

4. 返料器结焦，不返料的预防

（1）点火升炉前，应详细检查返料器、分离器设备，及时消除存在的缺陷，排除运行中掉物，不流化返料现象。

（2）检查时，应重点检查返料器小风帽有无损坏和小眼堵塞现象。检查放灰管是否损坏漏风。检查返料流化风风室、风管是否有灰渣堵塞现象。如有的小型循环流化床锅炉流化风从主床风室引来，常会发生主床风室积灰渣后，致使返料器流化风管被灰渣堵塞，流化风不足的现象。

（3）正常运行中，应尽量避免短期大量连续排放灰渣的现象，应少放勤放。

（4）返料器热电偶应完好，应按要求插到位，以免发生误判断。

参 考 文 献

［1］ 车得福. 锅炉［M］. 西安：西安交通大学出版社，2008.
［2］ 吴味隆. 锅炉及锅炉房设备［M］. 北京：中国建筑工业出版社，2006.
［3］ 李瑞阳. 锅炉水处理原理与设备［M］. 哈尔滨：哈尔滨工业大学出版社，2003.
［4］ 丁桓如. 锅炉水处理初步设计［M］. 北京：中国电力出版社，2010.
［5］ 刘复田. 工业锅炉常用标准规范汇编［M］. 北京：中国标准出版社，2006.
［6］ 吴味隆. 锅炉及锅炉房设备［M］. 北京：中国建筑工业出版社，2006.
［7］ 汤延庆. 锅炉与锅炉房设备施工［M］. 哈尔滨：哈尔滨工业大学出版社，2010.
［8］ 游世安. 系列角管锅炉设计综述［J］. 工业锅炉，2010，（3）：167-173.
［9］ 沈士兴. 我国角管式锅炉技术发展现状与展望［J］. 工业锅炉，2012，（5）：1-6.
［10］ 王志轩. 我国燃煤电厂"十二五"大气污染物控制规划的思考［J］. 环境工程技术学报，2011，（1）：63-71.
［11］ 罗永刚. 活性炭联合脱硫脱硝工艺［J］. 热能动力工程，2011，（7）：173-181.
［12］ 孙献斌. 大型循环流化床锅炉技术与工程应用［M］. 北京：中国电力出版社，2013.
［13］ 刘北苹. 循环流化床锅炉检修［M］. 北京：中国电力出版社，2012.
［14］ 朱皑强. 循环流化床锅炉设备及系统［M］. 北京：中国电力出版社，2008.

索　引

序号	章	节	索引号	名 称	媒体类型	页码
35			04.05.008	转杯式喷嘴结构	图片	53
36			04.05.009	内混式蒸汽雾化喷嘴	图片	53
37			04.05.010	外混式蒸汽雾化喷嘴	图片	53
38			04.05.011	低压空气雾化喷嘴	图片	53
39			04.05.012	平流式调风器图	图片	54
40	教学单元4	4.5	04.05.013	平流式调风器出口处风、油配合情况	图片	54
41			04.05.014	扩散式燃烧器	幻灯片	55
42			04.05.015	大气式燃烧器	幻灯片	55
43			04.05.016	套筒式燃烧器	图片	55
44			04.05.017	完全预混式燃烧器	word	55
45			04.05.018	燃气阀组	图片	58
46		4.6	04.06.001	燃烧器的工作特性	图片	59
47			04.06.002	燃烧器的火焰特性	图片	59
48		5.1	05.01.001	锅炉水循环原理图	图片	65
49			05.01.002	自然循环示意图	图片	67
50			05.01.003	锅炉汽水系统	图片	68
51		5.2	05.02.001	水冷壁结构形式	图片	70
52			05.02.002	水冷壁固定形式	图片	70
53			05.02.003	搭接式刚性梁水冷壁拉固装置	图片	70
54			05.02.004	凝渣管束	幻灯片	70
55			05.02.005	锅炉管束	幻灯片	71
56		5.3	05.03.001	对流过热器形式	幻灯片	72
57			05.03.002	对流过热器吊挂和固定	图片	72
58	教学单元5	5.4	05.04.001	锅筒筒体图	图片	74
59			05.04.002	汽包附属阀门仪表	Pdf	74
60			05.04.003	锅内设备图	图片	74
61			05.04.004	集气管	图片	75
62		5.5	05.05.001	铸铁省煤器	图片	76
63			05.05.002	铸铁省煤器系统	幻灯片	76
64			05.05.003	钢管省煤器	图片	77
65			057.05.004	钢管省煤器的支吊结构	幻灯片	77
66			05.05.005	省煤器的启动保护	幻灯片	77
67			05.05.006	管式空气预热器	幻灯片	78
68			05.05.007	回转空气预热器结构	幻灯片	78
69			05.05.008	管式空气预热器防磨结构	图片	79

序号	章	节	索引号	名　称	媒体类型	页码
70			06.01.001	重型炉墙的卸载结构	图片	82
71			06.01.002	重型炉墙的牵连结构	图片	82
72			06.01.003	重型炉墙的垂直膨胀缝结构	图片	83
73			06.01.004	轻型砖砌炉墙的结构	图片	83
74			06.01.005	轻型砖砌炉墙的分段卸载结构	图片	83
75		6.1	06.01.006	轻型砖砌炉墙的垂直膨胀缝结构	图片	83
76			06.01.007	混凝土框架结构轻型炉墙	图片	84
77			06.01.008	锅炉尾部转弯烟室或省煤器烟道部分的混凝土框架结构轻型炉墙	图片	84
78			06.01.009	敷管炉墙的典型结构	图片	84
79			06.01.010	敷管炉墙的刚性梁	图片	85
80			06.01.011	炉墙材料在锅炉施工图中的常用表示方法	图片	89
81			06.02.001	锅炉构架的结构形式	图片	90
82			06.02.002	支承式锅炉构架立柱的布置	图片	90
83		6.2	06.02.003	锅炉构架常用的钢柱和钢梁的截面形状	图片	90
84			06.02.004	某国产130t/h中压锅炉的支承式构架	图片	90
85			06.02.005	悬吊式锅炉的顶板系统	图片	91
86	教学单元6		06.02.006	某国产130t/h中压锅炉的悬吊式构架	图片	91
87		6.3	06.03.001	锅炉平台扶梯图	图片	92
88			06.03.002	平台构成	图片	92
89			06.04.001	三通旋塞操作示意图	图片	95
90			06.04.002	水位表冲洗程序	图片	95
91		6.4	06.04.003	排污和放水装置	幻灯片	98
92			06.04.004	氧化锆测氧元件的结构	图片	99
93			06.04.005	氧化锆氧量计安装示意图	图片	100
94			06.04.006	奥氏分析仪示意图	图片	100
95			06.05.001	带内部回燃室湿背式锅炉	图片	104
96			06.05.002	水火管锅炉示意图	图片	104
97			06.05.003	D型炉	幻灯片	105
98			06.05.004	O型锅炉	图片	106
99		6.5	06.05.005	双锅筒横置式	幻灯片	106
100			06.05.006	单锅筒横置式链条炉（DHL）	图片	106
101			06.05.007	角管锅炉	幻灯片	107
102			06.05.008	旗式受热面	图片	107
103			06.05.009	电站锅炉本体布置示意图	图片	107

序号	章	节	索引号	名　称	媒体类型	页码
104	教学单元7	7.1	07.01.001	热力计算整体框图	图片	109
105			07.01.002	对流受热面热力计算流程图	图片	111
106			07.01.003	炉腔热力计算流程图	图片	113
107			07.01.004	沸腾层或密相区热力计算流程图	图片	116
108			07.01.005	稀相区热力计算流程图	图片	118
109	教学单元8	8.3	08.03.001	旋风除尘器	幻灯片	144
110			08.03.002	冲激式除尘器结构及原理	图片	146
111			08.03.003	麻石水膜除尘器	幻灯片	146
112			08.03.004	文丘里除尘器	幻灯片	147
113		8.4	08.04.001	布袋除尘器原理	幻灯片	147
114			08.04.002	布袋除尘器结构	幻灯片	147
115			08.04.003	布袋	图片	147
116			08.04.004	袋笼	幻灯片	148
117			08.04.005	布袋除尘器系统	图片	148
118		8.5	08.05.001	电除尘器的结构原理及应用	幻灯片	152
119			08.05.002	气体电离	幻灯片	152
120			08.05.003	粒子荷电	幻灯片	152
121			08.05.004	粉尘沉积	幻灯片	153
122			08.05.005	电除尘灰斗结构	图片	156
123			08.05.006	立式电除尘器	图片	157
124			08.05.007	电除尘按收尘极的形式分类	图片	158
125			08.05.008	单区和双区电除尘器	图片	158
126		8.7	08.07.001	氮氧化物浓度	幻灯片	171
127			08.07.002	锅炉烟气循环系统示意图	图片	172
128			08.07.003	分级燃烧原理图	图片	172
129	教学单元9	9.2	09.02.001	汽水混合器曝气除铁系统	图片	191
130			09.02.002	排挤式孔板加药系统	图片	192
131			09.02.003	石灰石预处理系统	图片	193
132			09.02.004	涡流反应器	图片	193
133			09.02.005	纯碱加药系统	图片	195
134		9.3	09.03.001	并联氢-钠离子交换软化	图片	203
135			09.03.002	串联氢-钠离子交换软化	图片	204
136			09.03.003	综合氢-钠离子交换软化	图片	204
137		9.4	09.04.001	顺流再生离子交换器结构示意图	图片	207
138			09.04.002	逆流再生离子交换器结构示意图	图片	208
139			09.04.003	离子交换器进水装置	图片	208

序号	章	节	索引号	名　称	媒体类型	页码
140			09.04.004	离子交换器再生示意图	图片	209
141			09.04.005	三塔移动床系统	图片	212
142			09.04.006	无压力式流动床	图片	213
143		9.4	09.04.007	食盐溶解器示意图	图片	214
144	教学单元9		09.04.008	反渗透系统流程	图片	216
145			09.04.009	反渗透系统工艺流程	图片	217
146			09.04.010	反渗透清洗流程图	图片	217
147			09.05.001	喷雾填料式除氧器	幻灯片	222
148			09.05.002	淋水盘式除氧器	幻灯片	223
149		9.5	09.05.003	除氧器水箱	幻灯片	223
150			09.05.004	与除氧器相连的管道	幻灯片	223
151			09.05.005	除氧器在热力系统中的连接	word	223
152			10.01.001	工业锅炉房的运煤系统	幻灯片	226
153		10.1	10.01.002	运煤设备	幻灯片	227
154	教学单元10		10.01.003	出渣设备	幻灯片	228
155		10.2	10.02.001	轻油系统	幻灯片	230
156			10.02.002	重油系统	幻灯片	230
157		10.3	10.03.001	供气系统	图片	234
158			10.03.002	锅炉房燃气系统	幻灯片	235
159		11.1	11.01.001	排污操作	幻灯片	241
160			11.02.001	火电厂生产过程工艺流程	幻灯片	242
161			11.02.002	典型凝汽式发电系统	图片	242
162	教学单元11	11.2	11.02.003	热电联产电厂热力系统图	图片	243
163			11.02.004	高压给水系统	图片	244
164			11.02.005	主蒸汽系统形式	图片	247
165			11.02.006	主蒸汽系统	幻灯片	247
166		11.3	11.03.001	热水锅炉系统图	图片	251